系统工程理论

郁 滨 等编著

中国科学技术大学出版社
·合 肥·

内 容 简 介

系统工程是从总体出发，合理规划、开发、运行、管理及保障一个大规模复杂系统所需思想、理论、方法与技术的总称。本书从系统工程过程出发，以系统工程的理论和方法为重点，系统地阐述了系统工程的基本理论、应用理论、系统评价、预测和决策理论，归纳总结了系统工程常用的方法和技术，使读者能够全方位地了解和掌握系统工程理论、技术、方法以及过程。

本书力求采用理论体系、基本概念及结合实际阐述问题，强调理论与实际相结合，通过实例说明原理。取材既有经典的参考文献，又有最新的研究成果，反映了国内外系统工程领域的研究水平。内容充实，结构清晰，图表丰富，便于读者系统了解系统工程的理论体系和方法。可作为理、工、经济、管理、军事类专业研究生教材，对有关的管理工作者、科学研究人员以及工程技术人员也有重要的参考和使用价值。

图书在版编目(CIP)数据

系统工程理论/郁滨 等编著.—合肥：中国科学技术大学出版社，2009.2
ISBN 978-7-312-02421-4

Ⅰ.系… Ⅱ.郁… Ⅲ.系统—工程—理论 Ⅳ.N945

中国版本图书馆 CIP 数据核字（2008）第 187902 号

责任编辑：张善金　吴月红
出 版 者：中国科学技术大学出版社
地　　址：合肥市金寨路 96 号　邮编：230026
网　　址：http://www.press.ustc.edu.cn
电　　话：发行部 0551-3602905　邮购部 0551-3602906
印 刷 者：合肥现代印务有限公司
发 行 者：中国科学技术大学出版社
经 销 者：全国新华书店
开　　本：710mm×960mm　1/16
印　　张：28.25
字　　数：538 千
版　　次：2009 年 2 月第 1 版
印　　次：2009 年 2 月第 1 次印刷
定　　价：42.00 元

前　言

系统工程是20世纪中期开始兴起的一门综合性学科，内容涉及系统论、控制论、信息论、耗散结构、协同学、突变论、运筹学、决策理论、大系统理论、超循环论、仿真技术、模拟技术、及系统工程过程等诸多方面。系统工程是从总体出发，合理规划、开发、运行、管理及保障的一个大规模复杂系统所需思想、理论、方法与技术的总称。科学技术的发展，社会、经济及管理环境的变化，以及系统性问题及管理的要求日益迫切，都要求人们按照系统的观点和采用系统分析的方法来认识、改造世界。

本书以系统工程的过程为主线，以系统工程的理论和方法为重点，系统地阐述了系统工程的基本理论、系统建模和分析理论、系统评价、预测和决策理论，归纳总结了系统工程常用的方法和技术，为了更好地理解这些理论和方法，每一部分都配置了大量的实例与思考练习题。

系统工程经过四十多年的发展，已经逐渐发展成为一门学科，其方法技术体系已经非常庞大，其理论体系尚在发展过程中。本书结合国内外系统工程发展现状，综合众家之长，界定或澄清了一些基本概念，试图系统地总结系统工程的基本理论，力求详细分析并建立系统工程全过程的理论体系，并通过分析，阐述了系统工程理论方法的具体应用。在编撰时，面向一般系统，从理论、工程、技术、管理、测试直至全生命周期给出了全面的论述。

本书的特点包括：内容新，在介绍系统工程基础理论的基础上，首次提出了系统工程的应用理论，并运用于系统工程全过程之中。写法新，在内容选择上，注重将系统、系统科学、一般系统论、大系统理论和开放的复杂巨系统融会在一起，能够使学生在有限的教学课时里，领略和学习到有关系统理论的全部知识；在内容安排上，每章先从理论讲起，再分类介绍相应的技术；在内容阐述上，既注重概念的准确性、条理性，又注重深入浅出、循序渐进。读者面广，本书适用于理、工、经济、管理、军事类专业的研究生和科研工作人员。另外,本书内容充实,结构清晰,图表丰富,便于读者系统了解系统工程的理论体系和方法,可作为理工科有关专业硕士、博士研究生的教材,也可供管理工作者、科学研究人员和工程技术人员参考使用。

全书共7章:第1章介绍了系统工程的产生、概念、理论体系及其发展应用等基本知识;第2章简述了系统工程的基础理论,包括系统论基础、控制理论基础、信息论基础以及耗散结构、突变论及协同学等基础知识;第3章阐述了系统模型和系统结构模型,着重论述了连续时间系统模型和离散事件系统模型;第4章阐述了系统分析的基本知识,包括系统目标分析、系统环境分析、系统结构分析和系统可靠性分析等相关内容;第5章在阐述系统分析、系统评价、系统预测和系统决策理论的基础上,给出了各种常用的系统工程方法;第6章介绍了系统仿真的基本理论与方法,包括连续系统仿真、离散事件系统仿真和系统动力学仿真原理和方法;第7章综合运用系统工程的理论、方法和技术,详细阐述了系统工程生命周期内各个阶段的问题及解决方案。各章结尾处均配有习题和思考题,便于读者对各部分知识要点的巩固。对于一些技术方法,书中给出了相应的应用实例,有利于扩展学生对系统工程的应用思路。

本书第1、2、7章由郁滨编写,第4、5章由王付明编写,第3、6章由孙海传编写。刘连东、房礼国讲师以及研究生朱璇、梁军学、王翠、高欣、蔡振国、李颖川、王利涛、徐晓辉、黄金、张松良、智韬、谢永生等在外文资料翻译整理、文字录入、校对、作图等方面做了大量烦琐而细致的工作,在此一并表示忠心的感谢!

此外,在本书的编写中,查阅参考了大量国内外相关的书籍和文献,在此也向参考文献的国内外作者表示诚挚的谢意!

由于时间仓促,难免挂一漏万,加之作者水平有限,书中错误和不足在所难免,敬请读者批评指正。

编　者

2009年1月

目　次

第1章　绪　论

作为人类知识总体系的一部分,系统工程直接用于改造客观世界的实践活动,应用于解决实际问题,强调的是实用性,与传统的土木工程、冶金技术等"物理"工程技术不同,系统工程是"事理"工程技术,即人们办事的技术。传统工程是硬技术,即关于设计、制造、操作使用物质工具和机器的技术;系统工程是软技术,即组织管理各种社会活动的方法、步骤、程序的总和。建设一个新系统,改造一个既有系统,运行一个已建成的系统,都需要组织管理的技术,正如钱学森所说:"'系统工程'是组织'系统'的规划、研究、设计、制造、试验和使用的科学方法,是一种对所有'系统'都具有普遍意义的科学方法"。即使简单的小系统,如处理个人日常事务,系统工程的思想方法也是有用的,但只有涉及多人多因素的大型复杂事务的组织管理问题,才能充分体现系统工程方法的必要性和优越性。愈是大型复杂的组织管理活动,愈能体现系统工程的科学性和重要性。

系统工程有别于传统工程的另一特点是强调用系统观点处理工程问题,属于系统科学的工程技术,要求使用者自觉地把工程对象看作系统。系统工程工作者关心的主要不是用什么材料和模具、采用什么编程工具,如何切割加工、如何组装、如何编写调试程序等具体技术问题,而是事理系统的构成要素、结构方式、整体目标、约束条件、系统与环境的关系等组织管理问题,是总体协调、目标优化之类问题。系统观点不仅表现在强调对象的系统性,还在于强调所用方法的系统性,系统概念被置于这种工程技术的中心位置。因此,从前者出发,应把系统工程定义为处理系统问题的工程技术;从后者出发,应把系统工程定义为用系统观点和方法处理工程问题的技术。

1.1　系统工程的产生

系统工程与科学技术的发展一样源远流长,系统与系统工程的思想可以追溯到古代。系统工程产生于20世纪40年代,经历了初创阶段、形成阶段和成熟阶段,于20世纪60年代形成了体系。

1.1.1 历史渊源

系统工程的思想方法和实际应用可追溯到远古时代。中华民族的祖先在了解和改造自然的实践和大量的社会活动中,早有许多朴素的系统工程思想和应用实例。

在军事方面,早在公元前500年的春秋时期,就有著名的军事家孙武写出了“孙子兵法”十三篇,指出战争中的战略和策略问题,如进攻和防御、速决和持久、分散和集中等之间的相互依存和相互制约的关系,并依此筹划战争的对策,以取得战争的胜利。其著名论点,“知己知彼,百战不殆”,“以我之长,攻敌之短”等,不仅在古代,而且在当代的战争中都有指导意义,在当今激烈的国际市场竞争和社会经济各个领域的发展中,这些论断同样具有现实意义。

战国时期,著名军事家孙膑继承和发展了孙武的学说,著有“孙膑兵法”,在齐王与田忌赛马中,孙膑提出的以下、上、中对上、中、下对策,使处于劣势的田忌战胜齐王,这是从总体出发制定对抗策略的一个著名事例。

在水利建设方面,战国时期,秦国太守李冰父子主持修建了四川都江堰工程。这一伟大水利工程巧妙地将分洪、引水和排沙结合起来,使各部分组成一个整体,实现了防洪、灌溉、行舟、漂木等多种功能。至今,该工程仍在发挥着重大的经济效益,是我国古代水利建设的一大杰出成就。

在建设施工方面,北宋真宗年间,皇城失火,宫殿烧毁,大臣丁谓主持了皇宫修复工程。他采用了一套综合施工方案,先在需要重建的通衢大道上就近取土烧砖,在取土后的通衢深沟中引入汴水,形成人工河,再由此水路运入建筑材料,从而加快了工程进度。皇宫修复后,又将碎砖废土填入沟中,重修通衢大道,使烧砖、运输建筑材料和处理废墟三项繁重工程任务协调起来,从而在总体上得到了最佳解决,一举三得,节省了大量劳力、费用和时间。

在医学、农业等方面,我国古代也有许多著名学者用朴素的系统思想和方法取得了伟大成就。这些都为我们今天研究和发展系统工程的理论体系,提供了宝贵的借鉴和重要的启示。

1.1.2 产生过程

系统工程的萌芽时期可追溯到20世纪初的F·W·泰勒(F. W. Taylor)系统。为了提高工效,泰勒研究了合理工序和工人活动的关系,探索了管理的规律,1911年他的《科学管理的原理》一书问世后,工业界出现了“泰勒系统”。

随着现代科学技术的迅猛发展,系统工程的思想方法和理论技术不断涌现出来。系统工程的产生与形成过程大致可以分为初创、形成和成熟三个阶段。

1. 初创阶段

系统工程的初创阶段是个别研究和简单应用阶段，几个标志性成果如下：

(1) 近代科学技术的发展，特别是计算机的出现和广泛使用，使系统工程在世界范围内迅速发展起来，许多国家有不少成功的重大研究成果。第一次提出"系统工程"这一名词的是1940年在美国贝尔电话公司试验室工作的E・C・莫利纳(E. C. Molina)和在丹麦哥本哈根电话公司工作的A・K・爱尔朗(A. K. Erlang)，他们在研制电话自动交换机时，意识到不能只注意电话机和交换台设备技术的研究，还要从通信网络的总体上进行研究。他们把研制工作分为规划、研究、开发、应用和通用工程等五个阶段。他们用系统工程方法研究得出的结论是"电话机的技术是次要的，运用电话网络本身比研制电话机更重要"。以后又提出了排队论原理，并应用到电话通信网络系统中，推动了电话事业的飞速发展。

(2) 第二次世界大战期间，同盟国以大规模作战系统为研究对象，为协调雷达系统、防空系统、护航系统、后勤系统、军事指挥系统，创立了排队论、线性规划等优化技术，形成了运筹学。战后，运筹学得到了广泛应用，并成为系统工程的重要理论基础。

(3) 1940年～1945年，美国制造原子弹的"曼哈顿"计划，采用了规划、计划、多方案优选的系统工程方法，取得了成功。

(4) 1945年，美国建立兰德公司(RAND Corp)，该公司是一个由近2000人组成的"智囊团"，没有硬件，没有试验室，这些科学家专门为美国国防部研制武器规划和方案。他们运用数学方法结合工程方法，创造了"系统分析"方法，这是权衡各种备选方案的费用和效益，帮助决策人员选择一个最佳方案的分析过程。这一方法得到了广泛的应用，在美国国家发展战略、国防系统开发、宇宙空间技术以及经济建设领域的重大决策中，发挥了重要作用，"兰德"又被誉为"思想库"和"智囊团"。

2. 形成阶段

系统工程的形成阶段大约在1957年～1965年期间，系统工程被自觉运用，理论和方法都得到进一步发展。这一阶段的主要标志性成果有：

(1) 1950年，美国麻省理工学院开设了系统工程方法课程，运用系统工程方法进行管理，取得了一定的效果。

(2) 1957年，美国密执安大学的古德(H. Gonde)和麦克霍尔(R. Machol)的专著《系统工程》问世。

(3) 1958年，美国海军特种计划局研制北极星导弹，产生了计划评审技术

(PERT)。这一系统工程方法在北极星核潜艇的研制过程中发挥了重要作用,使研制任务提前两年完成。

上世纪50年代后期和60年代中期,美国为改变空间技术落后于前苏联的局面,先后制定和执行了北极星导弹核潜艇计划和阿波罗登月计划。阿波罗登月计划是一项巨大的工程,从1961年开始,持续了11年。该工程有三百多万个部件,耗资244亿美元,参加者有两万多个企业与120所大学和研究机构。整个工程在计划进度、质量检验、可靠性评价和管理过程等方面都采用了系统工程方法,并创造了"计划评审技术(PERT)"和"随机网络技术"(又称"图解评审技术(GERT)"),实现了时间进度、质量技术与经费管理三者的统一。在实施该工程的过程中及时向各层决策机构提供信息和方案,供各层决策者使用,保证了各个领域的相互平衡,如期完成了总体目标。

(4) 1962年美国国防部长麦克纳马拉提出规划、计划、预算系统(PPBS),提出三军联合起来统一预算,并创立系统分析部,大力推行系统工程。在他担任国防部长的7年间,共节约几百亿美元。

(5) 1963年美国亚利桑那大学设立系统工程系,另一些大学也开设了有关专业或课程。同时,美国电工电子工程师学会(IEEE)设立了系统工程学科委员会,还举行系统工程年会,出版系统工程刊物。系统工程开始成为一门独立的学科。

3. 初步成熟阶段

所谓成熟阶段,即理论和方法基本完善,得到世界性公认的阶段。这一阶段重要的标志性成果如下:

(1) 1965年美国出版了《系统工程手册》,介绍了系统工程理论、系统技术、系统数学等,基本上概括了系统工程的全面内容。该书的出版是系统工程理论基本成熟的标志。

(2) 1972年美国"阿波罗"登月计划成功,该计划采用了计划评审技术(PERT)、图解评审技术(GERT)等一系列系统工程方法。

(3) 世界各国广泛研究、应用系统工程。前苏联制定"国民经济计划的自动估算系统",取得一定成效。日本在20世纪60年代末引进系统工程观点,开始出版系统工程丛书,到1975年,已有11万多个系统工程师。20世纪70年代北欧在建造可调容量达4500×104kW左右的跨国电网中成功地运用了系统工程方法。1970年~1974年间墨西哥政府与世界银行合作制定改造农业的计划以及韩国编制的第一个五年计划中都应用了系统工程方法。1972年"国际应用系统分析研究所"在维也纳成立。

1.1.3 系统工程的发展

复杂的大系统、巨系统具有跨学科、跨行业的特点，是成千上万、几十万人从事的集体事业。面对复杂的大系统、巨系统，如何构建、运营、管理它？如何优化资源配置、提高经济效益？如何加强正面效应、减少负面效应？如何发挥积极效应、化解消极因素？如何实现可持续发展，既满足当代人的需要，又不损害后代人的发展？等等，要解决这些错综复杂的问题，就需要综合治理。系统工程正是一大类综合治理的工程技术，它是大生产和科学技术高度发展的产物。

1. 发展概况

计算机的迅速发展，为复杂大系统的分析提供了有力的工具。上世纪 70 年代以来，随着微型计算机的发展，出现了分级分布控制系统和分散信号处理系统，扩展了系统工程理论方法的应用范围。近年来，社会、经济与环境综合性的大系统问题日益增多，如环境污染、人口增长、交通事故、军备竞赛等。许多技术性问题也带有政治、经济的因素，如北欧跨国电网的供电问题。这个电网有水、火、核等多种能源形式，规模庞大，电网调度本身在技术上已相当复杂，还要受到各国经济利益冲突、地理条件限制、环境保护政策制约和人口迁移状况的影响，因此，负荷调度的目标和最佳运行方式的评价标准十分复杂，涉及多个国家社会经济因素。该电网的系统分析者要综合这些因素，对 4 500 万千瓦的电力做出合理的并能被接受的调度方案，提交各国讨论、协调和决策，这是个典型的系统工程问题。

"科学技术是第一生产力"。科学技术发展的突飞猛进，推动着社会生产力的规模和水平迅速发展。现代科学技术的发展有如下两个主要特征：

1）指数式的急剧增长

20 世纪以来（尤其是后半叶），科学技术发展迅猛，科学知识在短时间内急剧增长，有人称之为知识爆炸，科技成果的数量呈指数增长形式。人类取得的科技成果的数量比过去两千年的总和还要多。有关统计表明：人类科技知识的积累，19 世纪是每 50 年翻一番，20 世纪中叶是每 10 年翻一番，后来缩短到每 3 年～5 年就翻一番，甚至更短。相应地，知识陈旧和更新的速度加快。20 世纪末，很多学者和领导人认为，人类社会正在步入知识经济时代。

据统计，18 世纪知识陈旧周期为 80 年～90 年；19 世纪到 20 世纪初，知识陈旧率为 30 年，近 50 年来又缩短为 15 年，如今已缩短为 5 年～10 年，甚至更短。所以，人们强调继续教育、终身学习，强调学习型组织、学习型社会。

2）学科的高度分化与高度综合并存

几千年来，人类对客观世界的认识，从浑然一体到分门别类的研究，又到综合性研究;从总体到局部,再到总体、总体与局部相结合;研究方法从分析到综合,再分析,再综合,到综合集成。总之,按照辩证法的否定之否定规律,波浪式前进,螺旋式上升。

一方面,现代科学技术的学科划分越来越细,分支越来越多。各种高度专业化的研究机构纷纷建立。另一方面,学科的综合化、整体化趋势在加强。现代社会使得众多的规模庞大、结构复杂、因素繁多的大系统乃至巨系统出现在人们面前。科学研究中形成了大量的边缘学科、交叉学科、综合学科,不仅自然科学本身的各个学科相互交叉、渗透、融合,而且自然科学与社会科学、人文学科也相互交叉、渗透和融合。

国外许多国家的政府部门和民间组织建立专门机构从事系统工程的研究工作。一些大企业也设立系统工程研究部,举办研究班、培训班,培养自己需要的系统工程人员。这些机构不一定用系统工程来命名。例如美国的兰德公司(RAND),它成立于1948年,是一个非营利性的系统分析公司。它早期主要是为美国空军服务。它的研究工作对美国空军研制第一代军用卫星和洲际导弹的战略决策产生了决定性的影响。20世纪60年代,兰德公司的研究范围从军事、外交事务扩大到公共政策方面,承担几乎所有美国政府机构的研究委托,也接受公共机构的委托合同,对国家安全和公共福利方面的重要问题进行研究。它倡导System Analysis,即系统分析,着重于对若干可供选择的系统方案进行选择比较,进行费用-效益分析。兰德公司的研究人员近千人,拥有美国西部最大的图书馆和电子计算机中心,设有培养政策分析博士学位的研究院。

1984年,美国圣菲研究所成立。它是一个独立的非营利的研究所,靠申请各种基金来支持跨学科的研究工作。它是一个松散型组织,没有固定的研究人员,可以培养硕士、博士研究生,以及接纳博士后与访问学者。

国际上也有若干跨国性质的系统工程研究机构。例如国际应用系统分析研究所(International Institute for Applied System Analysis,IIASA),1972年10月由美国和前苏联等12个国家的有关部门成立,地址在维也纳,后来扩大到吸纳更多的欧洲国家。它分为系统和决策科学、资源和环境、人类居住和服务、管理和技术等研究部门,吸引了世界各国的学者参加,研究国家、国际和地区性未来发展问题。它的研究和管理费用主要靠各成员国代表机构分摊,同时还获得美国福特财团、德国大众汽车公司、联合国环境保护机构的资助。其研究成果以会议形式发表,还以文本形式公开发售。

2. 系统工程在中国的发展

1978年以前,“系统工程”这一术语虽然没有在我国流行,但是,有关的研究与应用是早就有的,例如推广应用运筹学。运筹学在我国的发展始于1955年。那时,形成了这样一个认识:我国有计划按比例的经济建设十分需要运筹学。1956年在中国科学院力学研究所建立了我国第一个运筹学研究室,由许国志教授担任研究室主任,后来,中国科学院数学研究所也建立了运筹学研究室;1960年底,这两个运筹学研究室合并成为数学研究所运筹学研究室。

著名数学家华罗庚从20世纪60年代初期在我国大力推广"双法"——优选法和统筹法,在许多地区和企业取得显著效果。与此同时,随着国防尖端技术研究工作的发展,我国在工程系统的总体设计与组织管理方面取得了丰富的实践经验。20世纪70年代中期,我国部分专家已开始注意到系统工程在我国的发展前途,在各种场合进行了宣传。

在我国,系统工程与改革开放是相伴而生、与时俱进的。在改革开放前夕,1978年9月27日,钱学森、许国志、王寿云三位学者联名在文汇报发表重要文章《组织管理的技术——系统工程》,使我国出现了推广应用系统工程的新局面。此后不久,教育部、航空学会、自动化学会、管理现代化研究会等部门和单位召开了一系列系统工程方面的会议。在系统工程的宣传、推广和队伍组织方面都做了很好的准备工作。

1979年10月,中国科学院、教育部、中国社会科学院、机械工业部以及解放军总参谋部、总后勤部、军事科学院、国防科工委、各军兵种以及有关军事学院的150名代表,在北京举行了系统工程学术讨论会。会上,钱学森、关肇直等21名科学家联合向中国科协倡议成立中国系统工程学会。钱学森在这次会上作了《大力发展系统工程,尽早建立系统科学的体系》的重要报告,这个报告提出了我国发展系统工程的基本途径。

1980年11月中国系统工程学会在北京诞生,选举钱学森、薛暮桥为名誉理事长,关肇直为理事长的第一届理事会。1986年~1994年,许国志院士担任理事长,后续继任理事长的依次是中国科学院系统科学研究所研究员顾基发、陈光亚。中国科学院系统科学研究所一直是中国系统工程学会的挂靠单位。二十多年来,中国系统工程学会先后组建了二十多个专业委员会,例如军事系统工程专业委员会、系统理论委员会、社会经济系统工程专业委员会、模糊数学与模糊系统专业委员会、农业系统工程专业委员会、教育系统工程专业委员会、科技系统工程专业委员会、信息系统工程专业委员会、交通运输系统工程专业委员会、过程系统工程专业委员会、人—机—环境系统工程专业委员会、决策科学专业委员会、草原系统工程专业委员会、林业系统工程专业委员会、系统动力学专业委员会、法制系统工程专业委员会、医药卫生系统工程专业委员会等。这些专业委员会在越来越多的学科和领域开展了系统工程与系统科学的研究和应用。

目前,已经有北京、上海、天津、辽宁、黑龙江、山西、江苏、安徽、福建、湖南、湖北、河南、河北、广东、广西、四川、云南、新疆、甘肃、海南、江西等20多个省、自治区、直辖市成立了省级系统工程学会,许多市、县以及一些大企业也成立了系统工程学会。正在酝酿成立的系统工程学会还有很多。

中国系统工程学会每两年召开一次全国性学术年会。第九届学术年会于1996年11月在南京召开,年会主题是"系统工程与市场经济";第十届学术年会于1998年12月在广州召开,年会主题是"系统工程与可持续发展战略";第十一届学术年会暨学会成立20周年庆祝大会于2000年11月在昆明召开,年会主题是"系统工程、系统科学与复杂性研究";第十二届学术年会于2002年11月在昆明召开,年会主题是"西部大开发与系统工程";第十三届学术年会于2004年10月在长沙召开,年会主题是"全面建设小康社会与系统工程";第十四届学术年会于2006年10月在厦门市召开,年会主题是"科学发展观与系统工程"。第十五届学术年会于2008年10月在南昌召开,年会主题是"和谐发展与系统工程"。

每届年会的主题都是紧密结合我国改革开放的重大课题或者系统工程学科发展的前沿问题。每届年会都是全国系统科学和系统工程工作者交流成果、总结经验的盛会。中国系统工程学会还与国际组织一起联合召开了学术交流会,例如,1998年8月在北京召开了第一届系统科学与系统工程国际会议。2003年11月在香港召开了第四届系统科学与系统工程国际会议。各个专业委员会也大体上是每两年召开一次全国性的学术会议。

随着系统工程在社会、经济、科学技术各个领域广泛开展应用研究,系统理论方面的研究也有长足的发展。需要特别提出的是,从1986年开始,钱学森院士亲自组织和指导"系统学讨论班"的学术活动。这个讨论班持续多年,其研讨活动提炼了许多重要概念,总结出系统研究方法,逐步形成了以简单系统、简单巨系统、复杂巨系统(包括社会系统)为主线的系统学(Systematology)框架,明确了系统学是研究系统结构与功能(包括演化、协同与控制)的一般规律的科学。这个班的活动为系统科学在我国的发展,为系统学的建立做出了重要的基础性的贡献。20多年来国内学术界在众多领域对系统科学进行了多方面、多层次的研究、推广和应用,取得了可喜的成绩,出版了一批文献资料,形成了我国发展系统工程和系统科学的广泛基础和雄厚力量。

20世纪80年代中期,在钱学森院士的指导和参与下,根据我国对复杂巨系统进行的研究,提炼与总结出开放的复杂巨系统概念,以及处理这类系统的方法论——从定性到定量综合集成法以及包含一系列研究方法的综合集成研讨厅体系。经过多年的努力,中国学者在研究的前沿提出了自己独创性的理论。例如,1990年初钱学森院士发表了论文《一个科学新领域——开放的复杂巨系统及其方法论》;1994年,顾基发研究员和朱志昌博士提出了物理一事理一人理(WSR)系统方法论。

系统工程在中国的蓬勃发展,受到了从中央到地方的各级领导的大力推动。他们指出:改革开放是一项系统工程;建立社会主义市场经济体制是一项系统工程;西部大开发是一项系统工程;和谐社会的构建是一项系统工程;教育、社会治安、可持续发展、神舟载人飞船的成功发射以及嫦娥奔月工程都是复杂的系统工程。CCTV等新闻媒体经常有关于系统工程的报道。整个社会都在呼唤系统工程,对于系统工程寄予厚望,系统工程工作者责任重大,系统工程在中国大有发展前途。

二十多年来,我国系统工程和系统科学的研究和应用取得了重要的成就,得到了国际学术界的充分肯定与高度评价。协同学创始人哈肯(Hermann Haken,德国物理学家,1927~)说,系统科学的概念是由中国学者较早提出的,他认为这是很有意义的概括,在理解和解释现代科学、推动其发展方面是十分重要的,并指出中国是充分认识到了系统科学巨大重要性的国家之一。

在我国,系统工程的重要论著有:

《论系统工程(第2版)》,钱学森等著,湖南科学技术出版社,1980年10月。

《创建系统学》,钱学森著,山西科学技术出版社,2001年11月。

《开放的复杂巨系统》,王寿云、于景元、戴汝为、汪成为、钱学敏、涂元季著,浙江科学技术出版社,1996年12月。

《系统研究——祝贺钱学森同志85寿辰论文集》,浙江教育出版社,1996年11月。

《系统科学》(教科书),许国志主编,顾基发、车宏安副主编,上海科技教育出版社,2000年9月。

《系统科学与工程研究》(专家论文集),许国志主编,顾基发、车宏安副主编,上海科技教育出版社,2000年10月。

《系统工程原理》,谭跃进,陈英武,易进先编著,国防科技大学出版社,1999年11月。

《系统工程引论》,孙东川,林福永编著,清华大学出版社,2004年10月。

《系统工程方法论》,高志亮,李忠良编著,西北工业大学出版社,2004年8月。

《系统工程》,吴祈宗主编,北京理工大学出版社,2006年1月。

《系统工程》,白思俊等编著,电子工业出版社,2006年7月。

至于系统工程教科书,二十多年来,出版了几十种之多。中国系统工程学会的学术年会每两年召开一次,均在会前正式出版厚达数百页的论文集。

我国系统工程学术刊物主要有:中国系统工程学会会刊《系统工程学报》、《系统工程理论与实践》、《Journal of Systems Science and Systems Engineering》等;湖南省系统工程学会会刊《系统工程》;上海交通大学出版的《系统工程理论方法应用》等。

二十多年以来,我国已经培养了一大批系统工程和系统科学高级人才,他们在各级政府部门和企事业单位发挥了重要作用。20 世纪 80 年代培养的系统工程人才现在走上重要领导岗位者已经为数不少。

1.2 系统工程的概念

1.2.1 系统工程的定义

系统工程是以系统为研究对象的工程技术,它涉及"系统"与"工程"两个方面。所谓系统,即是由相互作用和相互依赖的若干组成部分结合而成的具有特定功能的有机整体,它具有以下特征:

(1) 整体性。指系统是由两个以上元素组成的有机整体。

(2) 相关性。指系统各元素之间相互作用、相互依赖的关系。

(3) 目的性。指系统要有明确的目标与特定功能。

(4) 适应性。指系统对环境变化之适应程度。

(5) 等级结构性。指系统本身又可以分为许多等级层次的子系统。

传统概念的"工程",是指把科学技术的原理应用于实践,设计与制造出有形产品的过程,可称其为"硬工程"。系统工程学中的"工程"概念,是指不仅包含"硬件"的设计与制造,而且还包含与设计和制造"硬件"紧密相关的"软件",诸如预测、规划、决策、评价等社会经济活动过程,故称它为"软工程",这就扩充了传统"工程"概念的含义。这两个侧面有机地结合在一起,即为系统工程。

系统工程是多学科的高度综合,它的思想和方法来自各个行业与领域,又综合吸收了邻近学科的理论与工具,故国内外对系统工程的理解就不尽相同。这里列举一些组织和专家的看法:

"系统工程是为了更好地达到系统目标而对系统的构成要素、组织结构、信息流动和控制机理等进行分析与设计的技术"。(1967 年日本工业标准 JIS)

"系统工程是应用科学知识设计和制造系统的一门特殊工程学。"(1969 年美国质量管理学会系统工程委员会)

"系统工程是一门把已有学科分支中的知识有效地组合起来用以解决综合性的工程问题的技术。"(1974 年大英百科全书)

“系统工程是研究许多密切联系的元件组成的复杂系统的设计科学。设计该复杂系统时，应有明确的预定目标与功能，并使各元件以及元件与系统整体之间的有机联系配合协调，以使系统总体能达到最优目标。但在设计时，要同时考虑到参与系统中的人的因素与作用。”(1975年美国《科学技术辞典》)

“系统工程是一门研究复杂系统的设计、建立、试验和运行的科学技术。”(1976年《苏联大百科全书》)

“系统工程是为了研究由多数子系统构成的整体系统所具有的多种不同目标的相互协调，使系统的功能达到最优化，最大限度地发挥系统组成部分的能力而发展起来的一门科学。”(1977年美国恰斯诺特《系统工程方法》)

“系统工程是为了合理开发、设计和运用系统而采用的思想、程序、组织和方法的总称。”(1971年日本寺野寿朗《系统工程学》)

“系统工程与其他工程学不同之点在于它是跨越许多学科的科学，而且是填补这些学科边界空白的一种边缘科学，因为系统工程的目的是研究系统，而系统不仅涉及工程学的领域，还涉及社会、经济和政治等领域。为了圆满解决这些交叉领域的问题，除了需要某些纵向的专门技术以外，还要有一种技术从横向把它们组织起来，这种横向技术就是系统工程。也就是研制系统的思想、技术、方法和理论等体系化的总称。”(1977年日本三浦武雄《现代系统工程学概论》)

“系统工程是组织管理系统的规划、研究、设计、制造、试验和使用的科学方法，是一种对所有系统都具有普遍意义的方法。”(1982年钱学森《论系统工程》)

“系统工程是从整体出发，合理开发、设计、实施和运用系统的工程技术。它是系统科学中直接改造世界的工程技术。”(《中国大百科全书·自动控制与系统工程》卷)

上述定义都从不同侧面或不同特征说明了系统工程这门学科的对象和范围，概括为以下几个方面。

(1) 系统工程是一门跨越多个学科领域的方法性学科，它的思想与方法适用于许多领域，它不以某一专门的技术领域为研究对象。

(2) 它是横跨自然科学与社会科学的综合性的新学科，它不仅涉及科学技术，还涉及经济、社会、心理等因素，所以系统工程的研究与应用，特别需要把自然科学与社会科学紧密地结合起来，从各门学科中吸取有用的东西，形成自己的思想和方法。

(3) 它的目标是实现系统的整体最优。为此，要运用各学科的最新成果(如“老三论”、“新三论”、运筹学以及电子计算机等)，采用定性与定量分析相结合的方法，研究系统的整体与部分，系统与环境之间的关系与协调，提出最优方案，在实践中，力争实现系统整体最优之效果。

(4) 系统工程的观点、方法、概念和原则是本质的，是第一位的，一些数学方法是手段，是从属于观点和原则的。

综上所述，我们认为系统工程是一门立足整体，统筹全局，整体与局部的辩证统一，有机结合分析和综合，运用数学方法和计算机工具，使系统达到整体最优的方法性学科。

系统工程可用来研究复杂系统的预测、规划、决策和评价等重大问题，故又产生了相应的技术与方法，如预测技术、规划方法等等。

系统工程自诞生以来，越来越显示出强大的生命力，有的科学家预言，系统工程的发展将给人类社会带来深刻的变化，将会引起整个社会组织管理的变革。因此，系统工程绝非是一般的组织、管理方法问题，它具有深刻的革命性和社会性，是人类科学史上的一次伟大变革。

1.2.2 系统工程的特点

系统工程是以大型复杂系统为研究对象，按一定目的进行设计、开发、管理与控制，以期达到总体效果最优的理论与方法。系统工程是一类工程技术，用以改造客观世界并取得实际成果，这与一般工程技术问题有共同之处。但是，系统工程又是一类包括了许多类工程技术的工程技术门类，与一般工程比较，系统工程有四个特点。

(1) 研究思路的整体性。整体性是系统工程最基本的特点。系统工程把研究对象看成一个整体系统，并且由若干要素、子系统有机结合而成。系统工程在研制系统时总是从整体出发，从整体与部分、部分与部分之间的关系中揭示系统的特征和规律，从整体最优出发实现系统各部分的有机结合。

(2) 研究对象的广泛性。系统工程的研究对象可以是所有的现实系统，包括社会系统、生态环境系统、自然系统和组织管理系统等。

(3) 运用知识的综合性。系统工程是一门跨学科的边缘学科。不仅要用到数、理、化、生物等自然科学，还要用到社会学、心理学、经济学、医学等与人的思想、行为、能力等有关的学科，是自然科学和社会科学的交叉。因此，系统工程形成了一套处理复杂问题的理论、方法和手段，使人们在处理问题时，有系统的整体的观点。

系统工程所使用的知识可以是人类社会所拥有的一切科学知识，主要包括系统科学、自然科学、社会科学、计算机科学，以及其他专门科学。这些知识相互交叉、相互融合，高度综合。

(4) 研究方法的多样性。系统工程有许多成熟的方法，在处理复杂的大系统问题时，常采用从定性到定量的综合集成方法，以“软”为主，软硬结合方法，以宏观为主，兼顾微观的研究方法。因为系统工程所研究的对象往往涉及人，涉及人的价值观、行为学、心理学、主观判断和理性推理，因而系统工程所研究的大系统比一般工程系统复杂得多，处理系统工程问题不仅要有科学性，而且要有艺术性和哲理性。

系统工程的实质是新的科学方法论，它是工程与思想方法的统一，它也是新的逻辑方法，强调辩证的综合，每一步分析都伴随着综合，达到分析与综合辩证的统一。它为现代科学技术发展和社会实践开辟了新思路，打破了各门科学之间的界限，沟通了它们之间的联系，摆脱了传统方法的束缚，为解决所有系统协调发展找到了最佳途径。

1.2.3　系统工程的过程模型

系统工程是一种跨学科的方法，通过开发并验证一个集成的和在整个生命周期平衡的系统级产品或解决方案以满足最终用户的需求。系统工程全寿命周期主要由概念系统设计、初步系统设计、详细设计与开发、系统测试与评估、系统分析与控制、计划与管理、过程管理与控制、运行与支持等过程组成。

典型的系统工程模型如图 1.1 所示，本书的前 6 章将讲述系统工程的基础理

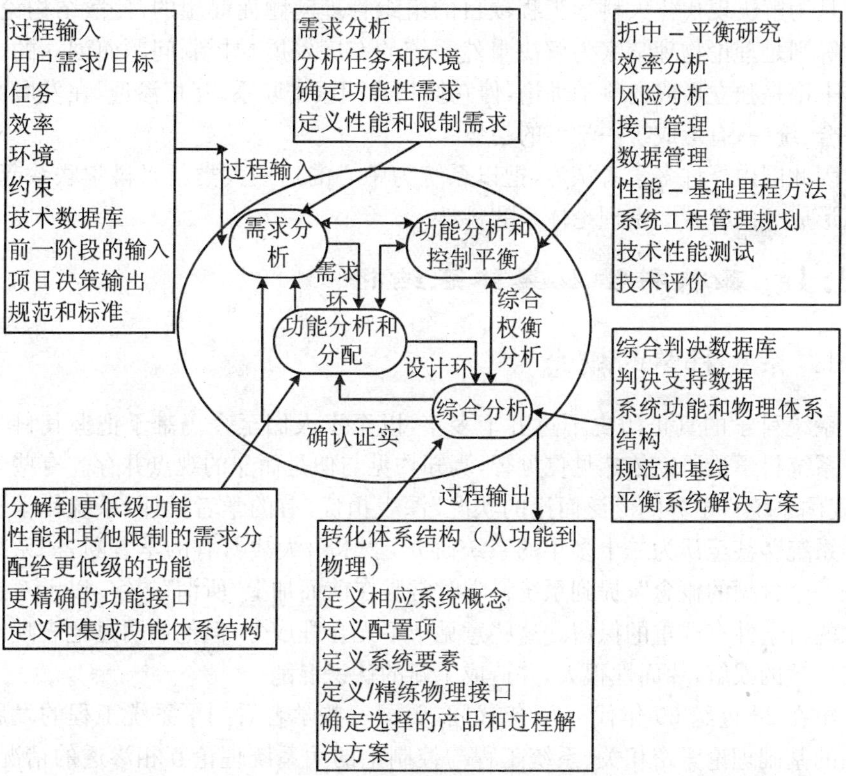

图 1.1　典型的系统工程过程模型

论、方法与技术、系统建模、系统仿真等相关知识,图 1.1 的典型系统工程过程将在本书的第 7 章展开讨论,它将综合运用(不限于)前 6 章的知识,讨论对系统普遍适用的一整套系统的方法,对具体的系统工程过程有一般的指导意义。

1.3 系统工程的理论体系

系统科学是以系统思想为中心的一类新型的科学群。它包括系统论、信息论、控制论、耗散结构论、协同学以及运筹学、系统工程、信息传播技术、控制管理技术等许多学科在内,是 20 世纪中叶以来发展最快的一大类综合性科学。这些学科是分别在不同领域中诞生和发展起来的,如系统论是在 20 世纪 30 年代由贝塔朗菲在理论生物学中提出来的;信息论则是申农为解决现代通讯问题而创立的;控制论是维纳在解决自动控制技术问题中建立的;运筹学是一些科学家应用数学和自然科学方法参与第二次世界大战中的军事问题的决策而形成的;系统工程则是为解决现代化大科学工程项目的组织管理问题而诞生的;耗散结构论、协同学等则是理论物理学家为解决自然系统的有序发展的控制问题而创立的。它们本来都是独立形成的科学理论,但它们相互间紧密联系,互相渗透,在发展中趋向综合、统一,有形成统一学科的趋势。

因此国内外许多学者认为,把以系统为中心的这一大类新兴科学联系起来,可以形成一门有着严密理论体系的科学。

1.3.1 系统科学及其体系结构

1. 系统科学的概念

系统科学的真正历史不过五十多年,以至于人们至今仍难于把握其科学特性。系统科学论研究依然见仁见智,真知灼见与似是而非的观点并存。有些学者对“我国系统科学界的泛泛而论的状况”深表担忧,有的学者批评“系统科学本身并不系统”,甚至认为二十多年的系统研究是“术语大战”,有的学者断言“系统科学是一个含糊的概念”,提到系统科学时常常在前面加上“所谓”二字,以示对这一概念的科学性有严重的保留。这些意见中不无合理成分,但他们明显地表现出对系统科学的误解,片面性很大,并造成了新的认识混乱。

早在 20 世纪 60 年代～70 年代间,美国一些学者看到了系统工程的发展与有关的基础理论紧密相关、系统工程与控制论的大系统理论互相渗透的情况,就将系统工程称为系统科学,美国的《系统工程》杂志也改称为《系统科学》杂志。瑞典斯德哥尔摩大学的萨缪尔森教授,在 1976 年国际一般系统论研究会上的报告中，谈到系统论、信息论、控制论的关系时，用幻灯打出一幅“心脏构型示意图”，说明它们合一情况。

国际系统协会联合会主席、《国际一般系统论杂志》主编、美国宾厄姆纽约大学教授G·J·克利尔，在其发表的《关于系统的科学：新的科学测度》一文中，充分评价了系统科学的地位和功能及其研究所取得的进展。他认为，20世纪下半叶科学发展的主要特征之一，就是产生了一系列相互联系的研究领域：一般系统论、数学系统论、控制论、信息论、决策论和人工智能研究等。所有这些研究领域的出现和发展，在很大程度上是由于电子计算机的产生和成功的结果，这些相互联系的研究领域都被看作是关于系统的科学的有机组成部分。

一般系统论创立者贝塔朗菲，就把他的一般系统论分为狭义的和广义的两种，狭义的系统论是对系统及其构成要素的描述和分析的理论；而广义系统论则是与应用学科联系在一起的基础理论，控制论、信息论、系统工程与运筹学等是一般系统论应用的产物。很显然，贝塔朗菲的广义系统论与我们说的系统科学相近似。

我国学者近年来对系统科学的研究有较大的进展。许多学者在各种不同的会议上讨论系统科学的问题，提出了许多种关于系统科学的体系结构的见解。其典型者有如下几种：

一种见解认为，系统科学包括五个方面的内容，有系统概念、一般系统理论、系统理论分论、系统方法论和系统方法的应用。系统概念是关于系统的基本思想；一般系统理论是指用数学形式描述的关于系统的结构和行为的纯数学理论；系统理论分论是指为解决各种特定系统的结构与行为的一些专门学科，如图论、博奕论、排队论、决策论等等；系统方法论是指对系统对象进行分析、计划、设计和运用时所采取的具体应用理论及技术的方法步骤，主要指系统工程和系统分析；系统方法的应用是指将系统科学的思想与方法应用到各个具体领域中去。

另一种见解认为，系统科学是研究系统的类型、一般性质和运动规律的科学。系统科学作为一个完整的科学体系包括系统学、系统方法学和系统工程学三部分。系统学有系统概念论、系统分类学、系统进化论。系统方法学有结构方法、功能方法、历史方法和系统方法学的基本原则等。系统工程学是系统科学的应用领域，可定义为：系统工程学＝系统方法＋运筹学＋电子计算机技术。

关于系统科学的内容和体系结构的最详尽的框架，是我国著名科学家钱学森提出来的。钱学森长期以来倡导系统工程，重视系统科学的研究。1979年他发表《大力发展系统工程，尽早建立系统科学的体系》的文章以后，多次发表关于系统科学的观点，到1981年发表《再谈系统科学的体系》止，逐步形成了他的系统科学的体系结构。钱学森把系统科学看成是与自然科学、社会科学、数学等具有同等地位的一类科学。

钱学森认为，系统学是建立系统科学严密体系的关键学科，它是整个系统科学的理论基础。他认为，这个系统学，不同于贝塔朗菲的系统论，它应该是系统论、信息论、控制论三论归一概括出来的基础理论科学。钱学森认为，从贝塔朗菲的一般系统论到协同学，虽然他们从各种角度研究系统，对系统学的建立作出一定贡献，但是他们都没有完成这个任务。

原来要用定量的、逻辑的方法描述整个自然系统的规律和模式会遇到两个不可克服和矛盾。第一个矛盾是牛顿力学所描述的物理过程是可逆的，而热力学和生物进化论所描述的过程是不可逆的，这就是所谓牛顿时间与柏梅森时间的矛盾。第二个矛盾则是热力学第二定律的自然增熵原理与生物进化论的矛盾，也就是自然界是由有序走向无序，不是由无序走向有序，即退化与进化的矛盾。贝塔朗菲的系统论，申农的信息论，维纳的控制论，都注意到了这个矛盾，论述了系统的有序性、目的性和稳定性的关系，把信息看成是负熵流，但都未能使无机界系统和生命系统统一起来，没有找到它们统一的计量模式。

普利高津的耗散结构论从另一侧面找到了解决矛盾的突破口，他在不违背热力学增熵定律的情况下，用系统从外部吸收负熵流来抵消系统自然增熵而使系统由无序走向有序的理论，摆脱了二者的矛盾。但是这种动态有序的耗散结构，是以系统的远离平衡状态为条件的，“非平衡状态成为有序之源”。西德斯图加特大学的理论物理学教授哈肯提出的协同论则又比耗散结构论前进了一步。他用复杂系统内部大量子系统之间的相互作用所产生的协同现象和相关效应，进而在宏观上表现出来的新的有序的自组织现象来说明无机界、生命现象和社会现象都遵循着同样的规律，并且不论是在平衡状态，还是在非平衡状态都能适用。德国的物理化学家艾肯的超循环论，从分子生物学入手研究生物进化论问题，为无生命的大分子到原生细胞的进化建立了自组织系统的数学模型，完成了从化学系统到生物系统的进化机制，使系统科学又前进了一步。

钱学森教授主张在吸取这些研究成果的基础上建立系统学。他说：“我认为把运筹学、控制论和信息论同贝塔朗菲、普利高津、哈肯、弗格里布、艾肯等人的工作融会贯通，加以整理，就可以写出《系统学》这本书。”

系统科学即以系统思想为中心、综合多门学科的内容而形成的一个新的综合性科学门类。系统科学按其发展和现状，可分为狭义和广义两种。

狭义的系统科学一般是指贝塔朗菲的著作《一般系统论：基础、发展和应用》中所提出的将“系统”的科学、数学系统论；系统技术；系统哲学三个方面归纳而成的学科体系。

广义的系统科学包括系统论、信息论、控制论、耗散结构论、协同学、突变论、运筹学、模糊数学、物元分析、泛系方法论、系统动力学、灰色系统论、系统工程学、计算机科学、人工智能学、知识工程学、传播学等一大批学科在内，是 20 世纪中叶以来发展最快的一大门综合性科学。

近年兴起的相似论、现代概率论、超熵论、奇异吸引学及混沌理论、紊乱学、模糊逻辑学等，也将进入广义系统科学并成为其重要内容。系统科学将众多独立形成、自成理论的新兴学科综合统一起来，具有严密的理论体系，它已为国内外许多学者所关注和研究。

系统科学的发展和成熟，对人类的思维观念和思想方法产生了根本性的影响，使之发生了根本性的变革。系统科学的理论和方法已经广泛地渗透到自然科学和社会科学的各个领域。

2. 系统科学研究的内容

系统科学的研究对象和其他学科不同，它不是研究某一特定形态的具体系统，它研究的是一般系统，反映的是自然界中各门科学、各个领域中共同的规律。

系统科学的研究内容是一般系统所具有的概念，系统所具有的共同性质和系统演化的一般规律，具体内容如下：

(1) 一般系统的概念：系统的定义、元素与结构、物性与系统性，实现与层次、系统与环境、行为与功能、存在与演化、状态与过程、系统与信息、系统分类、模型方法与系统描述等。

(2) 简单系统理论：线性系统理论、信息论、控制论、大系统理论、运筹学、灰色系统理论、黑箱方法等。

(3) 开放系统理论：开放与封闭的概念、可逆与不可逆、有序与无序、熵及其应用、平衡无序、平衡有序、非平衡有序、生命系统理论等。

(4) 非线性系统理论：连续动力学模型、轨道、初态与终态、暂态与空态、运动稳定性、结构稳定性、吸引子、系统相图、分叉与多样性、突变与奇异性、连续混沌、瞬态特性与过程，离散动力学模型、离散映射、元胞自动机、布尔网络、神经网络、离散混沌等。

(5) 随机系统理论：随机过程与随机涨落、估计理论、主方程、朗之万方程，福克一普朗克方程、随机稳定性、随机系统定态解、随机控制。

(6) 自组织理论：自组织概念，自组织与他组织、自组织结构、支配原理序参量方程、自适应、自复制、自瓦解、自创性等。

(7) 简单原系统：熵与信息、统计综合、反应扩散模型、非线性振荡模型、微扰方法、时间均值分析、混沌的控制。

(8) 复杂适应系统理论：适应产生的复杂性、内部结构、内部模型、遗传算法

echo 模型、混沌边缘与复杂性、AN 方法。

(9) 开放的复杂原系统:定性与定量相结合的综合集成法、从定性到定量的综合集成工程。

3. 系统科学的体系结构

钱学森教授应用系统思想和系统方法一直致力于探求事物发展更一般的规律性。他在总结、概括已有的系统研究成果的基础上,指出系统科学的形成是与自然科学、社会科学等相并列的一大门类科学,系统科学像自然科学一样也区分为系统的工程技术(包括系统工程、自动化技术和通讯技术),系统的技术科学(包括运筹学、控制论、巨系统理论、信息论),系统的基础科学(即系统学),系统观(即系统的哲学和方法论部分,是系统科学与马克思主义哲学连接的桥梁)四个层次。如图 1.2 所示。

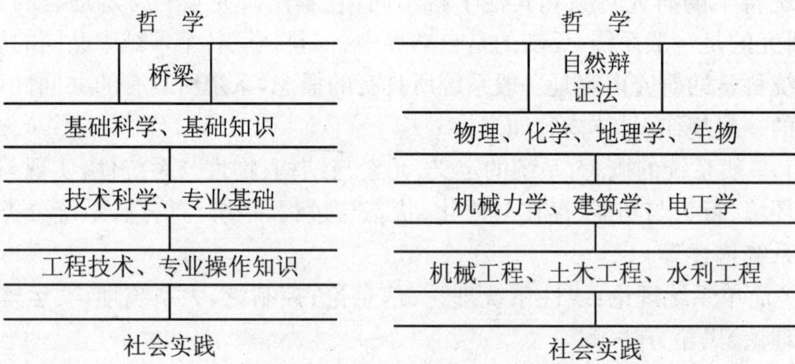

图 1.2 系统科学的四个层次及相应的学科示意图

(1) 工程技术层次——系统工程,自动化技术、通信技术,是直接改造客观世界的知识。系统工程是组织管理系统的技术。根据系统类型不同,而有各类系统工程,如农业系统工程、经济系统工程、工程系统工程、社会系统工程等。

(2) 技术科学层次——运筹学,信息论和控制论,是指导工程技术的理论。

(3) 基础科学层次——系统学,系统学是研究系统的基本属性与一般规律的学科,是一切系统研究的基础理论。系统学正在建立之中。系统科学通向哲学的桥梁是系统论或称系统观,属于哲学范畴。

钱学森教授给出的现代科学技术体系结构如表 1.1 所示。

系统科学体系的建立必将极大加强人类认识和改造客观世界的能力,促进科学技术与经济的发展,又都最终发展和深化马克思主义哲学。

表 1.1 现代科学技术科学体系相互关系图

	马克思主义哲学								
桥梁	数学哲学	自然辩证法	历史唯物主义	系统论	人天观	认识论	社会论	审美观	军事哲学
学科部类	数学	自然科学	社会科学	系统科学	人体科学	思维科学	行为科学	文学艺术	军事科学
基础理论	几何 代数 数学分析	物理学 生物学 力学 化学	经济学 社会学 民族学	系统学	生理学 心理学 神经学	思维学 信息学	伦理学 行为学	美学	战略学
技术基础	计算数学 应用数学	化工原理 机械原理 电工学	资本主义理论 社会主义理论	控制论 运筹学	病理学 药理学 免疫学	情报学 模式识别	道德理论社会主义	音乐理论 文艺理论	指挥学

1.3.2 系统工程的基础理论

在系统科学体系结构中,系统工程是直接改造客观世界的一大类工程技术。系统工程的基础理论主要有运筹学、计算科学、一般系统论、控制论、信息论以及由其发展出的耗散结构理论、协同学和突变论等,系统工程的方法工具主要有数学方法和计算机技术,其关系如图 1.3 所示。

1. 一般系统论

一般系统论是通过对各种不同系统进行科学理论研究而形成的关于适用于一切系统的科学,它为人们认识各种系统的组成、结构、性能、行为和发展规律提供了一般方法论的指导。其主要创始人是美国理论生物学家 L·V·贝塔朗菲,他把一般系统论研究的内容概括为关于系统的科学、数学系统论、系统技术、系统哲学等。耗散理论、协同学原理、突变理论均为一般系统论的主要组成部分。

2. 控制论

控制论是 1948 年美国科学家维纳创立并逐渐发展起来的一门技术科学。它是自动控制电子技术、无线电通信、生物学、生理学、统计力学等学科相互渗透的产物。它应用反馈的方法研究控制系统如何根据环境的某些变化来决定和调整自己运动的问题。它还研究组织和管理系统,进行动态分析、动态控制和动态优化等问题。

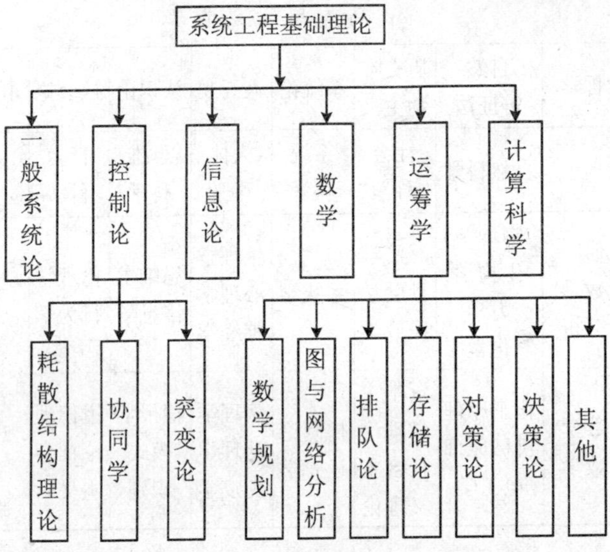

图 1.3 系统工程基础理论及工具

控制论的两个基本观点是:第一,一切有生命和无生命系统都是信息系统;第二,一切有生命和无生命系统都是反馈系统。从而消除了有生命系统与无生命系统之间的界限,提出了任何科学方法可以同样适应于有生命系统和无生命系统。

控制论可以分为古典控制论(第一代)、现代控制论(第二代)和大系统理论。古典控制论研究单输入、单输出系统,以输入输出的方法(传递函数)来研究系统的运动规律。现代控制论引入了状态变量,从状态变化的角度说明一个系统的运动规律,因此,可以解决高阶问题。大系统理论主要解决大规模的复杂系统问题,其主要分支有工程控制论、神经控制论、生物控制论、经济控制论和社会控制论等。

3. 信息论

信息论是关于信息的本质和传输规律的科学理论,是研究信息的计量、发送、传递、交换、接收和储存的一门新兴学科。其创始人是美国贝尔电话研究所的数学家申农,他为解决通讯技术中的信息编码问题,突破老框框,把发射信息和接收信息作为一个整体的通讯过程来研究,提出通讯系统的一般模型;同时建立了信息量的统计公式,奠定了信息论的理论基础。1948 年申农发表的《通讯的数学理论》一文,成为信息论诞生的标志。

信息论可以分成两种:狭义信息论与广义信息论。狭义信息论是关于通讯技术的理论,它是以数学方法研究通讯技术中关于信息的传输和变换规律的一门科学。广义信息论,则超出了通讯技术的范围来研究信息问题,它以各种系统、各门科学中的信息为对象,广泛地研究信息的本质和特点,以及信息的取得、计量、传输、储存、处理、控制和利用的一般规律。显然,广义信息论包括了狭义信息论的内容,但其研究范围却比通讯领域广泛得多,是狭义信息论在各个领域的应用和推广,因此,它的规律也更一般化,适用于各个领域,所以它是一门横断学科。广义信息论,人们也称它为信息科学。

4. 运筹学

运筹学是20世纪40年代发展起来的一门科学,它是管理系统的人为了获得系统运行的最优解而必须使用的一种科学方法。

这里所说的运筹学,沿用了第二次世界大战时出现的名词——运筹学。当时的运筹学包含我们今天所说的军事系统工程的部分内容,其中包括系统工程特有的数学理论、线性规划、非线性规划、博弈论、排队论和库存论等内容。

运筹学和系统工程是既有联系又有区别的两类不同性质的科学。我们可以这样来理解两类学科的联系、区别和含义:首先,运筹学是从系统工程提炼出来的基础理论,属于技术科学,系统工程是运筹学的实践内容,属工程技术;其次,运筹学被称为狭义系统工程,它解决具体的"战术"问题,而系统工程则用于研究战略性的全面问题;第三,运筹学只对已有系统进行优化,系统工程从系统规划设计开始就运用优化的思想;第四,运筹学是系统工程的数学理论,是实现系统工程实践的计算手段,是为系统工程服务的,而系统工程是方法科学,着眼于概念、原则、方法的研究,只把运筹学作为手段和工具使用。

5. 计算科学

计算科学是20世纪40年代以来伴随着电子计算机的发展而出现的一门新兴的科学方法,它主要是为各种模型提供精确或近似解法的理论。其应用称计算技术,现在又称科学计算,它为系统思想的定量化开拓了广阔的前景,成为系统工程不可缺少的一门基础理论。

在现代数学中,任何一个一般性的计算方法和计算程序等均可以叫算法,一切可设想的数学问题其算法均可分两大类:一是无算法;一是有算法。在有算法的问题中又分为有效算法和无效算法两类。无效算法是指计算时间与问题规模的增大呈指数曲线增大,有效算法是指计算时间只随问题规模的增大呈多项式函数曲线的增长。

科学计算就是为系统工程探索各类数学模型的算法和有效算法问题。

系统工程在实践过程中也提出一些算法课题来充实和丰富计算科学的内容。

系统工程这些基础理论在实践中是各有侧重的。运筹学主要处理静态问题，控制论主要解决动态问题，二者相辅相成，在计算科学的协助下成为系统工程不可缺少的理论基础，指导着系统工程的实践。有关内容将在第 2 章中详细介绍。

1.3.3 系统工程的应用理论

系统工程的应用理论主要包括系统工程方法论、系统建模理论、系统分析理论、系统预测理论、系统评价理论和系统决策理论等内容。

1. 系统工程方法论

系统工程方法论(Methodology of Systems Engineering)是系统工程思考问题和处理问题的一般方法。具体而言是指，针对复杂的大系统，采用灵活独特的思考问题和处理问题的方法，综合运用多种技术方案进行求解，解决系统工程实践中的问题所应遵循的步骤、程序和方法，其基本特点是研究方法的整体性、技术应用的综合性、管理决策的科学性；其基础是综合运用系统思想和各种数学方法、科学管理方法、经济学方法、控制论方法以及计算机技术等工具来实现系统的模型化和最优化，进行系统分析和系统设计；其描述方法除一般的数学方法和逻辑推理方法外，还有工程技术的规范和社会科学的艺术等。描述性、逻辑性、规范性、艺术性共同构成了系统工程独特的思想方法、理论基础、基本程序和方法步骤。

系统工程方法论主要包括：霍尔和切克兰德的系统工程方法论，美国国防分析研究所提出的并行工程方法学以及钱学森提出的综合集成工程方法学等。有关内容将在第 5 章中详细介绍。

2. 系统建模理论

在系统工程中，继系统分析后的核心工作就是系统建模。之所以进行系统建模，主要基于四方面的考虑：第一，系统工程研究的对象中有很多因素难以定量，需要应用计算机进行模拟分析，实现计算机的模拟就必须建立模型。第二，经济性是评价系统的重要指标之一。模型化的方法可以选择最优的参数、最优方案，不必对实际系统进行各种实验和调整，从而达到以较少的费用可靠地实现系统最优化的目的。第三，安全可靠。某些系统的实验和运行蕴藏着危险性，这使系统的实际实验和研究难度加大。用模型化的方法可避免各种危险，提出各种可靠的数据，为决策提供依据。第四，可对不能进行实际实验的系统进行研究。系统建模的目的，一是提高认识，帮助人们不断地加深对现象的认识，启发人们去进行可以获得满意结果的试验；二是提高决策和干预能力。

系统建模主要依据是相似理论。相似理论是系统建模与仿真的重要基础理论之一，主要包括相似原理、相似方法和实现相似的方法。

3. 系统分析理论

系统分析与运筹学的形成和发展过程几乎是同步进行的，在发展初期的应用都着重于分析军事和武器系统，都是实现有关确定最优选择、部署和控制现有操作系统等业务活动。20世纪50年代以后，两者之间已经呈现出明确的区别。特别在分析一些复杂的具有众多目标和不确定性因素的大系统时，单独采用运筹学的数学途径作为分析技术来解答问题，就存在着很大困难。运筹学通常涉及的是现已存在的系统的运营情况，而系统分析则着重于评价和改进现有系统和设计新系统，以便更好地实现现有的业务活动，或补充以前从未进行过的业务、职能和服务活动。

系统分析与运筹学的根本区别在于：运筹学是以专业技术为导向的，而系统分析则是以问题状况为导向的，重点考虑系统整体结构和动态过程。系统分析与运筹学的关系从某种意义上来说就如战略与战术的关系。

系统分析与系统工程、系统管理一起与有关专业知识和技术相结合，综合应用于解决各个专业领域中的规划、设计和管理等问题。系统分析活动的重点在于通过系统研究，调查问题的状况和确定问题的目标，再通过系统设计，形成系统的结构，拟定可行方案，通过建模模拟、优化和评价技术等对各种可行的备选方案进行系统量化分析与评价比较，最后输出适应的方案集及其可能产生的效果，供决策参考。系统工程活动则还包括进行决策和把决策付诸执行的活动。系统管理则是应用系统的观点和方法对已建成的系统进行管理。

4. 系统预测理论

系统预测就是根据系统发展变化的实际数据和历史资料，运用现代的科学理论和方法，以及各种经验、判断和知识，对事物在未来一定时期内的可能变化情况进行推测、估计和分析。系统预测的实质是充分分析、理解系统发展变化的规律，根据系统的过去和现在估计未来，根据已知预测未知，从而减少对未来事物认识的不确定性，以指导决策行动，减少决策的盲目性。

由于预测对象、时间、范围、性质等的不同，现有预测方法可以形成不同的预测方法分类。根据其性质特点，经典的预测方法分为三大类。即定性预测量法、时间序列分析预测方法和因果关系预测方法。

5. 系统评价理论

系统评价是系统工程的主要内容,是一项非常困难而又十分重要的工作,是对系统分析过程和结果的鉴定,是优选方案和决策的基础,直接影响着决策的正确性。其主要目的是判别所设计的系统是否达到了预定的技(战)术指标,为能否投入使用提供决策依据。

在对系统进行评价时,要从明确评价目标开始,通过评价目标来规定评价对象,并对其功能、特性和效果等属性进行科学的测定,就系统方案所能满足人们主观需要的程度和所消耗占用资源的情况进行评定,最后根据评价目标和主观判断,确定系统的综合评价值,在众多的替代方案中找出最优方案,作为进一步决策的参考。

6. 系统决策理论

所谓系统决策,就是指针对具有明确目标的系统问题,根据实际和可能,从多个可行的方案中,按照某种衡量标准,选定最佳或满意方案的过程。系统决策的全过程包括:掌握信息、提出问题;研究、设计备选方案;按照拟定的目标,评选方案;评审决策方案的实施,取得反馈信息,修正方案。

决策理论就是研究决策者作出决策过程的一种系统的理论和方法,目的是使决策过程符合科学的原则,并使所作出的决策最大限度地满足决策者的需要。20世纪50年代,美国学者A·瓦尔德奠基统计决策理论。1961年,美国学者H·赖法与R·O·施莱弗的《应用统计决策理论》一书的出版,使决策论具备了学科分支的雏形。1966年,美国学者R·霍华德明确地将决策分析作为决策理论的分支。

决策问题的数学描述,主要包括四方面的要素:

(1) 状态(条件)。一个问题所面临的几种自然状况或客观条件,简称为状态或条件。状态可分为确定型、不确定型和随机型。状态用$\theta_1,\theta_2,\cdots,\theta_n$表示,称为不可控因素,其出现的概率为$P(\theta_i)$。

(2) 方案(策略)。决策者可能采取的不同的行动方案,简称方案或策略。一般用$A_1,A_2,\cdots,A_m$表示,称为可控因素。

(3) 益损值(效益值或风险值)。决策者选定行动方案A_i,当出现某一自然状态θ_j时,会产生一定效益,或造成一定损失,得失的大小可用一个确定的数值来衡量,这个值称为益损值。益损值是A_i,θ_j的函数,记为$a_{ij}=F(A_i,\theta_j)$,$i=1,2,\cdots,m$,$j=1,2,\cdots,n$。

(4) 最优决策。最优决策是按照某种准则,选择一行动方案,使行动的效益最大或损失最小。

1.4 系统工程的展望与应用

1.4.1 未来设想及展望

当今世界是一个信息化时代，时代的需要将推动系统工程飞速发展。主要设想与展望有如下几点。

(1) 现在已有许多全球性问题列入系统工程的范围，并须作进一步的深入研究，这类全球性问题包括能源问题、地球资源问题、人口问题、生态系统以及世界经济模型等。这些问题是把全球作为一个大系统来讨论的，不受国家边界的限制。

(2) 与此同时，提出了许多“一般性研究”课题。这些课题虽然限于在国家边界之内研究对策，但是都是许多国家共同面临的，有一定普遍性的问题。例如，运输系统的有效管理、卫生管理系统的设计、城市环境保护、工业发展战略、区域性发展战略、可持续发展战略、系统分析技术等。

(3) 信息系统工程将得到飞速发展。人类进入20世纪90年代以后，网络技术空前发展，客观上使人类对信息共享和协作的要求愈加迫切。建立“数字地球”既是一项重要的基础研究课题，更是人类历史上一项宏大的信息系统工程，它将在深层次上实现计算机科学、信息科学、地球科学、系统科学的有机融合，从更高的层次来集成已有和正在发展的理论、技术和数据，开拓一系列全新的研究、发展与应用领域。

(4) 系统工程作为一门软科学日益受到人们的重视。社会上出现了一种从重视硬技术转向重视软科学的变化。人们从研究“物理”，扩展到研究“事理”，后来又开始探讨“人理”。对系统的研究也从研究“硬件”，扩展到研究“软件”，近年来又开始探讨“斡件”(orgware)，即协调硬件和软件的技术，还有人提出要探讨“人件”(human ware)，即探讨人类活动系统。

(5) 通过国际性研究机构或合作研究项目，使来自经济、社会、政治制度不同的国家的科学家有机会交流经验，共同完成某些国际重大问题的应用研究，建造“东方—西方”合作桥梁。

(6) 将系统工程与各种专业知识相结合，开展许多“共享知识领域”的学科边缘性研究。例如，资源和环境，其对象是地球的自然资源——土地、水源以及可以利用的大气资源。它需要的学科有地球物理学(包括水文学和气候学)、生态学和生物化学。

人类的居住和服务业。所涉及的是地球上的人的资源——人类，他们在空间和时间上的分布以及他们所需的服务设施。它利用的学科包括人口统计学、公共卫生、城市和地球科学、营养学、经济学和心理学。

管理和技术。所提出的问题来自社会设计、管理组织和技术。有关的学科有：管理科学、信息科学、经济学和社会学等。

(7) 研究与完善系统工程的方法论。系统工程至今尚未建立起完整的学科体系，从严格的标准来看，它是一门工程技术而不是一个学科，因此，建立更完整、更严密的系统工程的科学结构，将是今后系统工程工作者共同关心的任务。这样的课题主要涉及分析复杂问题和制定决策时的方法、概念和理论，而不是它的应用。它需要系统分析专家与数学、经济、运筹学方面专家的合作。

1.4.2 系统工程的应用

系统工程的应用范围非常广泛，大至国家系统、社会系统、产业系统和各种工业系统、各种服务系统等，小至企业的产品开发、经济计划、生产管理和库存管理等。可以说，它能用于解决一切部门复杂而又困难的项目的规划设计问题、管理控制问题以及生产运行问题。日本学者秋山穰和西川智登二人将系统工程的应用范围概括总结为表 1.2 所示。

表 1.2 系统工程的应用范围及应用举例

应用范围		应用举例
自然系统	宇宙	宇宙开发、航天飞行、通信卫星等
	气象、灾害	天气预报、地震预报、防灾、防台风、防洪水、震灾对策、人工气象开发等
	土地、资源	土地开发、海洋开发、资源开发、能源开发、太阳能开发、地热开发、潮力开发、治山治水、河流开发、农业灌溉、水库流量控制、土地利用、造田、环境保护等
	农、林、渔业	农业资源、林业资源、渔业资源、人工农业等
人体系统	生理、病理	生理分析、生理模拟、病理分析、病理模拟、病理情报检查等
	脑、神经、心理	思考模型模拟、自动翻译、人工智能、机器人研究、控制论模型、心理适应诊断、职业病研究等
	医疗	自动诊断、自动施疗、物理治疗、自动调剂、医疗工程、医院情报管理、医院管理、医疗保险、假手足、人工内脏等

(续)表 1.2

应用范围		应用举例
产业系统	技术开发	新技术开发、新产品开发、技术情报管理、原子能利用、最优设计、最优控制、过程模拟、自动设计、自动制图等
	工业设施	发电厂设备、钢铁厂设备、化工设备、过程自动化、机械自动化、自动仓库、工业机器人等
	网络系统	电力网、配管分配、安全回路、控制回路、道路计划、情报网等
	服务系统	铁道航空座席预约、旅店剧院预约、银行联机系统、自动售票、情报服务等
	交通控制	航空管制、铁道自动运行、道路交通管理、新交通系统等
	经营管理	经营系统、经营模拟、经营组织、经营预测、需求预测、经营计划、生产管理、资财管理、库存管理、销售管理、财务管理、车辆分配管理、经营情报系统、事务工作自动化等
社会系统	国际系统	防卫协调、国际能源问题、粮食问题、国际资源问题、国际环境保护、国际情报网、发展中国家的开发等
	国家行政	经济预测、经济计划、公共事业计划、金融政策、保卫、治安警察、外交情报、经济情报服务、司法情报、行政管理、邮政职业介绍等
	地区社会	地区规划、城市规划、防灾对策、垃圾处理、地区生活情报系统、公用计划、老年人和残疾人对策、地区医药等
	交化教育	自动广播、组号自动编成、计算机辅助教学、文化教育情报服务、教育计划、自动检字、自动印刷、自动编辑等

系统工程的应用范围非常广泛，它在各行各业都有用武之地。系统工程的应用领域从工程系统日渐向社会经济系统扩展。系统工程的应用几乎遍及工程技术和社会经济的各个方面，大至国家系统、社会系统、产业系统和各种工业系统、服务系统等，小至企业的产品开发、生产计划、生产管理和库存管理等。可以说，它能应用于解决一切部门复杂而又困难的项目的规划设计问题、管理控制问题以及生产运行问题。

系统工程是系统科学体系中的工程技术，是一个总类名称，按照系统工程应用的专业领域，可将其分为许多专业。1979 年钱学森院士给出了 14 门系统工程专业。[15] 目前，中国系统工程学会下设的专业委员会已经达到 20 多个，预计还将产生更多的系统工程专业。

思　考　题

1. 简述系统的基本概念(定义、特性、分类)。
2. 什么叫系统工程，它与传统的工程技术有什么区别？系统工程的特点有哪些？

3. 系统工程的主要过程有哪些内容？
4. 系统工程的基础理论包括哪些内容？
5. 系统工程的应用理论包括哪些内容？
6. 系统科学的概念，以及系统科学体系结构是什么？
7. 系统工程与系统科学的关系是什么？
8. 解释硬系统工程方法与软系统工程方法的概念，并说明它们的区别。
9. 为什么说系统工程是一门新兴的交叉学科？
10. 结合工作、学习和生活中的实例，阐述系统工程的应用。

第 2 章　系统工程的基本理论

20 世纪 40 年代，由于自然科学、工程技术、社会科学和思维科学的相互渗透与交融汇流，产生了具有高度抽象性和广泛综合性的系统论、控制论和信息论。系统论、控制论和信息论被称为系统科学的“老三论”。

系统论是研究系统的模式、性能、行为和规律的一门科学。它为人们认识各种系统的组成、结构、性能、行为和发展规律提供了一般方法论的指导。

人们研究和认识系统的目的之一，就在于有效地控制和管理系统。控制论则为人们对系统的管理和控制提供了一般方法论的指导，它是自动控制、通讯技术、计算机科学、数理逻辑、神经生理学、统计力学、行为科学等多种科学技术相互渗透形成的一门横断性学科。

为了正确地认识并有效地控制系统，必须了解和掌握系统的各种信息的流动与交换，信息论为此提供了一般方法论的指导。语言是人与人之间的信息交流的工具，文字扩大了信息交流的范围，19 世纪电话和电报的发明和应用使信息交流进入了电气化时代。信息论最早产生于通讯领域，现在已经和材料、能源一起构成了现代文明的三大支柱。信息的概念已渗透到人类社会的各个领域。因此，人们说现在是信息社会、信息时代。

2.1　系统论基础

系统论的创始人是美籍奥地利理论生物学家和哲学家路德维格·贝塔朗菲(Ludeig von Bertalanffy)。系统是由若干相互联系的基本要素构成的，它是具有确定的特性和功能的有机整体。如太阳系是由太阳及围绕它运转的行星(金星、地球、火星、木星等等)和卫星构成的。同时太阳系这个“整体”又是它所属的“更大整体”——银河系的一个组成部分。世界上的具体系统是纷繁复杂的，必须按照一定的标准，将千差万别的系统分门别类，以便分析、研究和管理。如：教育系统、医疗卫生系统、宇航系统、通信系统等等。

系统论将世界视为系统与系统的集合，认为世界的复杂性在于系统的复杂性，研究世界的任何部分，就是研究相应的系统与环境的关系。它将研究和处理对象作为一个系统即整体来对待。系统论认为，整体性、关联性、等级结构性、动态平衡性、时序性等是所有系统共同的基本特征。这些，既是系统所具有的基本思想观点，也是系统方法的基本原则，表现了系统论是反映客观规律的科学理论，具有科学方法论的含义。贝塔朗菲对此曾作过说明，英语 System Approach 直译为系统方法，也可译成系统论，因为它既可代表概念、观点、模型，同时又可表示数学方法。他说，用 Approach 这样一个不太严格的词，正好表明这门学科的性质特点。

系统理论目前已经显现出几个值得注意的趋势和特点。第一，系统论与控制论、信息论，运筹学、电子计算机和现代通信技术等学科相互渗透、紧密结合的趋势；第二，系统论、控制论、信息论，正朝着“三归一”的方向发展，现已明确系统论是其他两论的基础；第三，耗散结构论、协同学、突变论、模糊系统理论等新的科学理论，从各方面丰富和发展了系统论的内容，有必要概括出一门系统学——作为系统科学的基础科学理论；第四，系统科学的哲学和方法论问题日益引起人们的重视。在系统科学的上述发展形势下，国内外许多学者致力于综合各种系统理论的研究，探索建立统一的系统科学体系的途径。

一般系统论创始人贝塔朗菲，就把他的系统论分为两个部分，即狭义系统论与广义系统论。狭义系统论着重对系统本身进行分析研究；而广义系统论则是对一类相关的系统科学来进行分析研究。其中包括三方面的内容：第一，系统的科学、数学系统论；第二，系统技术，涉及控制论、信息论、运筹学和系统工程等领域；第三，系统哲学，包括系统的本体论、认识论、价值论等方面的内容。

有人提出试用信息、能量、物质和时间作为基本概念建立新的统一理论。瑞典斯德哥尔摩大学萨缪尔森教授 1976 年在一般系统论年会上发表了将系统论、控制论、信息论综合成一门新学科的设想。我国有的学者认为系统科学应包括“系统概念、一般系统理论、系统理论分论、系统方法论（系统工程和系统分析包括在内）和系统方法的应用”等五个部分。

2.1.1 系统、元素与非系统

在系统科学的庞大体系中，不同学科由于研究范围和重点的不同，常给出不同的系统定义。在技术科学层次上，通常采用钱学森的定义：系统是由相互制约的各部分组成的具有一定功能的整体。这个定义强调的是系统的功能，因为从技术科学看，研究、设计、组建、管理系统都是为了实现特定的功能目标，具有特定功能是系统的本质特性。在基础科学层次上，通常采用贝塔朗菲的定义：系统是相互联系、相互作用的诸元素的综合体。这个定义强调的不是功能，而是元素之间的相互作用以及系统对元素的综合作用。

把贝塔朗菲的表述稍加精确化，系统可定义为：如果对象集 S 满足以下两个条件：① S 中至少包含两个不同对象；② S 中的对象按一定方式相互联系在一起。则称 S 为一个系统，称 S 中的对象为系统的元素。

简言之，两个或两个以上的元素相互作用而形成的统一整体，就是系统。一台机器，一只动物，一家公司，一个国家，一篇文章，一句话，甚至一个字，都是一定的系统。

元素是构成系统的最小部分或基本单元，即不可再划分的单元，基本特征是具有基元性。机器作为系统，元素是不能再用机械方法分解的零件。句子作为系统，元素是单词或单字。所谓元素的不可分性，是相对于它所属的系统而言的；离开这种系统，元素本身又成为由更小单元构成的系统。单词或单字可以划分为若干字母或笔划，是一种符号系统。但字母和笔划没有语义，不是构成句子的元素。相对于句子系统，单词或单字是不再可分的基本单元。社会系统以人为元素，人作为生物学系统以细胞为元素。但细胞没有社会性，细胞之间只有生物学的和物理学的作用，不能作为社会系统的元素。研究社会系统，不需要也不可能以细胞为元素来讨论。机器零件由分子组成，但设计和使用机器只须考虑零件之间力学的或电磁的相互作用，无须把机器当作以分子为元素的系统（这里不涉及新近出现的纳米技术）。一个普通的控制装置的体积不比一个激光器小，但由于不需要从分子、原子考虑起，只须把元件作为最小组分，因而被视为小系统。激光器的运行规律须从原子的运动着手描述，再过渡到宏观整体，即必须把原子作为最小组分，因而被当作巨系统。

非系统分为两类。第一类是没有构成元素的事物，即不可分解的囫囵整体，如数学中的单元集。第二类是没有特定联系的对象群体，如数学中没有规定元素关系的多元集，或者至少存在一个孤立元或孤立子集的多元集。但严格意义上的非系统并不存在。单元集只是一种数学抽象，没有一种现实事物是绝对不可分的。夸克被许多人当作不可再分的物质基元，但物理学家新近发现夸克可能仍然可分。即使物理学将来真的发现了物质世界不可再分的最小组分，它也应当像质点那样以某些变量为要素作为系统来分析。现实世界不存在完全没有内部联系的多元集。只有偶然联系的多元集也不是绝对的非系统，因为偶然性联通着随机性。但在相对的意义上，系统科学承认非系统概念的合理性。有些群体中元素间的联系微弱，忽略这种联系，把它视为第二类非系统，能够更好地显示那些具有紧密内在联系的群体的系统性。第一类非系统也有现实意义。汉字的笔划都是无穷点集，由于这种点并无文字学意义，从文字学观点把笔划看作第一类非系统存在物是合理的。三元笔划集{丿，一，㇏}是第二类非系统存在物，只有按汉字规则形成“大”字，才具有文字意义。总之，非系统与系统相比较而存在，用非系统作反衬，能更好地揭示系统概念的内涵。但现实世界中系统是绝对的、普遍的，非系统是相对的、非普遍的。没有一个现实的事物完全不可被看作系统。一切事物都以系统的方式存在，都可以用系统方法研究。这是系统科学的基本信念。

2.1.2 系统论的任务与基本观点

系统论的基本思想方法就是把所研究和处理的对象，当作一个系统，分析系统的结构和功能，研究系统、要素、环境三者的相互关系和变动的规律性，世界上任何事物都可以看成是一个系统，系统是普遍存在的。大至渺茫的宇宙，小至微观的原子，一粒种子、一群蜜蜂、一台机器、一个工厂、一个学术团体等等，都是系统，整个世界就是系统的集合。

1. 系统论的任务

系统论的任务不仅在于认识系统的特点和规律，反映系统的层次、结构、演化，更重要地还在于利用这些特点和规律去控制、管理、改造或创造系统，使它的存在与发展合乎人的目的需要。也就是说，研究系统的目的在于调整系统结构，调整各要素之间的关系，使系统达到优化目标，为解决现代社会中政治、经济、科学、文化和军事等各种复杂问题提供方法论基础。

系统论的出现，使人类的思维方式发生了深刻的变化。以往研究问题，是把事物分解成若干部分，抽象出最简单的因素来，然后再以部分的性质去说明复杂事物，这是笛卡尔奠定理论基础的分析方法。这种方法的着眼点在局部或要素，遵循的是单项因果决定论，虽然这是几百年来在特定范围内行之有效、人们最熟悉的思维方法，但是它不能如实地说明事物的整体性，不能反映事物之间的联系和相互作用，它只适应认识较为简单的事物，而不能胜任对复杂问题的研究。在现代科学的整体化和高度综合化发展的趋势下，在人类面临许多规模巨大、关系复杂、参数众多的复杂问题面前，就显得无能为力了。正当传统分析方法束手无策的时候，系统分析方法站在时代前列，高屋建瓴，综观全局，别开生面地为现代复杂问题提供了有效的思维方式。

系统论，连同控制论、信息论等其他横断科学一起所提供的新思路和新方法，为人类的思维开拓新路，它们作为现代科学的新潮流，促进着各门科学的发展。系统论反映了现代科学发展的趋势，反映了现代社会化大生产的特点，反映了现代社会生活的复杂性，所以它的理论和方法能够得到广泛地应用，为现代科学的发展提供了理论和方法，系统观念正渗透到每个领域。当前系统论发展的趋势和方向是朝着统一各种各样的系统理论，建立统一的系统科学体系的目标前进着。有的学者认为，“随着系统运动而产生的各种各样的系统理论，而这些系统理论的统一也已成为重大的科学问题和哲学问题。”

2. 系统论的基本观点

贝塔朗菲强调，任何系统都是一个有机的整体，它不是各个部分的机械组合或简单相加，系统的整体功能是各要素在孤立状态下所没有的新质。他用亚里斯多德的“整体大于部分之和”的名言来说明系统的整体性，反对那种认为要素性能好，整体性能一定好，以局部说明整体的机械论的观点。同时认为，系统中各要素不是孤立地存在着的，每个要素在系统中都处于一定的位置上，起着特定的作用。要素之间相互关联，构成了一个不可分割的整体。要素是整体中的要素，如果将要素从系统整体中割离出来，它将失去要素的作用。正如人手在人体中它是劳动的器官，一旦将手从人体中砍下来，那时它将不再是劳动的器官了一样。

1）系统的整体性

系统整体性是系统最本质的属性。贝塔朗菲指出：“一般系统论是对整体和完整性的科学探索”。系统的整体性，根源于系统的有机性和系统的组合效应。系统整体性原理的基本内容，可以概括为以下几个方面：① 要素和系统不可分割。凡系统的组成要素都不是杂乱无章的偶然堆积，而是按照一定的秩序和结构形成的有机整体。系统与要素、整体与部分，这种“合则两存”、“分则两亡”的性质，就是系统的有机性。② 系统整体的功能不等于各组成部分的功能之和。在系统论中，1 加 1 不等于 2，这是贝塔朗菲著名的“非加和定律”。系统的这种非加和性又可以分为两种情况：一是“整体大于部分之和”，这种现象称为系统整体功能放大效应：二是“整体小于部分之和”，这种现象称为系统整体功能缩小效应。③ 系统整体具有不同于各组成部分的新功能。这是从质的关系方面看，系统的整体效应表现为系统整体的性质或功能，具有构成该整体的各个部分自身所没有的新的性质或功能，也就是说，系统整体的质不同于部分的质。

2）系统的开放性

生物系统本质上是开放系统，不同于封闭的物理系统，有其特殊性。贝塔朗菲认为，一切有机体之所以有组织地处于活动状态并保持其活的生命运动，是由于系统与环境处于相互作用之中，系统与环境不断进行物质、能量和信息的交换，这就是所谓的开放系统。正是由于生命系统的开放性，才使这种系统能够在环境中保持自身有序、有组织的稳定状态。他提出等结果性原理，用一组联立微分方程对开放系统进行数学描述，从数学上证明了开放系统的稳态，并不以初始条件为转移，指出了开放系统可以显示出异因同果律。

系统的目的性是存在的，不是完全由因果律决定的。开放系统可以保持自身的稳定结构和有序状态，或增加其既有秩序，这正是系统目的性的表现。把系统的开放性、有序性、结构稳定性和目的性联系起来，正是贝塔朗菲一般系统论的核心和重要成果。

3）系统的动态相关性

任何系统都处在不断发展变化之中，系统状态是时间的函数，这就是系统的动态性。系统的动态性，取决于系统的相关性。系统的相关性是指系统的要素之间、要素与系统整体之间、系统与环境之间的有机关联性。它们之间相互制约、相互影响、相互作用，存在着不可分割的有机联系，相关就是联系。系统论的相关性原则与唯物辩证法普遍联系的原则是一致的。动态相关性的实质是揭示要素、系统和环境三者之间的关系及其对系统状态的影响。

4）系统的层次等级性

系统是有结构的，而结构是有层次、等级之分的。系统由子系统构成，低一级层次是高一级层次的基础，层次越高越复杂，组织越有序，并且系统本身也是另一系统的一个组成要素。系统中的不同层次及不同层次等级的系统之间是相互制约、相互关联的。自然系统、社会系统都有层次结构。等级层次结构存在于一切物质系统，因而人们对事物的认识也只是对其某一层面的认识。

5）系统的有序性

系统的有序性可从两方面来理解。其一，是系统结构的有序性。若结构合理，则系统的有序程度高，有利于系统整体功效的发挥。其二，是系统发展的有序性。系统在变化发展中从低级结构向高级结构的转变，正体现了系统发展的有序性，这是系统不断改造自身、适应环境的结果。系统结构的有序性体现的是系统的空间有序性，系统发展的有序性体现的是系统的时间有序性，两者共同决定了系统的时空有序性。

2.1.3 系统整体突现原理

一堆自行车零件对行人没有用处，组装成自行车就具有交通工具的功能。H原子和O原子化合为H_2O分子，再聚集起来，就具有水的不可压缩性、溶解性等新性质。无生命的原子和分子组织为细胞，就具有生命这种全新的性质。系统整体与其元素或部分的总和之间的这种差别，是普遍存在且具有重大系统意义的现象。系统论由此得出一个基本结论：若干事物按某种方式相互联系而形成一个系统，就会产生出它的组分和组分的总和所没有的新性质，叫做系统质或整体质。这种性质只能在系统整体中表现出来，一旦把系统分解为它的组成部分，便不复存在。这就是系统的整体突现性原理，又称非加和性原理或非还原性原理。通俗地讲，整体多于部分之和。这是全部系统科学的理论基石。

所谓用系统观点看问题，中心之点是考察系统的整体突现性，即不能还原为部分去认识、只能从整体上加以把握的性质。只要是系统，就具有整体突现性，不同系统具有不同的整体突现性。

系统的整体特性既包括定性方面，即系统质，又包括定量方面，即系统量。系统量是系统在整体上表现出来的量，它们在组分层次上是完全不能理解的，甚至不可能被发现。例如，单个物质分子无温度、压强可言，一旦聚集成热力学系统，便产生了温度、压强等系统量，用它们可以描述热力学系统的整体质，即宏观物理性质。

如果整体与部分之间存在某种可比较的同质特性，如个人智慧与集体智慧、个人力量与集体力量等，那么非加和原理可用公式表示如下：

$$W \neq \sum p_i$$

其中，W 代表整体，p 代表部分，$\sum$为数学求和符号，表示把所有部分 p_1，p_2，……加起来。结果可以分为两种情形：

（1）整体大于部分之和

$$W > \sum p_i$$

俗话说，“三个臭皮匠，赛过一个诸葛亮”，说的就是这种情形，表示正效应。

（2）整体小于部分之和

$$W < \sum p_i$$

俗话说“一个和尚挑水吃，两个和尚抬水吃，三个和尚没水吃”，说的就是这种情形，表示负效应。

非系统群体的基本特性是加和性，整体等于部分之和。可用公式表示为

$$W = \sum p_i$$

系统是有组织的群体，组织性表现为元素或部分之间存在一定的相互联系。整体突现性是系统的组分之间相互作用、相互激发而产生的整体效应，即结构效应或结构增殖。单个组分或组分的总和不能产生这种效应。当加和性满足时，则表示零效应，即无系统效应。可见，把非加和性原理简单地表述为“整体大于部分之和”是不适当的。

系统的整体性必定以某种方式、在某种程度上反映在组分身上，使得处于系统联系中的组分与把它从系统中分离出来时有显著的不同。对于有机体，分离出来的组分与系统中的组分有质的不同。部分或多或少包含着有关整体的信息，但不能一般地说整体的全部信息都反映在它的每一部分中。

组分之间的相互作用也产生相互制约的效应，导致系统整体对组分的约束和限制，使组分自身的某些性质被屏蔽起来。整体对组分的屏蔽作用是产生整体突

现性的必要代价。有所屏蔽,才能有所突现。一旦系统整体被打破,那些被屏蔽起来的因素就会冒出来,在形成新的整体中发挥作用。水分子的形成屏蔽了氢的可燃性和氧的助燃性,其聚集体产生了不可压缩性等水的特性。冷战结构的形成屏蔽了许多民族矛盾和宗教冲突,冷战结构解体后,这些矛盾冲突又暴露出来,显著地影响世界新秩序的建立。

2.1.4 系统等级层次原理

没有按一定结构框架组织起来的多元集是一种非系统。结构不能离开元素而单独存在,只有通过元素间相互作用才能体现其客观实在性。结构主义把结构看作独立于元素而单独存在的东西,是错误的。元素和结构是构成系统的两个缺一不可的方面,系统是元素与结构的统一。给定元素和结构两方面,才算给定一个系统。下面首先讨论系统结构与系统功能,进而讨论系统等级层次原理。

1. 系统结构与系统功能

即使只从系统意义看,结构也是千差万别的,很难给以近似完备的分类,只能具体情况具体分析。为便于读者理解,这里简述几种结构。

1) 空间结构和时间结构

元素在空间的排列分布方式(代表元素间一定的相互作用方式),称为空间结构。如晶体的点阵结构,建筑物的立体结构。系统运行过程中呈现出来的内在时间节律,如地月系统的周期运动、生物钟等,称为时间结构。还有一些系统呈现出时空混合结构,如树的年轮。

2) 对称结构与非对称结构

中国古建筑具有明显的对称结构,西洋建筑的非对称结构比较明显。人体既有对称结构,如人的五官对称,四肢对称;也有非对称结构,如肝、脾成单,心脏偏左,肺脏偏右。

3) 深层结构与表层结构

乔姆斯基揭示出语言系统有深层结构与表层结构的区别与联系,对于认识一般系统的结构也有意义。如社会巨系统,根本制度是深层结构,具体运作体制是表层结构。一般来说,深层结构决定表层结构,表层结构反映并反作用于深层结构。深层结构比较稳定,表层结构容易改变。

4) 硬结构与软结构

计算机系统的硬件即硬结构,软件即软结构。一般系统也有这两种结构之分。一般来说,空间排列、框架建构属于硬结构;细节关联,特别是信息关联,属于软结构。球队成员的职责分工是硬结构,比赛中灵活的配合、默契、对教练的信赖等是软结构。人们往往重视硬结构，忽视软结构。但硬结构问题比较容易解决，软结构问题往往不易捉摸，难以解决。同类企业，人员配置、分工关系大体相同，工作成绩可能显著不同，原因在于软结构不同。在管理工作中，硬结构的设计、调整、重建是间或才有的事，而处理软结构问题却是经常性的，因而应予更多的注意。管理水平的高低往往表现在这里。

在元素众多、结构复杂的系统中，元素之间有一种成团现象，一部分元素按某种方式更紧密地联系在一起，具有相对独立性，有自己的整体特性。不同集团的元素之间往往不是直接相互联系，而是通过所属集团而联系在一起。这类集团被称为子系统或分系统。

定义 2.1　S_i 被称为 S 的一个子系统，如果它同时满足条件：

(1) S_i 是 S 的一部分，即 $S_i \subset S$；

(2) S_i 本身是一个系统。

定义中的项(1)表示子系统具有局域性、从属性，只是系统的一部分。项(2)表示子系统具有系统性，既不是任意部分，也不是元素，没有基元性。有些著作不区分元素和子系统，常把元素也称为子系统。如把热力学系统中的分子称为子系统，但并不关注分子的系统性。这样处理逻辑上不严密，容易引起混乱。当我们考察系统的某一部分时，若只须把它当作最小结构单元，无须作为系统对待，就应称其为元素。如果我们关心的是该部分作为整体的结构和特性，则应称其为子系统。

设系统 S 被划分为 n 个子系统 $S_1, S_2, \cdots, S_n$。正确的划分应满足以下要求：

(1) 完备性

$$S = S_1 \cup S_2 \cup \cdots \cup S_n \tag{2.1}$$

(2) 独立性

$$S_2 \cap S_j = \varnothing(\text{空集}), i \neq j \tag{2.2}$$

划分子系统，确定子系统之间的关联方式，是刻画系统结构的重要方法。复杂系统可以而且需要从不同角度或按不同标准划分子系统。完备性和独立性要求是针对按同一标准划分出来的子系统讲的，按不同标准划分出来的子系统一般并不相互独立，往往含有部分相同的元素。按同一标准划分出来的子系统有可比性，彼此至少在逻辑上是并列的。

系统是否需要划分子系统，主要不在于元素多少，而在于元素种类的多少(元素差异的大小)和联系方式的复杂性。封闭容器中的气体系统的元素(分子)数量极大，但种类少，相互作用方式单调，一般不会形成不同性质的子系统。一个规模不大的企业，由于职工分工不同，政治的、经济的、人事的关系复杂，总体划分为许多子系统，结构比气体系统复杂得多。

如果元素之间的联系方式能用数学中的关系概念来表示，则系统的结构可用

集合论描述。设 $A=\{x|x$ 具有性质 $p\}$ 为一多元集，$R=\{r_1,r_2,\cdots\}$ 为 A 中的关系集，满足定义 2.1 的要求，则 A 与 R 一起确定了一个系统 S

$$S=\langle A,R\rangle \tag{2.3}$$

数学中的图、树、群、格等都可以刻画某些系统的结构，在系统科学中有很多应用。

集合 R 中的关系 r 按其对系统的作用分为两类。那些对于把 A 中全部元素联系起来形成系统并产生整体新质必不可少的关系，称为系统的构成关系。R 中的其他关系为非构成关系。家庭作为系统，夫妻、双亲与子女、兄妹等关系为构成关系。有些夫妻还有同学或师生之类的关系，对于家庭系统是非构成关系。了解系统结构主要是把握构成关系。但要全面认识系统，有时还需了解非构成关系。

系统的构成关系应具有完备性，通过这种关系把系统中的所有元素联系在一起。系统中不存在相对于构成关系的孤立元素，即不允许同一系统的两个元素之间只有非构成关系。这叫做系统构成关系完备性原理。

凡系统都有自己的功能，这是功能的普遍性。有一种观点认为有些系统没有功能，如封闭系统。此说法不妥。既然封闭系统只是一种抽象，真实系统都对环境有作用，它就有某种功能。即使完全封闭的系统，它从无到有的形成过程，把它从环境中封闭起来的边界，都会改变环境。一切现实存在的系统都是环境的组成部分，影响着环境的形成和保持，这就是某种功能。没有它的存在，环境必定是另外的样子。

一般系统都有多种功能，环境中的功能对象往往不只一种，同一系统对不同对象有不同功能。书的首要功能是传播知识和精神食粮，也有装饰居所的功能，对作者有获得名利和交友的功能，甚至被用于其他无文化含义的方面。功能分本征的与非本征的两类。车辆的本征功能是运输，有时被当作储存室或路障，就是非本征功能。

一种流行观点认为，结构与功能有对应关系，结构决定功能。这是一种简化提法，容易引起误解。从系统本身看，功能由元素和结构共同决定。元素性能太差，不论结构如何优化，也造不出高效可靠的机器。任意挑选六个球员，再高明的教练也无法训练出一支世界级排球队。必须有具备必要素质或性能的元素，才能构成具有一定功能的系统。这是元素对功能的决定作用。但同样或相近的元素，按不同结构组织起来，系统的功能有优劣高低之分，甚至会产生性质不同的功能。这是结构对功能的决定作用。

系统的功能还与环境有关。首先，同一系统对不同功能对象可能提供不同的功能服务。对象选择不当，系统无法发挥应有的功能，即所谓“用材不当”。“大炮打蚊子”之所以受到嘲笑，是因为用错了功能对象。所谓某人“在甲单位是一条虫，在乙单位是一条龙”，讲的也是环境包括功能对象适当与否对发挥人才作用的巨大影响。环境的不同还意味着系统运行的条件、气氛等的不同，可能对系统发挥功能产生有利或不利的影响。

总之，元素、结构、环境三者共同决定系统的功能。设计或组建具有特定功能的系统，须选择具有必要性能的元素，选择最佳的结构方案，还要选择或创造适当的环境条件。使用一个既存系统，须正确选择功能对象，“好钢用在刀刃上”；要尽力提高元素性能，改善结构。从工程实际活动看，往往是元件条件已定，在一定时期无法获得更高性能的元件，或无法提高成员的素质，环境条件也已规定，人们可以努力的主要是在优化结构上下功夫。在元素和环境给定的情况下，才是结构决定功能。

功能发挥过程对结构有反作用，促使结构改变。机器在使用中发现改进结构的途径，新的功能需求启示人们发明新的结构方案。生物器官用进废退，环境变化引起原有功能不适应，是生物机体结构变化的决定性原因。这是功能对结构的积极的反作用。如果功能发挥不适当，那么可能使系统结构受到损伤，是功能对结构的消极的反作用。

2. 系统等级层次原理

有些文献用部分来定义层次，常见“层次是系统中具有某某性质的部分”之类说法，实为不妥。人们的许多认识错误起源于混淆不同层次的子系统。严格意义上的层次不是系统的某一部分，层次划分与部分划分不是一回事。不同部分是相互独立的，除去某一部分，其他部分还存在。不同层次一般不是不同部分，除去某个层次，其他层次也无法存在。自然科学中公认的层次划分，如宇宙中有基本粒子层次、原子层次、分子层次等，它们不是宇宙的不同部分，除去原子层次的物质，也就不存在所谓分子，因为分子是由原子构成的；除掉原子，也谈不上基本粒子层次，因为宇宙中未被组织到原子中的基本粒子是很少的。

整体突现性原理提供了正确把握层次概念的理论依据。系统的整体质是由元素相互作用而产生的质的飞跃。但在复杂巨系统中，从元素质到系统质的根本飞跃不是一次完成的(简单系统可以看作是由元素层次加上结构因素而直接飞跃到整体层次)，而是经过一系列部分质变实现的，每发生一次部分质变，就形成一个中间层次；或者说，每出现一个新的层次，就有一次新质的提升；一直到完成根本质变，形成系统的整体层次。因此，层次是从元素质到系统整体质的根本质变过程中呈现出来的部分质变序列中的各个阶梯，是一定的部分质变所对应的组织形态。

不同层次之间有高低、上下、深浅、内外、里表的区别。高层次包含低层次，低层次隶属于高层次;或者高层次支配低层次,低层次服从、支撑高层次。宇宙物质系统的不同层次,生命系统的不同层次,都是这样的。了解不同层次之间这种不对称关系,对于把握系统结构是重要的。

在非典型的情况下,系统的不同层次也可能同时是它的不同部分。对于这种系统,按某个标准划分出来的不同子系统,同时又有高低、上下、深浅、里外之分,因而也被当作不同的层次。如地球分为地核、地幔、地壳三个层次,彼此在空间上有包含与被包含的关系,同时也是三个子系统。许多系统呈现这种壳层结构。还有些系统具有塔层结构,或圈层结构,等等。

自然界演化出来的系统,人类社会系统、人造系统以及语言符号系统、思维系统等,都具有等级层次结构。系统论断言,无论是系统的形成和保持,还是系统的运行和演化,等级层次结构都是复杂系统最合理的或最优的组织方式:或最少的空间占有,或最有效的资源利用,或最大的可靠性,或最好的发展模式等等。这就是等级层次原理。

贝塔朗菲认为:“等级层次的一般理论显然是一般系统论的一个重要支柱”。实际上,它也是全部系统科学的重要支柱,在各个学科分支都有应用。等级层次理论的主要课题是:什么是层次,如何划分层次,层次的基本特性,层次形成的机理,不同层次如何联系和过渡,如何从低层次的质提升到高层次的质,等等。对于这些问题,系统科学尚未形成一般理论,缺乏适当的数学工具。

2.1.5 系统环境互塑共生原理

每个具体的系统都是从普遍联系的客观事物之中相对地划分出来的,与外部事物有千丝万缕的联系,有元素或子系统与外部的直接联系,更有系统作为整体与外部的联系,这种联系对于形成系统特有的规定性是必要而且重要的,这是系统的外部规定性。外部的变化或多或少会影响到系统,改变系统与外部事物的联系方式,往往还会改变系统内部组分的联系方式,甚至会改变组分本身,包括增加或除掉某些组分。市场变化导致企业调整结构,改变经营方式,以至人员变动,更换经理。

1. 系统环境与约束条件

广义地讲,一个系统之外的一切事物或系统的总和,称为该系统的环境。令U记宇宙全系统,S记我们考察的系统,S'记它的广义环境,则

$$S' = U - S \tag{2.4}$$

实际上,不可能也无必要列举S与S'中一切事物的联系。狭义地讲,S的环境,记作E,是指U中一切与S有不可忽略的联系的事物之总和,即

$$E=\{x \mid x \in U \text{ 与 } S \text{ 有不可忽略的联系}\} \tag{2.5}$$

一句话，作为系统，上下文是它的环境，称为语境。一架正在飞行的航空器，周围的空气、山水、其他飞行器等是它的环境。社会系统的环境包括两方面，即自然环境和社会环境(人类社会作为整体只有自然环境)。环境具有客观普遍性，一切系统都在一定的环境中形成、运行、演变。只要 $S \neq U$，它的环境就不是空集

$$E \neq \varnothing \tag{2.6}$$

但环境的划分具有相对性。确定系统环境的根据是它的构成关系，环境系统是构成关系不再起作用的对象范围。

环境意识或环境观念是系统思想的重要内容，环境分析是系统分析不可或缺的一环。系统的完整规定性由内部规定性和外部规定性共同构成。句子的语义与其语境有关，同一句话因不同的上下文而含义不同。飞机的速度、姿态、飞行路线因环境不同而不同。一个国家的内外政策和国家行为，与自然环境有关，更与社会环境有关。

环境具有系统性，常被称为环境超系统。环境分析必须运用系统观点，了解环境的组分，组分之间的关系，环境超系统的整体特性和行为。一般来说，环境中的事物的相互联系要弱于系统内部的联系。环境具有某种程度上的非系统性，为系统趋利避害，保护和发展自己提供了可能性。

环境既有定常性，又有变动性。有些系统的环境在很长时期内基本不变，但完全不变的环境不存在。有些系统的环境处于显著变化中，但仍有相对不变的一面。环境的定常性与变动性、确定性与不确定性，对系统的存续运行都既是有利因素，又是不利因素。

把系统与环境分开来的某种界限，叫做系统的边界。从空间结构看，边界是把系统与环境分开来的所有点的集合。从逻辑上看，边界是系统构成关系从起作用到不起作用的界限，系统质从存在到消失的界限。边界肯定了系统质在其内部的存在，同时就否定了系统质在其外部的存在。边界的存在是客观的，凡系统均有边界。但有些系统的边界并无明确的形态，难以辨认。有些系统的边界有模糊性，系统质从有到无是逐渐过渡的。复杂系统的边界还可能有分形特性，一系统与其他系统在边界地段相互渗透，你中有我，我中有你，无法通过有限的步骤完全区分开来。

系统与环境相互作用、相互联系是通过交换物质、能量、信息实现的。系统能够与环境进行交换的特性，叫做开放性。系统自身抵制与环境交换的特性，称为封闭性。系统性是封闭性与开放性的对立统一。一般来说，一个系统(特别是生命、社会、思维系统)只有对环境开放，与环境相互作用，才能生存和发展。

开放得愈充分有效，自身的运行发展也愈有效。开放不够，系统的生存发展

将受影响，严重时导致解体。但封闭性绝非单纯消极因素，而是系统生存发展的必要保障条件。从环境中输入的东西不免泥沙共下，苛求输入纯而又纯无异于不要开放。但并非任何开放都对系统有利，人吃山珍海味太多会坏胃口，误食有毒物会生病。国家要从外部世界获取必要的物资、知识、技术、文化，同时就可能有消极腐朽的东西混进来。这就要求发挥封闭性的积极作用。在开放条件下，系统必须对输入输出加以管理，认真检验、鉴别、过滤。全盘否定封闭性，提倡"彻底开放"，拒绝对外来的东西加以过滤，这种观点在理论上违背系统原理，实践上极其有害。简言之，系统性是开放性与封闭性的辩证统一。

按照系统与环境的关系，可划分出开放系统与封闭系统。同环境无任何交换的是封闭系统。现实系统或多或少都有开放性，但开放程度差异极大。有些系统与外部的交换极其微弱，允许忽略不计，看做封闭系统。封闭系统是系统开放性弱到极限时的一种理想情形。由于封闭系统便于研究，常被经典科学用来作为某类对象的理论模型。

2. 系统环境互塑共生原理

现在可以全面地讨论系统与环境的关系了。环境对系统有两种相反的作用或输入，给系统提供生存发展所需要的空间、资源、激励或其他条件，是积极的作用、有利的输入，统称为资源。给系统施加约束、扰动、压力甚至危害系统的生存发展，是消极的作用、不利的输入，统称为压力。这两种作用都会在系统的形态、特性、行为等方面打上环境的烙印。不同环境造就不同的系统。所谓"一方水土养一方人"、"近朱者赤，近墨者黑"等成语，说的就是这种情形。这是环境对系统的塑造。

系统对环境也有两种相反的作用或输出。给环境提供功能服务，是积极的作用、有利的输出，统称为功能。系统自身的行为，与其他系统为争夺资源而展开的竞争，有破坏环境的作用，即不利的输出，称为对环境的污染。这是系统对环境的塑造作用。图 2.1 描绘了系统与环境全面的相互关系。

关于环境对系统的塑造作用，现有系统理论作了充分的讨论。关于系统对环境的塑造作用，现有系统理论几乎未曾涉及。论述系统对环境的塑造作用应成为系统理论新的基本课题之一。这种讨论主要是针对所谓活系统进行的。活系统的基本行为之一，是不断向环境排泄自身的废物。如果这种排泄物能够纳入环境超系统的大循环之中，成为其他系统的资源，从而被环境吸收消化，则是一种有益于环境的行为。如果排泄物不能被环境吸收消化，积累到一定程度，就成为对环境的污染，导致环境品质变坏，威胁到系统自己的生存发展。

消耗环境资源也是活系统的一种基本行为。环境资源的基本特征是有限性、多样性、可变质性。不合理的资源消耗将导致环境资源匮乏，减少环境组分的多样性，最终危及系统的生存发展。环境资源可能因污染而变质，不再适于系统需要，甚至危及其生存发展。目前人类社会已经面临这种危险。人类赖以生存的一切资源，如空气、水、阳光、动植物以至精神食粮，都可能并且事实上处于被污染的危险中。这些都是系统行为对环境的负面塑造作用。

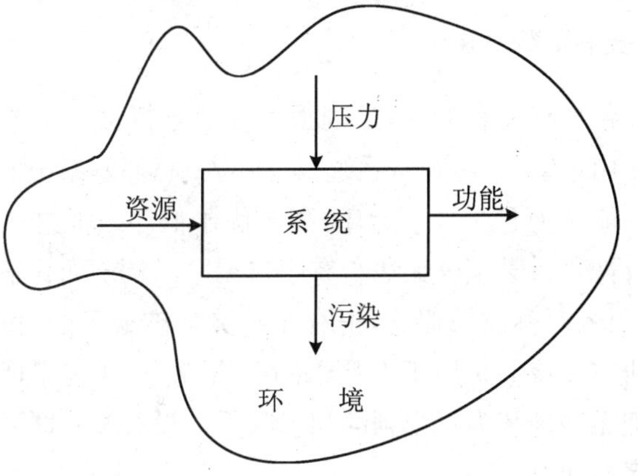

图 2.1　系统与环境之间的关系

环境向系统提供资源的能力，称为源能力。环境吸纳、同化系统排泄物的能力，称为汇能力。源能力与汇能力共同构成环境对系统的支撑能力。系统的行为不当，会导致对这些能力的破坏；行为合理，能起到保护甚至发展环境支撑能力的作用。

把生态概念推广到系统理论，可以一般地讨论系统的环境生态问题。在同一环境中产生发展起来的不同系统，总体上是互补共生的。或者因相互直接提供功能服务而共生，或者同处于环境大循环过程、通过中介环节而共生。相互竞争的系统因相互提供竞争对手而互补共生。即使捕食与被捕食的关系，不同系统也通过相互制约而共生，如果被捕食者系统消亡，捕食者系统也随之消亡。多种多样的环境组分，通过多种多样的相互作用，形成环境超系统的复杂生态网络，达成组分系统“一荣俱荣，一损俱损”的生态平衡。每个组分系统的变化都影响环境超系统，环境生态平衡的破坏将危及每个组分系统的生存。

总之，环境塑造着环境中的每个系统，环境又是组成它的所有系统共同塑造的。为了生存发展，系统必须有效地开发利用环境、适应环境、改造环境，同时要限制对环境的开发、利用、改造，把保护和优化环境作为系统自身的重要功能目标，以此规范自己的行为，维护环境生态平衡。人类社会作为系统尤其如此。当工业文明高度发展、人类社会的排泄物远远超过自然环境的自化能力时，这个系统必须改变自己的行为方式，创造新的技术手段把这些排泄物纳入人工大循环中，把人类社会的自化与自然界的自化结合起来，把社会发展与环境保护协调起来。这个重大课题真正解决之时，将是新的人类文明——信息生态文明形成之时。

2.1.6 系统的秩序

秩序性问题，包括有序和无序，是刻画系统形态特征的重要方面。制造和组建系统，管理和使用系统，甚至观赏系统，关注的中心都是系统的有序性。就人类的价值判断看，一般认为有序胜于无序，高序优于低序。但这些概念远比人们的直观理解要复杂得多，科学至今无法给有序与无序以精确而普适的定义。一些系统理论从物理学引入对称破缺概念，把有序定义为破缺了的对称性，能否推广到一般系统，尚待研究。我们采用不太严格的通俗说法，把有序理解为事物之间规则的相互联系，把无序理解为不规则的相互联系。没有相互联系的事物群体即非系统，不存在秩序性问题。

系统的有序性首先指结构的有序性。组分（元素、子系统）之间的联系方式可能是规则的、确定的，也可能是不规则、不确定的。简单有序，指的是组分在空间分布上的规则排列，如晶体点阵；或为时间延续中的规则变化，如周期运动。简单无序，指的是组分在空间分布上的无规则堆积，如垃圾堆；或为时间延续中的任意变化，如随机运动。不论简单有序或简单无序，都可以用对称破缺概念作数学刻画。

系统的有序性还表现于行为的有序和功能的有序。系统的行为与功能是作为过程而展开的，包括多个阶段、步骤、程序等，需要有序地协调安排，以求行为和功能的优化。行为和功能直接表现的是系统与环境的相互联系，联系方式有规则的与不规则的、较强的规则性与较弱的规则性的区别，但更多地取决于系统内部联系即结构的有序或无序、高序或低序。

纯粹的有序或无序只是理论抽象。真实系统的有序和无序是相对的，它们相比较而存在，相排斥而演变。晶体的有序排列中总有缺陷，地月系统的周期运动存在非周期摄动，成熟的法治社会也免不了违法现象。另一方面，所谓杂乱无章的堆积物也有某种规则联系，随机运动存在统计确定性，也是一种有序结构。至于复杂系统，有序与无序总是相伴而生，彼此都有明显的表现，表观的无序掩盖着丰富多彩的精细结构，因而是一种复杂的高级的有序。空间排列上的分形结构，时间演化中的混沌行为，都是这类复杂的有序，或嵌在无序中的有序。

系统的有序性是在其形成过程中通过对组分的整合建立起来的。内部组分的多样性和差异性，环境组分的多样性和差异性，既是滋生混乱无序的土壤，也是建立秩序的客观前提。诸多事物能够被整合成为一个系统整体，必有互补互利、合作共生的需要和可能，这是产生有序的基础。既为差异物，必定在资源占有上有相互妨碍、竞争排斥的一面，这是产生无序的基础。但合作互补可能导致相互依赖，诱发惰性，产生无序性；竞争互碍可能激发主动性进取性，产生有序性。整合方式合理，合作与竞争、互补与互碍都是形成有序的积极因素；整合方式不合理，它们都是导致无序的消极因素。整合包括被整合者的相互协调，但不限于协调，整合还包括限制、约束甚至压制，舍此不能形成有序结构。只讲差异协调是片面的，差异整合才是系统论的基本原理。

整合作用不只存在于系统的形成组建阶段，也贯穿于系统生存发展的全过程，活系统尤其如此。形成阶段解决的是从无序到有序的问题，然后才能解决从低序到高序、从不完善到比较完善的发展问题。不同组分之间、系统与环境之间的互碍互斥和矛盾冲突不断产生出破坏系统有序性的力量和趋势，必须在系统生存发展过程中不断解决，或者维护现存的有序性，或者创造新的整合方式以改进系统的有序性。

2.1.7　系统的演化

整体观点，结构观点，环境观点，功能观点，都是系统观点的组成部分。但若无演化观点，仍然不是完整的系统观点。离开演化观点去看整体、结构、环境和功能，还不能彻底克服机械论。

1. 系统的发生

一切实际存在的系统，比如说 A，都是从无到有的。世界上本来不存在 A，在由其他事物或系统组成的环境中，无所谓 A 的内部与外部。当某种条件具备后，经过一定过程，划分出 A 的内部与外部，系统 A 便从无到有。系统的从无到有、从内外不分到内外有别，就是系统的发生。系统作为差异性与多样性的统一，首先要存在有差异的多种事物，彼此吸引、排斥、交往、互动，才可能出现整合过程。整合包含差异物之间的协调和合作，否则无法统一于一个整体中。但整合不限于协调，还包括约束和强制。环境压力就是一种强制力。在既定环境压力下，差异物只有整合为一个系统，产生整体突现性，才能在环境中生存发展。差异物之间必有排斥、竞争、摩擦，需有整体的调控和必要的约束、限制甚至强制，才能成为系统。系统是差异整合的结果，系统发生过程即差异整合的过程。整合过程的主要任务是解决组织结构问题，但同时也在改变和塑造着系统的组分。一般情况下，整合过程开始时的被整合对象与系统形成后的组分不是一回事，有时甚至面目全非。系统发生过程也影响和塑造着它的环境，系统形成后的环境与形成前的环境是不同的。系统发生方式多种多样，如：① 非系统的多元集经过元素会聚和整合成为系统；② 从既存的多个系统中选择元素按一定结构组成新系统；③ 从原有系统中分裂出较小的新系统；④ 若干系统联合成为一个新系统；⑤ 某个系统经过结构（整合方式）质变转化为另一新系统，等等。

2. 系统的维生

真实系统或多或少都表现出能使自己生存延续的能力，即使内外条件发生许多变化，系统仍能保持其基本结构、特性和行为不变，使人能辨认是“它自己”。自我保持是系统的基本特性之一。系统的维生能力取决于三个因素。元素的存续是系统存续的实在基础，元素存续力强，系统存续力也强。系统存续力还与结构有关。结构良好，不同元素、不同子系统之间相互支持，“合作共事”，能使系统整体长期保持正常运转。结构不合理，组分之间相互制约、冲突，必然导致系统整体运行混乱，故障不断。由于结构的作用，元素可靠性差并不意味着系统必不可靠。早期系统研究已经发现，重复使用大量不那么可靠的元件，可以建造出高度可靠的系统。结构往往是决定系统存续能力强弱的关键因素。系统存续也与环境有关。选择或营造合适的环境，善于适应变化了的环境，能在环境中趋利避害，是系统存续能力的基本表现。

3. 系统的演化

不论何种系统，存续能力都是有限的，不可能永远保持其基本结构、特性、行为不变。演化性是系统的另一基本属性。系统科学的很大一部分内容是研究系统演化的，这里只作最一般的讨论。

1) 系统演化的动因

系统演化的终极动因在于相互作用。首先是系统内部元素之间、子系统之间、层次之间的相互作用，包括吸引与排斥、合作与竞争等。这是系统演化的内部动因，关键是非线性的相互作用。系统与环境之间的相互作用是演化的外部动因。系统自身时时在变化，环境在不断变化，导致系统与环境不可能完全适应，有时甚至是强烈的不适应。由此产生环境对系统的压力，并转化为内部的相互作用，推动系统改变组分特性和结构关系，获得新的整体特性和行为，达成与环境新的适应。

2）演化的方向

从演化的始点到终点的向量代表系统演化的方向。总体上讲，系统既有上向的前进的演化，也有下向的后退的演化。系统论视前者为演化的主导方向。一般认为，系统从无序无组织到有序有组织、从低序低组织水平到高序高组织水平，是上向的演化，否则为下向的演化。

3）系统演化的机制

揭示系统演化的机制、机理和规律，是系统演化理论的核心内容。各种系统理论对此都有所贡献，但至今尚未形成完整的理论体系。本节只提及一点，即层次化原理。系统是沿着由单层次到多层次、由较少层次到较多层次的方向演化的。复杂性的增加既表现在同一层次上由简单到复杂的演化，也表现在增加层次上，全新的复杂性要求突现出全新的层次。系统演化是复杂化与简约化的统一，高层次的组织往往比低层次的组织要简单。最初形成的系统可能有多余的结构，要在演化中简化掉。但总的来说，系统是朝增加复杂性方向演化的，层次的增多总意味着复杂性的增加。

4. 系统的消亡

曹操诗云："神龟虽寿，犹有竟时。"这道出了一条系统论原理：一切系统的寿命都是有限的。系统消亡有两种基本方式和动因。破坏性的环境压力直接导致系统消亡：或者是边界被打破而不能修复，或者是要害子系统被破坏，或者是整个系统被摧毁。但基本的方式是系统逐步老化，包括组分老化和结构老化，整合力衰减，达到临界值时系统消亡。这是内因导致的消亡。有时内外因素综合作用，导致系统发生病变、分裂而消亡。不论哪种情形，系统消亡都是整合能力被破坏的结果。

系统与过程系统的发生、维生、演化、消亡都是作为过程而展开的。就是结构也不是纯粹非过程性的东西。一切结构都是某种潜在或显在过程的表现。现代物理学证明，不存在固定不变的基础结构。机器组分之间相互作用和制约的方式，要在机器运行过程中才能充分显示出来。一切结构只能显现于系统的运行过程中。生命系统、社会系统和思维系统的结构只能存在于相应的过程之中。过程的观点也是系统观点的重要内容。

2.2 控制理论基础

控制论的思想渊源可以追溯到遥远的古代。但是,控制论作为一个相对独立的科学学科的形成却起始于20世纪20年代～30年代。1948年美国数学家维纳①(Wiener. Norbert,1894～1964)的《控制论》一书的出版,标志着控制论的正式诞生。几十年来,控制论在纵深方向得到了很大发展,已应用到人类社会各个领域,如经济控制论、社会控制论和人口控制论等。

控制论是研究各类系统的调节和控制规律的科学。它研究生物体和机器以及各种不同物质系统的通信和控制的过程,探讨它们共同具有的信息交换、反馈调节、自组织、自适应的原理和改善系统行为、使系统稳定运行的机制,从而形成了一大套适用于各门科学的概念、模型、原理和方法。《控制论》一书的副标题上标明,控制论是"关于在动物和机器中控制和通讯的科学"。

2.2.1 控制论的产生与发展

控制论一词Cybernetics,来自希腊语,原意为掌舵术,包含了调节、操纵、管理、指挥、监督等多方面的含义,维纳以它作为自己创立的一门新学科的名称,正是取它能够避免过分偏袒于某一方面,"不能符合这个领域的未来发展"和"纪念关于反馈机构的第一篇重要论文"的意思。控制论是多门科学综合的产物,也是许多科学家共同合作的结晶。第二次世界大战期间,他参加了美国研制防空火力自动控制系统的工作,提出了负反馈概念,应用了功能模拟法,对控制论的诞生起了决定性的作用。1943年维纳与别格罗和罗森勃吕特合写了《行为、目的和目的论》的论文,从反馈角度研究了目的性行为,找出了神经系统和自动机之间的一致性。这是第一篇关于控制论的论文。这时,神经生理学家匹茨和数理逻辑学家合作应用反馈机制提出了一种神经网络模型。第一代电子计算机的设计者艾肯和冯.诺依曼认为这些思想对电子计算机设计十分重要,就建议维纳召开一次关于信息、反馈问题的讨论会。

1943年底在纽约召开一次别开生面的会议,参加者中有生物学家、数学家、

① 维纳少年时是一位天才的神童,他11岁上大学,学数学,但喜爱物理、无线电、生物和哲学,14岁考进哈佛大学研究生院学动物学,后又去学哲学,18岁时获得了哈佛大学的数理逻辑博士学位。1913年刚刚毕业的维纳又去欧洲向罗素和希尔伯特这些数学大师们学习数学。正是多种学科在他头脑里的汇合,才结出了控制论这颗综合之果。维纳在1919年研究勒贝格积分时,就从统计物理方面萌发了控制论思想。

社会学家、经济学家，他们从各自角度对信息反馈问题发表意见。以后又连接举行这样的讨论会，对控制论的产生起了推动作用。1948 年维纳的《控制论》出版，宣告了这门科学的诞生。控制论的研究表明，无论自动机器，还是神经系统、生命系统，以至经济系统、社会系统，撇开各自的质态特点，都可以看作是一个自动控制系统。在这类系统中有专门的调节装置来控制系统的运转，维持自身的稳定和系统的目的功能。控制机构发出指令，作为控制信息传递到系统的各个部分（即控制对象）中去，由它们按指令执行之后再把执行的情况作为反馈信息输送回来，并作为决定下一步调整控制的依据。整个控制过程就是一个信息流通的过程，控制就是通过信息的传输、变换、加工、处理来实现的。反馈对系统的控制和稳定起着决定性的作用，无论是生物体保持自身的动态平稳（如温度、血压的稳定），或是机器自动保持自身功能的稳定，都是通过反馈机制实现的。

控制论诞生后，得到了广泛的应用与迅猛的发展，大致经历了三个发展时期。

第一个时期为 20 世纪 50 年代，是经典控制论时期。这个时期的代表著作有我国著名科学家钱学森 1945 年在美国发表的《工程控制论》。

第二个时期是 20 世纪 60 年代的现代控制论时期。导弹系统、人造卫星、生物系统研究的发展，使控制论的重点从单变量控制到多变量控制，从自动调节向最优控制，由线性系统向非线性系统转变。美国卡尔曼提出的状态空间方法以及其他学者提出的极大值原理和动态规划等方法，形成了系统测辨、最优控制、自组织、自适应系统等现代控制理论。

第三时期是 20 世纪 70 年代以后的大系统理论时期。控制论由工程控制论、生物控制论向经济控制论、社会控制论发展。

1975 年国际控制论和系统论第三届会议，讨论的主题就是经济控制论的问题。1978 年的第四届会议，主题又转向了社会控制论。电子计算机的广泛应用和人工智能研究的开展，使控制系统显现出规模庞大，结构复杂，因素众多，功能综合的特点，从而控制论也向大系统理论发展。在 1976 年国际自动控制联合会的学术会上，专题讨论了“大系统理论及应用”问题。控制论也形成了工程控制论、生物控制论。其中生物控制论又分化出神经控制论、医学控制论、人工智能研究和仿生学研究。社会控制论则把控制论应用于社会的生产管理、效能运输、电力网络、能源工程、环境保护、城市建议，以至社会决策等方面。维纳在 1950 年出版的《人有人的用处——控制论和社会》一书中着重论述了通信、法律、社会政策等等与控制论的联系。阿希贝 1958 年发表的《控制论在生物学和社会中的应用》一文，认为运用非线性系统的控制理论，可以研究社会系统。控制论具有十分重要的理论意义和实践意义，它体现了现代科学整体化发展趋势，为现代科学技术提供了新的思路和科学方法。

我国于20世纪60年代初就开始翻译介绍控制论的著作，但是只是近年来才开始对它进行广泛而深入的研究。在经济、人口、能源、生产管理等方面，开始运用控制论建立数学模型。如投入—产出模型、人口模型等，在运用中都取得了良好的效果。控制论这门新兴学科，在我国具有十分广阔的发展前景。

2.2.2　控制及控制的核心问题

1. 控制

控制的概念是很普遍的，工程技术中的调节、补偿、校正、操纵，社会过程中的领导、指挥、支配、管理、经营、教育、批评、制裁等，都是一定的控制行为。在生命过程中，中枢神经活动是一种控制过程。广义地讲，因果关系是原因对结果的控制。控制论的创始者都把因果关系作为这门学科的哲学基础。

控制是一种系统现象。撇开具体内容来看，凡控制总要涉及施控者和受控者两种实体，控制是施控者影响和支配受制者的行为过程，如图2.2所示。

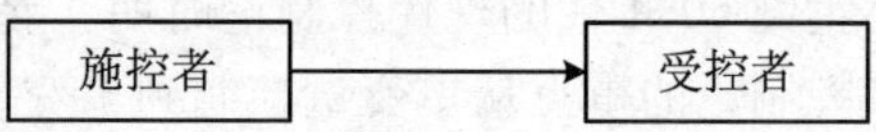

图2.2　控制的两个实体

控制就是施控者选择适当的控制手段作用于受控者，以期引起受控者的行为状态发生符合目的的变化，或是呈现有益的行为，或者消除不利的行为。所以，控制就是选择，没有选择就没有控制。

控制是一种有目的的活动，控制目的体现于受控对象的行为状态中。受控对象必有多种可能的行为和状态，有些合乎目的，有的不合乎目的，由此规定控制的必要性：追求和保持那些合目的的状态，避免和消除那些不合目的的状态，只有一种可能状态的对象没有控制的必要。控制是施控者的主动行为，施控者应有多种可供选择的手段作用于对象，不同手段的作用效果不同，由此规定了控制的可能性：选择有效的、效果强的手段作用于对象，只有一种作用手段的主体实际上没有施控的可能性。

控制与信息是不可分的。在控制过程中，必须经常获得对象运行状态、环境状况、控制作用的实际效果等信息，控制目标和手段都是以信息形态表现并发挥作用的。控制过程是一种不断获取、处理、选择、传送、利用信息的过程。所以维纳认为："控制工程的问题和通信工程的问题是不能区分开来的，而且这些问题的关键并不是环绕着电工技术，而是环绕着更为基本的消息概念，不论这消息是由电的、机械的或是神经的方式传递的。"

要对受控者实施有效的控制，施控者应是一个系统，由多个具有不同功能的环节（工程系统中常称为控制元件）按一定方式组织而成的整体，称为控制系统（有时也把受控对象作为环节包括在内）。控制任务越复杂，系统的结构也越复杂。撇开具体控制系统的特性，仅从信息与控制的观点来看，主要控制环节有：① 敏感环节。负责监测和获取受控对象和环境状况的信息，相当于人体的感官。② 决策环节。负责处理有关信息，制定控制指令，相当于人体的大脑；简单的系统只须将实际工作状况的信息同预期达到的状况进行比较，称为比较环节（元件）；对于复杂系统，如航天飞机、社会组织等，处理信息、作出决策是一项繁重的任务，比较元件无法胜任，需以电脑作为决策环节。③ 执行环节。根据决策环节作出的控制指令对对象实施控制的功能环节，相当于人体的执行器官手、脚等。④ 中间转换环节。在决策环节和执行环节之间，常常需有完成某种转换任务的功能环节，如放大环节、校正环节等，最重要的是放大环节，因为从比较环节输出的信号一般都是微弱的，无法驱动执行环节，需将其放大；校正环节等则是为改善系统动态品质而设置的。这些环节按适当的方式组织起来，就能产生所需要的控制作用。

2. 控制的核心问题

控制论的核心问题是反馈。控制论是研究如何利用控制器，通过信息的变换和反馈作用，使系统能自动按照人们预定的程序运行，最终达到最优目标的学问。控制论是具有方法论意义的科学理论。控制论的理论、观点，可以成为研究各门科学问题的科学方法，这就是撇开各门科学的质的物点，把它们看作是一个控制系统，分析它的信息流程、反馈机制和控制原理，往往能够寻找到使系统达到最佳状态的方法。这种方法称为控制方法。

2.2.3　控制的主要方法与技术

1. 控制方法

反馈方法则是动用反馈控制原理去分析和处理问题的研究方法。所谓反馈控制就是由控制器发出的控制信息的再输出发生影响，以实现系统预定目标的过程，正反馈能放大控制作用，实现自组织控制。但也使偏差愈益加大，导致振荡。负反馈能纠正偏差，实现稳定控制，但它减弱控制作用、损耗能量。

功能模拟法，就是用功能模型来模仿客体原型的功能和行为的方法。功能模型是以功能行为相似为基础而建立的模型。如猎手瞄准猎物的过程与自动火炮系统的功能行为是相似的，但二者的内部结构和物理过程是截然不同的，这就是一种功能模拟。功能模拟法为仿生学、人工智能、价值工程提供了科学方法。

黑箱方法也是控制论的主要方法。黑箱就是指那些不能打开箱盖，不能从外部观察内部状态的系统。黑箱方法就是通过考察系统的输入与输出关系认识系统功能的研究方法。它是探索复杂大系统的重要工具。

2. 控制技术

可以把控制分为人工控制和自动控制两类。人工控制也需要技术，多半是软技术。这里讲的主要是自动控制技术，有时称为自动化技术。

把控制论的原理应用于工程实践和经营管理实践所形成的技术，就是控制技术。其中，所谓自动技术是有关把人从直接进行检测、操纵、控制、调节、管理等劳作中解脱出来所需要的各种自动装置及其设计和使用的方法、技能的总称，包括硬技术和软技术。目前有关控制工程和控制技术的著作与有关控制理论的著作往往难以区分，造成某些混乱。按照钱学森关于工程技术和技术科学划分的原则，我们把有关控制系统建立数学模型、求解模型、分析模型、综合设计等一整套方法，如传递函数方法、频率特性方法、状态空间方法等，归入控制论；把有关具体实现控制原理的方法技术，如结构方案、线路选择、元器件设计等技术，归于控制技术。

自动控制元件技术：自动控制系统中按结构和功能划分出来的最小独立部分，称为系统的元件。系统是由元件组成的，系统的整体功能建立在元件功能之上。元件技术是控制技术的重要组成部分。敏感元件、中间转换元件、执行元件以及其他用于控制系统的元件，都有特殊的设计使用技术。

自动控制系统技术：设计和使用控制系统整体所需要的技术，称为控制系统技术。每一种控制方式都对应着一定的系统技术，如程序控制技术、随动控制技术、补偿控制技术、反馈控制技术、最优控制技术、随机控制技术等等。每发现一种控制原理，都需要创造一套技术使它实现。

随着社会信息化的发展，信息技术和控制技术很难截然区分开来，核心都是计算机技术。

2.2.4 控制任务

一定的控制过程有一定的控制任务。按照控制任务的不同，可将控制系统分为以下几类。

1. 定值控制

在某些控制问题中，控制任务是使受控量 y 稳定地保持在预定的常值 y_0 上，称为定值控制。实际存在的干扰因素使 y 偏离 y_0，控制任务就是抑制和克服干扰的破坏作用，使系统尽快恢复原状态，故又称为镇定控制。实际过程并不要求严格保持 $y=y_0$，只要求，y 对 y_0 的偏差 $\Delta y=y-y_0$ 不超过许可范围。

图 2.3 是一个室温控制系统。室温 T 是受控量，控制任务是保持室温于 T_0（例如 18℃）。天气的变化，锅炉燃烧情况的波动，是引起室温起伏变化的干扰因素。模盒是温度敏感元件，随时监测室温 T。T 与 T_0 比较形成温差 $\Delta T=T-T_0$。当 $|\Delta T|$ 大于允许值时，误差信号经过传送放大，驱动阀门开大或关小，改变锅炉燃烧情况，以消除温差 ΔT，使室温 T 保持在 T_0 附近的许可范围内。

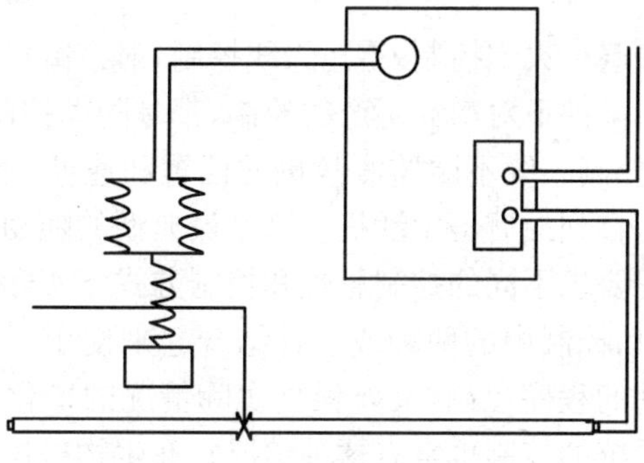

图 2.3　室温控制系统示意图

定值控制是最简单的控制任务。人的体温和血压的控制，飞行器巡航速度的控制，供电系统电压、频率的控制，都是定值控制。社会系统也有这类控制。

2. 程序控制

在定值控制问题中，输入量或控制作用是常数，$u=c$。但多数控制过程中的控制作用随时间而变化，$u=u(t)$。如果 $u(t)$ 的变动规律能够预先精确确定，可以将 $u(t)$ 的变化规律作为一种程序表示出来，控制任务就是执行这个程序，因而称为程序控制。在结构实现上，这种控制须有专门机构储存程序，称为程序机构。在系统运行过程中，程序机构给出预定的程序，指挥控制系统工作，保证受控量按照程序而变化。定值控制可看作程序控制的特例。

采用程序控制的系统相当广泛。在工程技术领域，时钟的转动，程控机床的运行，要靠程序控制。在生命领域，个体从卵细胞开始的发育，昆虫的变态，要靠程序控制。在社会领域，大至国家执行五年计划，小至学校执行教学计划，个人按日程表处理事务，都是程序控制。

3. 随动控制

输入控制量 $u(t)$一般取决于外部过程，其变化规律往往不能预先确定，无法作为程序固定在程序机构中。例如防空作战，敌机从何时何地起飞、按什么航线飞行不得而知，特别是敌机有意作机动飞行时，其飞行路线无法预先确定。为对付这种情况，火炮的控制系统必须在工作过程中随时监测敌机路线的变化，即 $u(t)$的变化，并相应地改变输出量 $y(t)$，控制任务是使 $y(t)$随着 $u(t)$的变化而变动，因而称为随动控制。鉴于控制任务是保证系统的输出或状态跟踪一个预先不知道的外来信号，又称为跟踪控制。程序控制是随动控制的特例：随程序变动而变动（或跟踪程序）。

随动控制极为普遍。火炮控制，雷达天线控制，射猎禽兽的猎枪控制，在需求量的改变无法预测的条件下对产品生产的控制，都是随动控制。当敌机作机动飞行时，导弹上的自动控制系统不断监测敌机的位置和速度，不断调整导弹的飞行路线，逐步缩小差距，直到最后击中敌机。这是最典型的随动控制。

不同的受控过程要求不同的控制思想和控制方式。实际应用中，常常将定值控制、程序控制和随动控制中的两种或三种结合起来使用。执行一项建设任务，既要有执行预定计划的程序控制，又要根据实际情况的变化而调整计划，实行随动控制。复杂工程系统的控制也常有这种情况。在生物机体中，既包含体温的定值控制，又有生物钟之类程序控制，还有呼吸的节奏和深度跟踪躯体的用力不同而变化之类随动控制。

4. 最优控制

镇定控制、程序控制和随动控制的控制任务可以统一表述为：保证系统的受控量和预定要求相符合。三者的区别在于这种预定要求是固定的还是变化的，变化规律是预先知道的还是只能在工作过程中实时监测的。但是，许多实际过程的控制任务不能作这种表述。在这类过程中，关于受控量的预定要求不仅不能作为固定值在系统中标定出来，或者作为已知规律引入系统作为程序，甚至无法在系统运行中实时获取。这类过程的控制任务应该表述为：使系统性能达到最优。例如，在宇宙航行问题中，要求控制飞行器达到预定目标所需时间最短，或者要求消耗的能量最少；在经济系统管理中，要求对有限资源实行最优分配，或者对库存实行最优控制。这是对控制系统要求更高的一种控制。

对系统的性能要求是多方面的，不同的性能要求常常相互矛盾，不可能各种性能同时达到最优。解决任何控制问题都受到既定条件的限制，如空间的限制、时间的限制、资金的限制等。最优控制概念的完整表述是：在满足既定限制条件的前提下，寻找一种控制规律 $u(t)$ 使得所选定的性能指标达到最佳值。最优控制代表一种控制原理，一种控制技术，是现代控制理论和技术的重要组成部分。

2.2.5 控制方式

给定控制任务后，要用一定的控制方式去实现。控制是一种策略性的主动活动，实现同一控制目标可以有不同的控制方式，构成不同类型的控制系统。基本的控制方式有三种。

1. 简单控制

教育子女是一种控制过程。许多父母管教子女的方法可以用图 2.4 所示的过程来表示。

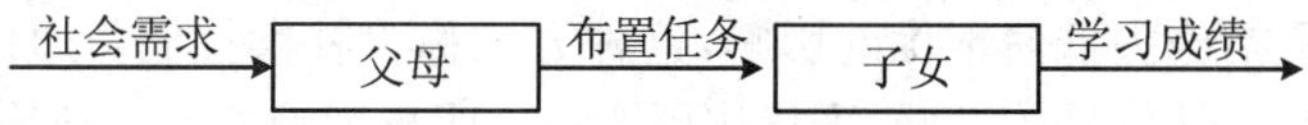

图 2.4　教育子女控制过程

这是一种最简单的控制策略，可以用框图一般地表示为图 2.5 所示的情形。

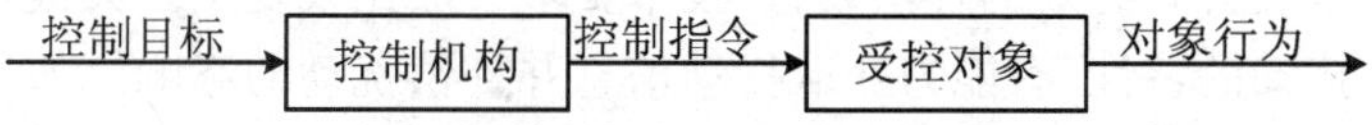

图 2.5　简单的控制策略示意图

简单控制方式的特点是，不考虑系统承受的外部干扰，也不管对象执行控制指令的效果如何，只根据控制目标的要求和关于对象在控制作用下的可能行为的认识来制定控制指令，让对象去执行。简单地说，就是只布置任务，不检查效果。

当外部干扰可以忽略不计，对受控对象的运行规律有确切的了解(事先的或实时的)，能够制定出详尽可行的控制指令，且对象能忠实执行指令，在这种情况下简单控制策略是可行的。其优点是结构简单，使用方便，经济性好。简单环境中的简单系统都可能采取这种控制方式。程序控制原则上可以采用这种控制方式。随动控制也可以采用这种方式。官僚主义的领导必定是这种控制方式。但这并不意味着简单控制一定是不好的，当控制任务比较单纯、环境情况简单、部属素质高时，采取简单控制方式领导部属往往能收到举重若轻的效果。

2. 补偿控制

如果外部干扰对系统的影响不可忽略，或对象不能忠实地执行控制指令，简单控制方式的效果必定很差。在许多情况下，对这类对象可以采用补偿控制方式。

图 2.6 表示了有些工厂生产过程的控制采取的方案。

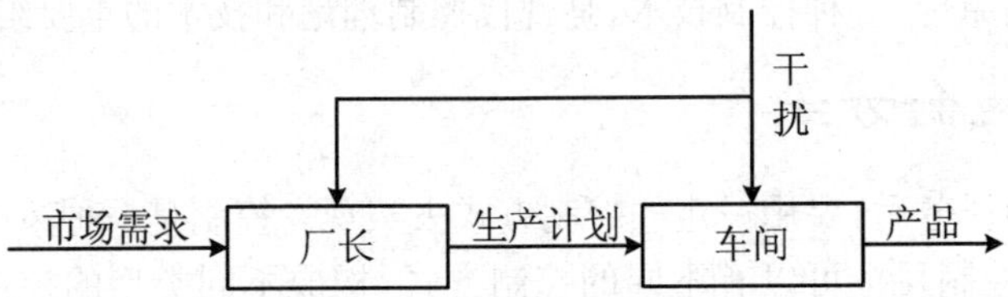

图 2.6 生产过程的控制过程

这种控制方式的特点是，在依据控制目标制定控制指令的同时，实时地监测外部干扰，计算为抵消干扰可能造成的影响所需要的控制作用，并反映在控制指令中，通过控制把干扰的作用补偿掉。比较图 2.5 与图 2.6 可知，简单控制加上抵消干扰的补偿措施，就是补偿控制。由于能够在干扰作用引起对象严重偏离目标之前就采取措施去抵消干扰的影响，这种方式称为补偿控制。通俗地讲，就是“防患于未然”。从信号传送看，干扰作用在造成明显影响之前已被传送到决策机构去处理，未构成信息流通的闭合回路，又称为顺馈控制。

补偿控制要通过设置补偿装置来实现。为实时监测并抵消干扰的影响，需要有灵敏的测量装置和有效的补偿装置，技术要求一般比较复杂。关键是掌握系统运动规律和扰动的特性，有能力获取扰动信息并补偿扰动的影响。如果只有少量干扰作用且便于监测，又拥有抵消干扰的手段，这种控制方式是可行的。工程系统中不难发现补偿控制的实例。一种流行病出现之前医院给居民打预防针，就是一种补偿控制。一项社会实践活动开始之前，首先进行思想教育，针对可能出现的不利因素采取预防措施，也是补偿控制。如果干扰作用变量多、影响大，或者出现未曾料到的干扰作用，难以监测；或者虽然获得有关干扰的信息，但是没有足以抵消其影响的补偿手段，则不宜采用补偿控制，有效的办法是采用下述反馈控制方式。

3. 反馈控制

反馈控制的一般框图如图 2.7 所示。

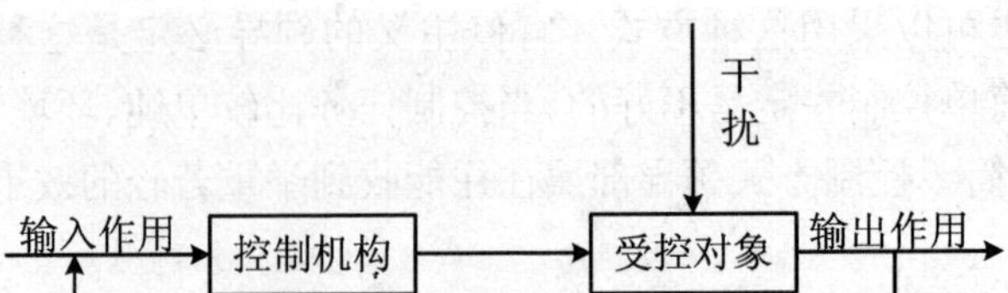

图 2.7 反馈控制过程框图

反馈控制方式的特点是，不去监测干扰作用，不采取事先抵消干扰影响的补偿措施，只监测受控对象的实际运行情况，把输出变量的信息反向传送到输入端，与体现目标要求的控制变量进行比较，形成误差，根据误差的性质和大小决定控制指令，去改变对象的运行状况，逐步缩小并最后消除误差，达到控制目标。控制方案的着眼点是消除对象实际运行情况与预定状况之间的不一致，即消除误差。但只有存在一定的误差，控制系统才能启动和工作。这是一种以误差消除误差的控制策略，因而也称为误差控制。完全消除误差是不可能的，但要求通过控制把误差限制在许可的范围内。简单地说，反馈控制的特点是不但布置任务，而且检查执行效果，"赏罚分明"，根据对象的实际表现调整控制指令，直到达到控制目标。

在线路结构上，误差控制要求设置反馈环节，形成从输出端到输入端的信息反馈通道。从输入端到输出端的前向信息通道，加上反馈通道，构成一个闭合的信息通道。这是反馈控制的一大特点，故常称为闭环控制。简单控制和补偿控制都没有闭合的信息通道，称为开环控制，二者的差别是有无补偿线路。开环控制优点是结构简单，缺点是控制精度低，抗干扰能力差，对系统参数的变化敏感。

图 2.7 中的控制机构也是一个系统，由各司一定控制职责的控制环节或元件按一定方式耦合而成。如果把这些环节或元件表示出来，再加上反馈环节，可得到如图 2.8 所示的最简单的闭环控制系统框图。

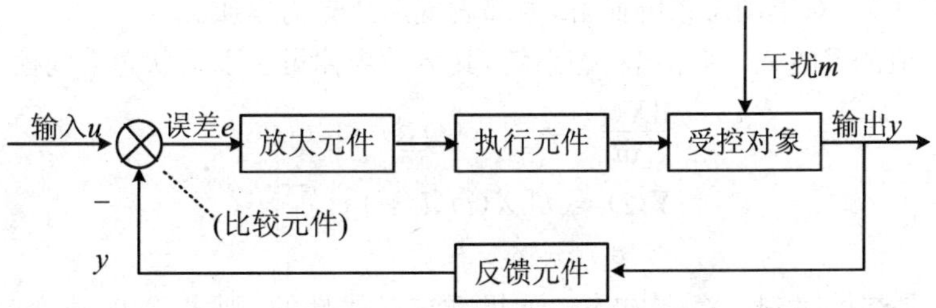

图 2.8　闭环控制框图

令 e 记误差，仍以 u、y 分别记输入作用和输出作用，则有

$$e(t) = u(t) - y(t) \tag{2.7}$$

对于镇定控制，$u(t)=y_0$，于是有

$$e(t) = y_0 - y(t) \tag{2.8}$$

图 2.8 所示室温控制器就是一种反馈控制系统。工程系统的控制大量采用反馈策略。生命机体适应环境的能力主要靠反馈控制，通过反馈控制不断缩小与环境要求的"差距"来达到适应环境。社会系统也广泛存在反馈控制，调查、信访、

民意测验,都是获取反馈信息的手段;民主、法制建设都需要有充分、快速、准确的信息反馈通道。真正"举重若轻"式的领导也要通过实行赏罚分明、得当的反馈控制才能建立起来。训练系统自学习的主要机制是反馈,通过反馈修正错误,积累经验,求得进步。

复杂的控制过程常常要在图 2.8 所示主反馈通道之外再设置若干局部反馈通道,称为多重反馈,形成复杂的反馈网络结构。镇定控制与程序控制既可以采用开环控制策略,也可以采用闭环控制策略,视控制问题的复杂程度以及对控制精度的要求而定。随动系统一般采用闭环控制策略,随时监测误差,以误差驱动系统去消除误差,达到控制目标。反馈控制的优点是结构比较简单,控制效果好,对系统参数变化不敏感。但若控制系统设计不当,可能出现反馈过度,或反馈不足,或反馈延迟,或反馈中断,都会影响控制效果,严重时导致控制失效。

实际控制过程有时将反馈控制与补偿控制结合起来,形成复合控制,能获得更好的控制效果,但结构也更复杂。

2.2.6 控制系统的描述形式

现代控制理论认为,系统有外部和内部两种表现形式。所谓外部表现形式,主要是指系统的输入和输出,分别用 $U(t)=[u_1(t),u_2(t),\cdots,u_r(t)]^T$ 和 $Y(t)=[y_1(t),y_2(t),\cdots,y_m(t)]^T$ 两组变量描述,$t\geqslant t_0$,t_0 为初始时刻。所谓内部表现形式主要是指系统的状态,用 $X(t)=[x_1(t),x_2(t),\cdots,x_n(t)]^T$ 描述。近 40 年来,人们普遍认为,对于动态系统而言,内部表现形式更为本质。

对一般的多输入、多输出动态系统,其运动规律可由以下状态空间模型表征:

$$\left.\begin{aligned}\frac{\mathrm{d}X(t)}{\mathrm{d}t}&=f[X(t),U(t),t]\\Y(t)&=h[X(t),U(t)]\\X(t_0)&=X_0\end{aligned}\right\}\tag{2.9}$$

式中,t_0 是初始时刻,X_0 是初态。如果系统是线性的,则式(2.9)演变为线性状态空间模型,即

$$\left.\begin{aligned}\frac{\mathrm{d}X(t)}{\mathrm{d}t}&=A(t)X(t)+B(t)U(t)\\Y(t)&=C(t)X(t)+D(t)U(t)\\X(t_0)&=X_0\end{aligned}\right\}\tag{2.10}$$

式中,$A(t)$、$B(t)$、$C(t)$和 $D(t)$是参数矩阵,如果系统进一步为定常的,则称为线性定常系统,即

$$
\left.\begin{aligned}
\frac{\mathrm{d}X(t)}{\mathrm{d}t} &= AX(t)+BU(t)\\
Y(t) &= CX(t)+DU(t)\\
X(t_0) &= X_0
\end{aligned}\right\} \tag{2.11}
$$

上述三个模型中，第一个方程称为状态方程；第二个方程称为输出方程；第三个方程称为初始条件。控制理论研究的主要目的就是如何设计 $U(t)$，使 $X(t)$ 和 $Y(t)$ 更好地满足既定规律变化。如果设计出的 $U(t)$ 是 $X(t)$ 或（和）$Y(t)$ 的函数，则为闭环反馈控制；如果 $U(t)$ 与 $X(t)$、$Y(t)$ 无关，则为开环控制。

在设计控制作用 时，往往需要了解系统的许多特征，能控制性和能观测性便是其中两个重要性能。

定义 2.2　对于线性系统式(2.10)。如果在时刻 t_0 对于任意初态 X_0 总存在容许控制 $U(t)$，经过 (t_1-t_0) 的控制作用后使系统回到状态为 0 的点，则称式(2.10)在 t_0 具有能控性。如果系统在任意时刻都具有能控性，则称系统完全能控。

定义 2.3　对于线性系统式(2.10)，如果通过量测一段时间内的 $Y(t)$ 和 $U(t)$，能够唯一地确定此段时间之后的某时刻的状态，则称式(2.10)在某时刻具有能观测性。

施加控制作用的目的是为了使系统发生合乎要求的变化。可能有这样的系统，施加任何控制作用都不能达到控制目的，也就是其能控性不足。因此，系统能控性指标对于控制器设计是十分重要的。另外，实施控制作用的前提是获取系统的信息，特别是状态信息。由于状态信息一般无法直接测量，往往需要借助输入和输出信息来确定，系统状态的能观测性就是衡量“用输入输出信息重构状态信息”的能力，也是设计高质量控制器的重要条件。

除能控性和能观性外，鲁棒性也是评价控制系统的重要指标。由于测量的不精确和运行中受环境变化的影响，不可避免要引起系统特性或参数的非期望漂移，称为系统特性或参数的“摄动”。如果系统的控制品质对这类摄动不敏感，即当出现摄动时品质指标保持在可接受范围内的特性，称为鲁棒性。显然，系统是否鲁棒也就意味着能否长期在恶劣环境下高质量运行。

2.2.7　系统最优控制

对于一个给定的动态系统，常希望设计这样的控制器，使得系统从一个状态转移到期望的另一个状态，且使系统的某种性能指标在状态转移过程中尽可能好，这称为最优控制问题。例如，在洲际导弹的拦截问题中，假设用拦截器 L 拦击来袭飞行物 M，除了要求两个飞行体能在空中精确相遇，以实现空中拦截外，还要求拦截时间尽可能短，燃料尽可能省，该问题即为最优控制问题。

与传统的非线性规划问题一样，系统最优控制命题也包含三个要素。

1. 容许控制

通常控制作用都是由能改变系统动态行为的控制变量实现，这些控制变量都对应实际物理装置的动作信号。由于实际物理装置的动作范围或动作能量都是有限的，因此控制变量的取值应有限制，可以记为

$$U \in \overline{U} \subset R^m \tag{2.12}$$

式中，$\overline{U}$ 是允许 U 取值的区域。满足式(2.12)的控制变量 U 称为容许控制。

2. 系统约束

系统约束包括两个方面：一是系统模型如式(2.10)中的状态方程和输出方程；二是系统关于初态和终态的边界条件，即

$$\left.\begin{aligned} &\frac{\mathrm{d}X(t)}{\mathrm{d}t} = f[X(t),U(t),t] \\ &Y(t) = h[X(t),U(t)] \\ &X(t_0) = X_0 \\ &g[X(t_f),t_f] = 0 \end{aligned}\right\} \tag{2.13}$$

式中，$g[X(t_f),t_f]=0$ 是终端边界条件，t_f 是终端时刻，其余符号同上。

3. 性能指标

判断控制系统性能优劣的标准称为性能指标或性能指标泛函，一个典型的函数结构为

$$J[U(t)] = K[X(t_f),t_f] + \int_{t_0}^{t_f} L[X(t),U(t),t]\mathrm{d}t \tag{2.14}$$

式中，K、L 是泛函数。当 $K\neq 0$、$L\neq 0$ 时，称式(2.14)是混合型指标；当 $K\neq 0$、$L=0$ 时，称式(2.14)是末值型指标；当 $K=0$，$L\neq 0$ 时，称式(2.14)为积分型指标。

综上所述，最优控制问题系指如下优化命题：

$$\left.\begin{aligned} &\min_{U(t)\in U} J[U(t)] = K[X(t_f),t_f] + \int_{t_0}^{t_f} L[X(t),U(t),t]\mathrm{d}t \\ &s.t. \quad \frac{\mathrm{d}X(t)}{\mathrm{d}t} = f[X(t),U(t),t] \\ &Y(t) = h[X(t),U(t)] \\ &X(t_0) = X_0 \\ &g[X(t_f),t_f] = 0 \end{aligned}\right\} \tag{2.15}$$

由式(2.15)得到的最优解 $U^*(t)$ 称为最优控制律，$X^*(t)$ 称为最优轨线。

如果系统是线性的，且目标函数中的泛函数皆取线性形式，则命题式(2.15)在终态无特别约束时退化为如下的线性二次最优控制问题：

$$\left.\begin{aligned}&\min_{U(t)\in U} J[U(t)] = \frac{1}{2}X^T(t_f)FX(t_f) + \frac{1}{2}\int_{t_0}^{t_f}[X^t(t)Q(t)X(t) + \\ &\qquad\qquad U^T(t)R(t)U(t)]\mathrm{d}t \\ &s.t.\quad \frac{\mathrm{d}X(t)}{\mathrm{d}t} = A(t)X(t) + B(t)U(t) \\ &Y(t) = C(t)X(t) + D(t)U(t) \\ &X(t_0) = X_0\end{aligned}\right\} \tag{2.16}$$

式中，$F,Q(t)$ 是非负定加权矩阵，$R(t)$ 为正定加权矩阵。这是一类理论研究比较深入、应用广泛的最优控制问题。

目前，对于非线性系统的最优控制问题式(2.15)，求解的主要方法有两类。一类根据极大值原理，一类根据动态规划原理。下面把基于极大值原理的求解方法做一说明。

首先，设式(2.15)中的泛函数 $f(X,U,t)$，$h(X,U)$，$L(X,U,t)$，$K(X,t)$，$g(X,t)$ 关于其各变元是连续的，关于 X、t 是连续可微的，且 $f(X,U,t)$，$\frac{\partial f}{\partial X}$，$\frac{\partial f}{\partial t}$，$\frac{\partial L}{\partial X}$，$\frac{\partial L}{\partial t}$ 是有界的；然后定义一个新的称为哈密尔顿函数的泛函数如式(2.17)所示。

$$H(X,U,\Psi,t) = -L(X,U,t) + \Psi^T(t)f(X,U,t) \tag{2.17}$$

$\psi(t)$ 称为协态，则关于式(2.15)最优解存在的必要条件见定理 2.1。

定理 2.1　极大值原理：设 $U^*(t)$ 是最优控制，$X^*(t)$ 是最优轨线，则一定存在向量函数 $\Psi(t)$ 和常量 μ，使得在控制区间 $[t_0,t_1]$ 上 $U^*(t)$、$X^*(t)$、$\Psi(t)$ 和 μ 一起满足：

(1) 方程

$$\left.\begin{aligned}X^*(t) &= \left\{\frac{\partial H[X^*(t),U^*(t),\Psi(t),t]}{\partial \Psi}\right\}^T \\ &= f[X^*(t),U^*(t),t] \\ X^*(t_0) &= X_0 \\ \dot{\Psi}^T(t) &= \left[\frac{\mathrm{d}\Psi}{\mathrm{d}t}\right]^T = -\frac{\partial H[X^*(t),U^*(t),\Psi(t),t]}{\partial X} \\ \dot{\Psi}^T(t_f) &= \frac{\partial K[X^*(t),t_f]}{\partial X} - \mu^T\frac{\partial g[X^*(t_f),t_f]}{\partial X}\end{aligned}\right\} \tag{2.18}$$

(2) 对于$U^*(t)$在$[t_0,t_f]$上的一切连续时刻t处,有

$$H[X^*(t),U^*(t),\Psi(t),t]=\max_{U\in\overline{U}}H[X^*(t),U(t),\Psi(t),t] \tag{2.19}$$

(3) 当终端时刻不固定时,有

$$H[X^*(t),U^*(t),\Psi(t),t]=H[X^*(t_f),U^*(t_f),\Psi(t_f),t_f]+\int_{t_f}^{t}\frac{\partial H[X^*(t),U^*(t),\Psi(t),t]}{\partial t} \tag{2.20}$$

$$H[X^*(t_f),U^*(t_f),\Psi(t_f),t_f]=\frac{\partial K[X^*(t_f),t_f]}{\partial t_f}+\mu\frac{\partial g[X^*(t_f),t_f]}{\partial t_f} \tag{2.21}$$

式(2.19)表明了极大值原理的本质:哈密尔顿函数$H(X^*,U,\Psi,t)$作为U的泛函数在$U^*(t)$处达到极大。

对于线性二次最优控制式(2.16),由极大值原理可知

$$H(X,U,\Psi,t)=\frac{1}{2}[X^T(t)Q(t)X(t)+U^T(t)R(t)U(t)+\Psi(t)A(t)X(t)+\Psi^T(t)B(t)U(t)]$$

$$\dot{\Psi}=-\frac{\partial H}{\partial X}=-A^T(t)\Psi(t)+Q(t)X(t)$$

$$\Psi(t_f)=-FX(t_f) \tag{2.22}$$

使$H(X,U,\Psi,t)$取得极大的U应为

$$U=R^{-1}(t)B^T(t)\Psi(t) \tag{2.23}$$

由式(2.16)和式(2.22)、式(2.23),得

$$\begin{bmatrix}\dot{X}\\ \dot{\Psi}\end{bmatrix}=\begin{bmatrix}A(t) & B(t)R^{-1}(t)B^T(t)\\ -A^T(t) & \end{bmatrix}\begin{bmatrix}X\\ \Psi\end{bmatrix}$$

$$X(t_0)=X_0$$

$$\Psi(t_f)=-FX(t_f) \tag{2.24}$$

进一步求解

$$\Psi(t)=-P(t)X(t) \tag{2.25}$$

其中,$P(t)$满足 Riccati 方程

$$P+PA(t)+A^T(t)P+Q(t)-PB(t)R^{-1}(t)B^T(t)P=0$$

$$P(t_f)=F \tag{2.26}$$

由关于$A(t),B(t),Q(t),R(t)$的假定可知,Riccati 方程的解$P(t)$在$[t_0,t_f]$上存在且唯一,而且具有性质$P^T(t)=P(t)$,因此,线性二次最优控制问题式(2.16)的解为

$$U^*(t)=-R^{-1}(t)B^T(t)P(t)X^*(t) \tag{2.27}$$

2.3　信息论基础

信息论是关于信息的本质和传输规律的科学理论，是研究信息的计量、发送、传递、交换、接收和储存的一门学科。人类的社会生活离不开信息，人类的社会实践活动不仅需要对周围世界的情况有所了解，以帮助人类做出正确的反应，而且还要与周围的人群沟通才能协调地行动，亦即人类不仅时刻需要从自然界获得信息，而且人与人之间也需要进行通信，交流信息。人类需要随时获取、传递、加工、利用信息，否则就不能生存。

人们获得信息的方式有两种。一种是直接的，即通过自己的感觉器官，耳闻、目睹、鼻嗅、口尝、体触等直接了解外界情况；一种是间接的，即通过语言、文字、符号……，等等传递消息而获得信息。通信是人与人之间交流信息的手段，语言是人类通信的最简单要素的基础。人类早期只是用语言和手势直接进行通讯，交流信息。“仓颉造字”则使信息传递摆脱了直接形式，同时扩大了信息的储存形式，可算是一次信息技术的革命。印刷术的发明，扩大了信息的传播范围和容量，也是一次重大的信息技术变革。但真正的信息革命则是电报、电话、电视等现代通讯技术的创造与发明，它们大大加快了信息的传播速度，增加了信息传输的距离，增大了信息传播的容量。正是现代通信技术的发展导致了关于现代通信技术的理论——信息论的诞生。

信息论为控制论、自动化技术和现代化通讯技术奠定了理论基础，为研究大脑结构、遗传密码、生命系统和神经病理开辟了新的途径，为管理的科学化和决策的科学化提供了思想武器。

2.3.1　信息论的产生与分类

信息论的创始人是美国贝尔电话研究所的数学家申农(C. E. Shannon 1916～)，他为了解决通信技术中的信息编码问题，突破老框框，把发射信息和接收信息作为一个整体的过程来研究，提出通信系统的一般模型；同时建立了信息量的统计公式，奠定了信息论的理论基础。1948 年申农发表的《通讯的数学理论》一文，成为信息论诞生的标志。申农创立信息论，是在前人研究的基础上完成的。1922 年卡松提出边带理论，指明信号在调制(编码)与传送过程中与频谱宽度的关系。1922 年哈特莱发表《信息传输》的文章，首先提出消息是代码、符号而不是信息内容本身，使信息与消息区分开来，并提出用消息可能数目的对数来度量消息中所含有的信息量，为信息论的创立提供了思路。美国统计学家费希尔从古典统计理论角度研究了信息理论，前苏联数学家哥尔莫戈洛夫也对信息论作过研究。控制论创始人维纳建立了维纳滤波理论和信号预测理论,也提出了信息量的统计数学公式,甚至有人认为维纳也是信息论创始人之一。

在信息论的发展中,还有许多科学家对它做出了卓越的贡献。法国物理学家L·布里渊(L. Brillouin)1956 年发表《科学与信息论》专著,从热力学和生命等许多方面探讨信息论,把热力学熵与信息熵直接联系起来,使热力学中争论了一个世纪之久的"麦克斯韦尔妖"的佯谬问题得到了满意的解释。英国神经生理学家W·B·Ashby 1964 年发表的《系统与信息》等文章,还把信息论推广应用于生物学和神经生理学领域,也成为信息论的重要著作。这些科学家们的研究,以及后来从经济、管理和社会的各个部门对信息论的研究,使信息论远远地超越了通信的范围。

信息论可以分成两种:狭义信息论与广义信息论。狭义信息论是关于通信技术的理论,它是以数学方法研究通信技术中关于信息的传输和变换规律的一门科学。广义信息论,则超出了通信技术的范围来研究信息问题,它以各种系统、各门科学中的信息为对象,广泛地研究信息的本质和特点,以及信息的取得、计量、传输、储存、处理、控制和利用的一般规律。显然,广义信息论包括了狭义信息论的内容,但其研究范围却比通信领域广泛得多,是狭义信息论在各个领域的应用和推广,因此,它的规律也更一般化,适用于各个领域,所以它是一门横断学科。广义信息论,人们也称它为信息科学。

2.3.2 信息、信息量与信息熵

信息是人类生存发展须臾不可或缺的东西。有人类的活动,就有信息的获取、传送和利用。反映在认识中,形成相应的概念和术语。但直到 19 世纪,人们尚未认识到需要区分信息和消息这两个术语。

即使现在,人们日常生活中讲的政治信息、经济信息、体育信息、文艺信息、科技信息等,指的都是有关方面的消息。人们通常所说的信息还包括新闻、情报、资料、数据、报表、图纸、曲线,以及密码、暗号、手势、旗语、眼色等等,关于信息的这种通俗理解,虽不精确,但对于处理日常工作和生活问题完全够用,不会引起误解。下列是各国对信息的通俗解释。

美国的韦伯字典:"用来通信的事实,在观察中得到的数据、新闻和知识"。

英国的牛津字典:"信息就是谈论的事情、新闻和知识"。

日本的广辞苑:"信息是所观察事物的知识"。

我国辞海规定:"信息是对消息接受者来说预先不知道的报道"。

1. 信息

按通信科学要求给信息下定义，首先要弄清信息与消息的区别。消息是由语言、文字、数字等符号组成的序列，信息是这些符号序列中包含的内容。消息是信息携带者，但并非任何消息都携带着信息。任何一个文字或符号序列都是一个消息，但同样长的符号序列包含的信息可以不同，许多符号序列完全不包含信息。一条消息是否包含信息，还与消息接受者的知识状况有关。信息是消息接受者从消息中得到的新知识。得到一条无法理解的消息的接受者并未得到信息。一句有内容的话是一条消息，头一次听可以从中获得知识，第二次听到可能从中品味出第一次没有理会到的意思，若一再重复就不会给人以信息了。俗语所谓"话说三句淡如水"，就是这个意思。

通信是把信息从发送处传输到接收处的过程。人们所以要通信，是由于接收信息者需要了解发送信息者的状态、行为、属性、需求等。假定发信者的状态或行为只有一种可能，收信者知其固定不变，便没有通信的必要。只有当发信者的状态或行为有多种可能情形，才产生对通信的需求。通信的前提是存在不确定性，通信的目的和功能是消除不确定性。一个参加高考的学生在未收到录取通知书之前，自己的前途存在种种不确定性，录取通知书能给他带来消除这些不确定性的信息。可见，消息中包含的信息具有能够消除收信者的不确定性、增加其确定性的意义和作用。信息科学由此认定：信息是通信中消除了的不确定性，亦即通信中增加了的确定性。

通信过程中，由于种种原因，收信者在收到消息后不一定能消除全部不确定性，甚至可能没有消除任何不确定性。某人由北京赴郑州前发短信给朋友："我乘火车于 2 月 8 日早到郑，请安排接站。"朋友接电信后，关于乘哪种交通工具及到达日期的不确定性消除了，下午和晚上到郑州的可能性也排除了，但具体几点中到站(是哪次列车)的不确定性未消除。基于这种情形，信息论奠基者申农把信息定义为"两次不确定性之差"，即

$$\text{信息} = \begin{pmatrix}\text{通信前的}\\\text{不确定性}\end{pmatrix} - \begin{pmatrix}\text{通信后仍有}\\\text{的不确定性}\end{pmatrix} \tag{2.28}$$

从通信工程的角度看，所要消除的不确定性主要是消息发生的偶然性、随机性。对于通信系统的设计者来说.用户要传送什么消息是无法预先确定的偶然事件。通信系统的设计不应当针对某些特定用户和某一次特定通信，而应针对大量用户在长时间内发送消息的平均情况，即把消息的发送看作一种随机事件序列。设计者面对的是一种统计不确定性。通信所要消除的是随机不确定性，申农信息是一种统计信息，或称概率信息。

2. 信息量

信息也有量的规定性。与人交谈，有时觉得收获很大，“听君一席话，胜读十年书”；有时又觉得老生常谈，信息不多。两种不同感受，表示两次通信所得到的信息不仅在质上有差别，在量上也有差别。消息中包含信息的多少，就是信息量。

与物理量不同，信息量是一种抽象量，不能像长度、速度、能量那样用物理方法实际测量。申农从通信的角度把信息的意义和效用等因素撇开，仅仅考察统计不确定性，给予信息量以严格定义。既然信息被理解为消除了的不确定性，对信息的度量就归结为对通信中消除了的不确定性的度量。为找到具体的度量方法，首先考察信息的两个基本特征。

在数学上，对随机事件发生可能性的大小以概率来度量。以 I 记消息包含的信息量，p 记消息发生的概率，$0\leqslant p\leqslant 1$，则有以下关系：

P	大	小
I	小	大

或

$1/P$	大	小
I	大	小

由此看出信息量的一个基本特征：消息包含的信息量是由消息发生概率决定的，概率小则信息量大，概率大则信息量小。用函数形式表示为

$$I = f(p) \quad \text{或} \quad I = g(1/p) \tag{2.29}$$

【例 2.1】 某人到剧院找朋友，剧院有 20 行 30 列座位，朋友的位置有 600 种可能。消息 A 说“他在第 6 行”，消息 B 说“他在第 9 列”，合成消息 $C=AB$ 说“他在第 6 行第 9 列”。由概率论知，$p(AB)=p(A)p(B)$。但经验告诉人们，消息 C 的信息量应是消息 A 的信息量与消息 B 的信息量之和。

这个例子显示信息量的另一特征，即具有可加性。一般地，若 A 和 B 为两个相互独立的消息，C 代表 A 与 B 同时发生的合成消息，即 $C=AB$，则

$$I(AB) = I(A) + I(B) \tag{2.30}$$

(2.30)式表示，求信息量的运算应当满足可加性要求，即计算两个独立消息乘积的信息量时，可先分别计算两个消息的信息量，然后把它们加起来。由于信息量由概率决定，(2.30)式意味着求信息量的运算把乘法变为加法。由初等数学知，对数运算满足这个要求。信息量是相对量，原则上可以有不同的数学表示形式。但鉴于这种可加性，如哈特莱所说，最自然的形式是对数函数。结合(2.29)和(2.30)式，得到以下精确定义：

定义 2.4 以概率 $p(\neq 0)$ 发生的可能消息为概率 p 的倒数的对数

$$I(A) = \log_2 \frac{1}{p} \tag{2.31}$$

或者写作

$$I(A) = -\log_2 p \tag{2.32}$$

(2.32)式表示，消息包含的信息量是该消息发生概率的对数的负数。这就是维纳关于信息量的著名定义。

显然，必然事件($p=1$)的信息量为 0。不可能事件($p=0$)不符合上述定义的条件，但根据其实际意义(不可能发生的消息不包含信息)，取如下规定

$$I = 0, \quad 若\ p = 0 \tag{2.33}$$

由定义直接推知，信息量具有非负性

$$I \geqslant 0 \tag{2.34}$$

这里取对数的底为 2，是适应计算机的二进制而确定的。原则上可以取任何正实数 a 为底定义信息量

$$I = k\log_a \frac{1}{p} = -k\log_a p \tag{2.35}$$

上式中，系数 k 因 a 而异，按不同底数计算的信息量有不同的单位，可以相互换算。通常还采用 10 和自然对数底 e 来计算信息量。当 $a=2$ 时，信息量的单位为比特。例如，消息 A 代表麦穗朝下，发生概率为 $p(A)=0.5$，按照(2.35)计算得$I(A)=\log_2 2=1$比特，一切二中择一等可能事件包含的信息量均为 1 比特。

【例 2.2】 工会有一批脸盆发给会员，其中优质品为 40%，合格品为 55%，次品为 5%。发放规则为随意抓号，按号取货，不许挑拣。问“王东拿到次品”这一消息的信息量是多少？

解 根据题设，该消息是随机事件“随便拿一个而得到次品”的概率为 $p=0.05$。按公式计算得 $I=-\log_2 0.05=4.32$ 比特。

可能消息在传送端的发生概率称为先验概率，在接受端出现的概率称为后验概率。在实际通信中，某个消息传送到接收端后可能仍然是随机事件，没有完全消除不确定性。按(2.35)式，实际传送的信息量为

$$I = \log \frac{1}{先验概率} - \log \frac{1}{后验概率} = \log \frac{后验概率}{先验概率} \tag{2.36}$$

后验概率为 1 时，按(2.36)计算的信息量与按(2.32)计算的结果相同，表示传送过程无信息损失，先验不确定性全部消除。后验概率与先验概率相等时，表示信息在传送过程中全部损失掉，没有消除任何不确定性。一般情形处于二者之间，经过通信消除了部分不确定性，又未全部消除。

同一通信过程中包含大量不同消息，可以构成各种复合消息，须有不同的信

息量计算公式。消息 A 与 B 同时发生所构成的联合消息 AB，包含的信息量为

$$I(AB) = -\log p(AB) \leqslant I(A) + I(B) \tag{2.37}$$

当并且仅当 A 与 B 为相互独立的消息时，上式中的等号才成立，它就是(2.30)。(2.37)式表明：联合消息的信息量不大于各个消息的信息量之和。

在同一通信过程中，一个消息的发生可能对另一消息的发生有影响，须用条件信息概念刻画。

定义 2.5 在给定消息 B 的条件下，消息 A 发生所携带的信息量称为条件信息，记作$(A|B)$，规定为

$$I(A \mid B) = -\log p(A \mid B) \tag{2.38}$$

$p(A|B)$为条件概率。

相对于定义 2.5 的条件信息，定义 2.4 给出的应是无条件信息。

根据条件概率的计算公式，显然有

$$I(A \mid B) = I(AB) - I(B) \tag{2.39}$$

3. 信息熵

实际通信过程中，发送端具有发生多种可能消息的能力，仅仅计算单个消息的信息量是不够的。人们在通信中主要关心的不是个别消息，如单个字母、文字、音素或像素，而是整个消息序列。需要对整个消息序列的信息量进行度量。刻画一组数值的整体特性的常用办法是求平均值。由于消息序列是随机发送的，算术平均值不能反映整体信息能力，有效的办法是求序列中各个消息所包含的信息量的统计平均值。

通信过程中发送端发送的消息序列，按其数学特性分为两类。一类是离散消息序列，如电报、书信等通信方式，所发送的消息或信号在时间上可以相互分立。另一类是连续消息序列，如电视图像、人的语音等，特点是所发送的消息或信号在时间上无法分立，而是连续发送的。离散序列易于处理。下面仅就离散情形作些讨论。

设发送端的可能消息集合为

$$X = (x_1, x_2, \cdots, x_n) \tag{2.40}$$

各可能消息分别按概率 $p_1 p_2, \cdots, p_n$ 发生，并满足归一性条件

$$p_1 + p_2 + \cdots + p_n = 1 \tag{2.41}$$

按一定的概率从集合(2.40)式中随机地选择消息发送，形成一个消息序列。设序列中包含的消息总数为 N，N 非常大。在统计意义上，该序列中包含的消息 x_i 的数目为 p_iN 个，所有 x_i 包含的信息量为$-(p_iN)\log p_i$。将序列中所有消息包含的信息量之和除以 N，得到序列中每个可能信息的平均信息量为

$$H=-(p_1\log p_1+p_2\log p_2+\cdots+p_n\log p_n)=-\sum_{i=1}^{n}p_i\log p_i \tag{2.42}$$

H 是可能消息集合(2.40)式的整体平均信息量，亦即单位消息的信息量。由于(2.42)式与统计物理学的熵公式一致，信息论把(2.42)式称为信息熵。

定义 2.6　可能消息集合(2.40)式的整体平均信息量(2.42)式称为信息熵，简称为熵。

消息发生概率对可能消息集合的信息量有两种相反的影响。就单个可能消息看，概率越大信息量越小。但是概率大意味着该消息在整个消息序列中所占比例也大，因而对整体平均信息量的贡献也大。熵公式(2.42)表现了概率的这两种相反的影响，因而完整地刻画了可能消息集合的信息特性。熵值大表示发送信息的能力大，即消除不确定性的能力大。

【例 2.3】　前节例 2.2 的信息熵为

$$H=-(0.4\log 0.4+0.55\log 0.55+0.05\log 0.05)=1.22(\text{比特 / 符号})$$

【例 2.4】　取英文字母表为可能消息集合，共 26 个可能消息。根据英文书刊中各字母出现频率的统计研究，可确定每个字母的出现概率。按熵公式算得英文字母表的信息熵为 $H=4.15$ 比特。

二中择一等可能消息集合的熵为 1 比特。

信息熵有以下特性：

(1) 非负性。

$$H\geqslant 0 \tag{2.43}$$

由于 $p\geqslant 0$ 和 $I\geqslant 0$，从定义可直接得到(2.43)式。等号只有当消息集合中某个消息 x_k 为必然事件($p_k=1$)，其余均为不可能事件($p_i=0,i\neq k$)时才成立。

(2) 对称性。

消息集合(2.32)式的熵 H，只与概率分布($p_1,p_2,\cdots,p_n$)有关，与 p_i 的次序无关。即仅仅改变 p_i 的排列次序，H 值保持不变。

【例 2.5】　设可能消息集合为 $X=(x_1,x_2,x_3)$，三种概率分布为

$$p_1(1/2,1/3,1/6),p_2(1/3,1/6,1/2),p_3(2/3,1/4,1/12)$$

p_1 与 p_2 只有次序不同，为同一种概率分布，故有 $H_1=H_2=1.46$ 比特。p_3 为另一种概率分布，相应的熵 $H_3=1.19$ 比特。

(3) 极值性。

对于一定的 n(可能消息数)，熵函数(2.42)在等概率分布下取最大值，即

$$H_n(p_1,p_2,\cdots,p_n)\leqslant H_{\max} \tag{2.44}$$

以 $H_{\max}$ 或 H_m 记最大熵，有

$$H_{\max}=H(1/n,1/n,\cdots,1/n)=\log n \tag{2.45}$$

(2.45)式称为离散消息集合的最大熵定理。

对于给定的n,可能消息集合的熵是由它的概率分布决定的。概率分布越均匀,熵H越大。等概率分布是最均匀的分布。最大熵定理断言,均匀分布的消息集合具有最大的先验不确定性,能发送最大的信息量。相反,概率分布越不均匀,可能消息集合的熵越小。在极端情形下,可能消息集合中只有一个必然发生的消息,其余均为不可能消息,则它的熵$H=0$。

(4) 任给两个消息集合x、y,则有

$$H(XY) \leqslant H(X)+H(Y) \tag{2.46}$$

$H(XY)$为联合熵。(2.46)是(2.30)的推广,表明两个消息集合的联合熵同时发生的熵不大于这两个消息集合之熵的和。式中等号当且仅当X与Y为相互独立的消息集合时成立。

2.3.3 信息的本质和一般特性

关于信息的本质和特点,是信息论研究的首要内容和解决其他问题的前提。信息是什么? 英文信息一词——information 的含义是情报、资料、消息、报导、知识的意思。所以长期以来人们就把信息看作是消息的同义语,简单地把信息定义为能够带来新内容、新知识的消息。但是后来发现信息的含义要比消息、情报的含义广泛得多,不仅消息、情报是信息,指令、代码、符号语言、文字等,一切含有内容的信号都是信息。信息到底是什么呢?

申农的狭义信息论第一个给予信息以科学定义:信息是人们对事物了解的不确定性的消除或减少。在申农为信息量确定名称时,数学家冯·诺依曼建议称为熵,理由是不定性函数在统计力学中已经用在熵上面了。热力学中的熵,是物质系统状态的一个函数,它表示微观粒子之间无规则的排列程度,即表示系统的紊乱度,维纳说:"信息量的概念非常自然地从属于统计学的一个古典概念——熵。正如一个系统中的信息量是它的组织化程度的度量,一个系统的熵就是它的无组织程度的度量;这一个正好是那一个的负数。"这说明信息与熵是一个相反的量,信息是负熵,所以在信息熵的公式中有负号,它表示系统获得后无序状态的减少或消除,即消除不定性的大小。

信息具有如下的一般特性:

(1) 信息源于运动,无运动则无信息。世界上没有静止的事物,因而它们都具有信息的表征。

(2) 信息可以被感知、识别、转换、加工处理和多次利用,其符合人们认识事物的规律。

(3) 信息具有知识秉性,它能用以消除人们对事物运动状态或存在方式的认

识上的不确定性，有信息就获得了某种知识。信息的共享性有其自身特性，不同于实物的交流。在实物交流中，一方得到的正是另一方失去的。而在信息的交流中，一方得到了新的信息，而另一方并无损失。

(4) 信息依赖于物质而存在并在物质上传递、存储，它又不同于物质，可以脱离产生者而被传递。但信息的变化、传递需要能量，如印刷书籍、刻录光盘都要消耗能量。

(5) 信息的使用价值具有相对性。由于人的知识素养与思维方法不同，以及理解处理问题的能力不同，对于同一信息，可以得出截然不同的价值观。

(6)信息具有时效性。由于客观事物的不断发展变化，使反映其变化规律的信息源源不断地产生。信息活动是动态的，信息是有寿命、有时效的。

(7)信息不守恒，可以放大、缩小、湮灭。信息不遵守能量守恒定律，常常由于传递过程中所受到的干扰，造成信息的损失。随着事物的发展变化，信息会出现“老化”现象，因此人类应不断认识新事物，开发新信息。信息本身是可以增殖的。在科学的历史上，一个新的发现往往会触发多种可能的信息。

(8)主客体二重性。信息是物质相互作用的一种属性，涉及主客体双方；信息表征信源客体存在方式和运动状态的特性，所以它具有客体性，绝对性；但接收者所获得的信息量和价值的大小，与信宿主体的背景有关表现了信息的主体性和相对性。

(9)信息的能动性。信息的产生、存在和流通依赖于物质和能量，没有物质和能量就没有能动作用。信息可以控制和支配物质与能量的流动。信息论还研究信道的容量、消息的编码与调制的问题以及噪声与滤波的理论等方面的内容。信息论还研究语义信息、有效信息和模糊信息等方面的问题。广义信息论则把信息定义为物质在相互作用中表征外部情况的一种普遍属性，它是一种物质系统的特性以一定形式在另一种物质系统中的再现。物质、能量和信息三者之间的关系如表 2.1 所示。

表 2.1　物质、能量、信息三者的比较

	表现形式	变化过程	守 恒	熵
物质 能量 信息	电子、细胞等引力、热等信号等	扩散、传递能量转化传递、存储	物质不灭 能量守恒 不守恒	热力学第二定律 信息熵

2.3.4　通信系统

人类以多种方式进行通信。打电话，发电报，书信往来，图像传真，是通信；听广播，看电视，读书阅报，文艺演出，是通信；两人面谈，多人讨论，教师授课，领导讲话，以至打手势、使眼色、送秋波，也是通信。从系统观点看，这些五花八门的通信活动都是作为一定的系统进行的。凡通信必定涉及两种实体，发送信息的实体叫做信源，接收信息的实体叫做信宿。通信过程是信源与信宿之间的一种特定的关联方式，一种系统现象或系统行为。信息是一种系统特性，信息量是一种系统量。实施通信活动的系统，叫做通信系统。

信源与信宿进行通信的必要性，在于信源发送的消息有不确定性，信宿需要获得来自信源的消息以消除这种不确定性。通信的可能性，在于信源与信宿之间有可通信性，即信源与信宿之间具有相同的信号信码库，至少是彼此的信号信码可以互换（翻译），信宿能够从消息中提取信息。“对牛弹琴”之所以应当嘲笑，主要是弹琴者不了解牛无法接受琴声中包含的情感信息和美学信息，虽闻琴声却不知其雅意，因为弹琴者与牛之间没有这方面的可通信性。

在最初级的情形下，信源与信宿作为不同的物质实体通过直接的碰撞而交换信息，无须中间环节。一切利用信号或符号进行的较高级的通信活动，都不能由信源与信宿直接耦合而构成通信系统.必须有中间环节。不同的通信系统在构成上千差万别，但撇开组分的具体特性可以发现，一切通信系统都有如图 2.9 所示的共同结构。

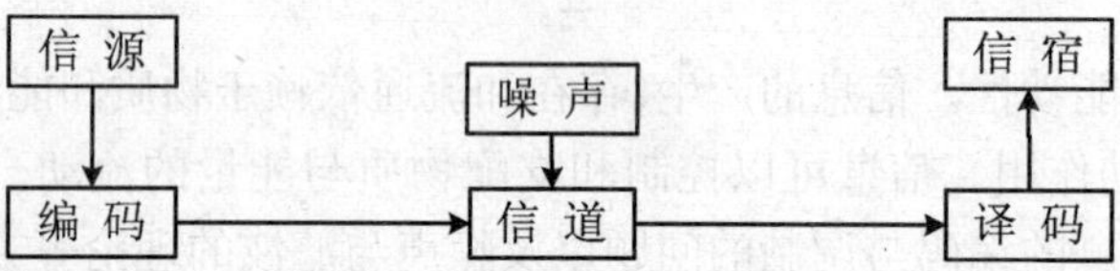

图 2.9 通信系统模型

1. 信源与信宿

信源即信息的来源或源泉，可以是人、生物、机器、社会组织或其他物体。信宿即通信过程结束后信息的归宿，也可以是人、生物、机器、社会组织或其他物体。信源与信宿的不同组合，构成不同的通信系统：人—人通信，人—生物通信，人—机通信，机—机通信，等等。原则上讲，人与一切无生命客体都可以通信，如考古学家发掘古生物化石，天文学家观察天体，都是通信过程。只有一个信宿的是单用户通信，如打电话。同时有不同用户的是多用户通信，如广播、电视等。按信息传送方向划分，有单向通信（如广播）或双向通信（如电话）。

发出离散信号的信源，称为离散信源。发出连续信号的信源，称为连续信源。信息论关心的是信源的信息结构和数量特征。对于一个离散信源，信息结构由两

个要素组成。一个是信源的可能消息集合

$$A=\{a_1,a_2,\cdots,a_n\} \tag{2.47}$$

其中,每个可能消息都是一个随机事件。另一个要素是可能消息的概率分布

$$P=\{p_1,p_2,\cdots,p_n\} \tag{2.48}$$

P 为可能消息 A 的发生概率,满足归一性条件(2.41)式。给定信息结构,就可以计算信源的各种数量特征。

信源的数量特征首先是它的熵。离散信源的熵按(2.42)式计算,最大熵按(2.45)式计算。熵 H 与最大熵 H_m 的比值 H/H_m 称为相对熵。显然有

$$0\leqslant H/H_m\leqslant 1 \tag{2.49}$$

相对熵可以看作可能消息集合概率分布均匀性的某种度量,是信源的重要数量特征之一。概率分布愈均匀,H 愈接近 H_m,相对熵愈大。完全均匀的等概率分布对应于最大的相对熵,$H/H_m=1$。概率分布愈不均匀,相对熵愈小。概率分布最不均匀的信源,其相对熵为 0。

相对熵与 l 的差值,称为可能消息集合的剩余度,记作 γ,即

$$\gamma=1-\frac{H}{H_m}=\frac{H_m-H}{H_m} \tag{2.50}$$

显然有

$$0\leqslant\gamma\leqslant 1 \tag{2.51}$$

英文字母表作为可能消息集合,它的最大熵为 4.7 比特,剩余度 $\gamma=0.12$。

在通信系统中,除了传送或恢复消息时所需要的信号之外,其余出现在信源、信道、信宿或系统其他部位的任何细节都叫做剩余,它们对完成通信任务是多余的,把它们除掉对实现通信目标没有实质性影响。剩余度是对剩余现象的定量刻画。概率分布愈均匀,剩余度愈小,通信效率愈大。等概率分布的剩余度为 0,表示没有剩余,通信系统具有最大的有效性。如果消息集合中有一个消息是必然事件,其他皆为不可能事件,则剩余度为 1,表示所传送的信号或符号都是多余的。

剩余度是信息论的重要概念,刻画信源特征的指标之一。剩余度大的可能消息集合发送的消息序列中无益成分大,通信效率差。说话重复,客套话,外交辞令,官僚主义的文件等,剩余度很大。直率的言词,精练的文字,剩余度小。人们厌烦说话啰唆,主张说话与行文言简意赅,删除一切不必要的词句,就是为了减少剩余度,提高通信效率。但有剩余度对于通信并非纯粹消极因素。文章有一定剩余度,读者可以根据上下文看懂一些不易理解的论述,能够从古书典籍有脱漏的文字中认出原文。在通信技术中,常常利用剩余度来提高通信的可靠性。

设信源在单位时间内共发送 m 个消息,可能消息的平均信息量为 H,则单位时间(1 秒)内信源发送的信息量为

$$H' = mH(\text{比特 / 秒}) \tag{2.52}$$

H'称为信源的信息率,即发送消息的速率。

熵 H,最大熵 H_m,相对熵 H/H_m,剩余度 γ,信息率 H',都是统计量,刻画的都是信源的统计特性。

2. 信道

传送信息的通道,即载荷着信息的信号藉以通行的物理设施或介质场,称为信道。信道是联接信源与信宿的主要中介环节。不同物理性质的信号,需要不同物理性质的信道来传送。传送声音信号的通道是地球周围的大气层,称为声信道。传送光信号的通道是天然的光场或人造光纤,称为光信道。传送电信号的通道有两类,电缆为有线电信道,电磁场为无线电信道。书信这种信息载体的传送通道主要是邮电系统。还有其他种类的信道。不论哪种信道,输入信号和输出信号都是随机变量。按数学特性,可以把信道划分为离散信道和连续信道,有噪声(有错)信道和无噪声(无错)信道,等等。

信道的性能指标之一是通信速度,记作 R,定义为

$$R = \frac{(\text{每个消息的})\text{平均信息量}}{(\text{每个消息的})\text{平均传送时间}}$$

以 τ 记每个消息的平均传送时间,有

$$R = \frac{H}{\tau} \tag{2.53}$$

通信速度 R 的大小因信道输出信号的概率分布 P 的不同而不同。

令 C 记其上限,即

$$C = \max_{p_i} R \tag{2.54}$$

式中,C 称为信道容量,是衡量信道性能优劣的主要指标。通俗地讲,信道容量是信道最大可能的通信速度,表示信道传送信息能力的极限。R 与 C 均为统计量,可以按照 R 与 C 去比较不同信道的优劣,通过分析通信速度和信道容量,可以对给定的信道做出性能评价,判断有无改进的必要。

3. 编码与译码

信源与信道,信道与信宿,都不能直接耦合,必须有中介环节。把信源与信道耦合起来的中介环节叫做编码器,把信道与信宿耦合起来的中介环节叫做译码器。首先,信源发出的消息或信号不能直接在信道中传送,需要经过编码器的适当变换。如在电话通信中,编码器即话筒,讲话人发出的语音信号不能直接在电

话线中传送，需要经过话筒变换为可以在电线中传送的电压信号。译码器是听筒，电话线中传来的是电压信号，需要经过听筒变换为语音信号，才能为听话人接受。编码和译码是一切通信过程必须的操作手续。

上述有关传送信号在物理形式方面的变换，并非信息论研究的问题。通信的基本要求是多快好省地传送信息。但多、快、好、省之间互相制约，处理好这些矛盾，对通信工程十分重要。信息论的编码理论是从提高通信的有效性、可靠性、经济性的目标出发，从信源和信道在数量特性方面如何匹配着手，研究信号变换的。信源有信息率高低之分，信道有容量大小之别。信源熵 H 越大，传送信息所需信道容量 C 越大。H 大而 C 小，信息不能及时传送出去，通信效率不高。H 小而 C 大，信道能力不能充分利用，经济性差。两种情形都应当避免。这就要求信源与信道在数量特性上互相匹配，编码的主要功能就在于解决这个问题。H 与 C 都是统计量，信源与信道的匹配是统计特性的匹配。信源一般都有剩余，剩余大则通信速度小。编码的目的之一是减少信源的剩余度，力求获得接近最大熵的信息含量。对有剩余的消息进行无剩余或少剩余的编码，以利于提高传送速度，叫做信源编码。或称为有效编码。

编码理论是申农信息论的重要内容，核心是三个编码定理，回答通信系统在什么情形下可以编码，在什么情形下不存在任何编码的可能。最简单的一个是所谓“无限小失真的信源编码定理”。

定理 2.2　假定信道无噪声，信源熵为 H，信道容量为 C，那么：

(1) 总可以对信源的输出进行适当编码，使得信道中能以 $\left(\frac{C}{H}\right)-\varepsilon$ 的平均速度传送信息，其中 ε 是任意小正数。

(2) 不存在使平均传送速度大于 $\frac{C}{H}$ 的编码。

编码定理揭示了信息在通信过程中的运动规律，表明熵 H、通信速度 C 等性能指标对描述通信系统是何等重要。

编码的实质是通过变换信源可能消息的概率分布，尽可能与信道特性实现理想的匹配。上述定理证明这样做是有限度的，并给出在什么范围内可以找到编码方法，越过这个范围则不存在使信源与信道匹配的编码。但这些定理都是关于编码存在性的命题，并未给出如何编码的方法。

编码是对信源发送的消息进行变换，译码是对信道传送给信宿的消息进行变换，即编码变换的逆变换。从通信工程讲，编码和译码是两种互逆的操作。以 P 记编码，P^{-1} 记译码，u 记待编码的消息，u' 记编码后的消息，则编码变换可表示为

$$u' = Pu \tag{2.55}$$

译码变换可表示为

$$u = P^{-1}u' \tag{2.56}$$

基于这个假定，信息论不研究译码过程。编码理论关注的是信源与信道之间的统计匹配问题，信道与信宿之间不存在统计匹配问题，只要正确转换信号形式即可。

现在的信息论也不对信宿作专门的研究。通信工程的前提是假定信宿与信源有相同的信号信码库，只要把消息准确地传送到信宿，信宿便可获得全部信息。实际情形并非如此简单，信源与信宿的信号信码往往不是一一对应的，如不同语言之间的通信、翻译，这里有许多理论问题有待研究。

2.3.5 信息技术与信息方法

为实施信息的获取、识别、显示、固定、发送、变换、传输、存储、提取、接收、控制、利用等操作所需要的工具设备和方法技能，统称为信息技术。前者是硬技术，后者是软技术。它们都是人体自身的信息功能的直接扩展和外化，是信息科学和自然科学原理物化的结果。主要有四大类信息技术。

1. 信息获取技术

人类在从动物中分化出来之时，只能靠自身的感官获取信息，在空间、时间、环境、信息种类、精度、数量等方面受到极大限制。克服这些限制，借助物质手段扩大获取信息的范围、精度和数量，产生了信息获取技术。古人发明的尺子、磅秤、指南针、地动仪等，近代发明的望远镜、显微镜、听诊器等，都是获取信息的硬技术。中医望、闻、问、切的方法技能，属于获取信息的软技术。现代社会各种大型复杂的生产、科研、军事、政治、文体活动等，要求高精度、高效率、高可靠性地获取各种形式的信息，创造了各种类型的信息感测技术和显示技术，核心是传感器技术。能够灵敏地感受人体器官不能直接感受的信号，并转变为便于接收、显示、加工、传送的信号，是对传感技术的基本要求，相应的功能器件称为传感器。社会信息的采集离不开必要的感测设备（硬技术），还需要组织方法之类软技术，统称为信息采集技术。

2. 信息传输技术

信息传输技术即通信技术。人自身发送信息的器官主要是语声系统，行为器官及其他可以在意识支配下动作的器官也能发送某些信息，各种感官都是接收信息的器官。用人体之外的物质手段进行通信的是通信技术。烽火通信是古人发明的光通信技术。发明文字后，主要通信手段是书信，这些都算不上真正的通信技术。现代通信技术是信息的发送技术、传送技术、编码技术、抗噪声技术、译码技术的总称。信息传送技术实质是信道技术，包括人工信道的设计和天然信道的利用等技术。按照接收信号的物理形式，可划分为机械信道、声信道、光信道、电信道、电磁信道。电信道分为有线的和无线的两大类。光通信中最具吸引力的是光导纤维，即一种直径只有 1μm～100μm 的玻璃丝，能引导光信号通过。光纤的通信容量极大，不受空气中尘雾、战场硝烟的干扰，可靠性高，保密性好，是一种极有前途的通信技术。

3. 信息处理技术

由感测器件得到的是原始信息，精粗未分，真伪混杂，难以有效利用。对原始信息进行加工，去粗取精，去伪存真，由此及彼，由表及里，形成能反映事物本质特性并便于利用的信息形式，这种作业称为信息处理。人自身的信息处理器官主要是大脑。把这种信息处理方式物化，就是信息处理技术，包括加工信息的工具设备和技能、方法、程序、算法等。算盘是古代的信息处理技术。现代意义的信息处理包括信息的分类、识别、变换、计算、筛选、整理、排序、制表等易于程序化的内容，也包括分析、综合、抽象、演绎、证明等更深层次的信息处理。现代信息处理技术主要是电子计算机技术。

4. 信息存取技术

把暂时不用或需要反复使用的信息存储起来，需要时再把它提取出来，这种信息作业称为信息的存取。人类自身的信息存取器官也是大脑，"记"是存储，"忆"是提取。结绳记事是最古老的信息存取技术。发明文字是人类信息存取手段的伟大革命，极大地提高了人类存取信息的能力。但是这些都算不上真正的技术。现代信息存取技术主要是：① 信息记载技术，最重要的是录音、录像技术；② 缩微技术.即把信息载体缩小、微化，以便于高密度地存储信息；③ 数据库技术，建立通用的综合性数据仓库，收集并保存有关企业管理、科技发展、医疗保健、教育、经济、新闻等数据资料，用统一的方式保管，以供不同用户共享；④ 信息检索技术，即根据用户需求，准确、快速地从库存资料档案中找寻并取出所需信息。这些信息作业都需要利用计算机技术。

5. 信息技术的发展

现代信息技术都是上述各种技术的综合应用，介绍以下几种。

1) 卫星技术

从信息获取技术的角度看，人造卫星是一种功能强大的感测技术，使遥感遥测技术发展到一个前所未有的水平。地球上许多巨大尺度的信息在地球上是无法获取的,如地下资源、地下水道、全球环境态势、外国的某些军事动向等,均可以利用卫星来获取。由此发明了资源卫星、气象卫星、侦察卫星等。利用卫星进行太空探测,更是其他技术无法替代的。利用人造卫星搞通信,覆盖面积大,通信线路多,信息容量大,通信质量高,卫星通信是实现社会信息化、人类世界系统化不可缺少的通信技术。

2) 信息高速公路

把信息与高速公路连在一起,是一种形象的说法。信息高速公路是一种把各种现代信息技术综合在一起的高速信息网络,由通信网(一系列可互联、互通、互操作的各种通信网络)、信息(各种公用和专用的数据库、各种数字化的影视、报刊、书籍等)、计算机系统和人(建设和经营高速网络的人、基于高速网工作、学习、生活的人)等因素组成,是信息化社会的基础设施。

3) 多媒体

媒体即信息载体。多媒体技术即综合应用多种信息载体的技术,以计算机为核心,把文字、图形、图像、声音视频等多种信息形式有机地结合起来,形成一种人机交互的综合处理多种媒体信息的功能。

4) 虚拟现实

Virtual Reality 的直译,钱学森称之为灵境,也有人提议称为灵境。灵境技术是一种由计算机硬件、软件和各种先进的传感器构成的人工信息系统,可以逼真地模拟各种复杂的现实环境,让人产生身临其境的感觉。

现代信息技术的核心——计算机技术,正日新月异地发展着。一方面追求更高的速度、更大的容量、更多的功能、更方便的操作,一方面追求更高、更新的设计模式,如神经计算机、模糊计算机、混沌计算机、量子计算机。随着脑科学、认知科学及纳米技术等高技术的发展,计算机技术的未来发展是今天的人们难以预料的。

6. 信息方法

信息概念具有普遍意义,它已经广泛地渗透到各个领域,信息科学是具有方法论性质的一门科学,信息方法具有普适性。所谓信息方法就是运用信息观点,把事物看作是一个信息流动的系统,通过对信息流程的分析和处理,达到对事物复杂运动规律认识的一种科学方法,如图 2.10 所示。信息方法着眼于信息,揭露了事物之间普遍存在的信息联系,对过去难以理解的现象从信息观点做出了科学的说明。信息方法为认识当代以电子计算机和现代通讯技术为中心的新技术革命的浪潮,为认识论的研究和发展提供了支持,将进一步提高人类认识与改造自然界的能力。

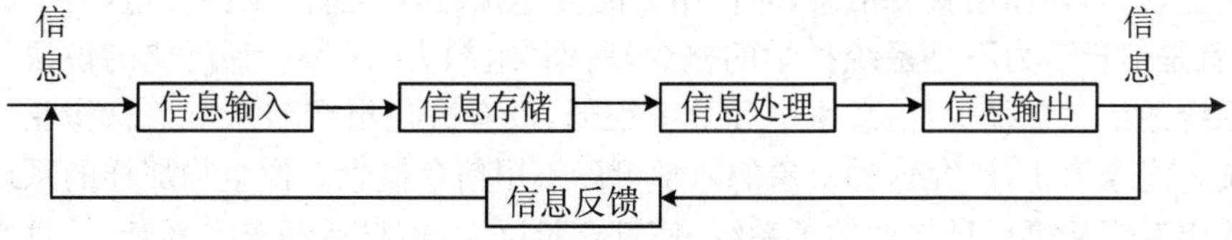

图 2.10　信息方法

信息方法以信息为基础，把系统有目的的运动抽象为一个信息变换过程，如图 2.10 所示。这与传统方法不同，传统方法注重的是物质和能量在事物运动变化过程中的作用，而信息方法是以信息的运动作为分析和处理问题的基础，在分析和处理问题时，它完全撇开系统的具体运动形态，把系统的有目的的运动抽象为信息变换过程。例如，在对企业进行信息系统设计时，要摆脱信息系统对组织机构的依从性，着眼于企业过程，而不是围绕每一部门来进行，这样设计出来的信息系统具有较高的应变能力。

传统方法在研究问题时，主要运用剖析法，这不利于掌握事物间的内在联系，甚至以孤立、静止的方法来研究事物，忽视事物的整体性。可见，传统方法对于复杂的系统，特别是活的有机体，往往显得无能为力。信息方法是用联系、转化的观点，综合研究系统运动的信息过程。在对复杂事物进行研究时，不对事物的整体结构进行剖析，而是从其信息流程加以综合考察，获取关于整体的性能和知识。这是一种新的认识问题、解决问题的方法。

信息方法的意义就在于它指示了机器、生物系统的信息过程，揭示了不同系统的共同信息联系；指示了某些事物的运动规律，如遗传现象、生物解体等活动规律；有利于管理、决策科学化，信息是管理、决策的基础，现代化管理、决策系统必须有信息系统功能；指明了信息沟通的重要性，在信源、信道、信宿间要有效地沟通。

2.3.6　信息与系统

信息是一种系统现象，至少要有信源和信宿或载体才可能谈论信息，有相互作用才有信息。或者是不同系统通过相互作用而使一个特性在另一个中得到反映、表征，或者是同一系统的不同组分之间相互作用而相互反映、表征。不存在与系统无关的信息，也不存在没有信息的系统。只要有元素之间、子系统之间、层次之间相互作用，有系统与环境之间的相互作用，就有信息的产生和交换。系统的形成、发展、运行都离不开信息活动。

最低级的信息活动是两个物体在直接作用、碰撞中相互反映或表征。在这个层次上，有力的作用就有信息，对作用力的度量就是对信息的某种度量，但不能说“力就是信息”，力不是系统科学的概念，所谓“组织力”只是一种泛化的说法。这类系统的信息量很少，信息水平和效率很低，没有进化出专门从事信息作业的子系统。迄今为止，研究这种对象的科学可以不用信息概念。像生物那样的系统已进化出专门从事信息作业的子系统，信息含量巨大，信息活动丰富复杂，信息水平和效率很高。深入研究这种系统的科学需要信息概念，如分子生物学就是基于信息概念解释生命现象的。最高级的信息活动是利用语言和符号进行的，是人和人类社会特有的信息活动。人是唯一的信息化的存在物，有关人的科学、社会科学总是这样或那样使用信息概念。描述信息社会的科学更离不开信息概念，信息将成为未来社会科学的中心概念。

信息的系统意义在直观上是很明显的。统计物理学的奠基人波尔兹曼最早把熵与信息联系起来，认为熵的获得意味着信息的丢失，熵是一个系统丢失了的信息的度量。薛定锷提出负熵概念。维纳接受并发展了这些思想，提出信息是负熵、是系统组织程度的度量等著名论断，深化了人们对信息的系统意义的理解。但这些提法思辨色彩颇浓，难以作深入的拓广和定量的表述。

在基础科学层次上，系统研究越来越需要信息概念。普利高津试图把信息概念引入耗散结构理论，用分子之间的通信来解释物质系统的自组织运动。哈肯出版专著《信息与自组织》，试图推广信息概念，按信息原理阐述一般自组织过程，用信息概念定义复杂性。艾肯认为生命起源过程存在信息危机，把超循环看作克服信息危机必需的系统机制，建立他的分子自组织理论。钱学森把信息论作为建立系统学的重要构筑材料之一，在建立系统学的早期努力中把信息列入系统学的基本概念框架中，只是在发现目前难以给出信息的一般定义和数学表示之后，才提出暂时撇开信息问题。圣塔菲的学者同样重视从信息角度阐述复杂性。虽然这些著名系统科学家的努力目前都未能达到预定的目标，但“英雄所见略同”，他们的努力表明系统科学未来发展的一个重要方向，信息与系统应是整个系统科学部门的两个中心概念。

2.4 耗散结构、突变论及协同学

耗散结构、突变论及协同学被成为系统科学的新三论。

客观实际存在的系统都是开放系统，即系统与外界环境存在着物质、能量和信息交换。例如，人体就是一个开放系统，一个城市也是一个开放系统。对于开放系统来说，系统受外界环境的影响，有可能从无序态向着有序态方向发展，也可能从某一个有序态向另一种新的有序态方向发展。

基于上述分析并加以概括，一个开放系统，它与外界不断地交换物质、能量和信息，当外界条件达到一定阈值时，系统可能从原有的混乱状态转变为一种在时间上，或空间上，或功能上的有序状态，我们把所形成的这种新的有序结构，称作“耗散结构”。

“耗散结构理论”是 1969 年普列高津提出的，耗散结构理论就是研究耗散系统的演化规律及其有关的理论和方法。突变理论是 1965 年托姆提出的。突变论指出，非线性系统从某一个平衡态到另一个平衡态的转化，是以突变形式发生的。突变论从数学上解决了突变行为的数学分析及突变形式的分类。突变理论是研究系统序演化的有力数学工具。

协同学是 1971 年哈肯提出的。协同学指出，系统中大量存在的子系统，却只受少量的“序参量”支配，实现系统的总体上形成有序结构。所以协同学也是研究系统演化、研究系统自组织的理论。

近年来，上述这些系统科学的新的理论方法的发现和成就，已引起了全世界的关注，它突破了传统的热力学定律和还原论方法，已为进一步研究开放的复杂巨系统的发展及演化，提供了有力的工具。

2.4.1　耗散结构(Dissipative Structure)

关于“耗散结构”的理论，它是物理学中非平衡统计的一个重要新分支，是由比利时科学家伊里亚·普里戈津(I. Prigogine)于 20 世纪 70 年代提出的，由于这一成就，普里戈津获 1977 年诺贝尔化学奖。差不多是同一时间，德国物理学家赫尔曼·哈肯(H. Haken)提出了从研究对象到方法都与耗散结构相似的“协同学”(Syneraetics)，哈肯于 1981 年获美国富兰克林研究院迈克尔逊奖。现在耗散结构理论和协同学通常被并称为自组织理论。

我们首先从几个例子看一下究竟什么是耗散结构。

天空中的云通常是不规则分布的，但有时蓝天和白云会形成蓝白相间的条纹，叫做天衔，这是一种云的空间结构。举一个简单的例子，一个容器装有液体，在其下方加热，当加热强度达到某个临界值时，液体会出现很多中心流体向上运动、周边流体向下运动，形成微小对流形式的六角形的花纹结构，如图 2.11 所示。这种空间上有序结构的出现，不是依靠外力的安排，而是发生于系统内部。容器装有液体，上下底分别同不同温度的热源接触，下底温度较上底高，当两板间温差超过一定阈值时，液体内部就会形成因对流而产生的六角形花纹，这就是著名的贝纳德效应，它是流体的一种空间结构。

在贝洛索夫—萨波金斯基反应中，当用适当的催化剂和指示剂作丙二酸的溴酸氧化反应时,反应介质的颜色会在红色和蓝色之间作周期性变换,这类现象一般称为化学振荡或化学钟,是一种时间结构。在某些条件下这类反应的反应介质还可以出现许多漂亮的花纹,此即萨波金斯基花纹,它展示的是一种空间结构。在另外一些条件下,萨波金斯基花纹会成同心圆或螺旋状向外扩散,像波一样在介质中传播,这就是所谓化学波,这是一种时间—空间结构。

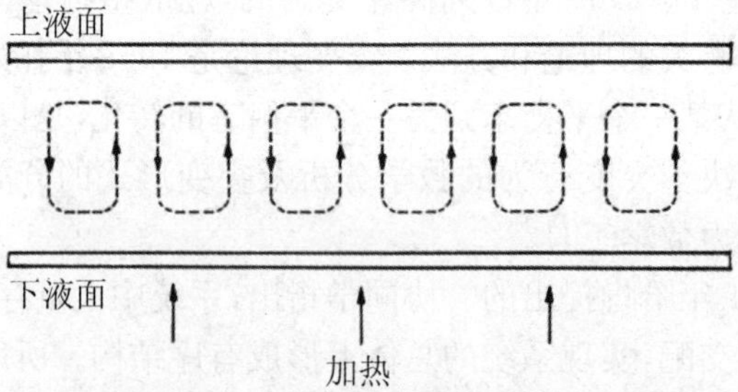

(a) 侧视图

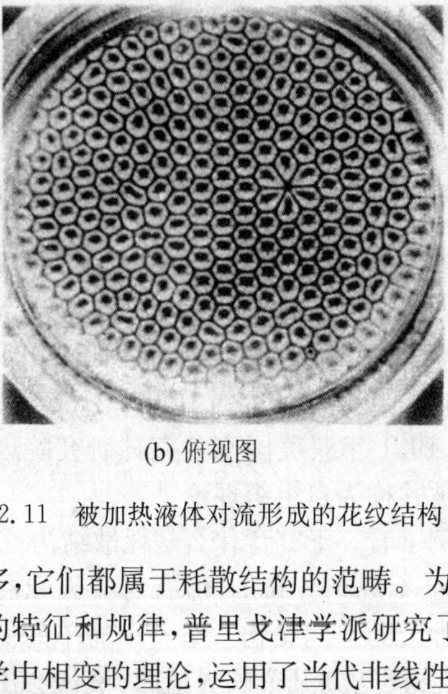

(b) 俯视图

图 2.11 被加热液体对流形成的花纹结构

诸如此类的例子很多,它们都属于耗散结构的范畴。为了从各不相同的耗散结构实例中找出其本质的特征和规律,普里戈津学派研究了非平衡热力学,继承和发展了前人关于物理学中相变的理论,运用了当代非线性微分方程以及随机过程的数学知识,揭示出耗散结构有如下几方面的基本特点:

(1) 产生耗散结构的系统都包含有大量的系统基元甚至多层次的组分。

贝纳德效应中的液体包含大量分子。天空中的云包含有由水分子组成的水蒸气、液滴、水晶和空气,因而是含有多组分多层次的系统。至于贝洛索夫—萨波金斯基反应,其中不仅含有大量分子原子和离子,并且有许多化学成分。不仅如此,在产生耗散结构的系统中,基元间以及不同的组分和层次间还通常存在着错综复杂的相互作用,其中尤为重要的是正反馈机制和非线性作用。正反馈可以看作自我复制自我放大的机制,是“序”产生的重要因素,而非线性可以使系统在热力学分支失稳的基础上重新稳定到耗散结构分支上。

(2) 产生耗散结构的系统必须是开放系统,必定同外界进行着物质与能量的交换。

天街中的云一定会和周围的大气和云进行物质交换并和外界进行能量交换。如欲维持贝洛索夫—萨波金斯基反应中的时间、空间,时间—空间结构,则需不断地向进行反应的容器中注入所需的化学物质,这正是系统与外界的物质交换。耗散结构之所以依赖于系统开放,是因为根据热力学第二定律,一个孤立系统的熵要随时间增大直至极大值,此时对应最无序的平衡态,也就是说孤立系统绝对不会出现耗散结构。而开放系统可以使系统从外界引入足够强的负熵流来抵消系统本身的熵产生而使系统总熵减少或不变,从而使系统进入或维持相对有序的状态。

(3) 产生耗散结构的系统必须处于远离平衡的状态。

为了简单说明问题,先举一个有关平衡状态的例子。假定暖水瓶是完全隔热的,里边放入温水,盖上瓶塞,其中的水不再受外界任何影响,最后水就进入一种各处温度均匀,没有宏观流动和翻滚且不再随时间改变的状态,叫平衡态,相应的结构称为平衡结构。根据热力学理论,在这种状态下是不可能出现任何耗散结构的。如果把瓶塞打开,用细棒搅拌瓶中的水,这时系统内发生翻滚流动,脱离平衡态。但若重新盖上瓶塞,经过足够长时间,系统又将不可避免地驰骋到新的平衡态,仍不会有耗散结构。这表明系统虽走出了平衡态,但离开平衡态不够“远”。

要想使系统产生耗散结构,就必须通过外界的物质流和能量流驱动系统使它远离平衡至一定程度,至少使其越过非平衡的线性区,即进入非线性区。最明显的例子是贝纳德效应,若上下温差很小,不会出现六角形花纹,表明系统离开平衡态不够远。待温差达到一定程度,即离开平衡态足够远,才发生贝纳德对流。这里强调指出,耗散结构与平衡结构有本质的区别。平衡结构是一种“死”的结构,它的存在和维持不依赖于外界、而耗散结构是个“活”的结构,它只有在非平衡条件下依赖于外界才能形成和维持。由于它内部不断产生熵,就要不断地从外界引入负熵流,不断进行“新陈代谢”过程,一旦这种“代谢”条件被破坏,这个结构就会“窒息而死”。所有自然界的生命现象都必须用第二种结构来解释。

(4) 耗散结构总是通过某种突变过程出现的。

某种临界值的存在是伴随耗散结构现象的一大特征,如贝纳德对流、激光、化学振荡均是系统控制参量越过一定阈值时突然出现的。

(5) 耗散结构的出现是由于远离平衡的系统内部涨落被放大而诱发的。

什么是涨落呢？举个例子，密闭容器内的气体，如果不受周围环境的影响或干扰，就会像前面所说的那样达到平衡态，不难想象，这时容器内各处气体的密度是均匀的。然而由于大量气体分子作无规则热运动而且相互碰撞，可能某瞬时容器内某处的密度略微偏大，另一瞬时又略微偏小，即密度在其平均值上下波动，这种现象就叫涨落。如果仅限于讨论处于平衡态气体内部的涨落，意义并不十分大。虽然无规则运动和碰撞的存在将不时产生相对于平衡的偏差，但由于同样的原因这种偏差又不断地平息下去，从而平衡得以维持。在远离平衡时，意义就完全不同了，微小的涨落就能不断被放大使系统离开热力学分支而进入新的更有序的耗散结构分支。涨落之所以能发挥这么大的作用是因为热力学分支的失稳已为这一切准备好了必要的条件，涨落对系统演变所起的是一种触发作用。

综述以上各点概括起来说，耗散结构就是包含多基元多组分多层次的开放系统处于远离平衡态时在涨落的触发下从无序突变为有序而形成的一种时间，空间或时间—空间结构。耗散结构理论的提出对当代哲学思想产生了深远的影响，该理论引起了哲学家们的广泛注意。

在耗散结构理论创立前，世界被一分为二：其一是物理世界，这个世界是简单的、被动的、僵死的、不变的、可逆的和决定论的量的世界；另一个世界是生物界和人类社会，这个世界是复杂的、主动的、活跃的、进化的，不可逆的和非决定论的质的世界。物理世界和生命世界之间存在着巨大的差异和不可逾越的鸿沟，它们是完全分离的，从而伴随而来的是两种科学，两种文化的对立，耗散结构理论则在把两者重新统一起来的过程中起着重要的作用。耗散结构理论极大地丰富了哲学思想，在可逆与不可逆，对称与非对称，平衡与非平衡，有序与无序、稳定与不稳定，简单与复杂，局部与整体，决定论和非决定论等诸多哲学范畴都有其独特的贡献。

耗散结构理论可以应用于研究许多实际现象，上面所谈的天街、贝纳德效应以及贝洛索夫—萨波金斯基反应分别属于物理和化学范畴。值得提到的是在生命现象中也包含有多层次多组分，例如从种群、个体、器官、组织、细胞以及生物分子，各层次间以及同一层次的各种组分间存在着更为复杂的相互作用。生命系统需要新陈代谢，因而必定是开放系统，再者生命系统必然是远离平衡的，因此生命系统成为耗散结构理论应用的对象是十分自然的。这方面目前取得较多进展的有动物体内释放能量的生化反应糖酵解的时间振荡，还有关于肿瘤免疫监视的问题以及一些生态学中的问题。

从广义讲，人类社会也是远离平衡的开放系统。因此，像都市的形成发展、城镇交通、航海捕鱼、教育经济等社会经济问题也可以作为耗散结构理论应用的领域。耗散结构理论自提出以来，一直在理论和实际应用两个方面同时拓展，今后的发展也可望顺着这个路子往下走。因为并非一切远离平衡的复杂性开放系统的行为都可以归纳为耗散结构，所以，作为更高层次的一般研究复杂系统的系统科学的一个分支理论，面对纷繁复杂的实际世界，其未来充满挑战，可谓任重道远。

2.4.2　突变论(Catastrophe Theory)

突变论是1968年法国数学家勒内·托姆(Rene. Thom 1923～)从拓扑学中提出的一种几何模型，能够描绘多维不连续的现象，他的理论称为“突变论”，或称“剧变论”，又称“灾变论”，是研究非连续性突然变化现象的科学。

1. 突变现象

“突变”本义指某种导致本身崩溃、毁坏、消灭的“灾变”，托姆借用来强调他的理论所研究的是从原有形态结构突然变为新形态、新结构的不连续过程。托姆在1972年出版《结构稳定性和形态发生学》一书中，系统地阐述了这个理论，认为系统所处的状态可用一组参数描述。当系统处于稳定态时，标志该系统的某个函数就取唯一的值；当参数在某个范围内变化，该函数值有不止一个极值时，系统必然处于不稳定状态。托姆指出：系统从一种稳定状态进入不稳定状态，随着参数的再变化，又使不稳定状态进入另一种稳定状态，系统状态就在这一瞬间发生了突变。

突变论用拓扑学、奇点理论和结构稳定性理论，解释和预测现实中发生的不连续的或“突然的”变化过程，提出突变有七种基本形式，即发生四个控制因子(三维空间和一维时间)下的七种初等突变类型：折叠型、尖顶型、燕尾型、蝴蝶型、双曲脐型、椭圆脐型、抛物脐型。上世纪80年代以来，数学上已证明，当突变的控制因子(变量)在五个以上时，突变模型表现为多种类型，显现了自然和社会现象中丰富多彩的形态。

2. 突变论及其贡献

突变论是法国数学家勒内·托姆于1972年创立的。它是一个新的数学分支，也是系统科学发展中的一个重要分支。以往的数学只能解决连续变化(离散连续)问题，渐变论是学术界的主导思想，对那些突然出现的非连续性变化显得无能为力，不能解释突变问题。突变论从量的角度研究各种事物的不连续变化问题，进行从量变到质变的研究。它用形象而精确的数学模型来模拟突变过程，其要点在于考察这一过程从一种稳态到另一种稳态的跃迁。运用的数学工具主要为拓扑学、奇点理论和结构稳定性理论。

突变论以稳定性理论为基础，通过对系统稳定性的研究，阐明了稳定态与非稳定态，渐变与突变的特征及其相互关系，揭示了突变现象的规律和特点。托姆的突变论观点主要有以下几点：① 稳定机制是事物的普遍特性之一，是突变论阐述的主要内容，事物的变化发展是其稳定态与非稳定态交互运行的过程。② 质变可以通过渐变和突变两种途径来实现，如水在常压下的沸腾是通过突变来实现的，而语言的演变则是一个渐变过程。质变到底是以哪种方式来进行的，关键是要看质变经历的中间过渡态是不是稳定的。如果是稳定的，那么就是通过渐变方式达到质变的；如果不稳定，就是通过质变方式达到的。③ 在一种稳定态中的变化属于量变，在两种结构稳定态中的变化或在结构稳定态与不稳定态之间的变化则是质变。量变必然体现为渐变，突变必然导致质变，而质变则可以通过突变和渐变两种方式来实现。

突变论中以控制变量(u)来表示那些作为突变原因的连续变化因素，以状态变量(x)来表示可能出现突变的量。突变论运用数学工具描述系统处于稳定态、不稳定态的参数区域以及系统突变时的参数特定位置，从而建立起突变过程的数学模型。托姆证明，当控制变量$U\leqslant 4$、状态变量 $x\leqslant 2$ 时，按某种意义进行分类，突变过程一共只有 7 种类型：折叠型($U=1,z=1$，即一个控制变量，一个状态变量)、尖顶型($U=2,x=1$)、燕尾型($U=3,x=1$)、蝴蝶型($U=4,x=1$)、双曲型($U=2,x=2$)、椭圆型($U=3,x=2$)、抛物线型($U=4,x=2$)。折叠型突变是一种只有一个控制因子和一个状态因子的突变，它代表事物主要由于一种因素变化所导致的质变，如人体因某一病变致死。尖顶型突变模型是最常用，也是比较简单的一种突变模型。下面所举的一个突变模型便是尖顶型模型。

突变论提出以后很快引起人们的重视，并且在数学、力学、物理学、生物学和社会学等领域的应用方面取得了许多重要成果，被称为 20 世纪发生的一次“智力革命”。

通过突变论能够有效地理解物质状态变化的相变过程，理解物理学中的激光效应，并建立数学模型。通过初等突变类型的形态可以找到光的焦散而的全部可能形式。应用突变论还可以恰当地描述捕食者—被捕食者系统这一自然界中群体消长的现象。过去用微积分方程式长期不能满意解释的，通过突变论能使预测和实验结果很好地吻合。突变论还对自然界生物形态的形成作出解释，用新颖的方式解释生物的发育问题，为发展生态形成学作出了积极贡献。

突变论是对哲学上量变质变规律的深化，具有重要意义。长期以来，关于质变是通过飞跃还是通过渐变，在哲学上引起激烈争论，形成了“飞跃论”、“渐进论”和“两种飞跃论”三种不同观点。突变论认为，在严格控制条件下，如果质变中经历的中间过渡态是不稳定的，就是一个飞跃过程；如果中间过渡态是稳定的，则是一个渐变过程。质态的转化，既可通过飞跃来实现，也可通过渐变来实现，关键在于控制条件。

突变论能解说和预测自然界和社会上的突然现象，无疑它也是软科学研究的重要方法和得力工具之一。突变论在数学、物理学、化学、生物学、工程技术、社会科学等方面有着广阔的应用前景。《大英百科年鉴》1977 年版中写道："突变论使人类有了战胜愚昧无知的珍奇武器，获得了一种观察宇宙万物的深奥见解"。自然，突变论的应用在某些方面还有待进一步的验证，在将社会现象全部归结为数学模型来模拟时还有许多技术细节要解决，在参量的选择和设计模型方面还有大量工作要做。此外，突变理论本身也还有待于进一步完善，在突变论的方法上也有许多争议之处。总之，突变论问世以来，引起褒贬不一的评述，正像任何一门新兴学科的发展经历一样。著名数学家斯图尔特客观地评价了突变论，他写道："适当地理解突变理论，可以为我们生存的世界提供新颖而深入的见解。但它还需要加以发展、检验、修改，经历一般成为可靠的科学工具的全部过程。但我毫不怀疑，这也不是宇宙中的唯一事物"。

3. 突变论的应用

突变理论在自然科学的应用是相当广泛的。在物理学中研究了相变、分叉、混沌与突变的关系，提出了动态系统、非线性力学系统的突变模型，解释了物理过程的可重复性是结构稳定性的表现。在化学中，用蝴蝶突变描述氢氧化物的水溶液，用尖顶突变描述水的液、气、固的变化等。在生态学中研究了物群的消长与生灭过程，提出了根治蝗虫的模型与方法。在工程技术中，研究了弹性结构的稳定性，通过桥梁过载导致毁坏的实际过程，提出最优结构设计。

突变论利用突变作为数学模型来处理不连续现象，并掌握其规律性，这套工具之所以如此吸引人，是因为自然界中到处都存在着不连续的现象与系统等待处理，例如，生物学中许多处于飞跃的、临界状态的不连续现象，物理世界中液态气态变化的紊流系统，甚至是政策重大变更，股票、证券时常的风云变幻，都能找到相应的突变类型给予定性的解释。突变论提供了丰富的定性语言，弥补了连续数学方法的不足之处，同时带动许多数学新理论的发展，并且业已成功地应用与生理学、生态学、心理学及复杂系统的状态跃迁相关的研究之中。

在图 2.12 中描述的是社会状态与民主和社会不安定程度之间的关系。社会状态以状态变量 x(垂直坐标)表示；控制变量有两个：民主(a 轴表示)和社会不安定程度(b 轴表示)。社会状态以激进和保守两个等级来度量。当 a、b 两个控制变量任意组合后，状态变量 x 所描绘的轨迹就是图示的拓扑曲面。曲面中间有一个折叠区，折叠区在水平面上的投影是两条相交的曲线，它们所围成的区域称为分支集,标志着社会状态产生分支的区域边界。折叠区的上、下叶,状态趋于不稳,但变化是连续的。折叠中叶是状态的不稳定区,其发生突变的可能性最小。

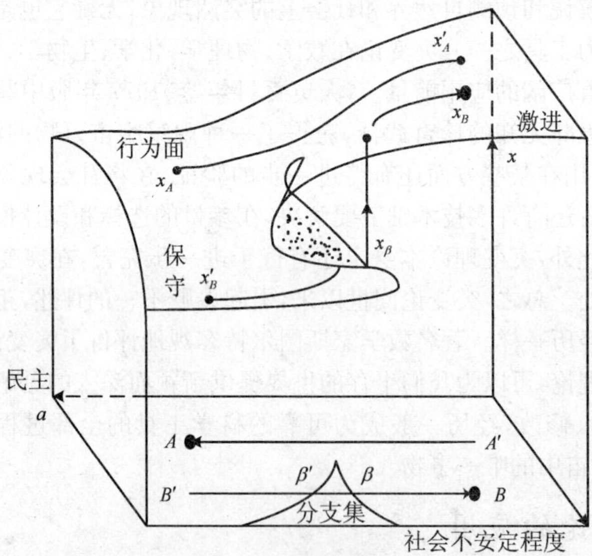

图 2.12 社会状态的突变模型

在 B'-B 路线中,起初社会状态处于 x'_B,此时民主程度高、社会不安定程度高。在民主程度变化过程中,x 从 x'_B沿曲面上行,到达 β'后,进入分支集,民主进一步减少,这时社会处于可能激进,也可能保守的双重状态。当控制变量使 x 达到β 点时,即到达分支集另一边界线,这时只要再稍微减少一点民主,社会状态将离开折叠区的底叶而突然跳跃到折叠区的顶叶,发生了突变。如果继续减少民主,社会状态到达 x_B 点(与平面上的 B 点对应),社会处于激进状态,这是一个激进的稳定态(相对于保守的稳定态来说)。如果控制量的选择位于分支集尖顶之后(如路线 A'-A 中的控制量的选择),则此时路线不通过分支集,x 可连续地从激进过渡到保守,不发生突变。

以前的物理学家和数学家们常常嘲笑定性的语言,Rutherford 曾经说过一句名言,“定性只不过是拙劣的计量”。但是当突变论提出之后,他们对于定性语言的轻视就大大地改观了,突变论带来了一种新语言,它使得定性的语言真正拥有了数学的内涵,而变成一种足以令人信服的有效的数学工具,突变论中提供了一些像摺点、剧变、尖头剧变、蝴碟点剧变、发散、正则因子、分裂因子、贯截性、普遍拆展、双曲脐点、椭圆或抛物脐点、剧变曲体等等新名词。突变论是最适合于描述以前被认为“不精确”的社会人文学的工具,也可以用来配合或取代部分生物化学家们过分注重实验数据的倾向，而发展出的一套综合性的数学模型。在过去的二三十年中，尽管有不少数学新理论产生，但是从来没有一个能像突变论那样引起如此广泛而又深入的影响。

应用突变论还可以设计许许多多的解释模型。例如经济危机模型，它表现经济危机在爆发时是一种突变，并且具有折迭型突变的特征，而在经济危机后的复苏则是缓慢的，它是经济行为沿着"折迭曲面"缓慢滑升的渐变。此外，还有"社会舆论模型"、"战争爆发模型"、"人的习惯模型"、"对策模型"、"攻击与妥协模型"等等。

2.4.3　协同学(Synergetics)

协同学是研究开放系统有序与无序协同作用的科学，又称协同论、协合学，是建立在控制论、信息论、系统论及突变论等学科基础上的新学科。与耗散结构论同属非平衡系统理论。协同系统是指由许多子系统组成的、能以自组织方式形成宏观的空间、时间或功能有序结构的开放系统。协同学一词来源于希腊文，意为共同工作。

协同学是 20 世纪 70 年代初前联邦德国理论物理学家哈肯(H. Haken)创立的。60 年代初，激光刚一问世哈肯就注意到激光的重要性，并立即进行系统的激光理论研究。

在深入研究激光理论的过程中，哈肯发现在现象的背后隐藏着某种更为深刻的普遍规律。他在 1970 年出版的《激光理论》一书中多处提到不稳定性，为后来的协同学准备了条件。

1969 年哈肯首次提出协同学这一名称，并于 1971 年与格雷厄姆合作撰文介绍了协同学。1972 年在前联邦德国埃尔姆召开第一届国际协同学会议。1973 年这次国际会议论文集《协同学》出版，协同学随之诞生。1977 年以来，协同学进一步研究从有序到混沌的演化规律。1979 年前后前联邦德国生物物理学家艾根将协同学的研究对象扩大到生物分子方面。

协同学研究协同系统在外参量的驱动下和在子系统之间的相互作用下，以自组织的方式在宏观尺度上形成空间、时间或功能有序结构的条件、特点及其演化规律。协同系统的状态由一组状态参量来描述，这些状态参量随时间变化的快慢程度是不相同的。当系统逐渐接近于发生显著质变的临界点时，变化慢的状态参量的数目就会越来越少，有时甚至只有一个或少数几个。这些为数不多的慢变化参量就完全确定了系统的宏观行为并表征系统的有序化程度，故称序参量。那些为数众多的变化快的状态参量就由序参量支配，这一结论称为支配原理，它是协同学的基本原理。序参量随时间变化所遵从的非线性方程称为序参量的演化方程，是协同学的基本方程。演化方程的主要形式有主方程、有效朗之万方程、福克—普朗克方程和广义京茨堡—朗道方程等。

协同学的主要内容就是用演化方程来研究协同系统的各种非平衡稳定态和不稳定性（又称非平衡相变）。例如，激光就存在着不稳定性。当泵浦参量小于第一阈值时，无激光发生；但当其超过第一阈值时，就出现稳定的连续激光；若再进一步增大泵浦参量使其超过第二阈值时就呈现出规则的超短脉冲激光序列。

流体绕圆柱体的流动是呈现不稳定性的另一个典型例子。当流速低于第一临界值时是一种均匀层流；但当流速高于第一临界值时，便出现静态花样，形成一对旋涡；若再进一步提高流速使其高于第二临界值时，就呈现出动态花样，旋涡发生振荡，如图 2.13 所示。

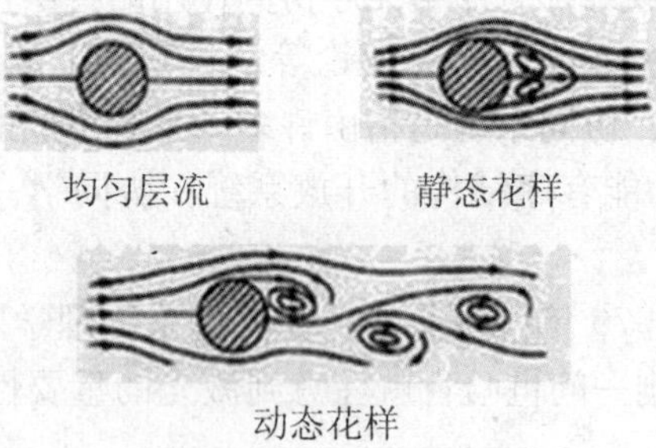

图 2.13　流速不同的流体绕圆柱体的情形

协同学中求解演化方程的方法主要是解析方法，即用数学解析方法求出序参量的精确的或近似的解析表达式和出现不稳定性的解析判别式。

在分析不稳定性时，常常用数学中的分岔理论。在有势存在的特殊情况下也可应用突变论。协同学也常采用数值方法，尤其是在研究瞬态过程和混沌现象时更是如此。

协同学有广泛的应用。协同学诞生以来，已在天文学、气象学、化学、生物学、光学、流体力学、机械工程学和人口学、社会学、经济学、语言学中广泛应用。在自然科学方面主要用于物理学、化学、生物学和生态学等方面。例如，在生态学方面求出了捕食者与被捕食者群体消长关系等；在社会科学方面主要用于社会学、经济学、心理学和行为科学等方面。例如，在社会学中得到社会舆论形成的随机模型；在工程技术方面主要用于电气工程、机械工程和土木工程等方面。

协同学与耗散结构理论及一般系统论之间有许多相通之处，以致它们彼此将对方当作自己的一部分。实际上，它们既有联系又有区别。一般系统论提出了有序性、目的性和系统稳定性的关系，但没有回答形成这种稳定性的具体机制，耗散结构理论则从另一个侧面解决了这个问题，指出非平衡态可成为有序之源。

协同学虽然也来源于非平衡态系统有序结构的研究，但它摆脱了经典热力学的限制，进一步明确了系统稳定性和目的性的具体机制。协同学的概念和方法为建立系统学奠定了初步的基础。

思 考 题

1. 系统论的主要任务是什么？

2. 简述系统论的基本观点和方法。

3. 控制论的基本观点及其意义是什么？

4. 控制方式有哪些？

5. 举例说明定值控制、程序控制、随动控制和最优控制的特点。

6. 说明反馈控制的机理、优点和缺点。你的实际生活中是否有反馈？

7. 试举出商战、政治斗争和外交斗争中应用黑箱方法的若干实例。你在生活和工作中是否应用过黑箱方法？

8. 阐述控制过程中准确性、快速性和平稳性的关系。

9. 试评述命题“控制就是反熵”。

10. 试从哲学、基础科学、技术科学和日常生活的不同层次或角度阐述信息概念。

11. 既然信息是通信中消除了的不确定性，为什么有时系统因收到某种信息而从有序走向混乱（如获悉亲人不幸遭遇的信息后引起心理混乱）？

12. 如何理解维纳的名言：“信息就是信息，不是物质也不是能量。”

13. 试对编码和译码作出认知科学的分析。

14. 说明申农通信系统模型对于理解广义通信（如新闻传播）的意义和局限。

15. 信息概念的特点有哪些？

16. 申农信息熵与物理学中的熵有什么关系？

17. 简述信息方法与传统方法的区别以及信息方法的意义？

18. 什么是耗散结构？形成耗散结构的条件有哪些？耗散结构理论的意义有哪些？

19. 协同学与耗散结构理论在研究上的区别有哪些？

20. 突变论较以往的数学理论有什么突破？其主要观点有哪些？

第3章 系统模型

要对大型复杂系统进行有效的分析研究并得到有说服力的结果,就必须首先建立系统的模型,然后才能借助模型对系统进行定量的或者定性与定量相结合的分析。系统模型是研究和掌握系统运行规律的有力工具,它是认识、分析、设计、预测、控制实际系统的基础,也是解决系统工程问题必不可少的技术手段。在系统工程中,系统分析的一项重要工作就是系统建模。建立有效且可靠的系统模型是系统工程人员必须掌握的重要手段。

3.1 系统模型概述

系统模型用来收集系统有关信息和描述系统有关实体,也就是说,模型是为了产生系统行为数据的一组指令,它可以用数学公式、图、表等形式表示。我们日常生活和工作中经常使用模型,如建筑模型、汽车模型等实体系统的仿制品(放大或缩小的模型),它们可以帮助我们了解建筑造型、汽车式样等;教学中使用的原子模型可帮助学生形象地理解原子结构;经济分析中所使用的文字、符号、图表、曲线等可为分析者提供经济活动运行状况及特征等信息。它们虽然描述形式各异,但是都具有共同的特点:① 模型是对实际系统中的实体和真实系统中那些有用的和令人感兴趣的特征的模仿和抽象。② 模型是对系统某些本质方面的描述。③ 模型反映被研究系统中实体、属性、活动之间的关联,提供被研究系统的描述信息,体现系统的整体特征。

由此可见,系统模型首先必须与所研究的实际系统"相似",这种相似不是指形状上的"相似",而是指本质上"像"。系统模型首先是实际系统的代表;其次必须有一定的描述形式,描述形式可以是形状的放大或缩小,即对实际系统的简化形式,但更普遍的是文字、符号、图表等;再次则是必须采用一套有科学依据的方法来描述,以便从模型的实验中取得关于实际系统的有效结论,称之为模型的有效性。模型的有效性可用实际系统数据和模型产生数据之间的符合程度来度量。

3.1.1 系统模型的概念

1. 系统模型的定义

模型可以说是现实系统的替代物。模型应反映出系统的主要组成部分、各部分之间的相互作用,以及在运用条件下的因果作用及相互关系。利用模型可以用较少的时间和费用对实际系统进行研究和实验,可以重复演示和研究,因此更易于洞察系统的行为。建立模型是科学和艺术的结合,不仅需要科学理论和工程技术知识,也需要实践的经验和技艺。模型是现实系统的理想化抽象或简洁表示,它描绘了现实系统的某些主要特点,是为了客观地研究系统而发展起来的。

系统模型可以这样定义:系统模型是采用某种特定的形式(如文字、符号、图表、实物、数学公式等)对一个系统某一方面本质属性进行描述,以揭示系统的功能和作用,提供有关系统的知识。

系统模型一般不是系统对象本身,而是现实系统的描述、模仿或抽象,是一切客观事物及其运动形态的特征和变化规律的一种定量抽象,是在研究范围内更普遍、更集中、更深刻地描述实体特征的工具。系统是复杂的,系统的属性也是多方面的,对于大多数研究目的而言,没有必要考虑系统全部的属性。系统模型只是系统某一方面本质特性的描述,本质特性的选取完全取决系统工程研究的目的。对同一个系统根据不同的研究目的,可以建立不同的系统模型。另一方面,同一种模型也可以代表多个系统。例如:

$$y = kx \quad (k\ 为常数)$$

在几何上,代表一条通过原点的直线;在代数上,代表比例关系;……

系统模型由以下几部分组成:

(1) 系统,模型描述的对象。

(2) 目标,系统所要达到的目标。

(3) 组分,构成系统的各组成部分。

(4) 约束,系统所处的客观环境及限制条件。

(5) 变量,表述系统组成的变量,包括内部变量、外部变量和状态变量(空间、时间)等。

(6) 关联,表述系统不同变量之间的数量关系。

弄清上述各组成部分后才能构造系统模型。

2. 系统模型的特征

模型是对现实系统(或拟建系统)的一种描述,同时也是对现实系统的一种抽象。因为现实系统一般来说都异常庞大，相互交织的因素很多，关系又错综复杂。因此，模型必须抓住系统的实质因素，尽量做到简单、准确、可靠、经济、实用。系统模型反映实际系统的主要特征，但它又区别于实际系统而具有同类问题的共性。因此，一个通用的系统模型应具有如下的三个特征：

(1) 是实际系统的合理抽象和有效的模仿。

(2) 由反映系统本质或特征的主要因素构成。

(3) 表明了有关因素之间的逻辑关系或定量关系。

由于模型描述现实世界，因此必须反映实际；由于它的抽象特征，又应高于实际。在构造模型时，要兼顾到它的现实性和易处理性。考虑到现实性，模型必须包括现实系统中的主要因素；考虑到易处理性，模型要采取一些理想化的办法，即去掉一些外在的影响并对一些过程做合理的简化。当然，这样会使模型的现实性有所牺牲。一个好的模型要兼顾到现实性和易处理性。如果偏重哪一方面，都不是一个好的模型。

3. 使用系统模型的意义

系统模型在系统工程中占有重要的地位，其作用主要表现在以下方面：

1) 直观和定量

用系统模型不但能对现实系统的结构、环境和变化过程进行定性地推理和判断，而且可以通过图形及实物等直观的形式比较形象地反映出现实系统的结构、环境和变化过程的规律，尤其重要的是还可以用数学模型对现实系统进行定量分析并得出问题的数学解。

2) 应用范围广、成本低

由于用系统模型不必直接对现实系统本身进行实验研究，这样就可以减少大量的研究经费，更便于在实践中推广应用。特别是对于有些庞大的工程项目，即使花费大量人力、物力、财力也难以或根本无法直接进行实验研究，在这种情况下，只有用系统模型才能解决问题。

3) 便于抓住问题的本质特征

现实系统中的有些因素要经过很长的时间才能看出其变化情况，但用模型时，可以很快看出其变化规律。而且通过对模型进行灵敏度分析，可以看出哪些因素对系统的影响更大，从而更迅速地抓住问题的本质特征。

4) 运用系统模型便于优化

使用系统模型有利于系统优化，可以用统一的判断标准比较方案的优劣，从而选出最优方案。

5）模型能够实验模拟

模拟就是用模型做实验。模拟的先决条件是建立模型。特别是用计算机进行数学模拟，首先要建立数学模型，这在系统工程中是十分重要的。

当然，系统模型也有它的局限性。例如，系统模型本身并不能产生理论概念和实际数据，模型也不是现实系统本身，因此仅靠模型并不能检验出系统分析的结论是否与实际相符，最后还要用实践来检验。

需要指出的是，对不同的问题和系统开发的不同阶段，一般需要使用不同的模型。例如，在系统开发的初始阶段，可用粗糙一些的模型，如简单的图式模型等；而在后期，则可能需用严格定量的数学模型。

3.1.2　系统模型的分类

系统种类繁多，系统模型的种类相应也很多。系统模型按不同观点、不同角度、不同形式有各种分类方法。表 3.1 列出了按不同原则分类的系统模型，从中我们可以了解系统模型的多样性。

表 3.1　系统模型的一些分类方法

序号	分类原则		模型种类
1	按建模素材不同		抽象、实物
2	按与实体的关系		形象、类似、数学
3	按模型表征信息的程度		观念性、数学、物理
4	按模型的构造方法		理论、经验、混合
5	按模型的功能		结构、性能、评价、最优化、网络
6	按与时间的依赖关系		静态、动态
7	按是否描述系统内部特性		黑箱、白箱
8	按模型的应用场合		通用、专用
9	数学模型的分类	按变量形式	确定性、随机性、连续型、离散性
		按变量之间的关系	代数方程、微分方程、概论统计、逻辑

下面主要就实物模型与抽象模型进行说明。

1. 实物模型

把实体系统的功能和结构以原型作为要素进行描述，使其与系统原型基本相似的模型称为实物模型。它是系统原型几何尺寸的放大或缩小，从而体现系统的某些特征。实物模型又可分为原样模型和相似模型。

1）原样模型

原样模型是一种工程实体，它与客观真实系统相同。例如，在批量生产机床之前，首先要造出样机，这就是原样模型。

2）相似模型

相似模型是根据相似规律建立起来的供研究用的模型，它是现实系统的放大或缩小，看起来与客观真实系统基本相似。例如，飞机风洞试验模型是真实飞机的相似模型；再如，人工气候室可以模拟湿度、温度、光照的变化，是气候环境的相似模型；又如，地球仪，地球仪可用来说明大陆、海洋的地理位置以及各国的地理关系等。

实物模型在常规工程技术中被广泛采用，但在系统工程中一般多用抽象模型。

2. 抽象模型

用概念、原理、方法等非物质形态对系统进行描述得到的模型称为抽象模型。这类模型的特点是从模型表面上已看不出系统原型的形象，模型只反映系统的本质特征，是与系统在本质上的相似。抽象模型可以分为图式模型、模拟模型和数学模型。

1）图式模型

指用符号、曲线、图表、图形等抽象表现系统单元之间相互关系的模型，例如，常用的设计图、工程图、网络图、流程图等属于图式模型。图式模型直观、明了，一眼便可洞察全局，虽然不能完全用它进行定量分析，但是为建立系统的数学模型打下了基础。因此，图式模型是系统分析中常用到的一种模型。

2）模拟模型

模拟模型是用物理属性描述的系统模型。模拟模型分为两类，一类为实体模拟模型，另一类为计算机模拟模型。实体模拟模型也称为物理模拟模型，它是指用一种原理上相似，而求解或控制容易的系统，代替或描述真实系统，前者称为后者的物理模拟模型。例如，用电路系统模拟一个力学系统，电路系统就是力学系统的物理模拟模型。计算机模拟模型是指用计算机操作而根据特定的程序语言描述真实系统的模型，它是系统分析中经常采用的模型。实际上，计算机模拟就是一种数学模拟，它是对系统的数学模型进行研究的过程。

3）数学模型

数学模型指用数学方法如数学表达式、图像、图表等描述系统结构和过程的模型，它由常数、参数、变量和函数关系组成。它的主要特点是可通过模型的求解，即通过数学运算而得出系统运行的规律、特点及结构等，是系统工程中最常用的模型。

在系统工程中，最常用的数学模型是运筹学模型。在运筹学模型中，以变量的性质来分主要有两大类，一类是确定性模型，即系统的输出、输入信号和系统参数的性质是确定的，不考虑随机因素的模型，如线性规划模型、非线性规划模型、整数规划模型、目标规划模型、动态规划模型、网络模型、确定性存储模型等；另一类是随机性模型，即系统的输出、输入或系统的性质参数是不确定或不完全确定时建立的模型，如决策模型、对策模型、随机性存储模型、排队模型、随机模拟模型、预测模型等。

此外，数学模型还可以分为静态模型和动态模型、连续性模型和离散性模型。静态模型指系统的输出、输入关系由同一时刻决定，可以忽略时间变化的模型，数学中的代数方程和逻辑方程式就属于此种模型；动态模型是指系统的输出、输入关系是时间的函数，模型中包含有时间或代表时间的步长作为独立变量，如含有时间变量的偏微分方程、积分方程等；连续性模型是在时间上连续变化或动作的模型，微分方程描述的就是这一种；离散性模型是在一定的时间间隔上动作的模型，常用差分方程来表示。

3. 使用数学模型的好处

数学模型是系统模型的最主要和最常用的表示方式，在系统工程中经常使用数学模型分析问题，其主要原因在于它具有如下好处：

(1) 它是定量分析的基础。在自然科学和工程技术领域里，数量不准将导致质量低劣，在社会科学领域里，没有定量分析会使人心中无数，造成决策失误，引起不必要的混乱。因此，采用数学模型进行定量分析已成为当代自然科学和社会科学进一步发展的共同要求。

(2) 它是系统预测和决策的工具。可以利用系统已有的数据建立预测模型，用来预测系统的未来状态，为正确决策提供依据。

(3) 它可变性好，适应性强，分析问题速度快，省时省钱，便于使用计算机。

因此，数学模型是所有模型中使用最广泛的一种。我们通常所说的系统建模，大多数情况下都是建立系统的数学模型。

3.1.3 系统建模的方法

1. 模型要求

对系统模型的要求可以概括为三条，即现实性、简明性及标准化。

现实性指在一定程度上能够较好地反映系统的客观实际，把系统本质的特征和关系反映进去，而把非本质的东西去掉，但又不影响反映本质的真实程度。也就是说，系统模型应有足够的精度。精度要求不仅与研究对象有关，而且与所处的时间、状态和条件有关。为满足现实性的要求，对同一对象在不同的情况下可以提出不同的精度要求。

简明性指在满足现实性要求的基础上，应尽量使系统模型简单明了，以节约建模费用和时间。若一个简单的模型已能使实际问题得到满意的解答，就没有必要去建一个复杂的模型，因为建一个复杂模型并求解是要付出代价的。

标准化指在建立某些系统的模型时，如果已有某种标准化模型可供借鉴，则应尽量采用标准化模型，或对标准化模型加以某些修改，使之适合对象系统。

以上三条要求往往是相互抵触的，容易顾此失彼，因此，要根据对象系统的具体情况妥善处理。一般的处理原则是：力求达到现实性，在现实性的基础上达到简明性，然后尽可能满足标准化。

2. 建模原则

建立模型（或称构造模型）是在掌握了系统各要素的功能及其相互关系的基础上，将复杂的系统分解成若干个可以控制的子系统，然后，用简化的或抽象的模型来替代子系统（当然这些模型与系统有相似结构或行为），通过对模型进行分析和计算，为有关的决策者提供必要的信息。由于每个人对事物了解的深度不同，观察和分析问题的角度也不一样，故对同一问题所建的模型也可能不一样。因而，建模与其说是一种科学技术，倒不如说是一门艺术，是一种创造性的劳动。建立模型的基本原则主要有以下几点：

1）现实性原则

系统模型是现实系统的代表，它要求所构造的模型能够确切地反映客观现实系统，模型必须包括现实系统中的本质因素和各部分之间的普遍联系。虽然任何系统模型都有一定的假设，但是假设条件要尽量符合实际情况。

2）简化性原则

系统模型不是现实系统本身，它只是现实系统的某种近似，供分析和决策人员研究与实验，以了解系统的性能、行为和对环境的响应（输入、输出）等。虽然与研究目的无关的信息包括在模型中不会有什么坏处，但是它会增加模型的复杂性。因此，在满足现实性要求的基础上，在保证必要的精度的前提下，可以去掉不影响真实性的非本质因素，从而使模型简化，便于求解，减少处理模型的工作量。例如，在工业管理中，研究工艺流程对生产效率的影响时，就不需要考虑工人的工资。

3）适应性原则

由于系统的外界环境随时间、空间而变化，其变化的结果必然要影响到系统的运行。系统应该适应其外界环境的变化，这就要求随着构造模型时的具体条件的变化，模型对环境要有一定的适应能力。

4）借鉴性原则

建立模型时应尽量采用标准化的模型和借鉴已有成功经验的模型。这样做，既可以节省时间，提高效率，又可以使系统模型的可靠性增加。

一个称职的系统模型构造者应该具备这样几个方面的能力：① 对客观事物或过程能透过现象看本质，对问题有深刻的理解，有清楚的层次感和明确的轮廓。② 在数学方面应有基本的训练，具有一定的数学修养，并且掌握一套数学的方法。③ 具有把实际问题与数学联系起来的能力，善于把各种现象中的表面差异撇去，而将本质的共性提炼出来。这种能力在书本上是很难学到的，应该从实践中学，边实践边学习，逐步积累和培养这种能力。

3. 建模方法

针对不同的系统对象，可以采取不同的方法建立系统模型，其中主要的方法有如下几种：

1）推理法

对于内部结构和特性已经清楚的系统，即所谓的“白箱”系统（例如大多数的工程系统），根据问题的特性，在一定的前提条件下，利用物理学基本定理（定律），导出描述系统的数学表达式，得到系统模型。采用这种方法，建模者必须深入掌握和了解支配系统行为的各种物理化学规律，使模型中的公式或因果关系的规律能符合系统实际的情况。

2）实验法

对于内部结构与特性不清楚或不很清楚的系统，即所谓的“黑箱”或“灰箱”系统，如果允许进行实验性观察，则可以通过实验方法测量其输入和输出，然后按一定的辨识方法得到系统模型。

3）统计分析法

对于那些属于“黑箱”，但又不允许直接进行实验观察的系统（例如非工程系统多数属于此类），可以采用数据收集和统计分析来假设模型（如利用不同输入与相应输出数据间的关系等），并逐步加以修正的方法来建造系统模型。

4）混合法

大部分系统模型的建造往往是上述几种方法综合运用的结果。如对信息已知的部分采用演绎法，对信息未知的部分采用归纳法，或者根据已知的物理和结构特性建立某种程度的数学模型，再利用经过统计处理的输入、输出数据来修正模型，使其与实际系统匹配得更好。

5) 类似法

有的系统，其结构和性质虽然已经清楚，但其模型的数量描述和求解却不好办，这时如果有另一种系统，其结构和性质与之相同，因而建造出的模型也类似，但该模型的建立及处理要简单得多，我们就可以把后一种系统的模型看成是原系统的类似模型。利用类似模型，按对应关系就可以很方便地求得原系统的模型。例如，常常利用已研究得很成熟的电路系统来构造机械系统、气动力学系统、水力学系统和热力学系统等，因为它们通过微分方程描述的动力学方程基本一致。

上述这些方法只能供系统模型建造者参考，要真正解决系统建模问题还必须充分发挥人的创造力，综合利用各种知识，针对不同的系统对象，或建造新模型，或巧妙地利用已有的模型，或改造已有的模型，这样才能创造出更加适用的系统模型。

4. 建模步骤

对于建模，很难给出一个严格的步骤，建模主要取决于对问题的理解、洞察力、训练和技巧。建立系统模型的过程是一个系统，依据系统分析过程，实现该系统的步骤如下：

(1) 根据系统的目标，提出建立模型的目的。建立模型必须目的明确，它明确回答“为什么建立模型?”等一类问题。建模目的规定了建模过程的方向，是建模过程的信息来源之一。

(2) 根据建立模型的目的，提出要解决的具体问题。该步应明确回答“解决哪些问题?”之类的提问，也就是将建模目的具体化。提出问题实质上是对系统中影响建模目的的各种要素进行详细分析的过程。

(3) 根据所提出的问题，构思要建立的模型类型、各类模型之间的关系等，即构思所要建立的模型系统。为了达到建模的目的，解决所提出来的问题，一般要建立多个模型(个别情况可建立一个模型)，因此该阶段需回答“建一些什么样的模型?”“它们之间的关系是什么?”等问题。该步与问题的提出阶段是一个反复修正的过程，问题的提出是构思模型系统的基础，而构思的模型系统又可补充问题的提出，这样多次反馈，则使问题的提出更全面、模型的结构更合理。

(4) 根据所构思的模型体系，收集有关资料。为了实现所构思的模型，必须根据模型的要求收集有关资料。该步主要应回答“模型需要哪些资料?”等问题。该步与构思的模型体系也有反馈关系，有时，构思的模型所需的资料很难收集，这就需要重新修改模型，进而可能影响到问题的提出等。这样经过多次反馈即可收集建模所需的资料。

(5) 设置变量和参数。变量和参数是构思模型时提出的，参数是在资料收集、加工、整理后得到的。该步只是加以定义，一般要用一组符号表示，并整理成数据表和参数表达的形式。该步需回答“需要哪些变量和参数?”的问题。

(6) 模型具体化。模型具体化就是将变量和参数按变量之间的关系和模型之间的关系连接起来，用规定的形式进行描述。它应回答“模型的形式是什么?”之类的问题。

(7) 检验模型的可信性。模型正确与否将直接影响建模目的。该步应回答“模型正确吗?”一类问题。模型的可信性分析是一个十分复杂的问题，它既取决于模型的种类，又取决于模型的构造过程。模型的可信度就是指模型的真实程度。检验模型的正确性应先从各模型之间的关系开始，研究所构成的模型体系是否能实现建模目的，然后研究每个模型是否正确地反映了所提出的问题。一般检验方法是试算，如试算不正确，则应重新审查所构思的模型系统，从中找出问题，因此它与构思模型又构成反馈。

(8) 将模型标准化。模型标准化是很重要的，一般情况下模型要对同类问题具有指导意义，因此需要具有通用性。该步需回答“该模型的通用性如何?”等问题。

(9) 根据标准化的模型编制计算机程序，使模型运行。该步需回答“计算时间短吗?”、“占用内存少吗?”等问题。

完成上述步骤，系统建模过程才结束。

3.2　系统结构模型

对于实际系统建模工作，在明确建模目的、确定系统边界和明确研究范围之后，首先要定义反映系统内部主要特征的结构关系或建立系统各实体间的结构模型，然后才能逐步确定整体系统的模型。因此，有必要讨论如何建立系统结构模型的方法。

3.2.1　结构模型概述

系统工程所研究的系统一般由大量实体(可以是物理元件、装置等硬件，也可以是事件和现象，还可以是子系统)所组成，这些实体之间存在着复杂的相互作用关系。实体之间的关系是多种多样的，如因果关系、顺序关系、联系关系等，当实体之间存在多于一种的关系时，在建模目标中应明确是针对什么样的关系来建立结构模型。

1. 系统结构的定义

凡系统必有结构，系统结构决定系统功能，破坏结构，就会完全破坏系统的总体功能。这说明系统结构的普遍性与重要性。表 3.2 为客观真实系统结构的实例。

表 3.2 系统结构的实例

序号	系统结构	系统单元	单元之间的联系
1	房子结构	砖、木板、钢筋、混凝土	安装、装配等
2	机械结构	机械零件、部件	安装、装配等
3	家庭结构	人	父子、夫妻、兄弟姐妹关系
4	书本结构	章、节、段落	先后次序、呼应关系等
5	组织结构	人或基层单位	个人服从组织等
6	分子结构	原子	键结合
7	电路结构	R、L、C 晶体管等元件	线路的互联关系等
8	代数结构	对于任意 $x\in Q$	运算关系(算子+等)
9	干部结构	各种专业干部	协同工作关系等
10	经济结构	农业、工业、交通运输	比例、平衡关系，供、产、销关系

从表 3.2 中可以发现，不管何种具体结构，都可以抽象表示为

系统结构={所论系统单元全体，单元间的联系或关系}

因此，我们对系统结构作如下定义：

定义 3.1 设所论全集 Ω 有限，Ω 即构造系统的单元集合，系统单元之间存在各种关系 R，系统结构定义为

$$S=\{\Omega,R^2,R^3,\cdots,R^n,R(2),R(3),\cdots,R(m)\} \tag{3.1}$$

式中，$R(i)\subseteq R(i-1)\times R(i-1)$，$i=2,3,\cdots,m$。

$R(i)$为 i 阶关系，当 $i=2$ 时，$R(2)$为二阶关系，R^i为 i 元关系($i=2,3,\cdots,n$)。其中，一阶关系即二元关系应用最广，记为 $R^2\equiv R(1)$，以后简记为关系 R。二阶关系是关系之间的关系，以此类推。

考虑工程实践需要，高阶关系保留到二阶，三阶以上略去。式(3.1)简化为

$$S=\{\Omega,R,R^3,\cdots,R^n,R(2)\} \tag{3.2}$$

式(3.2)即系统结构模型的通式。式中系统单元集 Ω，单元间的联系是通过

单元间的关系 $R,R^3,\cdots,R^n,R(2)$体现的。有限结构模型是指有限集合 Ω。系统仅有集合 Ω,没有单元间联系,只是“一盘散沙”。因此,研究的重点是系统结构的单元间的联系。

关系也是集合,集合论中的划分定义很容易推广到关系集,系统单元的划分与该单元集上建立的关系划分存在密切联系。

定义 3.2　设集 A 非空有限,A 上非空关系 R,对 A 的任意划分

$$\pi(A)=\{A_1,A_2,\cdots,A_l\} \tag{3.3}$$

在 A 上诱导的关系

$$(A_i\times A_j)\cap R,\quad i,j=1,2,\cdots,l$$

称为 $\pi(A)$在 R 上诱导的子关系块。

由定义 3.2 确定的一切非空子关系块族

$$R(\pi)=\{(A_i\times A_j)\cap R,\quad i,j=1,2,\cdots,l\} \tag{3.4}$$

是对 A 上关系 R 的一个划分,称 $R(\pi)$为 $\pi(A)$在 R 上诱导的关系划分。记 $R_{ij}=(A_i\times A_j)\cap R,i,j=1,2,\cdots,l$,可以证明 R_{ij} 是在子集合 A_i 与 A_j 上的限制,$\pi(A)$将 R 的一切元素分别限制在各个 R_{ij} 中,并不丢失其中任一元素,即

$$\bigcup_{i,j=1}^{l} R_{ij}=R \tag{3.5}$$

同时,$\forall A_i,A_j,A_k,A_m\in\pi(A)$,$\forall R_{ij},R_{km}\in R(\pi)$,当$(i,j)\neq(k,m)$时,$R_{ij}\cap R_{km}=\varnothing$。故可以建立系统、集合、图、矩阵之间的对应关系,如表 3.3 所示。

表 3.3　系统、集合、图、矩阵之间的对应关系

集合 A	划分为	子集合 Ai	$i=2,3,\cdots,m$
A 上关系 R	诱导 划分为	子关系块	R_{ii} 为子系统内部关系,$R_{ij}\,(i\neq j)$为子系统的外部关系,进一步分为:系统与相邻系统或与环境的关系
关系矩阵 M	划分为	子矩阵块	M_{ii} 为主对角子阵块(方阵)$M_{ij}\,(i\neq j)$为非对角子阵块
关系图 $G=(A,R)$	分解为	子图	$G_i=(A_i,R_i)\}$ $G_{ij}=(A_i,A_j,R_{ij})$,$(i\neq j)$为双图
系统结构	分解为	子结构	$S_i=(A_i,R_{ii})$为子系统内部结构 $S_{ij}=(A_i,A_j,R_{ij})$,$(i\neq j)$为子系统间的关系结构

应当强调,表 3.3 的对应关系,对研究大系统结构非常有用。集合是系统的数学表现,图是系统的形象、直观描写,矩阵可存入计算机,作计算机辅助处理。

我们认为，系统工程要从总体上研究系统与子系统、子系统与子系统、系统与环境间的相互关系，这是研究大系统内、外部错综复杂关系的“关系学”。结构模型恰好提供这一研究的形式化手段。

2. 系统结构模型的特性

结构模型就是描述系统各实体间的关系，以表示一个作为实体集合的系统模型。结构模型具有以下特性：

(1) 结构模型是一种几何模型，可用有向连接图表示。图中节点用来表示系统的实体，而有向边则表示实体间存在的关系。

(2) 结构模型是一种以定性分析为主的模型。通过该模型不仅可以分析系统要素选择是否合理，而且可以分析系统要素及其相互关系变化时对系统总体的影响。

(3) 结构模型还可以用矩阵形式来描述。而矩阵可以通过逻辑演算，用数学方法进行处理。因此，如果要进一步研究各要素之间的关系，通过矩阵形式的演算，可使定性分析和定量分析相结合。

(4) 结构模型作为对系统进行描述的一种形式，正好处在数学模型形式和逻辑分析形式之间，它适用于处理宏观、微观、定性、定量的有关问题。

3. 有限划分序列诱导层次结构

层次结构是系统结构的基础，具有普遍的意义。在层次结构基础上，建立多元关系、二阶关系，就是一种具有复杂结构的大系统超图结构模型。

定义 3.3 设 A 为任意非空有限集，A 上任一关系 $\prec$，若 $\prec$ 满足传递性、反反身性，则说 $\prec$ 为隶属关系，$(A,\prec)$ 为拟序集，拟序集对应的系统结构为层次结构。

通过划分序列形成层次结构是工程中常见的形式，划分序列是由划分加细生成。针对层次结构，划分加细定义如下：

定义 3.4 设 A 为任意非空有限集，π,π' 为 A 的任意两个划分，$\pi(A)=\{A_1,A_2,\cdots,A_n\}$，$\pi'(A)=\{B_1,B_2,\cdots,B_m\}$，则说 π' 加细 π，当且仅当：$\forall A_i\in\pi(A)$ $(i=1,2,\cdots,n)$ $\exists B_j\in\pi'(A)$ $(j=1,2,\cdots,m)$，使得 $B_j\subseteq A_i$。

如果 $B_j\subset A$，则说 π' 真加细 π，且分别称：$\leq\subset\pi'\times\pi$，$\leq$ 为加细关系，$\prec\pi'\times\pi$，$\prec$ 为真加细关系。

定义 3.5 设非空集合 A 有限，A 上划分序列 $<\pi_0,\pi_1,\cdots,\pi_L>$，$\pi_i$ 加细 π_{i-1} $(i=1,2,\cdots,L)$，则说 $(\leq_0,\leq_1,\cdots,\leq_{L-1})$ 为 $<\pi_0,\pi_1,\cdots,\pi_L>$ 在 A 上诱导的加细关系序列。如果 π_i 真加细 π_{i-1} $(i=1,2,\cdots,L)$，则说 $(\prec_0,\prec_1,\cdots,\prec_{L-1})$ 为划分诱导的真加细关系序列，其中 $\pi_0(A)=\{A\}$。

定义 3.6　设非空集合 A 有限，A 上划分序列 $<\pi_0,\pi_1,\cdots,\pi_L>$ 中 π_i 加细 π_{i-1} $(i=1,2,\cdots,L)$，则说是划分序列在 A 上诱导的加细结构。

当 π_i 真加细 $\pi_{i-1}(i=1,2,\cdots,L)$ 时，则说 $(\bigcup_{i=0}^{L}\pi_i(A),\subset)$ 是划分序列在 A 上诱导的真加细结构。

容易证明，由定义 3.6 给出的划分序列在 A 上诱导的真加细结构为层次结构。层次结构对应的拟序集 $\langle\Psi,<\rangle$ 是反对称的。

3.2.2　系统的解析结构模型

20 世纪 70 年代以后，解析结构模型以及其他结构模型在社会经济系统中得到了广泛的应用，如在区域环境规划和农业区划方面，在技术评估和系统诊断方面等。总之，要研究一个由大量单元组成的、各单元之间又存在着相互关系的系统，就必须了解系统的结构，一个有效的方法就是建立系统结构模型，而结构模型技术已发展到 100 余种。

解析结构模型属于静态的定性模型，它的基本理论是图论的重构理论，通过一些基本假设和图、矩阵的有关运算，可以得到可达性矩阵。然后再通过人－机结合，分解可达性矩阵，使复杂系统分解成多级递阶结构形式。

1. 解析结构模型的相关概念

1) 结构模型的描述

结构模型就是描述系统各实体间的关系，以表示一个作为实体集合的系统模型。若用集合 $S=\{S_1,S_2,\cdots,S_n\}$ 表示实体集合，S_t 又表示实体集合中的元素(即实体)，$R=\{<x,y>\mid W(x,y)\}$ 表示在某种关系下各实体间关系值(是否存在关系 W，可用 $0,l$ 表示)的集合，那么集合 S 和定义在 S 上的元素关系 R 就表示了系统在关系 W 下的结构模型。记为 $\{S,R\}$。结构模型可用有向连接图或矩阵来描述，如图 3.1 所示的就是分别用有向图和树图表示的结构模型。

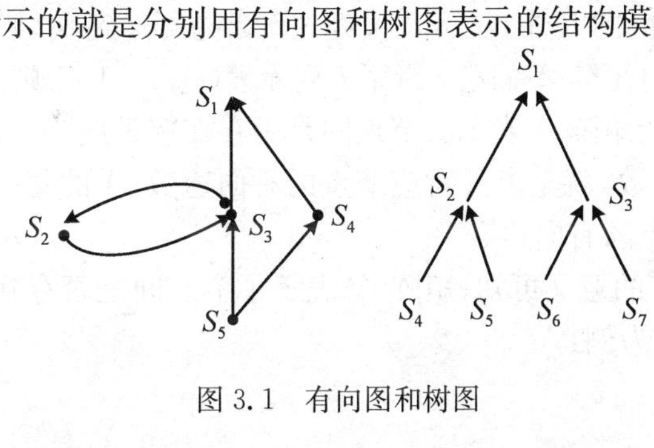

图 3.1　有向图和树图

由图论可知，有向连接图与邻接矩阵有一一对应关系，因此结构模型可用邻接矩阵来表示。结构模型$\{S,R\}$的邻接矩阵 A 可定义为：设系统实体集合 $S=\{S_1、S_2、\cdots,S_n\}$，则 $n\times n$ 矩阵 A 的元素 a_{ij} 为

$$a_{ij}=\begin{cases}1,S_iRS_j & (R\text{ 表示 }S_i\text{ 与 }S_j\text{ 有关系})\\0,S_i\overline{R}S_j & (\overline{R}\text{ 表示 }S_i\text{ 与 }S_j\text{ 无关系})\end{cases}$$

例如，包含 4 个实体的系统 $S=\{1,2,3,4\}$，其有向图见图 3.2。

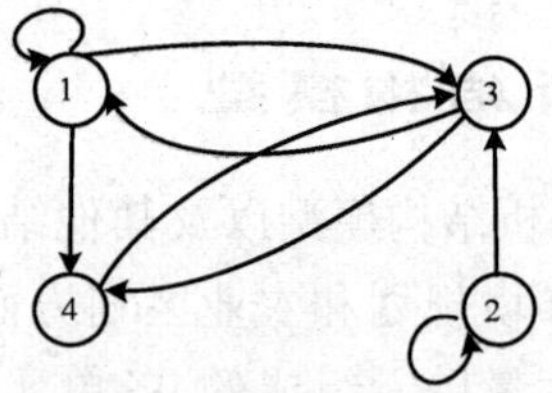

图 3.2 有向图示例

对应的邻接矩阵为

$$A=\begin{bmatrix}1&0&1&1\\0&1&1&0\\1&0&0&1\\0&0&1&0\end{bmatrix}$$

2）邻接矩阵

邻接矩阵是布尔矩阵，它们的运算遵守布尔代数的运算法则。设 D 是由几个实体组成的系统有向图，$S=\{S_1,S_2,\cdots,S_n\}$，A 为 D 的邻接矩阵，有向图 D 和邻接矩阵 A 之间有以下特性：

(1) 有向图 D 和邻接矩阵 A 一一对应。

(2) 邻接矩阵 A 中，如果有元素全为零的列，其所对应的节点称为源点或输入节点；如果有元素全为零的行，其所对应的节点称为汇点或输出节点。

(3) 如果在有向图 D 中，从 S_i 出发经过 k 条边可达到 S_j，则称 S_i 到 S_j 存在长度为 k 的通路，此时矩阵 A 的第 i 行第 j 列元素$(i,j)=1$，否则为 0。由于弧是长度为 1 的通路，邻接矩阵 A 表示其节点间是否存在有长度为 1 的通路；A 的每一行中元素为 1 的个数，就是离开对应节点的有向边数；A 的每一列中元素为 1 的个量，就是进入该点的有向边数。

(4) 由矩阵 A^k 的意义可知，矩阵 A^k 表示了节点间是否存在长度等于 k 的通路。以上例的系统为例：

$$A^2=\begin{bmatrix}1&0&1&1\\0&1&1&0\\1&0&0&1\\0&0&1&0\end{bmatrix}\cdot\begin{bmatrix}1&0&1&1\\0&1&1&0\\1&0&0&1\\0&0&1&0\end{bmatrix}=\begin{bmatrix}1&0&1&1\\1&1&1&1\\1&0&1&1\\1&0&0&1\end{bmatrix}$$

如图3.2，D中②到①、②到④、④到①都是可达的，并且“长度”为2，对应的A^2中的元素是1。还可以进一步计算A^3，A^4，…，但是我们至多计算到A^4就行了，因为对于一个4个单元组成的系统，“长度”小于等于4。

3) 可达矩阵

有向图$D=\{S,R\}$中，对于S_i，$S_j\in S$，如果从S_i到S_j有任何一条通路存在，则称S_i可达S_j。可达矩阵是用矩阵形式来描述有向连接图各节点之间经过一定长度的通路后可达到的程度。有向图D的可达矩阵M可定义为：设系统实体集合$S=\{S_1,S_2,\cdots,S_n\}$，则$n\times n$矩阵M的元素m_{ij}为

$$m_{ij}=\begin{cases}1,S_i\ \text{可达}\ S_j\\0,S_i\ \text{不可达}\ S_j\end{cases}，\text{且}\ m_{ii}=1(\text{即认为每个节点均自身可达})$$

可达矩阵与邻接矩阵存在着必然的联系，可达矩阵可根据邻接矩阵计算出

$$M=\bigcup_{l=0}^{n-1}A^l=(A\cup I)^{n-1}=(A\cup I)^n$$

在实际计算中，有时不用进行n次计算，就可得到可达矩阵M。其计算步骤为

$$A_1=A\cup I,A_2=(A\cup I)^2,\cdots,A_{r-1}=(A\cup I)^{r-1}$$
$$M=A_r=A_{r-1}\neq A_{r-2}\neq\cdots A_1,r\leqslant n-1$$

或者计算

$$(A\cup I)^2,(A\cup I)^4,(A\cup I)^8,\cdots$$

如果

$$(A\cup I)^{2r-1}\neq(A\cup I)^{2r}=(A\cup I)^{2r+1}$$

则

$$M=(A\cup I)^{2r}$$

利用可达矩阵还可判断是否存在回路和构成回路的元素。在可达矩阵中，如果不同元素对应的矩阵的行和列都相同，则其有向图的这些元素构成回路。

例如

$$I\cup A=\begin{bmatrix}1&0&1&1\\0&1&1&0\\1&0&1&\\0&0&1&1\end{bmatrix}$$

$$(I \cup A)^2 = \begin{bmatrix} 1 & 0 & 1 & 1 \\ 0 & 1 & 1 & 0 \\ 1 & 0 & 1 & 1 \\ 0 & 0 & 1 & 1 \end{bmatrix} \cdot \begin{bmatrix} 1 & 0 & 1 & 1 \\ 0 & 1 & 1 & 0 \\ 1 & 0 & 1 & 1 \\ 0 & 0 & 1 & 1 \end{bmatrix} = \begin{bmatrix} 1 & 0 & 1 & 1 \\ 1 & 1 & 1 & 1 \\ 1 & 0 & 1 & 1 \\ 1 & 0 & 1 & 1 \end{bmatrix}$$

$$\begin{aligned}(I \cup A)^4 = (I \cup A)^2 \cdot (I \cup A)^2 &= \begin{bmatrix} 1 & 0 & 1 & 1 \\ 1 & 1 & 1 & 1 \\ 1 & 0 & 1 & 1 \\ 1 & 0 & 1 & 1 \end{bmatrix} = \begin{bmatrix} 1 & 0 & 1 & 1 \\ 1 & 1 & 1 & 1 \\ 1 & 0 & 1 & 1 \\ 1 & 0 & 1 & 1 \end{bmatrix} \\ &= (I \cup A)^2\end{aligned}$$

则可达矩阵为

$$M = (I \cup A)^2 = \begin{bmatrix} 1 & 0 & 1 & \\ 1 & 1 & 1 & 1 \\ 1 & 0 & 1 & 1 \\ 1 & 0 & 1 & 1 \end{bmatrix}$$

有向图 3.2 的可达矩阵 M 中，元素 3 和 4 所对应的行和列都相同，则元素 3 和 4 构成了回路。

2. 结构模型的建立

建立系统结构模型的首要任务是对系统进行调查和分析，并确定组成系统的实体及其相互关系；其次是建立连接矩阵和可达矩阵；再次是依据可达矩阵明确系统的层次和结构细节。结构建模的基本步骤可分为以下四个阶段：

1）选择组成系统的实体

在该阶段，首先应明确问题性质，划定问题范围，确定系统边界和系统目标。接着，进行系统调查和数据、资料的收集，在系统分析和调查的基础上，构造对应于系统总目标和环境因素约束条件的系统组成实体，能对系统的实体及其相互关系有较完整的认识和理解。在选择系统实体时，应避免把同目标无关的实体选进来，同时不能把与目标相关的实体疏忽掉，否则会使系统复杂化或达不到预期解决问题的目标。常采用的方法是发挥大家的智慧，集体共同讨论，使系统实体的选择更为准确。

2）建立邻接矩阵和可达矩阵

由于实体之间的关系是多种多样的，在建立邻接矩阵前，需根据实际情况和系统目标确定一种关系，如可选择以下情况：S_i 是否影响 S_j；S_i 是否取决于 S_j；S_i 是否导致 S_j；S_i 是否先于 S_j 等。系统实体 S_i 与 S_j 间主要存在以下四种关系：

(1) S_i与S_j互有关系，邻接矩阵元素 $a_{ij}=1, a_{ji}=1$。

(2) S_i与S_j和S_j与S_i均无关系，邻接矩阵元素 $a_{ij}=0, a_{ji}=0$。

(3) S_i与S_j有关系而S_j与S_i无关系，邻接矩阵元素 $a_{ij}=1, a_{ji}=0$。

(4) S_i与S_j无关系而S_j与S_i有关系，邻接矩阵元素 $a_{ij}=0, a_{ji}=1$。

建立了邻接矩阵，可依据可达矩阵的计算方法得到可达矩阵。利用可达矩阵判断有向图是否存在着构成回路的元素，若有，只需在这些元素中选择其中一个，去掉组成回路的其他元素。同时，在可达矩阵中把去掉的元素所对应的行和列删除，形成不存在回路的可达矩阵。

3) 层次级别的划分

在有向图中，对于每个元素S_i，把S_i可到达的元素汇集成一个集合，称为S_i的可达集$R(S_i)$，也就是可达矩阵中S_i对应行中所有矩阵元素为1的列所对应的元素集合；再把所有可能到达S_i的元素汇集成为一个集合，称为S_i的前因集$A(S_i)$，也就是可达矩阵中S_i对应列中所有矩阵元素为1的行所对应的元素集合。即

$$R(S_i)=\{S_j\in S \mid m_{ij}=1\}, A(S_i)=\{S_j\in S \mid m_{ji}=1\}$$

其中，S为全体元素的集合，m_{ij}与m_{ji}是可达矩阵的元素。

在多层结构中(不存在回路)，它的最高级元素不可能达到比它更高级的元素，它的可达集$R(S_i)$只能是它本身，它的前因集$A(S_i)$则包含它自己和可达到它的下级元素。如果不是最高级元素，它的可达集$R(S_i)$中还有更高级元素。所以元素S_i为最高级元素的充要条件是$R(S_i)=R(S_i)\cap A(S_i)$。

得到最高级元素后，暂时划去可达矩阵中最高级元素的对应行和列，按上述方法，可继续寻找次高级元素，依此类推，可找到各级元素。用$L_1, L_2, \cdots, L_k$表示层次结构中从上到下的各级。

4) 建立结构模型

有了可达矩阵和层次级别的划分就可建立结构模型，过程如下：

(1) 根据层次级别的划分结果，重新排列去除回路后的可达矩阵，也就是可达矩阵的行和列对应的元素都按层次级别划分$L_1, L_2, \cdots, L_k$，从而构成新的可达矩阵。

(2) 根据层次级别划分$L_1, L_2, \cdots, L_k$，按级别从高到低的顺序画出每一级别中的节点，相同级别中的节点位于同一水平线上。

(3) 按照重新排列后的可达矩阵，画出相邻两级之间的连接，找出在两级关系分块矩阵中的“1”元素所对应的节点对，由下级到上级在它们之间画一根带有箭头的连线。

(4) 对于跨级的连线画法(包括跨一级和跨多级)同“(3)”,但每画一条连线前均需要判断该边是否能根据已画出的连线由传递性推出,若能则不必画出这条连线。

(5) 把有向图中因为构成了回路而去掉的那些元素加入到结构模型图中,并同原来保留的元素所对应的节点相连。

3. 应用举例

这里我们以建立人口增长因素的结构模型为例进行说明。

【例 3.1】 在人口增长因素分析建模中,经广泛讨论认为,在影响人口增长的诸多因素里考虑如下 12 个因素:① 期望寿命 S_1;② 医疗保健水平 S_2;③ 国民生育能力 S_3;④ 计划生育政策 S_4;⑤ 国民思想风俗 S_5;⑥ 食物营养 S_6;⑦ 环境污染程度 S_7;⑧ 国民收入 S_8;⑨ 国民素质 S_9;⑩ 出生率 S_{10};⑪ 死亡率 S_{11};⑫ 总人口 S_{12}。

通过人口专家的经验分析,确定出它们之间的相互影响关系,如图 3.3 所示。

V	V			A	A	A				A	S_1
V	V								V	S_2	
V		V		A		A			S_3		
V		V	A	A			$V\backslash A$	S_4			
V		V	A	A			S_5				
V	V	V				S_6					
V	V				S_7						
V	V	V		S_8							
V		V	S_9								
V		S_{10}									
V	S_{11}										
S_{12}											

图 3.3 人口增长因素相互影响关系

图 3.3 中第 i 行从左到右分别表示了 $S_{12}, S_{11}, \cdots$ 同 S_i 间的相互关系,V 表示 S_i 影响其他元素,A 表示其他元素影响 S_i,$V\backslash A$ 表示 S_i 同其他元素互有影响。求人口增长因素分析的结构模型并解释结构模型。

解 (1) 根据图 3.3 所示的人口增长因素的相互影响关系,可以得到它的邻接矩阵

$$A=\begin{bmatrix}0&0&0&0&0&0&0&0&0&0&1&1\\1&0&0&0&0&0&0&0&0&0&1&1\\0&0&0&0&0&0&0&0&0&1&0&1\\0&0&0&1&0&0&0&0&0&1&0&1\\1&0&1&0&0&0&0&0&0&1&1&1\\1&0&0&0&0&0&0&0&0&0&1&1\\1&0&1&1&1&0&0&0&0&1&1&1\\0&0&0&1&1&0&0&0&0&1&0&1\\0&0&0&0&0&0&0&0&0&0&0&1\\0&0&0&0&0&0&0&0&0&0&0&1\\0&0&0&0&0&0&0&0&0&0&0&0\end{bmatrix}$$

其中，邻接矩阵 A 的元素按因素 $S_1,S_2,S_3,\cdots,S_{12}$ 的顺序安排影响关系的取值。

(2) 根据邻接矩阵求可达矩阵

$$M=(A\cup I)^2=(A\cup I)=\begin{bmatrix}1&0&0&0&0&0&0&0&0&0&1&1\\1&1&1&0&0&0&0&0&0&0&1&1\\0&0&1&0&0&0&0&0&0&1&0&1\\0&0&0&1&1&0&0&0&0&1&0&1\\0&0&0&1&1&0&0&0&0&1&0&1\\1&0&1&0&0&1&0&0&0&1&1&1\\1&0&0&0&0&0&1&0&0&0&1&1\\0&0&0&1&1&0&0&0&1&1&0&1\\0&0&0&0&0&0&0&0&0&1&0&1\\0&0&0&0&0&0&0&0&0&0&1&1\\0&0&0&0&0&0&0&0&0&0&0&1\end{bmatrix}$$

(3) 在可达矩阵中，S_4 和 S_5 所对应的行和列都相同，构成回路，去掉因素 S_5，形成新的可达矩阵

$$
\begin{array}{c}
S_1 \\ S_2 \\ S_3 \\ S_4 \\ S_5 \\ S_6 \\ S_7 \\ S_8 \\ S_9 \\ S_{10} \\ S_{11} \\ S_{12}
\end{array}
\begin{bmatrix}
1 & 0 & 0 & 0 & 0 & 0 & 0 & 0 & 0 & 1 & 1 \\
1 & 1 & 1 & 0 & 0 & 0 & 0 & 0 & 0 & 1 & 1 \\
0 & 0 & 1 & 0 & 0 & 0 & 0 & 0 & 1 & 0 & 1 \\
0 & 0 & 0 & 1 & 0 & 0 & 0 & 0 & 1 & 0 & 1 \\
1 & 0 & 1 & 0 & 1 & 0 & 0 & 0 & 1 & 1 & 1 \\
1 & 0 & 0 & 0 & 0 & 1 & 0 & 0 & 0 & 1 & 1 \\
1 & 0 & 0 & 0 & 0 & 1 & 0 & 0 & 1 & 1 & 1 \\
0 & 0 & 0 & 1 & 0 & 0 & 0 & 1 & 1 & 0 & 0 \\
0 & 0 & 0 & 0 & 0 & 0 & 0 & 0 & 1 & 0 & 1 \\
0 & 0 & 0 & 0 & 0 & 0 & 0 & 0 & 0 & 1 & 1 \\
0 & 0 & 0 & 0 & 0 & 0 & 0 & 0 & 0 & 0 & 1
\end{bmatrix}
$$

(4) 层次级别划分。根据可达矩阵，计算所有因素的可达集 $R(S_i)$、前因集 $A(S_i)$ 及 $R(S_i)$ 与 $A(S_i)$ 的交集，如表 3.4 所示。由于因素 S_{12} 的可达集等于它的前因集与可达集的交集。即 $R(S_{12})=R(S_{12})\cap A(S_{12})$，所以因素 S_{12} 是层次结构模型的最高级。

去掉因素 S_{12} 后，形成新的可达集和前因集关系表，如表 3.5 所示。可知因素 S_{10} 和因素 S_{11} 是属于第 2 级别的因素，依此类推，可形成表 3.6 和表 3.7，得到第 3 级别的因素为 S_1、S_3 和 S_4，第 4 级别的因素为 S_2、S_6、S_7、S_8 和 S_9。

表 3.4 可达集和前因集关系表(1)

S_i	$R(S_i)$	$A(S_i)$	$R(S_i)\cap A(S_i)$
1	1,11,12	1,2,6,7,8	1
2	1,2,3,11,12	2	2
3	3,10,12	2,3,6,8	3
4	4,10,12	4,8,9	4
6	1,2,3,6,10,11,12	6	6
7	1,7,11,12	7	7
8	1,3,4,8	8	8
9	4,9,10,12	9	9
10	10,12	3,4,6,8,9,10	10
11	11,12	1,2,6,7,8,11	11
#12	12	1,2,3,4,6,7,10,11,12	12

表 3.5　可达集和前因集关系表(2)

S_i	$R(S_i)$	$A(S_i)$	$R(S_i)\cap A(S_i)$
1	1,11	1,2,6,7,8	1
2	1,2,3,11	2	2
3	3,10	2,3,6,8	3
4	4,10	4,8,9	4
6	1,2,3,6,10,11	6	6
7	1,7,11	7	7
8	1,3,4,8	8	8
9	4,9,10	9	9
#10	10	3,4,6,8,9,10	10
#11	11	1,2,6,7,8,11	11

表 3.6　可达集和前因集关系表(3)

S_i	$R(S_i)$	$A(S_i)$	$R(S_i)\cap A(S_i)$
1	1	1,2,6,7,8	1
2	1,2,3	2	2
3	3	2,3,6,8	3
4	4	4,8,9	4
6	1,2,3,6	6	6
7	1,7	7	7
8	1,3,4,8	8	8
9	4,9	9	9

表 3.7　可达集和前因集关系表(4)

S_i	$R(S_i)$	$A(S_i)$	$R(S_i)\cap A(S_i)$
2	2	2	2
6	6	6	6
7	7	7	7
8	8	8	8
9	9	9	9

(5)按层次级别划分 L_1,L_2,L_3,L_4 顺序，重新排列去除回路后的可达矩阵为

$$
\begin{array}{ll}
L_1 & S_{12} \\
L_2 & S_{10} \\
 & S_{11} \\
L_3 & S_3 \\
 & S_4 \\
 & S_1 \\
L_4 & S_7 \\
 & S_9 \\
 & S_2 \\
 & S_6 \\
 & S_8
\end{array}
\left[\begin{array}{c|cc|ccc|ccccc}
1 & 0 & 0 & 0 & 0 & 0 & 0 & 0 & 0 & 0 & 0 \\
\hline
1 & 1 & 0 & 0 & 0 & 0 & 0 & 0 & 0 & 0 & 0 \\
1 & 0 & 1 & 0 & 0 & 0 & 0 & 0 & 0 & 0 & 0 \\
\hline
1 & 1 & 0 & 1 & 0 & 0 & 0 & 0 & 0 & 0 & 0 \\
1 & 1 & 0 & 0 & 1 & 0 & 0 & 0 & 0 & 0 & 0 \\
1 & 0 & 1 & 0 & 0 & 1 & 0 & 0 & 0 & 0 & 0 \\
\hline
1 & 0 & 0 & 0 & 0 & 1 & 1 & 0 & 0 & 0 & 0 \\
1 & 1 & 0 & 0 & 1 & 0 & 0 & 1 & 0 & 0 & 0 \\
1 & 0 & 0 & 1 & 0 & 1 & 0 & 0 & 1 & 0 & 0 \\
1 & 1 & 0 & 1 & 0 & 1 & 0 & 0 & 0 & 1 & 0 \\
1 & 1 & 1 & 1 & 1 & 1 & 0 & 0 & 0 & 0 & 1
\end{array}\right]
$$

根据排序的可达矩阵，建立结构模型如图 3.4。这时因素 S_5 可以画在结构模型图上。最后，根据如图 3.4 所示的结构模型，用相应的因素内涵替换，即得解释结构模型，如图 3.5 所示。

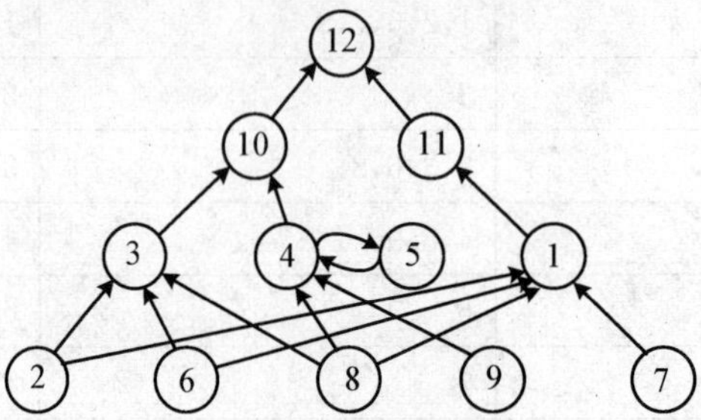

图 3.4　结构模型图

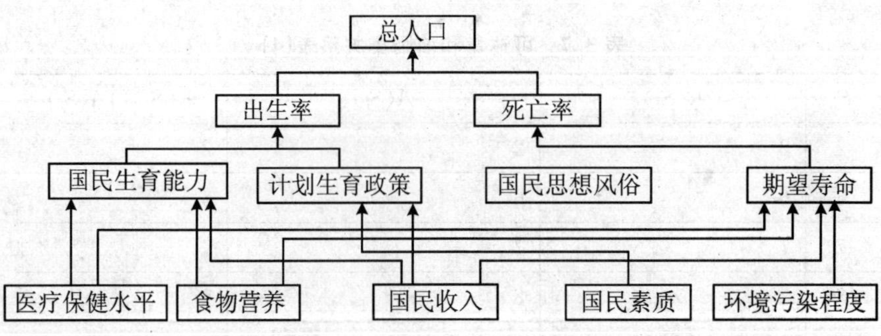

图 3.5　解释结构模型

3.2.3　系统的模糊结构模型

自从 Zadeh 提出模糊系统这一概念以后，模糊系统理论得到了很大的发展，已在许多方面取得了不少应用成果，特别是应用模糊方法研究复杂系统，如社会系统、经济系统、生态系统等。模糊方法应用于大系统结构模型就是其中之一。

1. 模糊关系与模糊矩阵

模糊关系、模糊矩阵和模糊关系图，是研究模糊结构模型的重要工具。关系也是集合，我们先引出模糊集的概念，然后推广到关系集。

定义 3.7　设所论全集为 U，U 的模糊子集记做 $\underset{\sim}{A}$，$\underset{\sim}{A}$ 可由特征函数 $\psi_{\underset{\sim}{A}}$ 刻画如下

$$\Psi_{\underset{\sim}{A}}: U \to [0,1]$$

$\forall x \in U, \Psi_{\underset{\sim}{A}}(x) \in [0,1]$，$\Psi_{\underset{\sim}{A}}(x)$ 叫作 $x \in \underset{\sim}{A}$ 的隶属函数。

模糊集的记法

$$\underset{\sim}{A} = \int \Psi_{\underset{\sim}{A}}(x)/x \tag{3.6}$$

对于有限集

$$\underset{\sim}{A} = \{\Psi_{\underset{\sim}{A}}(x)/x \mid \forall x \in U\} = \{\Psi_{\underset{\sim}{A}}(x_1)/x_1, \Psi_{\underset{\sim}{A}}(x_2)/x_2, \cdots, \Psi_{\underset{\sim}{A}}(x_n)/x_n\} \tag{3.7}$$

$\underset{\sim}{A}$ 的支撑集 A 是指：特征函数 $\Psi_{\underset{\sim}{A}}$ 所对应的非零映射域

$$A = \{x \in U \land \Psi_{\underset{\sim}{A}}(x) > 0\} \tag{3.8}$$

定义 3.8　设集合 $U_1, U_2, \cdots, U_n$，其序积为 $\overset{n}{\underset{i=1}{\times}} \cup_i$，$n$ 元模糊集 $\underset{\sim}{R}^n$ 可由特征函数表现如下

$$\Psi_{\underset{\sim}{R}^n}: \overset{n}{\underset{i=1}{\times}} \cup_i \to [0,1]$$

$\underset{\sim}{R}^n$ 称为 $U_1, U_2, \cdots, U_n$ 间的 n 元互模糊集。特别当 $U_i = U$ 时，$\forall i \in I$，则

$$\Psi_{\underset{\sim}{R}^n}: U^n = U \times U \times \cdots \times U \to [0,1]$$

$\underset{\sim}{R}^n$ 称为 U 上 n 元自模糊集。

定义 3.9　设 R_i 是 U 上 i 元关系，则 2 阶模糊集，记做 $\underset{\sim}{R}^i(2)$，是指特征函数

$$\Psi_{\underset{\sim}{R}^i(2)}: R^i \times R^i \to [0,1], (i \in I)$$

同理可以引出 j 阶模糊集，指对应的特征函数

$$\Psi_{\underset{\sim}{R}^i(j)}: R^i(j-1) \times R^i(j-1) \to [0,1], (i \in I \land j \in I)$$

2 阶以上的关系均称为高阶关系。

定义 3.10 设有限集：$X=\{x_i \mid i\in I\}$，$Y=\{y_j \mid j\in J\}$，$Z=\{z_k \mid k\in P\}$；模糊集：$\Psi_{\underset{\sim}{R}_1}: X\times Y\to[0,1]$，$\Psi_{\underset{\sim}{R}_2}: Y\times Z\to[0,1]$。则 $\underset{\sim}{R}_1$、$\underset{\sim}{R}_2$ 的组合关系记作 $\underset{\sim}{R}_1\circ\underset{\sim}{R}_2$。

$$\Psi_{\underset{\sim}{R}_1\circ\underset{\sim}{R}_2}(x_i,z_k)=\{\bigvee_{j\in J}(\Psi_{\underset{\sim}{R}_1}(x_i,y_j)\wedge\Psi_{\underset{\sim}{R}_2}(y_j,z_k))/(x_i,z_k)\mid x_i\in X,$$
$$y_j\in Y,z_k\in Z\} \tag{3.9}$$

上述模糊关系的性质和组合关系完全适用于模糊矩阵。

定义 3.11 设 A 是非空有限集，A 上模糊关系为 $\underset{\sim}{R}$，即

$$\Psi_{\underset{\sim}{R}}: A\times A\to[0,1]$$

(1) $\underset{\sim}{R}$ 是反身的指：$\forall x\in A,\Psi_{\underset{\sim}{R}}(x,x)=1$。

(2) $\underset{\sim}{R}$ 是反反身的指：$\forall x\in A,\Psi_{\underset{\sim}{R}}(x,x)=0$。

(3) $\underset{\sim}{R}$ 是对称的指：$\forall x,y\in A,\Psi_{\underset{\sim}{R}}(x,y)=\Psi_{\underset{\sim}{R}}(y,x)$。

(4) $\underset{\sim}{R}$ 是传递的指：$\forall x,y,z\in A,\Psi_{\underset{\sim}{R}}(x,z)=\max\limits_{\forall y\in A}[\min(\Psi_{\underset{\sim}{R}}(x,y),\Psi_{\underset{\sim}{R}}(y,z))]$。

2. 模糊层次结构

定义 3.12 设所论全集 U 非空有限，记模糊层次结构为 $\underset{\sim}{H}$，则

$$\underset{\sim}{H}=(U,\preceq)$$

且

(1) 特征函数 $\Psi_{\preceq}: U\times U\to[0,1]$。

(2) $\preceq$满足反反身性和传递性。

定理 3.1 设所论全集 U 为非空有限，对 U 的有限划分真加细序列是 $(\pi_0(U),\pi_1(U),\cdots,\pi_m(U))$，则 $\underset{\sim}{H}=(\bigcup\limits_{i=0}^{m}\pi_i(U),\underset{\sim}{\subset})$。其中特征函数

$$\Psi_{\underset{\sim}{\subset}}:\bigcup_{i=0}^{m}\pi_i(U)\times\bigcup_{i=0}^{m}\pi_i(U)\to[0,1]$$

$\underset{\sim}{H}$ 中传递性由定义 3.11 中(4)保证。

3. 模糊聚类分析

模糊聚类分析应用广泛，在农业、医学、地质预报等方面取得了可喜的成果。模糊聚类分析方法大致可分为两种：一种是基于模糊关系上的模糊聚类法，并称为系统聚类分析法。另一种称为系统聚类法或称为逐步聚类法。这里介绍系统聚类分析法。

设 $\underset{\sim}{R}$ 是集 E 上的模糊关系集，$\underset{\sim}{R}$ 的传递闭包记做 $\mathrm{tr}(\underset{\sim}{R})$指

$$\mathrm{tr}(\underset{\sim}{R})\triangleq\underset{\sim}{R}\cup\underset{\sim}{R}^2\cup\underset{\sim}{R}^3\cup\cdots=\bigcup_{i=1}^{\infty}\underset{\sim}{R}^i \tag{3.10}$$

如果从某一确定的正整数 k 开始，$\underset{\sim}{R}^k=\underset{\sim}{R}^{k+1}=\cdots$，或出现循环现象：$\underset{\sim}{R}^k=\underset{\sim}{R}^{k+2}=\underset{\sim}{R}^{k+4}=\cdots \wedge \underset{\sim}{R}^{k+1}=\underset{\sim}{R}^{k+3}=\underset{\sim}{R}^{k+5}=\cdots$，则

$$\mathrm{tr}(\underset{\sim}{R}) = \underset{\sim}{R} \cup \underset{\sim}{R}^2 \cup \cdots \cup \underset{\sim}{R}^k \text{ 或 } \mathrm{tr}(\underset{\sim}{R}) = \underset{\sim}{R} \cup \underset{\sim}{R}^2 \cup \cdots \cup \underset{\sim}{R}^{k+1} \tag{3.11}$$

定义 3.13　设 $\underset{\sim}{R}$ 是集 E 上的模糊关系集，$\underset{\sim}{R}$ 是 E 上类似关系指：$\underset{\sim}{R}$ 是反身的与对称的。

从定义可知：$\underset{\sim}{R}$ 是 E 上类似关系$\Leftrightarrow$tr($\underset{\sim}{R}$)是 E 上等价关系。

定理 3.2　设 $\underset{\sim}{R}$ 是集 U 上的模糊等价关系，$\forall \alpha(0\leqslant\alpha\leqslant1)$，$R_\alpha=\{(x,y)\mid \Psi_{\underset{\sim}{R}}(x,y)\geqslant\alpha\}$是 U 上等价关系。设 $\underset{\sim}{R}$ 是集 U 上的模糊类似关系，$|U|=n$，则必定存在 $k\leqslant n$，使得 $\underset{\sim}{R}\circ\underset{\sim}{R}\circ\cdots\circ\underset{\sim}{R}=\underset{\sim}{R}^k$，$R^k$ 是 U 上模糊等价关系。

模糊聚类分析分类的效果如何，关键在于系统单元的统计指标是否选择合理。也就是统计指标应该有明确的实际意义，有较强的分辨率和代表性。在选定了统计指标后，从上述定义、定理，进行模糊聚类分析的方法大致分为以下几步：

第一步：设 U 为全体被分类的对象集合，$\underset{\sim}{R}$ 是 U 上的类似关系，$\forall x,y\in U$，$\Psi_{\underset{\sim}{R}}(x,y)\in[0,1]$，$\Psi_{\underset{\sim}{R}}(x,y)$是对象 x,y 的类似度。从 $\underset{\sim}{R}$ 求出对应的模糊矩阵$M(\underset{\sim}{R})$。

具体说来，就是确定被分类的对象在统计指标下的数据，并计算衡量被分类对象间相似程度的统计量（或叫相似系数）r_{ij}，n 为被分类对象的个数，m 统计指标数，从而确定论域 U 上的类似关系和模糊矩阵 $M(\underset{\sim}{R})$

$$M(\underset{\sim}{R}) = \begin{bmatrix} r_{11} & r_{12} & \cdots & r_{1n} \\ r_{21} & r_{22} & \cdots & r_{2n} \\ \vdots & \vdots & \vdots & \vdots \\ r_{n1} & r_{n2} & \cdots & r_{m} \end{bmatrix} \tag{3.12}$$

计算相似系数的方法很多，现仅举出几种：

(1) 夹角余弦法

$$r_{ij} = \frac{\sum_{k=1}^{m} x_{ik}x_{jk}}{\sqrt{\left(\sum_{k=1}^{m} x_{ik}^2\right)\left(\sum_{k=1}^{m} x_{jk}^2\right)}} \tag{3.13}$$

(2) 数量积法

$$r_{ij} = \begin{cases} 1 & (i=j) \\ \dfrac{1}{N}\sum_{k=1}^{m} x_{ik}x_{jk} & (i\neq j) \end{cases} \tag{3.14}$$

其中，N 是一个适当选择的正数。

（3）相关系数法

$$r_{ij}=\frac{\sum_{k=1}^{m}(x_{ik}-\bar{x}_j)}{\sqrt{\left(\sum_{k=1}^{m}(x_{ik}-\bar{x})^2\right)}\cdot\sqrt{\sum_{k=1}^{m}(x_{jk}-\bar{x}_J)^2}} \tag{3.15}$$

式中

$$\bar{x}_i=\frac{1}{m}\sum_{k=1}^{m}x_{ik} \tag{3.16}$$

$$\bar{x}_j=\frac{1}{m}\sum_{k=1}^{m}x_{jk} \tag{3.17}$$

（4）最大一最小方法

$$r_{ij}=\frac{\sum_{k=1}^{m}\min(x_{ik},x_{jk})}{\sum_{k=1}^{m}\max(x_{ik},x_{jk})} \tag{3.18}$$

（5）算术平均最小方法

$$r_{ij}=\frac{\sum_{k=1}^{m}\min(x_{ik},x_{jk})}{\frac{1}{2}\sum_{k=1}^{m}(x_{ik}+x_{jk})} \tag{3.19}$$

（6）几何平均最小方法

$$r_{ij}=\frac{\sum_{k=1}^{m}\min(x_{ik},x_{jk})}{\sum_{k=1}^{m}\sqrt{x_{ik}x_{jk}}} \tag{3.20}$$

（7）绝对值指数方法

$$r_{ij}=\mathrm{e}^{-\sum_{k=1}^{m}|x_{ik}-x_{jk}|} \tag{3.21}$$

除上述方法外，还可以采取请有经验的专家评分，一般可用百分制，然后再除以 100 即得[0,1]闭区间的一个小数，把专家们的评分再平均取值，确定 r_{ij}。

第二步：简记 $\underset{\sim}{R}$ 的模糊矩阵 $M(\underset{\sim}{R})$ 为 $\underset{\sim}{M}$，从 $\underset{\sim}{R}$ 求 $\mathrm{tr}(\underset{\sim}{R})$，$\mathrm{tr}(\underset{\sim}{R})$ 是 U 上模糊等价关系，或者从 $\underset{\sim}{M}$ 求 $\mathrm{tr}(\underset{\sim}{M})$。

由式(3.11)可得

$$\mathrm{tr}(\underset{\sim}{M})=\underset{\sim}{M}\cup\underset{\sim}{M}^2\cup\cdots\cup\underset{\sim}{M}^k \tag{3.22}$$

式中，$\underset{\sim}{M}^i=\underset{\sim}{M}\circ\underset{\sim}{M}\circ\cdots\circ\underset{\sim}{M}$，“∪”，“∘”分别是模糊矩阵的求和运算和组合运算。

由于类似关系 $\underset{\sim}{R}$ 的模糊矩阵 $\underset{\sim}{M}$ 主对角线上的系数 $r_{ii}(i=1,2,\cdots,n)$ 都等于 1，则

$$\underset{\sim}{M}=\underset{\sim}{M}\cup I \tag{3.23}$$

与 3.2.2 节中求可达性矩阵方法一样，若存在某个整数 r，使得

$$\underset{\sim}{M}^{r-1}\neq\underset{\sim}{M}^{r}=\underset{\sim}{M}^{r+1}$$

则

$$\mathrm{tr}(\underset{\sim}{M})=\underset{\sim}{M}^{r}$$

另外，若存在某个整数 i，使得

$$\underset{\sim}{M}^{2i-1}\neq\underset{\sim}{M}^{2i}=\underset{\sim}{M}^{2i+1} \tag{3.24}$$

则

$$\mathrm{tr}\ (\underset{\sim}{M})=\underset{\sim}{M}^{2i} \tag{3.25}$$

第二种方法比第一种方法要快。

第三步：从实际出发，确定系数 $\alpha(0\leqslant\alpha\leqslant1)$，按定理 3.2 求等价关系 R_α，等价关系 R_α 唯一划分一个 α 水平的等价类。若 $0\leqslant\alpha_1\leqslant\alpha_2\leqslant1$，则 R_{α_2} 所划分出的每一类必是 R_{α_1} 的某一类的子类，即 R_{α_2} 是 R_{α_1} 的划分加细。

【例 3.2】　设某环境区域单元集合 $U=\{$ Ⅰ，Ⅱ，Ⅲ，Ⅳ，Ⅴ $\}$，各区域环境污染状况由 4 个环境因子衡量，即空气、水、土壤、作物中污染物含量的超限度。设各区污染物超限度数据如表 3.8。

表 3.8　各区域环境污染含量超限度表

环境因子 / 区域	空气	水	土壤	作物
Ⅰ	5	5	3	2
Ⅱ	2	3	4	5
Ⅲ	5	5	2	3
Ⅳ	1	5	3	1
Ⅴ	2	4	5	1

第一步：用夹角余弦法计算相似系数，建立 U 上类似关系 $\underset{\sim}{R}$

$$r_{ij}=\sum_{k=1}^{4}x_{ik}x_{jk}\Big/\sqrt{\Big(\sum_{k=1}^{4}x_{ik}^{2}\Big)\Big(\sum_{k=1}^{4}x_{jk}^{2}\Big)}\quad(i,j=\text{Ⅰ},\text{Ⅱ},\text{Ⅲ},\text{Ⅳ},\text{Ⅴ})$$

式中，r_{ij} 表示环境区域 i 与 j 间污染的相似程度，计算结果用模糊矩阵表示

$$\underset{\sim}{M}=\begin{bmatrix}1 & 0.81 & 0.98 & 0.89 & 0.87\\0.81 & 1 & 0.79 & 0.79 & 0.21\\0.98 & 0.79 & 1 & 0.83 & 0.79\\0.89 & 0.79 & 0.83 & 1 & 0.93\\0.87 & 0.21 & 0.79 & 0.93 & 1\end{bmatrix}$$

第二步:求 $\underset{\sim}{M}$ 的传递闭包 $\mathrm{tr}(\underset{\sim}{M})$。计算结果是 $\underset{\sim}{M}^8=\underset{\sim}{M}^4$,故得 $\mathrm{tr}(\underset{\sim}{M})=\underset{\sim}{M}^4$,对应地

$$\mathrm{tr}(\underset{\sim}{M})=\begin{bmatrix}1 & 0.81 & 0.98 & 0.89 & 0.89\\0.81 & 1 & 0.81 & 0.81 & 0.81\\0.98 & 0.81 & 1 & 0.89 & 0.89\\0.89 & 0.81 & 0.89 & 1 & 0.93\\0.89 & 0.81 & 0.89 & 0.93 & 1\end{bmatrix}$$

第三步:对等价关系 $\mathrm{tr}(\underset{\sim}{R})$进行分类,又分两种不同的 α 水平:

当 $\alpha=0.9$ 时

$$M(R_{0.9})=\begin{bmatrix}1 & 0 & 1 & 0 & 0\\0 & 1 & 0 & 0 & 0\\1 & 0 & 1 & 0 & 0\\0 & 0 & 0 & 1 & 1\\0 & 0 & 0 & 1 & 1\end{bmatrix}\Leftrightarrow\pi(U)=\{\underline{\mathrm{I},\mathrm{III}};\underline{\mathrm{II}};\underline{\mathrm{IV},\mathrm{V}}\}$$

即环境单元分为三个污染聚类。

当 $\alpha=0.85$ 时

$$M(R_{0.85})=\begin{bmatrix}1 & 0 & 1 & 1 & 1\\0 & 1 & 0 & 0 & 0\\1 & 0 & 1 & 1 & 1\\1 & 0 & 1 & 1 & 1\\1 & 0 & 1 & 1 & 1\end{bmatrix}\Leftrightarrow\pi(U)=\{\underline{\mathrm{I},\mathrm{III},\mathrm{IV},\mathrm{V}};\underline{\mathrm{II}}\}$$

即环境单元分为两个污染聚类。

3.3 连续时间系统模型

表达连续系统常用模型主要有微分方程、传递函数、状态方程和结构图。

3.3.1 微分方程

根据物理规律,写出系统的微分方程,这是机理建模的最根本方法。下面我

们以一个熟知的例子来说明这种方法的建模的过程。

【例3.3】 已知如图3.6所示的RLC电路系统，其中，$u(t)$为输入量，$u_c(t)$为输出量，要求建立该系统的微分方程模型。

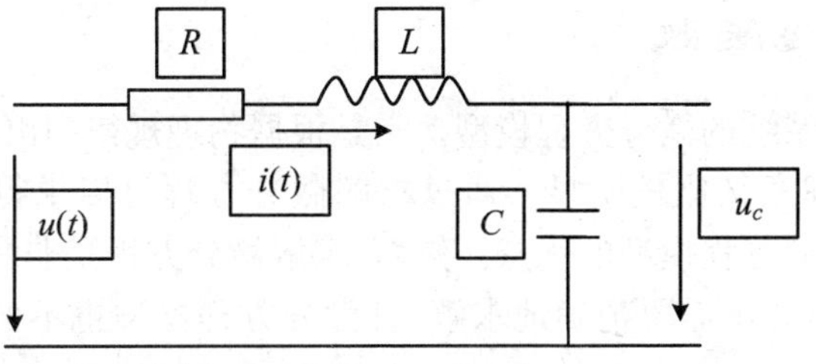

图3.6　RLC电路系统

解　根据电路的基本定律，可以写出微分方程组

$$\left.\begin{aligned} u(t) &= L\frac{\mathrm{d}i(t)}{\mathrm{d}t} + R\cdot i(t) + u_c(t) \\ i(t) &= C\frac{\mathrm{d}u_c(t)}{\mathrm{d}t} \end{aligned}\right\} \tag{3.26}$$

这是该电路系统的原始微分方程。

为了便于对系统进行分析、求解，必须将该微分方程组化为标准的微分方程。所谓的标准微分方程主要有两种形式：高阶微分方程和一阶微分方程组。

高阶微分方程是将所有原始微分方程合并为一个总的微分方程。在该微分方程中只包含输入量、输出量及它们的导数项，式(3.26)消去中间变量$i(t)$后，可以得到如下的高阶微分方程形式的数学模型

$$LC\frac{\mathrm{d}^2u_c(t)}{\mathrm{d}t^2} + RC\frac{\mathrm{d}u_c(t)}{\mathrm{d}t} + u_c(t) = u(t) \tag{3.27}$$

该微分方程的最高阶导数为2，所以称该微分方程为二阶微分方程，相应的系统为二阶系统，即系统的阶次等于相应的微分方程的阶次。

一般情况下，系统的微分方程可以表示为

$$\begin{aligned} &y^{(n)}(t) + a_1y^{(n-1)}(t) + \cdots + a_{n-1}y'(t) + a_ny(t) \\ &= b_0u^{(m)}(t) + b_1u^{(m-1)}(t) + \cdots + b_{m-1}u'(t) + b_mu(t) \end{aligned} \tag{3.28}$$

式中，$u(t)$是输入量，$y(t)$是输出量，且有$n\geqslant m$。

对于微分方程(3.27)式，只要已知了输入量函数$u(t)$及初始条件$u_c(0)$和$u_c'(0)$，即可得输出量函数$u_c(t)$。对于高阶微分方程，比较适合于手工解析。

建立系统微分方程形式模型的一般步骤为：

(1) 根据物理规律写出原始的微分方程。

(2) 对原始的微分方程加以整理,将其变换成高阶微分方程。

对于简单的系统,第 2 步的变换是比较容易的,而如果系统复杂,则第 2 步的变换是不容易做到的。

3.3.2 传递函数

前面介绍了系统的微分方程模型。它是根据物理规律列出的,直接表示在时间域内,因而物理意义比较明显。通过求解微分方程可以求得相应的时域准确解。这些都是微分方程模型的优点。然而,求解微分方程是非常困难的。对于工程应用来说,常常并不需要精确地求解,且微分方程模型也不便于系统的分析和设计。

为此,引入传递函数这个数学工具,它是与系统的高阶微分方程模型紧密相关的另外一种模型表示。

设式(3.28)所示的系统为零初始条件,对它的两边取拉普拉斯变换得

$$\begin{aligned}&(s^n + a_1 s^{n-1} + \cdots + a_{n-1} s + a_n)Y(s) = \\ &(b_0 s^m + b_1 s^{m-1} + \cdots + b_{m-1} s + b_m)U(s)\end{aligned} \tag{3.29}$$

定义

$$G(s) = \frac{Y(s)}{U(s)} = \frac{b_0 s^m + b_1 s^{m-1} + \cdots + b_{m-1} s + b_m}{s^n + a_1 s^{n-1} + \cdots + a_{n-1} s + a_n} \tag{3.30}$$

为系统的传递函数,也就是说,系统的传递函数是在零初始条件下输入量的拉普拉斯变换与输入量的拉普拉斯变换之比。

【例 3.4】 对于例 3.3 中 RLC 电路,已知它的高阶微分方程模型如式(3.27)所示,设初始条件为零,两边取拉普拉斯变换得

$$(LCs^2 + RCs + 1)U_c(s) = U(s)$$

进一步求得相应的传递函数为

$$G(s) = \frac{U_c(s)}{U(s)} = \frac{1}{LCx^2 + RCs + 1}$$

从传递函数的推导过程,可以看出传递函数具有以下的主要性质:

(1) 传递函数只是用于线性、定常和集中参数系统。

(2) 传递函数只与系统的结构参数有关,而与系统的变量无关。因而,可以利用它来分析系统本身的一些性质,如稳定性等。

(3) 系统传递函数等于系统的单位脉冲响应的拉普拉斯变换。

设 $g(t)$ 表示系统的单位脉冲响应,即当系统的输入为单位脉冲函数 $\delta(t)$ 时,系统的输出为 $g(t)$,根据传递函数的定义,显然有

$$G(s) = \frac{L[g(t)]}{L[\delta(t)]} = L[g(t)] \tag{3.31}$$

(4) 传递函数是以为自变量 s 的复变函数，其中 $s=\sigma+j\omega$，s 称为复变频率，ω 为角频率。这是由拉普拉斯变换的性质所决定的。

(5) 若将 s 看成为微分算符，即 $s\leftrightarrow\frac{\mathrm{d}}{\mathrm{d}t}$，$s^2\leftrightarrow\frac{\mathrm{d}^2}{\mathrm{d}t^2}$，…，则系统的高阶微分方程模型与传递函数之间由拉普拉斯间有着十分简单的相互转换关系。

(6) 一般情况下，传递函数是 s 的有理函数，即传递函数的分子和分母均为 s 的多项式，分母的阶次大于分子的阶次。

(7) 当系统中包含有纯延时环节时，传递函数具有如下的形式

$$G(s)=G_0(s)\mathrm{e}^{-Ts} \tag{3.32}$$

式中，$G_0(s)$表示通常的有理传递函数，T 表示纯延时的大小。

【例 3.5】 设系统的微分方程 $y'(t)+ay(t)=u(t-T)$，则该系统包含了纯时延环节，T 表示延时的大小，两边取拉普拉斯变换得

$$(s+a)Y(s)=U(s)\mathrm{e}^{-Ts}$$

进一步得到传递函数

$$G(s)=\frac{Y(s)}{U(s)}=\frac{\mathrm{e}^{-Ts}}{s+a}=G_0(s)\mathrm{e}^{-Ts}$$

(8) 若记 $G(s)=N(s)/D(s)$，则称 $D(s)$为系统的特征多项式，$D(s)=0$ 为系统的特征方程，特征多项式的阶次也就是系统的阶次，特征方程的根决定了系统的一些重要性质，如稳定性等。

(9) 传递函数的概念还可以推广到多输入和多输出系统。

3.3.3　状态方程

前面介绍的微分方程和传递函数描述方法仅仅描述了系统的外部性，即仅确定了输入和输出之间的关系，故称为系统的外部模型。

为了描述一个连续系统内部的特性及其运动规律，即描述组成系统的实体之间的相互作用而引起的实体属性的变化情况，通常采用“状态”的概念。动态系统的状态是指能够完全刻画系统行为的最小的一组变量。研究系统主要就是研究系统状态的改变，即系统的进展，状态变量能够完整地描述系统的当前状态及其对系统未来的影响。换句话说，只要知道了 $t=t_0$ 时刻的初始状态向量 $x(t_0)$ 和 $t>t_0$ 时的输入 $u(t)$，那么就完全可以确定系统在任何 $t>t_0$ 时刻的行为。

一阶微分方程组形式的数学模型中，每个方程只包含一个变量的一阶导数，方程的个数便等于未知变量的个数，这些未知变量也被称为状态变量，它们是系统中的独立变量，这些状态变量完全确定了系统的状态，其个数就等于系统的阶次。

状态方程引入了系统的内部变量一状态变量，因而状态方程描述了系统的内部特性，也被称为系统的内部模型。

【例 3.6】 例 3.3 中选 $i(t)$和 $u_c(t)$为状态变量，根据原始的微分方程(3.26)可以求得如下的一阶微分方程组形式的数学模型，即状态方程形式的数学模型

$$\left.\begin{aligned}\frac{\mathrm{d}i(t)}{\mathrm{d}t}&=-\frac{R}{L}i(t)-\frac{1}{L}u_c(t)+\frac{1}{L}u(t)\\\frac{\mathrm{d}u_c(t)}{\mathrm{d}t}&=\frac{1}{C}i(t)\end{aligned}\right\}\tag{3.33}$$

对于式(3.33)所示的一阶微分方程组，只要已知输入量函数 $u(t)$及初始条件 $i(0)$和 $u_c(0)$，即可解得 $i(t)$和 $u_c(t)$。对于一阶微分方程组，比较适合于用计算机数值求解。

相应的输出为

$$y(t)=u_c(t)\tag{3.34}$$

若令

$$X=\begin{bmatrix}i(t)\\u_c(t)\end{bmatrix},A=\begin{bmatrix}-\frac{R}{L}&-\frac{1}{L}\\\frac{1}{C}&0\end{bmatrix},B\begin{bmatrix}\frac{1}{L}\\0\end{bmatrix},C=[0,1],D=[0]$$

则式(3.33)，(3.34)式可以写成标准形式的状态方程

$$\left.\begin{aligned}\dot{X}(t)&=AX(t)+BU(t)\\Y(t)&=CX(t)+DU(t)\end{aligned}\right\}\tag{3.35}$$

一般情况下，式(3.35)中的 $X(t)=[x_1(t),x_2(t),\cdots,x_n(t)]^{\mathrm{T}}$ 是 n 维状态向量，$U(t)=[u_1(t),u_2(t),\cdots,u_m(t)]^{\mathrm{T}}$ 是 m 维输入向量，$y(t)=[y_1(t),y_2(t),\cdots,y_r(t)]^{\mathrm{T}}$ 是 r 维输出向量。A 为 $n\times n$ 阶参数矩阵，又称动态矩阵，B 为 $n\times m$ 阶输入矩阵，r 为 $r\times n$ 阶输出矩阵，D 为 $r\times m$ 阶交联参数矩阵，输出和输入直接交联。

建立系统状态方程模型的一般步骤为：

(1) 根据物理规律列写原始微分方程。

(2) 选择状态变量，并建立关于这些状态变量的一阶微分方程组。

(3) 根据微分方程组写出标准的状态方程，同时根据所选的输出量写出相应的输出方程。

关于状态方程模型，还有几点需要特别指出：

(1) 状态向量的元素是一组独立的状态变量，它们完全决定了系统的状态，也就是说，只要给定了初始值 $X(t_0)$和输入量函数 $U(t)\,(t\geqslant t_0)$，则系统的所有变

量在 $t \geqslant t_0$ 以后的运动便完全可知了。

(2) 对于一个系统，其状态向量的选择不是唯一的。

(3) 传递函数模型只适用于线性定常系统，而状态方程模型可以有较宽的适用范围。它可以用于时变系统，相应的状态方程为

$$\left.\begin{aligned}\dot{X}(t) &= A(t)X(t) + B(t)U(t) \\ Y(t) &= C(t)X(t) + D(t)U(t)\end{aligned}\right\} \tag{3.36}$$

对于非线性定常系统，相应的方程为

$$\left.\begin{aligned}\dot{X}(t) &= f(X,U) \\ Y(t) &= g(X,U)\end{aligned}\right\} \tag{3.37}$$

对于非线性时变系统，相应的状态方程为

$$\left.\begin{aligned}\dot{X}(t) &= f(X,U,t) \\ Y(t) &= g(X,U,t)\end{aligned}\right\} \tag{3.38}$$

3.3.4　结构图

结构图是描述系统的一种图形形式，是系统中每个元件或环节的功能和信号流向的图解表示，它的主要特点和用途是：

(1) 结构图的描述非常形象和直观，它将系统中各部分的相互联系一目了然地显示出来。

(2) 利用结构图的等效变换和化简规则，可以比较容易地根据各个环节的模型求出整个系统的模型。也可以用来帮助求出从系统的输入到系统中某个其他变量之间的传递函数。

(3) 可以简化从原始微分方程到标准微分方程之间的变换。

对于单输入、单输出系统通过结构图变换可以很容易得到整个系统的传递函数。对于多输入、多输出或具有非线性环节的系统也可以通过面向结构图的仿真方法得到系统的动态特性。

图 3.7 所示为一个典型的控制系统的结构图，主要由求和比较和方框两种图形符号来表示。其中带箭头的线段表示信号及传递方向。这里变量可以直接表

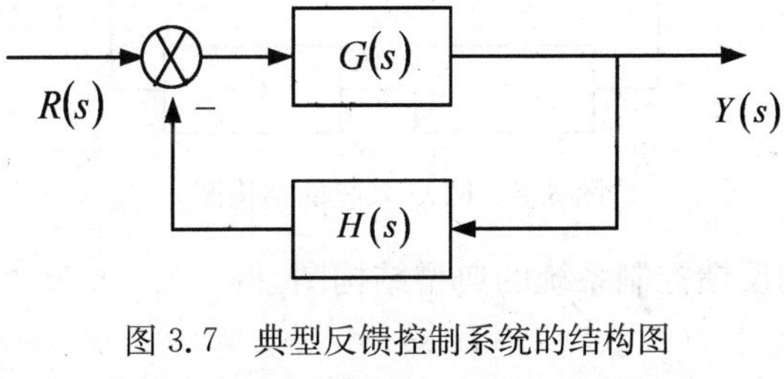

图 3.7　典型反馈控制系统的结构图

示为时域信号，也可以是它们的拉普拉斯函数。方框是结构图中应用最广泛的一种符号，方框中标以相应环节的传递函数，方框两边的箭头表示该环节的输入和输出。图 3.7 中 $G(s)$的称为前向通道传递函数，$H(s)$称为反馈传递函数。$Q(s)=G(s)H(s)$)称为开环传递函数或回路传递函数。可见，开环传递函数是沿着闭合回路走一圈时所有的传递函数的乘积。注意在上述定义中，反馈信号是以负号加入到求和比较环节的。如果不是这样，可以在环路中人为地增加一个传递函数为-1的环节，以变换到标准形式。

由图 3.7 可以很容易地求出

$$Y(s)=G(s)[R(s)-H(s)Y(s)]$$

整理后得到

$$Y(s)=\frac{G(s)}{1+G(s)H(s)}R(s)$$

从而得到整个闭环系统的传递函数为

$$M(s)=\frac{Y(s)}{R(s)}=\frac{G(s)}{1+G(s)H(s)}R(s)$$

【例 3.7】 仍以例 3.3 中图 3.6 所示的 RLC 系统为例，其中，$u(t)$为输入量，$u_c(t)$为输出量。要求用结构图的方法求出从 $u(t)$到 $u_c(t)$的传递函数。

解 在例 3.3 中已经列出了该电路的原始微分方程为

$$u(t)=L\frac{\mathrm{d}i(t)}{\mathrm{d}t}+Ri(t)+u_c(t)$$

$$i(t)=C\frac{\mathrm{d}u_c(t)}{\mathrm{d}t}$$

对上式取拉普拉斯变换并加以整理得

$$U_c(s)=U(s)-(Ls+R)I(s)$$

$$I(s)=CsU_c(s)$$

根据式上式可以画出系统的结构图如图 3.8 所示。

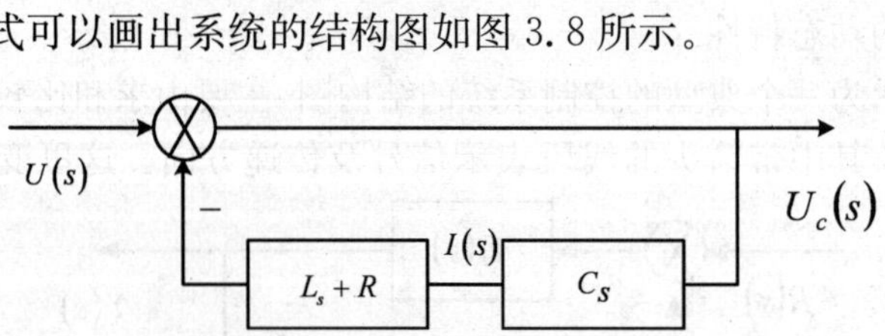

图 3.8 RLC 系统的结构图

对照图 3.7 的反馈控制系统的典型结构图，得

$$G(s)=1$$

$$H(s) = Cs(Ls + R)$$

从而得

$$M(s) = \frac{U_c(s)}{U(s)} = \frac{1}{1 + Cs(Ls + R)} = \frac{1}{LCs^2 + RCs + 1}$$

3.4　离散时间系统模型

离散时间系统是同连续时间系统相对应的，它的输入、输出均是离散时间信号。同连续时间系统一样，它的数学模型也分为四种形式，依旧以单输入/单输出系统为例。

3.4.1　系统的差分方程

设系统的输入序列为$\{u(k)\}$，输出序列为$\{y(k)\}$，则系统的数学模型可表示为

$$\begin{aligned} &y(k+n) + a_1 y(k+n-1) + \cdots + a_{n-1} y(k+1) + a_n y(k) = \\ &b_0 u(k+n) + b_1 u(k+n-1) + \cdots + b_{n-1} u(k+1) + b_n u(k) \end{aligned} \tag{3.39}$$

3.4.2　离散传递函数

对式(3.39)两边取 z 变换，若系统的初始条件为 0，$y(k)=0$，$u(k)=0$，$(k \leqslant 0)$，则可得

$$\begin{aligned} &(1 + a_1 z^{-1} + \cdots + a_{n-1} z^{-(n-1)} + a_n z^{-n}) Y(z) = \\ &(b_0 + b_1 z^{-1} + \cdots + b_{n-1} z^{-(n-1)} + b_n z^{-n}) U(z) \end{aligned} \tag{3.40}$$

式中，$Y(z)$是序列$\{u(k)\}$的 z 变换，$U(z)$是序列$\{y(k)\}$的 z 变换。

系统的离散传递函数为

$$H(z) = \frac{Y(z)}{U(z)} = \frac{b_0 + b_1 z^{-1} + \cdots + b_{n-1} z^{-(n-1)} + b_n z^{-n}}{1 + a_1 z^{-1} + \cdots + a_{n-1} z^{-(n-1)} + a_n z^{-n}} \tag{3.41}$$

3.4.3　离散状态空间模型

前面列出的模型只描述了系统的输入序列和输出序列之间的关系，为了进行仿真，通常要采用系统的内部模拟，即离散状态空间模型。通常引进状态变量序列$\{X(k)\}$，构造系统的状态空间模型。一般的形式为

$$\left.\begin{aligned} X(k+1) &= f[X(k), u(k), k] \\ y(k+1) &= g[X(k+1), u(k+1), k+1] \end{aligned}\right\} \tag{3.42}$$

对于线性定常系统有

$$\left.\begin{aligned} X(k+1) &= FX(k) + Gu(k) \\ y(k+1) &= CX(k) + Du(k) \end{aligned}\right\} \tag{3.43}$$

3.4.4 结构图表示

离散系统的结构图表示和连续系统的相似，只要将每一个方框内的连续系统的传递函数 s 换成离散系统的 z 函数即可。

3.5 系统建模技术新进展

随着系统工程理论的发展和应用不断深入，系统工程所研究的问题越来越多地涉及复杂系统、非线性系统，传统的模型方法已经不能适应这种研究的需要，规划论、"硬"的优化技术已经很难应对这种局面。

高度非线性及复杂性是现实系统的基本特征，用传统的"硬"技术理解和预测这种多变量、多参数、非线性的复杂系统是不适用的，而且很难建立起合适的数学模型，因此迫切需要建立与之相适应的新的"软"技术。传统的分析方法由于其精确性和定量化而不能处理现实复杂多变的系统。事实表明，在处理这类系统时，必须面对程度越来越高的不精确性和不确定性问题。

随着信息技术和计算机智能化的发展，针对这种情况，*Zadeh* 提出了一种新的方法——软计算（*soft computing*）。软计算不是一个单独的方法论，而是一个方法的集合。在这个集合中的主要成员包括模糊逻辑控制（*fuzzy logic contro*1）、神经网络（*neural network*）、近似推理以及一些具有全局优化性能且通用性强的 *Meta-Heuristic* 算法，如遗传算法（*genetic algorithms*，*GA*）、模拟退火算法（*simulated annealing*，*SA*）、禁忌搜索算法（*taboo search*，*TS*）、蚁路算法（*ant system*，*AS*）等。这些方法的特点是，更多地借鉴了生物原理和人的思维，因此有人也称之为"拟人"方法。更适应于解决管理、经济和复杂的工程大系统问题。

模糊逻辑推广了经典的二值逻辑，可以具有无穷多个中间状态，是处理不精确性和不确定性的有效工具。模糊技术以模糊逻辑为基础，从人类思维中的模糊性出发，对于模糊信息进行量化，其中最重要的一步是利用专家知识和实际经验来定义相应模糊集的隶属函数。在模糊理论研究中，隶属函数是最基本的研究对象，它的确定主要是靠专家知识与实际经验，其中包含主观的因素。但这并不意味着由此建立的理论不可靠。相反，正是因为利用了这一点，模糊集反映了人脑的思维特征，而使得模糊理论在许多以人为主要对象的领域（如管理领域、经济领域）得到了成功应用。模糊控制是基于模糊集的一种"软控制"，相应的控制算法则是人脑思维的量化模拟。所以模糊集及模糊控制理论是智能信息处理、软计算技术的基础。

人工神经网络是模仿人脑生理特性的新型智能信息处理系统，它以模拟生物神经元为基础，使系统具有自适应性、自组织性、容错性等。可以通过优化网络拓扑结构、设计网络连接权的学习算法来改善系统的各种性能，即使一个给定的网络也具有很强的映射能力，所以神经网络是进行曲线拟合、近似实现各种非线性复杂系统的有效工具。人工神经网络开创了用已知的非线性系统去近似实现实际应用中的复杂系统，甚至是“黑箱”的典型范例。由于神经网络从另一个方面反映了人脑的特性，所以它也构成了软计算的基础。

软计算的另一个基本内容是超启发式(meta-heuristic)算法，例如，其中的遗传算法对目标函数的要求很低，甚至无须知道目标函数的表达式，所以该算法非常适于对非线性复杂系统的研究。

与传统的“硬计算”完全不同，软计算的目的在于适应现实世界遍布的不精确性。因此，其指导原则是开拓对不精确性、不确定性和部分真实的容忍，已达到可处理性、鲁棒性、低成本求解以及与现实更好的紧密联系。在最终的分析中，软计算的作用模型是人的思维。

在软计算方法集合中，每一种方法具有其优点，它们之间是互补的而不是竞争的。这些技术紧密集成形成了软计算的核心。通过它们的协同工作，可以保证软计算有效地利用人类知识，处理不精确以及不确定的情况，对位置或变化的环境进行学习和调节以提高性能。针对学习和自适应，软计算需要强化计算。例如，神经网络和遗传算法都是对生物学原理的模拟。遗传算法是基于生物的进化机制，而神经网络则是人脑的典型特征的表现，将二者进行有机结合可以达到很好的实际效果。另一方面，模糊系统的设计可以由遗传算法或神经网络来完成。虽然模糊技术已在许多应用领域取得了成功，专家知识可以用模糊规则很好地表现出来，但规则的提取和隶属函数的选择却十分困难，这时可以利用神经网络的自学习和自组织性来解决这一问题。分类已知的训练数据并规定模糊规则的数量，用神经网络模糊分割输入空间，通过学习，获取相应于所有规则的隶属函数的特性，并生成对应于任意输入矢量的隶属值，这时由神经网络的拟合功能可产生相应的隶属函数。在此过程中，为了解决基于局部区域的梯度学习算法缺乏全局性和易陷入局部最小这类缺陷，并且对网络结构进行优化，可以利用遗传算法来完善相应的功能，获取最佳的效果。反过来也可凭借模糊系统或神经网络的学习能力来设置遗传算法中的各种参数，包括种群的尺度、交叉概率、变异概率以及算法迭代的步数等，使遗传算法自适应地自我调节和进化。总之，将模糊逻辑、神经网络和遗传算法进行有机结合，可以有效地处理非线性复杂系统，对智能信息进行表示、传递、存储和恢复。

思 考 题

1. 什么是系统模型？它的主要特征有哪些？
2. 系统模型的组成部分分别是什么？
3. 在系统分析中，为什么广泛使用系统模型而不是真实系统进行分析？
4. 在你生活工作中曾使用过哪些系统模型？
5. 系统模型是如何进行分类的？
6. 试分别举出常用的原样模型、相似模型的例子。
7. 试分别举出常用的图示模型、模拟模型及数学模型的例子。
8. 使用数学模型有什么好处？
9. 你曾使用过哪些建模方法？
10. 建模步骤是怎样的？
11. 什么是系统的结构？
12. 系统结构模型有什么特征？
13. 试举例说明系统结构、系统实体以及系统元素之间的关系。
14. 如何由邻接矩阵得到可达矩阵？
15. 采用哪些方法可以计算分类对象间的相似系数？
16. 连续系统的数学模型有哪几种描述方式？
17. 通过什么步骤可以由微分方程得到传递函数？
18. 为什么微分方程被称为外部模型，而状态方程被称为内部模型？
19. 结构图有什么特点？
20. 离散系统的数学模型有哪几种描述方式？

第 4 章　系统分析

系统分析既是系统工程解决问题过程中的一个环节，更是系统工程处理问题的核心内容。系统分析的目的是帮助决策者对将要决策的问题逐步清晰，透彻分析，提供可能得到的解决问题的依据，起到辅助决策的作用；其方法是采用系统的观点和方法，对系统的结构和状态进行定性和定量的分析，提出各种可行的备选方案，并进行比较、评价和协调；其任务是向决策者提供系统方案和评价意见，以及建立新系统的建议，便于决策者选择方案。凡是需要确定目标和设计行动方案的活动，都可以使用系统分析的方法。

系统分析（system analysis）一词来源于美国的兰德（RAND，Research and Development）公司。该公司由美国道格拉斯飞机公司于 1948 年分离出来，是专门以研究和开发项目方案以及方案评价为主的软科学咨询公司。长期以来，兰德公司发展并总结了一套解决复杂问题的方法和步骤，他们称之为“系统分析”。第二次世界大战后，系统分析逐步由武器系统分析转向国防战略和国家安全政策的系统分析。20 世纪 60 年代以来，系统分析才逐渐运用到政府机构和企业界政策与决策问题研究。目前已广泛应用于社会、经济、能源、生态、城市建设、资源开发利用、医疗、国土开发和工业生产等问题。

4.1　系统分析概述

目前，对于系统分析的定义有广义和狭义之分。广义的解释是把系统分析作为系统工程的同义语，认为系统分析就是系统工程。狭义的解释是把系统分析作为系统工程的一个逻辑步骤，系统工程在处理大型复杂系统的规划、研制和运用问题时，必须经过这个逻辑步骤。由此可见，无论是哪种解释，系统分析都是相当重要的。

4.1.1　系统分析意义

在当今科学技术高度发达的现代化社会里，事物间的联系日趋复杂，出现了形式多样的各种大系统，这类大系统通常都是开放系统，他们与所处的环境即更大的系统发生着物质、能量和信息等的交换关系，从而构成环境约束。系统对环境的任何不适应即违反环境约束状态或行为都将对系统的存在产生不利影响，这是系统的外部条件要求。从系统内部看，它们通常由许多层次的分系统组成。系统与子系统之间存在复杂的关系，如纵向的上下关系，横向的平行关系，以及纵横交叉的相互关系等。但是无论这些关系如何复杂，有一条基本原则是不变的，那就是下层系统以达成上层系统的目标为任务，横向各分系统必须用系统总目标来协调行动，各附属新系统要为实现系统整体目的而存在。因此，任何子系统的不适应或不健全，都将对系统整体的功能和目标产生不利的影响；系统内各子系统的上下左右之间往往会出现各种矛盾和不确定因素，这些因素能否及时被了解、掌握和正确处理，都将影响系统整体功能和目标达成。系统本身的功能和目标是否合理也有研究分析的必要，不明确和不恰当的系统目标和功能，往往会给系统的生存带来严重后果，系统的运行和管理，要求有确定的指导方针。上述情况表明，不论从系统的外部或内部，还是设计新系统或是改进现有系统，系统分析都是非常重要的。

另一方面，系统分析不是最终目的，最终目的是为系统决策服务。因此，系统分析应为系统决策提供各种分析数据、各种可供选择方案的利弊分析和可行条件等，使决策者在决策之前做到心中有数，有权衡选择、比较优劣的可能性，从而能提高决策的科学性和可行性。但是，系统决策的正确与否与系统分析的水平和质量关系极为密切。如果说决策的正确与否关系到事业的成败，那么系统分析则是构造这些成败的基石。

此外，系统设计的基础是由系统分析提供的。所谓系统设计就是在系统分析的基础上，用系统思想综合运用各有关学科的知识、技术和经验，通过总体研究和详细设计等环节，落实到具体工作上，以创造满足设计目标的人造系统。因此，系统设计的任务就是充分利用和发挥系统分析的成果，并把这些成果具体化和结构化。

例如某大型水电建设，它是以发电为目标，它的任务并不是简单的拦江、建大坝、装发电机组、架设输电线等，而是一个综合性工程，必须仔细全面地考虑各种因素，进行系统分析和设计，才可能设计出一个满意可行的系统方案。它可能包括众多的分系统，如建大坝还要考虑轮船航运系统、水利截流系统、生态系统、村民的迁移、对上中下游的经济发展的影响等，这些都需要进行分析和论证，以确定设计方案。没有全面的系统设计，将会造成重大失误。

4.1.2　系统分析定义

所谓系统分析，就是为了发挥系统的功能及达到系统的目标，利用科学的分析方法和工具，对系统的目的、功能、结构、环境、费用与效益等问题进行周密的分析、比较、考察和试验，而制定一套经济有效的处理步骤或程序，或提出对原有系统改进方案的过程。它是一个有目的、有步骤的探索和分析过程，为决策提供所需的科学依据和信息。因此，系统分析包括系统目标分析、系统结构分析、系统环境分析等。具体地说，系统要明确主要问题，确定系统目标，开发可行方案，建立系统模型，进行定性与定量相结合的分析，全面评价和优化可行方案，从而为领导者选择最优方案或满意方案提供可靠的依据。

采用系统分析方法对事物进行探讨时，决策者可以获得对问题的综合的和整体的认识，既不忽略内部各因素的相互关系，又能顾全外部环境变化所可能带来的影响，特别是通过信息及时反映系统的作用状态，随时都能了解和掌握新形势的发展。在已知的情况下，以最有效的策略解决复杂的问题，以期顺利地达到系统的各项目标。

4.1.3　系统分析的内容

在实际问题中，我们所碰到的系统是千变万化的，而且所有的系统都处在各不相同的环境中。另外，不同的系统，它产生的功能也不相同，内部的构造、因素的组成也不相同，即使是同一系统，由于分析的目的不同，所采用的方法和手段也不相同。因此，要找出技术上先进、经济上合理的最佳系统，系统分析时必须具备若干个要素，才能使系统分析顺利进行，以及达到分析的要求。

1. 系统分析的要素

美国兰德公司曾对系统分析的方法论做过如下论述：

(1) 期望达到的目标。

(2) 分析达到期望目标所需的技术与设备。

(3) 分析达到期望目标的各种方案所需要的资源和费用。

(4) 根据分析，找出目标、技术设备、环境资源等因素间的相互关系，建立各方案的数学模型。

(5) 根据方案的费用多少和效果优劣为准则，依次排队，寻找最优方案。

以后人们把这五条归纳为系统分析方法论的五要素：

第一,目的。这是一个系统的总目标,也是决策者做出决策的主要依据。某一系统当达到了某个指标或达到了某一程度,这个系统就能被采纳接受。对于系统分析人员来说,首先要对系统的目的和要求进行全面的了解和分析,确定目标应该是必要的(即为什么要做这样的目标选择)、有根据的(即要拿出确定目标的背景资料和从各个角度的论证和论据)和可行的(即它在资源、资金、人力、技术、环境、时间等方面是有保证的),因为系统的目的和要求既是建立系统的根据,也是系统的出发点。

第二,可行方案。在做系统分析时必有几种方案或手段,没有足够数量的方案就没有优化。例如,在做厂址选择分析时,可以建在这里,也可以建在那里。当然这些方案或手段不一定是互替的,或者是同一效能的,当多种方案各有利弊时,确定哪个方案最优,就得进行分析与比较。可行方案必须在性能、费用、效益、时间等指标上互有长短并能进行对比,必须有定性和定量的分析和论证,必须提供执行该方案时的预期效果。

第三,费用与效益。这里指的费用是广义的,包括失去的机会与所做出的牺牲在内。每一系统、每一方案都需要大量的费用,同时一旦系统运行后就会产生效益,为了对系统进行分析比较,必须采用一组互相联系的、可以比较的指标来衡量,这一组指标叫做系统的指标体系,不同的系统所采用的指标体系也不同。一般来说,费用小、效益大的方案是可取的;反之是不可取的。

第四,模型。模型是为了表达与说明目标与方案或手段之间的因果关系、费用与效益之间的关系而拟制的数学模型或模拟模型,用它来得出系统的各可行方案的性能、费用和效益,以利于各种可行方案的分析和比较。使用模型进行分析,是系统分析的基本方法,模型的优化与评价是方案论证的判断依据。

第五,评价基准。根据采用的指标体系,由模型确定出各可行方案的优劣指标,衡量可行方案优劣指标就是评价的基准,由评价基准对各方案进行综合评价,确定出各方案的优劣顺序,以供决策者选用。评价基准必须具有明确性、可计量性和敏感性。明确性是指标准的概念明确、具体、尽量单一,对方案达到的指标,能够做出全面衡量。可计量性是指确定的衡量标准,应力求是可计量和计算的,尽量用数据表达,使分析的结论有定量的依据。敏感性是指在多个衡量标准的情况下,要找出标准的优先顺序,分清主次。

根据系统分析的五要素,可以画出系统分析要素图。如图 4.1 所示。

2. 系统分析的原则

一个复杂的系统由许多要素组成,要素之间相互作用,关系错综复杂。系统的输入、输出和转换过程，系统与其所处的环境的相互作用关系等都是比较复杂的。因此，在系统分析时，应处理好各种关系，遵循以下一些准则。

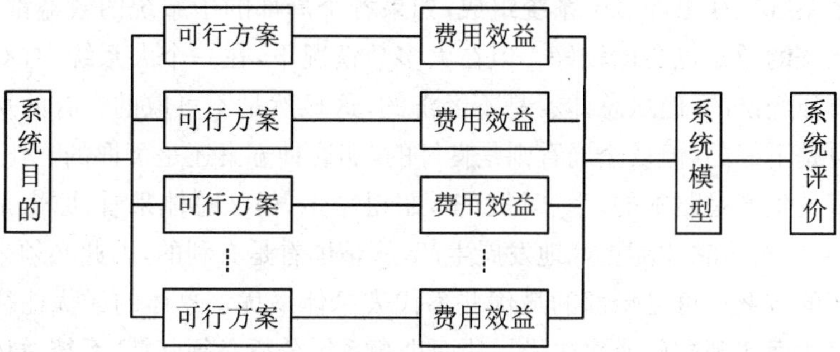

图 4.1　系统分析要素图

1）内部因素与外部因素相结合

系统的内部因素往往是可控的，而外部因素往往是不可控的，系统的功能或行为不仅受到内部因素的作用，而且受到外部因素的影响和制约。例如一个建筑公司，我们把它作为一个系统来分析。它不仅受到公司内部各因素的互相牵制，即公司内部的工队与班组之间的协调、职工的技术水平与文化水平、公司的施工机构与装备、公司的管理制度与组织机构等都影响着公司的营业；同时公司还受到外部条件的约束，气候条件直接影响到施工的进度与质量，施工的地理位置、原材料的供应、运输条件、各协作单位的关系等都约束着公司的发展。因此，对系统进行分析，必须把内外各种有关因素结合到一起来考虑，以实现方案的最优化。通常的处理办法是，把内部因素选为决策变量，把外部因素作为约束条件，用一组联立方程组来反映它们之间的相互关系。

2）当前利益与长远利益相结合

因为系统大部分是动态的，它随着时间以及外部条件的变化而变化，因此选择最优方案时，不仅要从当前利益出发，而且还要同时考虑长远利益，要两者兼顾。如果采用的方案对目前和将来都有利，那当然是最理想的方案。往往有的系统从当前看不利而从长远看是有利的。例如关于智力投资的问题，一个企业抽调了一部分职工进行文化学习和技术培训，不但需要花费教育经费，而且由于减少了生产人员而在生产上暂时受到损失，但从长远来看，职工的文化水平和技术水平提高之后，将会产生更大的经济效益。虽然眼前受到了一些损失，但是今后会获得更多的利益，像这样的方案还是可取的，而对于那种一时有利、长远不利的方案，即使是过渡性的，也最好不选用。如果两者发生矛盾，应该坚持当前利益服从长远利益的原则。

3) 局部效益与总体效益相结合

一个系统往往由许多子系统组成,如果各个局部的子系统的效益都是好的,那么总系统的效益也会比较好。但在大多数情况下,在一个大系统中,有些子系统局部看似经济的,但从总体看是不经济的,这显然是不可取的。有的从局部的子系统看是不好的,但从全局看则是良好的,那这种方案还是可取的。比如,有些地区原煤的生产是赔本的,生产得越多,赔得越多;但从总体来看,原煤是各生产部门的粮食,有了它才能更好地发展生产,从整体看是有利的,因此必须采用发展原煤生产的方案。可见局部的最优并不代表总体最优。总体的最优往往要求局部放弃最优而实现次优或次次优。故而进行系统分析必须坚持"系统总体效益最优、局部效益服从总体效益"的原则。

4) 定性分析与定量分析相结合

定量分析是指采用数学模型进行的数量指标的分析,但是一些政治因素与心理因素、社会效果与精神效果目前还无法建立数学模型进行定量分析,只能依靠人的经验和判断力进行定性分析。因此,在系统分析中,定性分析不可忽视,必须与定量分析结合起来进行综合分析,或者交叉地进行,才能达到系统选优的目的。

3. 系统分析的内容

系统分析的主要内容有收集与整理资料,开展环境分析;进行目的分析,明确系统的目标、要求、功能,判断其合理性、可行性与经济性;剖析系统的组成要素,了解他们间的相互关系,及其与实现目标间的关系(结构分析),提供合适的解决方案集;塑造模型、仿真分析和模拟试验;经济分析、计算各方案的费用与效益;评价、比较和系统优化;提出结论和建议等。

1) 环境分析

了解系统所处环境是解决问题的第一步。环境给出了系统的外部约束条件。例如,系统使用的资源、人力、财力、时间等方面的限制来自环境,系统分析的资料要取自环境,一旦环境发生变换,将引出新的系统分析课题。系统的环境一般可以分为三个方面:物理技术环境、经济管理环境和社会人文环境。环境分析的主要内容如下:

(1) 确定系统与环境的边界,一般可先凭经验判断勾画出对系统不再有影响的时空境界,作为工作前提,并在随后的总体研究和详细研究中再逐步修正。

(2) 摸清环境对系统的影响程度,包括找出相关的环境因素集,确定各环境因素的影响范围、程度和各因素间的相关程度，并在方案分析中予以考虑。环境因素很多时应分清主次和轻重，对可定量分析的环境因素，通常可用约束条件的形式列入系统模型中；对只能定性分析的因素，可用估值法评分，尽量使之达到定量或半定量化，以便用来校验或修订原定的系统目标值。

2）目标分析

目标分析的主要内容有：① 论证系统总目标的合理性、可行性和经济性，并确定建立系统的社会经济价值。② 当系统总目标比较概括时，需要分解为各级分目标，建立目标系统（或目标集）以便逐项落实与保证总目标的实现。

采用目标的分层结构常能更清楚地描述目标的内容和反映系统的功能，进行此分析时可以采用目标—手段系统图，即把要达到的目标和所需的手段按照系统展开，一级手段相当于二级目标，以此类推，最终建立其问题的目标系统。在目标分解过程中，各分目标之间可能一致也可能不一致，但整体上应彼此配合，使分解后的各级分目标与总目标保持协调。通过制定目标或目标集，便可把系统所应达到的各种要求落实。

目标分解过程有深度和宽度问题。宽度问题是指一个总目标该用几个子目标来衡量，子目标的增多虽然能使目标描述更为完整细致，但同时也增加了决策的难度；深度问题是指目标层次数，这主要依赖于用这些层次来做什么和是否便于对各层次引入效用和属性，从而对子目标进行度量来决定。

3）结构分析

结构分析的目的是保证在系统总目标和环境因素的约束下，系统的要素集与要素间的相互关系集在阶层分布上最优结合，以得到能实现最优输出（结果）的系统结构，主要内容有以下几个方面：

（1）系统要素集的确定。应在已定目标的基础上，借助价值分析技术，使所选出的要素、功能单元的构成成本最低。

（2）相关关系分析。对于复杂的相关关系，为容易把握起见，常可将其简化为二元或少元关系。分析中首先要根据分目标的要求明确系统要素间必须存在或不应存在的关系；其次了解二元关系的性质及其变化对系统分目标或总目标的影响，即相关性的灵敏度，以获得相关关系的最佳尺度范围，使系统的相关性保持在一个合理的水平上；最后按照需要加以综合。

（3）阶层性分析。主要解决系统分层和各层规模的合理性问题。可从两个方面考虑：一是传递物质、能量和信息的效率、费用及质量；二是功能单元的合理结合与归属。

（4）系统整体性分析。综合上述分析成果，从整体最优上进行概括和协调，着重解决三个问题：建立评价指标体系，用以衡量和分析系统的整体结合效果；建立反映系统的集合性、相关性、阶层性等特定的结合模型；建立结合模型的优选程序。整体分析时应注意，各组成要素对系统均有独特作用，应按照“各站其位、各司其职”的原则，充分发挥它们在整体中的作用；必须按照系统总目标进行有序化，偏离总目标必然会增加内耗，降低系统的结合效果；注意协调环节，不断调整和处理系统中的矛盾和改进落后环节，以提高系统的整体效果。

通过上述的分析和工作，解决了目标和系统设定后，就可以构思各种可能的解决方案。

4）建立模型与仿真分析

系统分析最常用的方法之一是在建立的数学模型上开展仿真和模拟实验。模型是系统定量分析的主要工具。描述大系统内部的主要关系单靠一个模型有时很难满足，往往要提出一组模型构成模型体系。因此，模型或模型体系如何构造，如何求解，当结构不满足时如何调整，这一套处理模型的方法是系统定量分析的核心。当然建模不是目的，而是为了分析和优化。利用模型做仿真试验，用预想的方法观察系统在不同的输入条件下将会有怎样的结果，而改变相应条件时系统又将会有何种变化等，是系统分析的重要方面。

5）系统优化

这是指在指定环境约束条件下，使系统具有最优功能，达到最优目标或系统整体结合效果最佳的过程，包括构造系统优化的数学模型，选择合适的优化算法，选取有关运算的参数和初始数据，已经优化结果的后分析等。

6）综合评价

包括制定评价标准，根据各方案的技术、经济、社会、环境等方面的指标数据，权衡得失，综合分析选择出适当且能实现的最优方案或提出若干结论，供决策者抉择。除了在方案优选阶段需进行综合评判外，在方案选出并进行试运行之后还需再做进一步检验与评判。

4. 系统分析的特点

系统分析是以系统整体效益为目标，以寻求解决待定问题的最优策略为重点，运用定性和定量分析方法，给予决策者以价值判断，以求得有利的预测。其特点如下：

1）以整体为目标

系统中的各分系统，都各自具有其特定的功能和目标，只有相互分工协作，才能达到系统的整体目标。如果只研究改善某些局部问题，而忽略其他分系统，则系统的整体效益将受到不利的影响。所以从事任何系统分析，都必须考虑以发挥系统整体的最大效益为准则，不可局限于个别分系统，以防顾此失彼。如世界杯上夺金，团体赛上人员安排等。

2）以特定问题为对象

系统分析是一种处理问题的方法，有很强的针对性，其目的在于寻求解决特定问题的最优方案。许多问题都含有不确定因素，系统分析需在不确定的情况下，研究解决问题的各种方案所可能产生的结果。比如足球比赛的排兵布阵，需要针对不同的对手、不同的天气等排出不同的阵形。

3）运用定量方法

解决问题，不应是单凭主观臆断、经验和直觉。在许多复杂情况下，必须以相对可靠的数字资料为分析依据，保证结果的客观性。在资料的整理上，又必须运用各种科学的计量方法。

4）凭借价值判断

从事系统分析时，必须对某些事物做某种程度的预测，或者使用过去发生的事实作样本，以推断未来可能出现的趋势或者倾向。所以系统分析可能提供的资料，有许多是不确定的变数，不可能完全合乎事实。此外，方案的优劣应是定量与定性分析的结合，数据与经验的结合。因此在进行评价时，仍需凭借价值判断、综合权衡，以判别由系统分析提供的各种不同策略可能产生的效益的优劣，以便选择最优方案。

应当指出，系统分析是系统建立过程中的一个中间环节，它有承上启下的纽带作用。它使系统开发计划得以实现，明确系统的概念和建立系统的必要性，明确系统的目标。但是，系统分析不是从着手执行所给予的目的开始，而是进一步探讨和寻求目的的实质。对规划各阶段所给出的目的的妥善性要给以评价，或对表述不清的目的给出具体的定义，以期各后续阶段可行性得以落实。因此，系统分析是整个系统建立过程中的关键部分。特别是在设计一些技术比较复杂、投资费用很高、建设周期较长的大型工程系统时，不确定的内部矛盾因素和外部不可控因素的数量极大，层次关系复杂，系统分析的作用就显得更加突出。科学的系统分析可以保证系统设计达到最优，避免技术上的重大失误和经济上的严重损失。

4.1.4　步骤

系统分析的广义理解就是系统工程各种定量化方法的总称，故系统分析的一般步骤与系统开发三维结构中的逻辑步骤原则上相似。系统分析是一个有目的、有步骤的探索和分析过程，在此过程中既要按照系统分析内容的逻辑关系有步骤地进行，也要充分发挥分析者的经验和智慧创造性地工作。通常系统分析是由明确系统问题开始到给出系统方案评价结束。其步骤一般可概括为如图所示(见图 4.2)。

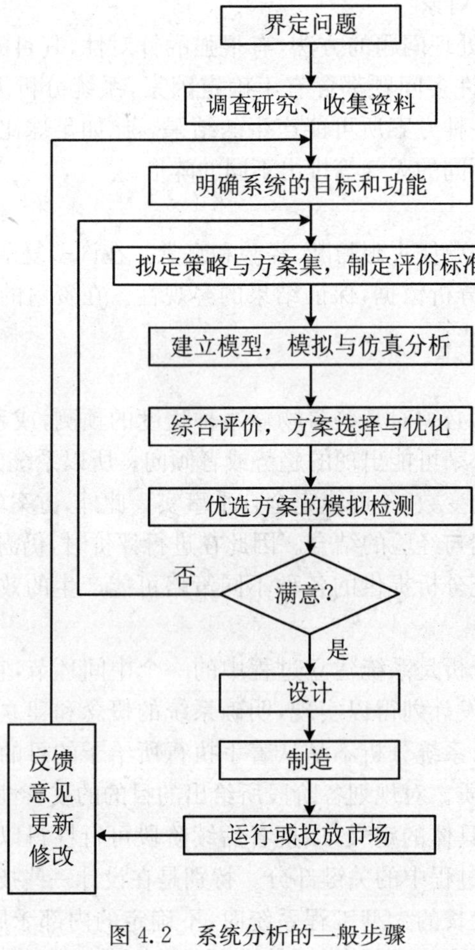

图 4.2　系统分析的一般步骤

系统分析的步骤可以归纳为以下五个部分。

1) 明确问题与确定目标

明确问题的性质与范围,对所研究的系统及其环境给出确切的定义,并分析组成系统的要素、要素间相互关系和对环境的相互作用关系。

当一个有待研究分析的问题确定以后,首先,要将问题做系统的合乎逻辑的阐述,其目的是确定目标,说明问题的重点与范围,以进一步分析与研究。通常,问题是在一定的外部环境作用和内部发展的需要中产生的,它不可避免地带有一定的本质属性和存在范围,只有明确了系统的范围,系统分析才有可靠的起点。其次,要进一步研究问题所包含的因素,以及因素间的联系和外部环境的联系,把问题界线进一步划清。比如一个企业长期亏损，涉及产品的品种和质量、销售价格、上级的政策界线、领导班子、技术力量、管理不善等多方面的问题，那么究竟哪些因素属于这个问题的范围呢？最后为了解决这个问题，要确定出具体的目标。系统分析是针对所提出的具体目标而展开的。由于实现系统功能的目的，是靠多方面的因素来保证的，因此系统的目标也必然有若干个，如经营管理系统的目标就包括品种、产量、质量、成本、利润等。而一项目标的本身又可能由更小的目标集组成，比如，利润是一个综合性目标，要增加利润，就要扩大赢利产品的销售量和降低单位产品成本，而要增加销售量又要做好广告、组织网点、服务等工作，采取正确的销售策略等。在多项目标的情况下，要考虑各项目标的协调，防止发生抵触和顾此失彼。在明确目标的工程中还要注意目标的整体性、可行性和经济性。

2）搜集资料，探索可行方案

这是开展系统分析的基础，对于不确定和不能确定的数据，还应进行预测和合理推断。

资料是系统分析的基础和依据。资料收集通常多借助于调查、实验、观察、记录以及引用外国资料等形式。搜集资料包括：①调查系统的历史与现状，收集国内外的有关资料；②对有关资料进行分析和对比，排列出影响系统的各因素并且找出主要因素。收集资料切忌盲目性。在问题明确之后，就要拟定解决问题的大纲和决定分析方法，然后依据已有的有关资料找出其中的相互关系，寻求解决问题的各种可行方案。

谋划和筛选备选方案是为了达到所提出的目标，一般要具体问题具体分析对待。通常，作为备选方案应具备七个特性：① 创造性。指方案在解决问题上应有创新精神，新颖独到。② 先进性。指方案应采纳当前国内外最新科技成果，并结合国情和实力。③ 多样性。指所提方案应从事物的多个侧面提出解决问题的思路，使用多种方法计算模拟方案。④ 强壮性。指在受到干扰的情况下，持续维持正常后果的程度。⑤ 适应性。目标经过修正甚至完全不同的情况下，原来方案仍能适用，这在不确定因素影响大的情况下尤为重要。⑥ 可靠性。指系统在任何时候正常工作的可能性。要求系统不出现失误，即使失误也能迅速恢复正常。完善的监督机构和信息反馈能提高政策实施系统的可靠性。⑦ 可操作性。即方案实施的可能性。决策者支持与否是关键，不可能得到支持的方案必须取消。总之，良好的备选方案是进行良好系统分析的基础，而在系统分析过程中自始至终要意识到，需要而且可能发现新的更好的备选方案，这是得到出色系统分析结果的要点。

3) 建立模型

将现实问题的本质特征抽象出来,化繁为简,用以帮助了解要素之间的关系,确认系统和构成要素的功能和地位等。

为便于对各种可行方案进行分析,应建立各种模型。通过对模型的运作和解析,揭示系统的内在运动规律,及其与环境间的因果关系和交互情况,并借助模型预测每一方案可能产生的结果,求得相应于评价标准的各种指标值,并根据其结果定性或定量分析各方案的优劣与价值。

4) 综合评价

利用模型和其他资料所获得的结果,将各种方案进行定性与定量相结合的综合分析,显示出每一种方案的利弊得失和效益成本,同时考虑到各种有关的无形因素,如政治、经济、军事、科技、环境等,以获得对所有可行方案的综合评价和结论。评价结果应能推荐一个或几个可行方案,或列出各方案的优先顺序。交由决策者进行进一步的选择和决策。

5) 检验和核实

以试验、抽样、试运行等方式检验所得到的结论,提出应采取的最佳方案。

对于复杂系统,在优选方案付诸实施前,还应做进一步的模拟运行,检验系统的有效性和经济性,测定其性能的稳定性和可靠性。如果合适,再具体设计与制造,并投入运行和投放市场。

在系统分析过程中可以利用不同的模型,在不同的假设条件下对各种可行方案进行比较,从中选优,获得结论,提出建议。但是否实施则是决策者的责任。

4.1.5 方法

系统分析没有一套特定的普遍适用的技术方法,根据分析对象的不同,分析问题的不同,所使用的方法可能很不相同。一般说来,系统分析的各种方法可分为定性和定量两大类。定量的方法适用于系统结构清楚,收集到的信息准确,可建立数学模型等。反之,可以采用定性的系统分析方法,例如目标—手段分析法、因果分析法、KJ 法等。

1. 目标—手段分析法

目标—手段分析法就是将要达到的目标和所需要的手段按照系统展开,一级手段等于二级目标,二级手段等于三级目标,依次类推,便产生了层次分明、相互联系又逐渐具体化的分层目标系统。在分解过程中,要注意使分解的分目标与总目标保持一致,分目标的集合一定要保证总目标的实现。分解过程中,分目标之间可能一致,也可能不一致,甚至是矛盾的,这就需要有不断调整,使之在总体上保持协调。图 4.3 是发展能源的目标—手段分析图。

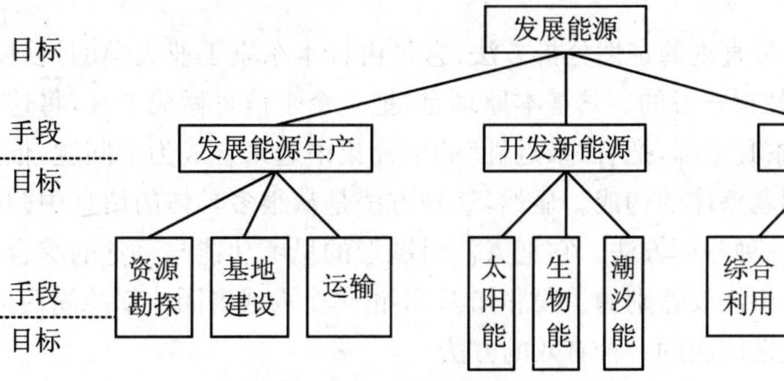

图 4.3　发展能源的目标—手段分析图

要发展能源，其手段主要有发展现有能源生产、开发研究新能源和节约能源，而节约能源的主要手段是综合利用能源和开发节能设备。

2. 因果分析法

因果分析法是利用因果分析图来分析影响系统的因素，并从中找出产生某种结果的主要原因的一种定性分析方法。

系统某一行为(结果)的发生，绝非是一种或两种原因所造成，往往是由于多种复杂因素的影响所致。因果分析法是在图上用箭头表示原因与结果之间的关系，如图 4.4 所示。形象简单，一目了然，特别是在分析的问题越复杂时越能发挥其长处，因为它把人们头脑中所想的问题结果与其产生的原因结构图形化、条理化。在许多人集体讨论一个问题时，这种方法便于把各种不同意见加以综合整理，从而使大家对问题的看法逐渐趋于一致。

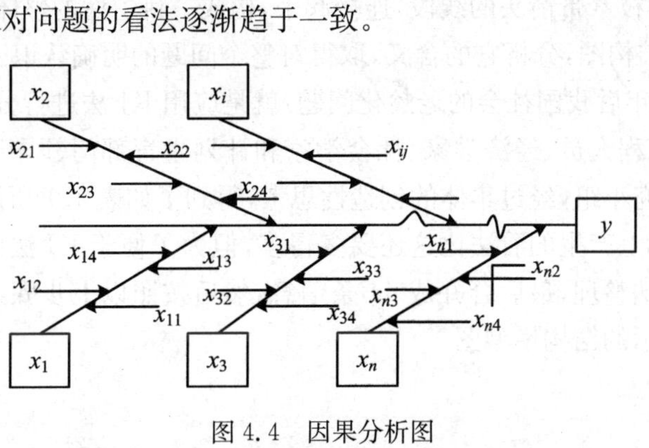

图 4.4　因果分析图

3. KJ 法

KJ 法是一种直观的定性分析方法,它是由日本东京工业大学的川喜田二郎(KauakidaJir)教授开发的。其基本原理是:把一个个信息做成卡片,将这些卡片摊在桌子上观察其全部,把有"亲近性"的卡片集中起来合成为子问题,依次做下去,最后求得问题整体的构成。显然,这种方法是从很多具体的信息中归纳出问题整体含义的一种分析方法。它把人们对图形的思考功能与直觉的综合能力很好地结合起来,不需要特别的手段和知识,不论是个人或者团体都能简便地施行,因此,是分析复杂问题的一种有效的方法。

KJ 法的实施按下列步骤进行:

(1) 尽量广泛收集与问题有关的信息,并用关键的语句简洁地表达出来。

(2) 每个信息做一张卡片,卡片上的标题记载要简明易懂。

(3) 将卡片摊在桌子上通观全局,充分调动人的直觉能力,把有"亲近性"的卡片集中在一起作为一个小组。

(4) 给小组取个新名称,其注意事项同步骤(1),把它作为子系统登记,发现该小组的意义所在。

(5) 重复步骤(3)、(4),分别形成小组、中组和大组,对难于编组的卡片不要勉强编组,可把它们单独放在一起。

(6) 把小组(卡片)放在桌子上进行移动,由小组间的类似、对应、从属和因果关系等进行排列。

(7) 将排列结果画成图表,即把小组按大小用粗细线框起来,把一个个有关系的框用"有向枝"(带箭头的线段)连接起来,构成一目了然的整体结构图。

(8) 观察结构图,分析它的含义,取得对整个问题的明确认识。

例如,《40 年后我国社会的老龄化问题》就是应用 KJ 法进行分析的。针对这个问题,系统工程人员、经济学家、社会学家和计划生育部门领导干部、老中青代表等组成的研究小组,经过集体的创造性思考,得到了如表 4.1 所示的一些信息。应该指出,实际上产生的看法比这还要多得多,但为了便于 KJ 法的运用,已经进行了若干次归纳整理,最后合并成 44 条信息,然后按照以上步骤进行工作,得到了如图 4.5 所示的结构模型图。

表4.1　社会老龄化问题的有关信息

编号	内容	编号	内容	编号	内容
1	劳动力不足	16	年轻人提拔难	31	生活环境变化
2	家庭不和睦	17	管理制度不适应	32	食物结构改变
3	出生率下降	18	社会福利开支大	33	服务行业增加
4	需照顾的老人增多	19	要求退休年龄增大	34	服务人员不足
5	平均寿命增加	20	青年人感到孤独	35	教育设施不适应
6	生活水平下降	21	老年人不受尊敬	36	娱乐设施不适应
7	老年人孤独	22	社会创造力下降	37	青年人受压抑
8	思想僵化	23	衣着式样不适应	38	不易产生新思想
9	社会缺乏活力	24	社会道德观念不适应	39	不易出研究成果
10	"代沟"加深	25	体育设施不适应	40	社会矛盾增加
11	老年医疗设施不足	26	兵源不足	41	年轻人缺乏独立性
12	能源消耗大	27	经济缺乏竞争力	42	年轻人嫌弃老年人
13	住房紧张	28	工资结构不合理	43	经济增长减慢
14	组织新家庭阻力大	29	生产成本上升	44	生活单调枯燥
15	交通设施不适应	30	社会需求改变		

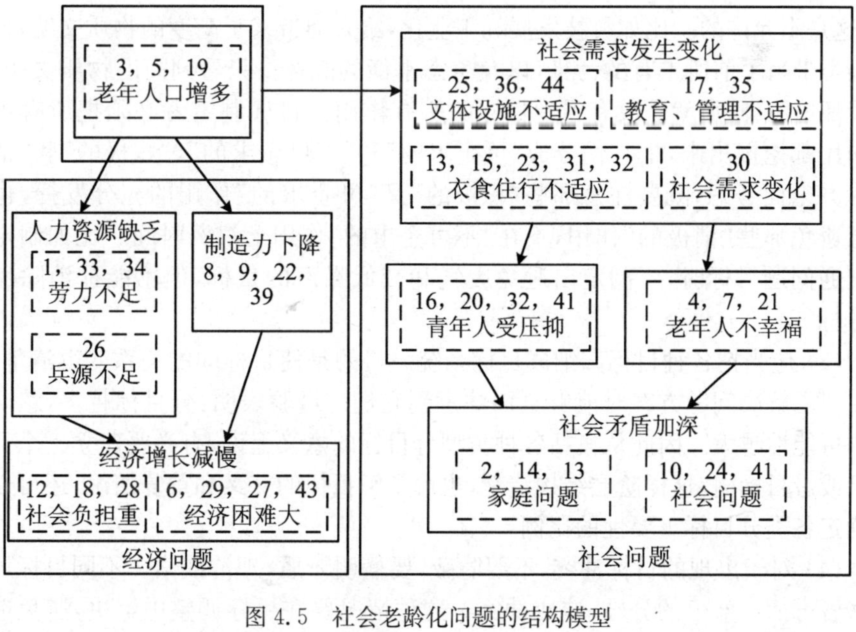

图4.5　社会老龄化问题的结构模型

4.2 系统目标分析

系统目标是系统分析与系统设计的出发点，是系统目的的具体化，系统的目标关系到系统的全局或全过程，它正确、合理与否将影响到系统的发展方向和成败。在阐明问题阶段，无论是问题的提出者、决策者，还是系统分析人员，对目标的认识和理解多出于主观愿望，而较少客观依据。只有充分了解和明确系统应达到的目标，使提出的主观目标更合理，才能避免盲目性，防止造成各种可能的错误、损失和浪费。因此，必须对系统的目标做详细周密的分析，充分了解对系统的要求，明确所要达到的目标。系统目标分析的目的，一是论证目标的合理性、可行性和经济性；二是获得分析的结果——目标集。

系统目标的确定是否合理，要从其提出的根据上做分析。如果根据充分、数据准确且有说服力，那么目标就可以初步通过。为了达到目标的合理性，在目标的分析和制定中要满足下面几项要求：

(1) 制定的目标应当是稳妥的。这要从达到目标的系统方案所能起的作用来判别，把作用符合目标的程度作为标准。

(2) 制定目标应当注意到它可能起到的所有的作用。一般来说，一个系统方案能够起到多种作用，但制定目标者往往只注意到其中的一部分，而忽略其他部分，这是不允许的。比如科技发展和工业化，给人类带来了高度的物质文明，但也给人类带来了前所未有的污染，以及生态平衡的破坏。只看到高度物质文明，而不看环境污染，那就是没有看到目标的所有作用。目标制定者必须把所有可能的作用都挖掘出来，把它们分成“可企求的”和“不可企求的”、“积极的”和“消极的”，并全面考虑，既要注意那些“积极的”又“可企求的”作用的充分发挥，也要注意避免那些“消极的”作用，不在“不可企求的”作用上浪费时间。比如制定解决交通问题目标时，要制定出避免废气和减低噪声的目标，但不能提消除噪声的目标。

(3) 应当把各种目标归纳成目标系统。目的是使目标间的关系变得清楚，以便在寻求解决问题方案时能够全面注意到它们。经验表明：分目标越多，忽略它们的可能性越大。因此从概括各种类型分目标的意义上说，有必要建立一个目标目录或者目标树，这样阶层结构清楚，也可了解目标的交叉和重复情况，还可以用来确定各类分目标重要性的比例。

(4) 对于出现的目标冲突，不要隐蔽，要摆明矛盾，理清线索。不同目标可能带来各方面利益上的分歧，造成冲突。这种情况要在目标调整中解决，避免造成长期问题。

制定的目标一般是可以改变的。在寻求方案中有困难，情况有了变化，出现新的有价值的设想等，使得有必要对已经决定的目标进行调整。

4.2.1　建立目标集的基本原则

建立系统目标集必须遵循如下基本原则：

(1) 一致性原则。各分目标应与总目标保持一致，以保证总目标的实现。分目标之间应在总体目标下，达到纵向与横向的协调一致。

(2) 全面性和关键性原则。一方面突出对总目标有重要意义的子目标，另一方面还要考虑目标体系的完整性。

(3) 应变原则。当系统自身的条件或环境条件发生变化时，必须对目标加以调整和修正，以适应新的要求。

(4) 可检验性与定量化原则。系统的目标必须是可检验的，否则达成的目标很可能是含糊不清的，无法衡量其效果。要使目标具有可检验性，最好的办法就是用一些数量化指标来表示有关目标。

4.2.2　目标分类

目标是要求系统达到的期望状态。人们对系统的要求和期望是多方面的，这些要求和期望反映在系统的目标上就形成了不同类型的目标。

1. 总体目标和分目标

总体目标集中地反映对整个系统总的要求，通常是高度抽象和概括的，具有全局性和总体性特征。系统的全部活动都应围绕总体目标而展开，系统的各组成部分都应服从于总目标的要求。分目标是总目标的具体分解，包括各子系统的子目标和系统在不同时间阶段上的目标。对总目标进行分解是为了落实和实现系统的总体目标。

2. 战略目标和战术目标

战略目标是关系到系统全局性、长期性发展方向的目标，它规定着系统发展变化所要达到的总的预期成果，指明了系统较长期的发展方向，使系统能够协调一致地朝着既定的目标展开活动。战术目标是战略目标的具体化和定量化，是实现战略目标的手段。战术目标的达成有利于战略目标的实现，否则将制约和阻碍战略目标的实现。

3. 近期目标和远期目标

根据系统在不同发展时期的情况和任务，根据总目标制定在不同发展阶段上的目标，包括短期内要实现的近期目标和未来要达到的远期目标。

4. 单目标和多目标

单目标是指系统要达到和实现的目标只有一个，具有目标单一、制约因素少、重点突出等特点。但在实际中，追求单一的目标往往具有很大的局限性和危害性。多目标是指系统同时存在两个或以上的目标。多目标符合人的利益多面性的要求。考虑对系统的多目标要求是现代社会实践活动相互间联系日益密切的客观要求，以及人的利益要求全面化、综合化的体现。因此由单目标决策向多目标决策的发展是必然的趋势。

5. 主要目标和次要目标

在系统的多个目标中，有些目标相对重要一些，是具有重要地位和作用的主要目标；而另一些目标则相对次要一些，是对系统整体影响相对较小的次要目标。将系统的目标区分为主要目标和次要目标，既是因为不可能同时有效地追求和实现所有的目标，也是为了避免由于过分重视次要目标，而忽视了系统的主要目标及其实现。

4.2.3 目标建立

按照控制论的思想，所有反馈控制系统的给定值一旦设定，则系统就根据反馈信号与给定值的偏差随时进行修正，使系统的输出最终逼近或等于给定值。系统目标就相当于控制理论中的给定值，所以确定系统的目标是十分重要的。例如：手表是一种计时工具，它的目标显然应该确定为“计时准确”，否则就丧失其存在的意义。但是随着人们价值观、爱好的改变以及手表元件的不断革新和市场需求的发展，手表业把生产和经营手表的目标，在“计时准确”的基础上又增加了一个目标及功能，就是它还可以作为“装饰品”。手表业系统目标的这种改变，带来手表的花样繁多，翻新很快，成本降低，追求美观，而不追求手表的寿命过长等特点。所以传统手表业对手表发展目标的这种改变，大大地开拓了手表市场。因此，系统目标的建立是系统分析和设计的前提。

1. 系统总体目标的确定

为解决某一复杂系统问题，首先要明确系统的总体目标。它是对系统的总体要求，是确定系统整体功能和任务的依据。总目标的提出一般有如下几种情况：① 由于社会发展需要而提出的必须予以解决的新课题。② 由于国防建设发展提出的新要求。③ 目的明确，但目标系统有较多选择的情况，如目的是为了获取高额利润，这在多数中小型企业中是常见的。但目的系统要通过市场需求分析来回答，并有若干种可行方案。④ 由于系统改善自身状态而提出的课题，如开发计算机管理系统，建立某种组织机构等。

制定系统的总体目标，要有全局的、发展的、战略的眼光，要考虑社会、经济、科学技术发展提出的新要求，要注意目标的合理性、现实性、可能性和经济性，不能脱离系统自身的状况和能力，不顾环境条件的制约而提出不切实际的目标。同时，还应根据系统在不同时期的实际需要，分别制定近期目标和远期目标；还要充分估计可能产生的消极作用，考虑内部条件、外部环境的限制和约束。

2. 建立系统的目标集

所谓目标集是各级分目标和目标单元的集合，也是逐级逐项落实总目标的结果。总目标一般是高度抽象或概括性的，缺乏具体与直观，可操作性差，为此需要对总目标进行分解，即分解成各级分目标，直到具体、直观为止。在分解过程中要注意使分解后的各级分目标与总目标保持一致，分目标的集合一定要保证总目标的实现。分目标之间可能一致，也可能不一致，甚至是矛盾的，但在整体上要达到协调。

1）目标树

对总目标进行分解形成一个目标层次结构，称为目标树，如图 4.6 所示。

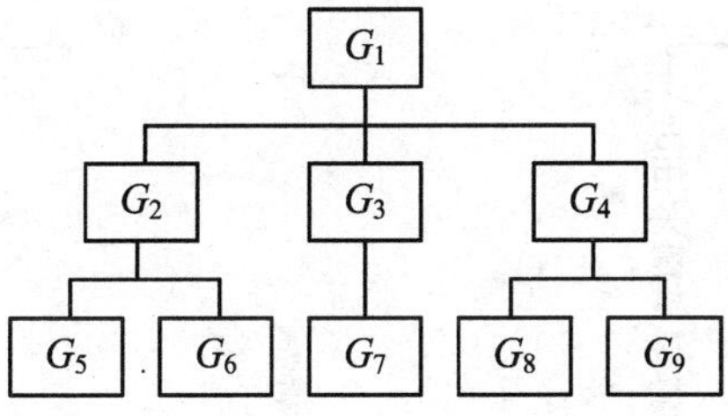

图 4.6　目标树

目标树可以把系统的各级目标及其相互间的关系清晰、直观地表示出来，同时便于目标间的价值权衡。我们可以根据目标树了解系统目标的体系结构，掌握系统问题的全貌，便于进一步明确问题和分析问题，有利于在总体目标下统一组织、规划和协调各分目标，使系统整体功能得到优化。

构造目标树的原则是：

(1) 目标子集按照目标的性质进行分类,把同一类目标划分在一个目标子集内。

(2) 目标分解,直到可度量为止。

例如,我国某水库建设,考虑的目标分三个方面,即经济影响、社会影响、环境影响。在经济影响方面分为支付代价与经济收益,支付代价方面分为投资及工程建设影响,投资又分为初投资及运行费;工程建设影响分为占用技术力量、劳动力、关键材料数量、关键设备数量等。社会影响及环境影响也类似地可再分解为若干子目标,详见图 4.7。

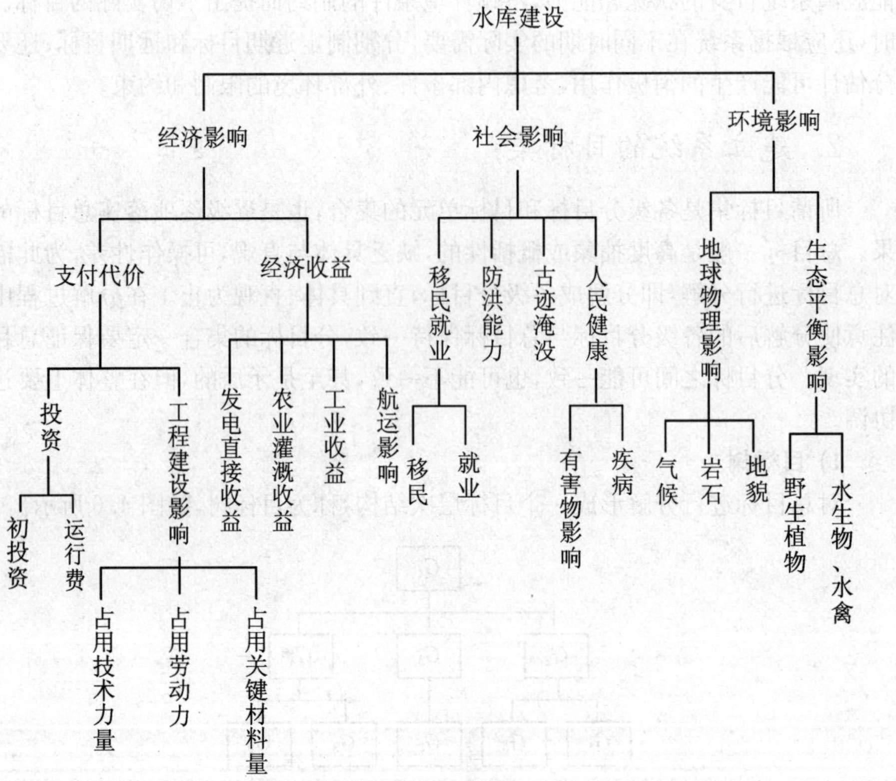

图 4.7 某水库建设目标树

2) 目标—手段分析

目标和手段是相对而言的。心理学的研究表明,人类解决问题的过程就是目标与手段的变换、分解与组合,以及从记忆中调用解决问题、实现子目标的手段的过程。目标—手段系统图如图 4.8 所示。

对目标的逐步落实,就是探索实现上层目标的途径和手段的过程。目标树中的某一目标都可视为下一层次的目标和实现上层目标的手段。可以从某个目标上溯到它所服务的更高层次的目标，也可以从某个目标分解出作为其手段的许多子目标。以图 4.6 所示的目标树为例，对目标 G_1，试探寻找实现它的手段，把它分解为多个分目标 G_2、G_3、G_4，再分别探索实现 G_2、G_3、G_4 的手段，把它们细分为

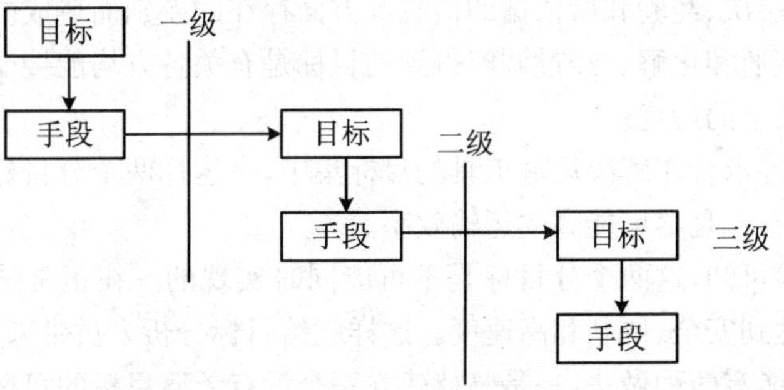

图 4.8　目标—手段系统图

若干个更为具体的子目标，如 $G_5 \sim G_9$。对于仍然找不到现成手段的子目标，就继续进行分解和探索过程，直到所有的手段都已找到，各项分目标和子目标清晰、具体为止，然后把所有的目标组合起来，就构成了系统的目标体系或目标集合。

建立系统目标集是一个细致分析、反复调整和论证的过程，需要严谨的逻辑推理和创造性的思维，需要丰富的社会、经济、科学技术知识和实践经验，以及对系统的深刻认识。

4.2.4　目标冲突

在目标分析过程中，往往在目标之间存在相互冲突。根据涉及的范围，目标冲突可分为以下两种情况：

(1) 属于技术领域的目标冲突，无碍于社会，影响范围有限。这时，对于两个相互冲突的目标，往往可以通过去掉一个目标，也可以通过设置或改变约束条件，或按实际情况给某一目标加限制，而使另一目标充分实现，由此来协调目标间的冲突关系。

(2) 属于社会性质的目标冲突，由于涉及了一些集团的利益，通常称为利益冲突。这类目标冲突不像前一类型容易协调，在处理时应持慎重态度。

目标冲突还常常表现在不同层次的决策目标上，即基本目标、战略目标和管理目标之间的不协调。基本目标是系统存在的理由；战略目标是指导系统达到基本目标的长期方向；而管理目标则是把系统的战略目标变成具体的、可操作的形式，以便形成短期决策。这三个层次上的目标冲突反映了长期利益与短期利益之

间的矛盾。因此,要有效地实现系统的基本目标就必须协调不同层次上的目标冲突。

在实际的管理和决策问题中,产生目标冲突的原因往往是由于多个主体对系统的期望和利益要求不同。目标协调的根本任务在于,把有关各方由于价值观、道德观、知识层次、经验和所依据的信息等方面存在的差别而造成的矛盾和冲突,加以有效地疏通和化解。经过调解得到的目标是有关各方均能接受的满意结果,并非某种意义上的最优。

例如,在寻求合作解决运输工具的目标集中,有这样两个分目标:一是尽可能低的运输投资;二是尽可能高的运输效率。

根据经验可知,这两个分目标是不可能同时实现的。在正常情况下,只有高档汽车才能达到安全、便利和高速度。这样就给目标分析人员带来了困难。解决这类矛盾,可能有两种做法:一是坚持建立一个没有矛盾目标的目标集,把引起矛盾的分目标剔除掉(如费用);二是是采纳所有分目标,寻求一个能达到冲突目标并存的方案。这对于目标涉及范围较少的系统,通过协调可以解决。但对于设计面广的目标系统,就要采取一个程序化的步骤。通常使用的方法,是使每一个分目标依次与其他目标结合,估计出他们之间的相互影响。这时通常会出现三种情况:

(1) 在目标冲突时,一个目标将阻碍另外一个目标的实现。对于互相冲突的目标,在处理时要进一步分析目标冲突的程度。这时又有两种情况:一是目标冲突有相容或并存的可能性;二是绝对相斥的。前一种情况叫目标的弱冲突,这在原则上可以保留两个目标。在实践中,通常是对弱冲突的一方给以限制,而让另一方达到最大限度。如在确定的费用界线下,获取最大的功率。而在确定的功率下,使费用达到最低,则称为目标的强冲突,这时必须改变或者放弃某个分目标。

(2) 若一个目标的实现促进了另一个目标的实现,就称之为目标互补。对于目标互补的情况要注意检查是否存在多余部分,即是否有用不同方式表达了相同的内容,这将影响目标的建立,也不利于以后的评价工作。

(3) 如果目标间毫无关系,则称为无依存关系。

4.3 系统环境分析

环境与系统有相互依存的关系。了解环境是解决问题的第一步,解决问题方案的完善程度依赖于对整个问题环境的了解,对环境不了解,将导致解决问题方案的失败。因此,系统环境分析是系统分析的重要内容。

4.3.1　概念

系统环境是指存在于系统之外的系统无法控制的自然、经济、社会、技术、信息和人际关系的总称。系统环境因素的属性和状态变化一般通过输入使系统发生变化。反之,系统本身的活动通过输出也会影响环境相关因素的属性或状态的变化。这就是所谓的环境开放性。系统与环境是依据时间、空间、所研究问题的范围和目标划分的,故系统与环境是个相对的概念。

系统与环境相互依存,相互作用。任何一个方案的实施后果都和将来付诸实践时所处的环境有关。离开未来实施环境去讨论方案后果是没有实际意义的。所以,分析预测系统环境是解决系统分析问题和系统工程的重要一步。系统方案的完善程度、可靠程度依赖于对系统环境的了解程度。对环境了解得不准确,分析中就会出现大的失误,导致系统方案实施的失败或蒙受重大损失。如世界著名的埃及阿斯旺达水电工程,由于在方案研制中忽视了因高坝的建立,尼罗河下游水量和其他物质数量的减少而引起区域水文地质环境的改变,从而导致土地贫瘠化、红海海岸受海浸向内陆后退、地中海沙丁鱼的绝迹等严重后果。因此,系统环境分析是系统分析的一项重要内容,必须予以重视。

环境分析的主要目的是了解和认识系统与环境的相互关系、环境对系统的影响和可能产生的后果。为达到目的,系统环境分析需要完成环境的概念、环境因素及其影响作用、系统与环境边界划定等分析内容。

从系统分析的角度研究环境因素的意义在于以下几点:

(1) 环境是提出系统工程课题的来源。环境发生某种变化,如某种材料、能源发生短缺,或者发现了新材料、新油田,都将引出系统工程的新课题。

(2) 课题边界的确定要考虑环境因素,如有无外协要求或技术引进问题。

(3) 系统分析的资料,包括决策资料,要取自于环境。如市场动态资料,外企业的新产品发展情况,对一个企业编制产品开发计划起着重要的作用。

(4) 系统的外部约束通常来自环境,如资源、财力、人力、时间等方面的限制。

(5) 系统分析的质量要由系统所在环境提供评价资料。

4.3.2　环境因素分类

从系统论的观点出发,全部环境因素应划分为三大类。

1. 物理的和技术的环境

即由于事物的属性所产生的联系而构成的因素和处理问题中的方法性因素。具体包括以下因素。

1）现存系统

运行中的现存系统的现状和有关知识是系统分析中所不可缺少的。规划中的任何一个新系统都必须同某些现存系统结合起来工作，因此必须从产量、容量等各个方面考虑它们之间的可并存性和协调性。例如，分析一个新的火电厂的筹建，就要考虑与之相关的煤炭供应、电机制造、水源、输电网络等现存系统的可并存性和协调关系。现存系统及其技术经济指标在分析论证新旧系统替换时是需要的，没有现存系统的大量数据和经验，新旧系统的评价是搞不好的。比如，如果不了解东风牌汽车的效率、耗油量以及各种技术性能，就无法分析、设计和评价其新型车是否能成功。现存系统的技术方法，包括设备、工艺和检测技术、操作方法和安装方法，可用来推断未来可能成功使用的技术。例如，汽车制造业中在单一生产的基础上发展为混流生产线技术就是成功技术的例子。同时，现存系统是系统分析中收集各种数据资料的重要来源之一。

2）技术标准

技术标准之所以成为物理技术环境因素，是因为它对系统分析和系统设计具有客观约束性质。不遵守技术标准，不仅使系统分析与系统设计的结果无法实现，而且会造成多方面的浪费。反之，使用技术标准可以提高系统分析和设计的质量，节约分析时间和提高分析的经济效果。技术标准又是企业内部与外部在产品技术上协调的依据，没有标准化就没有大量生产和生产的分工与协作。技术标准包括结构标准、器件标准、零件标准、公差标准、产品寿命、回收期等。这些标准是制定系统规划、明确系统目标、分析系统结构和特性时所应遵循的约束条件。

3）科技发展因素估量

在进行新老系统的设计和改建的系统分析中，对科技发展因素特别是工艺条件因素的估量，有着重要意义。在这类系统分析中，必须回答三个问题。① 在新系统充分发展之前，是否有可用的科技成果或新的发明出现；② 是否有新加工技术或工艺方法出现；③ 是否有新的维修、安装、操作方法出现。只有明确回答这三个问题，才能避免新系统在投产前就已过时。科技因素估量还应考虑国内外同行业的技术状态，即装备技术、设计工艺人员、工人技术水平的总体。技术状态反映企业的实力水平，它影响着产品的质量、品种、成本等多方面因素。在进行新建或改建系统的系统分析中，充分了解和掌握国内外同行业的技术状态是必不可少的前提条件。

4）自然环境

任何成功的系统分析都必须与自然环境之间保持着正确的适应关系。人类的全部创造，在某种意义上说，都是在利用和征服自然环境的条件下取得的。因此，系统分析是把自然环境因素作为约束条件来考虑的。所谓自然环境包括：地理位置、地形地貌、水文、地质、地震、气象、矿产资源、河流、湖泊、山脉、动植物、生态环境状态等。它们是系统分析和系统设计的条件和出发点，比如，地理位置、原料产地、水源、能源、河流对厂址选择就有明显的影响。系统工作者在进行系统分析时必须充分估计到有关自然环境因素的作用和影响，做好调查统计工作。

2. 经济和经营管理环境

这是影响经营状态和经济过程的因素。任何系统的经济过程都不是孤立地进行的，它是全社会经济过程的组成部分。因此系统分析必须将系统与经济及经营管理环境相联系，才能得出正确的结论。经济和经营管理环境包括以下内容：

1）外部组织机构

未来系统的行为将与外部组织机构发生直接或间接的联系，如同类企业、供应企业、科研咨询机构等。通过机构间的联系产生各种对口关系，如合同关系、财务关系、技术转让、咨询服务等。概括起来就是系统与外部组织机构之间存在着各种输入和输出关系。正确建立和处理这些关系对企业系统的生存和发展往往是举足轻重的。

2）政策和政府作用

政策是一类重要的经济和经营管理的环境因素，是一种重要的管理手段，是调节各种关系平衡的杠杆，也是调动各类人员积极性和创造性的有力工具。在某种意义上说，政策指出了企业的经营方向，政策影响着企业追求目标上的判断。从长远观点看，一项政策是以在竞争中获取生存和发展为前提的。因此，系统分析不能不充分地估计到经济政策的影响和威力。根据作用范围，政策可以分为两大类：一类是政府的政策；一类是企业内部的政策。政府的政策对企业起管理、调节和约束的作用，企业内部的政策则是在适应政府的政策的前提下求取生存和发展的重要手段。另外，政府可以通过下达计划、投资和订货等方式，支持或限制某经济组织的产品方向和发展方向。因此，进行系统分析时还必须充分认识和考虑到由于政府作用所产生的支持和约束、有利和不利的方面。

3）产品系统及其价格结构

产品系统来自社会需求及其发展。产品的价格结构决定于国家的政策和市场供求关系，即经济和经营环境是确定产品系统及其价格结构的出发点。在进行相关的系统分析时，要了解产品和服务存在的社会原因，了解产品和服务的工艺过程及技术经济要求，了解价格和费用构成，了解产品价格和利率结构参数在不同经济和经营环境下变化的动态等。这几个方面是确定产品系统及其价格结构的直接依据，也是制定系统目标和系统约束的出发点。特别是对产品价格结构的分析，是经营决策的重要问题，产品是否获得市场，价格是重要的经济杠杆。

4）经营活动

经营活动主要指与市场和用户等有直接关系的因素的总体。经营活动必须适应经营环境的要求，否则将一事无成。经营活动通常是指与商品生产、市场销售、原材料采购和资金流通等有关的全部活动，它的目的是为了获取最大的经营效果，不断促进企业发展壮大。在产品需要量稳定的情况下，经营目标要以提高市场占有率和资金利润率为主。在需求量不稳定的情况下，则以发展新产品和提高经济指标为主。改善经营活动的主要方面包括：增强企业实力，搞好经营决策和提高竞争力。增强企业实力是基础，搞好决策是手段，提高竞争力则是目的。

3. 社会环境

包括把社会作为一个整体考虑的大范围的社会因素和把人作为个体考虑的小范围的个人因素。

1）大范围的社会因素

主要包括两个因素：一是人口潜能。这是社会物理学的概念，它模拟物质质点间具有引力的物理概念提出来的。人口潜能表明，作为人的社会存在的一个特点，人们具有明显的群居和交往的倾向，从人口潜能研究得出的"聚集"、"追随"和"交换"的测度，能说明城市乡村发展的趋势和速率，可用于产品及服务的市场估计，电话、电报、交通发展、图书发行等的发展规划，以及预测未来各种系统开发的成功因素。二是城市形式的研究。城市是现代社会中物质和精神文明的策源地，是人类的一大创造。它的本质特征是规模、密度、构造、形状和格式。每个城市在它的应用结构和空间方法上都表现出一定的特征，研究城市形式可为城市规划、建筑、交通、商业、供应、通信等系统的分析和设计提供参考依据，成为总体优化研究的一个重要方面。

2）人的因素

在系统分析中，人的因素可以划分为两组：一是通过人对需求的反映而作用于创造过程和思维过程的因素；二是人或人的特性在系统开发、设计、应用中应予以考虑的因素。包括人的主观偏好、文化素质、道德水准、社会经验、能力、生理和心理上的局限性等。

上述环境因素不是包罗一切的，只是指出在系统分析中可能涉及的环境因素范围。

4.3.3 环境因素的确定与评价

确定环境因素，就是根据实际系统的特点，通过考察环境与系统之间的相互影响和作用，找出对系统有重要影响的环境要素的集合，即划定系统与环境的边界。环境因素的评价，就是通过对有关环境因素的分析，区分有利和不利的环境因素，弄清环境因素对系统的影响、作用方向和后果等。

实际中为了确定环境因素，必须对系统进行分析，按系统构成要素或子系统的种类和特征，寻找与之关联的环境要素。这样，先凭直观判断和经验，确定一个边界，通常这一边界位于研究者或管理者认为对系统不再有影响的地方。在以后逐步深入的研究中，随着对问题有了深刻的认识和了解，再对前面划定的边界进行修正。并不存在理论上的边界判别准则，边界也不能用自然的、组织的等类似的界线来代替。环境因素的确定与评价，要根据系统问题的性质和特点，因时、因地、因条件地加以分析和考察。通常应注意以下几点：

(1) 应适当取舍。即将与系统联系密切、影响较大的因素列入系统的环境范围，既不能太多，又不能过少。太多会使分析研究过于复杂，且容易掩盖主要环境因素的影响；太少则客观性差。

(2) 对所考虑的环境因素，要分清主次，分析要有重点。

(3) 不能孤立地、静止地考察环境因素，必须明确地认识到环境是一个动态发展变化的有机整体，应以动态的观点来探讨环境对系统的影响与后果。

(4) 尤其要重视某些间接、隐蔽、不易被察觉的，但可能对系统有着重要影响的环境因素。对于环境中人的因素，其行为特征、主观偏好以及各类随机因素都应有所考察。

以企业经营管理系统为例进行环境分析，它所面临的主要环境因素如图 4.9 所示。

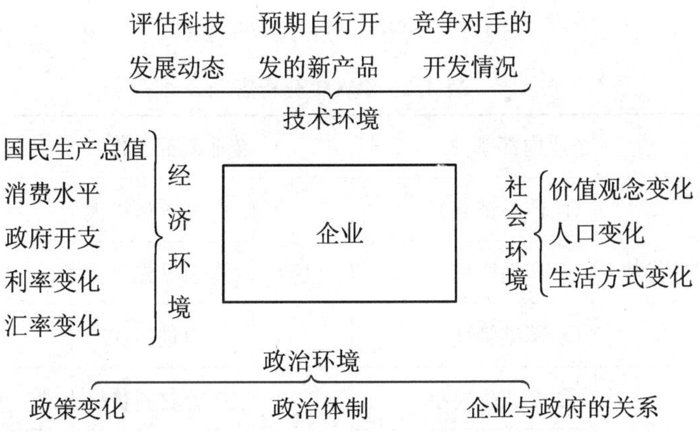

图 4.9　企业经营管理的环境因素分析

在对环境因素进行分析时，还必须考虑系统自身的条件，也就是要综合分析系统的内部和外部环境条件。一般经常采用 SWOT 分析法,SW 是指系统内部的优势和劣势(strengths and weaknesses);OT 是指外部环境存在的机会和威胁(opportunities and threats)。SWOT 分析是一种广为应用的系统分析和战略选择方法,其基本步骤如图 4.10 所示。SWOT 分析表主要用于因素调查和分析,以企业为对象的 SWOT 分析表如表 4.2 所示。在分析企业内部条件时,既要考虑自身的优势,又要考虑自身的不足。而优势和劣势又是相对的,主要应与竞争对手的状况相比较。外部环境因素的分析,主要是对可能存在的机会和威胁进行分析。但是,要认识到某些环境因素对本企业和对竞争对手的影响是相同的。也就是说,有利的条件对大家都有利,不利的条件对大家的影响也大致一样,关键是怎样抓住存在的机会,利用有利条件,避免不利因素的影响和威胁,扬长避短,求得发展。企业和竞争对手所处的环境有相同和类似的方面,也有不同的、甚至存在很大差异的方面,在进行 SWOT 分析时要根据实际情况,通过比较,加以详细地考察。

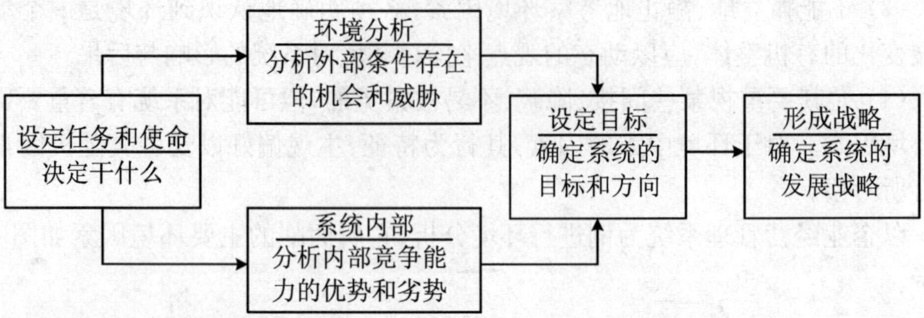

图 4.10 SWOT 分析过程示意图

表 4.2 SWOT 分析表

企业内部条件		企业外部条件	
优势	① 产品销路好	机会	① 需求量扩大
	② 产品质量好		② 引进先进技术
	③ 基础管理好		③ 引进人才
劣势	① 企业规模小	威胁	① 原材料价格上涨
	② 企业负担重		② 利率过高
	③ 资金不足		③ 竞争激烈

4.4　系统结构分析

系统结构是系统保持整体性和使系统具备必要的整体功能的内部依据，是反映系统内部要素之间相互关系、相互作用的形式的形态化，是系统中要素的秩序的稳定化和规范化。系统结构分析是系统分析的重要组成部分，也是系统分析和系统设计的理论基础。

4.4.1　概念

任何系统都是以一定的结构形式存在的。所谓系统结构是指系统的构成要素在时空连续区上的排列组合方式和相互作用方式。

系统功能和系统结构是不可分割的。系统功能是指系统整体与外部环境相互作用中应当表现出来的效应与能力，以满足系统目标的要求。尽管系统整体具有它的各个组成部分所没有的功能，但是系统的整体功能又是由系统结构即系统内部各要素的相互关系、相互作用的形式决定的。而系统内部诸要素之间的作用形式则又取决于系统的特征即系统的本质属性。

系统结构的普遍形式决定了系统的基本特征。一切系统都是由大量的要素按照一定的相互关系（相关性）归属于固定的阶层内，即集合性、相关性和阶层性作为系统结构的主要内涵特性。而整体性是系统内部综合协调的表征，环境适应性则是以系统为一方，环境为另一方的外部协调的表征。当然，系统的目的性是统领和支配除了环境适应性以外的四个特征的，因此，我们把目的性作为构造系统结构的出发点。系统结构分析的目的就是找出构成这几个表征的规律，即寻求构筑系统合理结构的规律和途径。所谓合理结构是指在对应系统总目标和环境因素的约束条件下，系统的组成要素集、要素间的相互关系集以及它们在阶层分布上的最优结合，并使得系统有最优的或最满意的输出。

从系统结构和系统结构分析的目的与要求可以看出，系统结构分析的主要内容有：构成系统的要素集，要素间的相互关系，要素在系统中的排列方式，以及系统的整体性。

4.4.2　系统要素集分析

为了实现系统目标，要求系统必须具备实现系统目标的特定功能，而系统的特定功能则由系统的一定结构来保证，系统要素又是构筑系统结构的基本单元。因此，系统必须有相应的要素集。

系统要素集分析有两项工作。第一项是确定要素集。其确定方法是在已定的目标树基础上进行。当系统目标分析取得了不同的分目标和目标单元时，系统要素集也将对应地产生，对照目标树采用“搜索”的方法，集思广益，找出对应的能够实现目标的实体部分，即为要素集。例如，要达到运载飞行的目标，就要有火箭或飞机的实体系统；如果要达到运载飞行就要有能源、推力、力的传递等分目标，相应地，从系统要素集看，则要有液体或固体燃料的存储、运输及控制部分，发动机部分，力的传递机构部分等。第二项是对已得到的要素进行价值分析，这是因为实现某一目标可能有多种要素，因此存在着择优问题，其择优的标准是在满足给定目标前提下，使所选要素的构成成本最低。其方法主要运用价值分析技术。

经过上述两项工作之后，可以得到满足目标要求的系统要素集，由于此要素集经过必要性和优选分析，因此它是比较合理的。但这个要素集不一定是最优的，也不是最后的，因为还有许多相关联的环节需要分析与协调。

4.4.3 系统相关性分析

确定了系统要素，还不能一定保证系统能达到目标要求。要素集实现系统目标的作用还要取决于要素间的相关关系。这是因为系统的属性不仅取决于它的组成要素的质量和水平，还取决于要素间应保持的关系。同样的砖、瓦、沙、石、木、水泥可以盖出高质量的漂亮的楼房，也可以盖出低劣质量的楼房；同样的符合标准的手表零件，可以装出质量高档的手表，也可以装出质量下乘的手表，这是瑞士手表专家的当场表演所显示的实例。由于系统的属性千差万别，其组成要素的属性也复杂多样，因此要素间的关系也是极其丰富多彩的。这些关系可能表现在系统要素之所能保持的在空间结构、排列顺序、相互位置、松紧程度、时间序列、数量比例、信息传递方式，以及组织形式、操作程序、管理方法等许多方面，并由此形成系统的相关关系集。因此，为获得合理的相关关系集就必须进行要素的相关性分析。

由于相关关系只能发生在具体要素之间，因此，任何复杂的相关关系，在要素不发生规定性变化的条件下，都可转化成两个要素间的相关关系。在相关关系集中，最基本的关系是二元关系，其他更为复杂的关系则是在二元关系基础上发展的。所以相关关系分析可分为两步进行。第一步先对系统进行二元关系分析，确定要素之间是否存在关系。具体做法是将系统的要素列成方阵表，用 R_{ij} 表示要素 i 与要素 j 的关系，并规定 R_{ij} 只取 1 或 0 值，即若 i 与 j 之间存在关系，则 R_{ij}，为 1；反之为 0。第二步工作是对 R_{ij} 取值为 1 的两个相关要素之间存在的具体关系进行分析，即确定属于何种关系，是物理的、化学的、机械的还是经济的、组织的等。通过具体分析，得出保持最优的二元关系的尺度和范围，并使相关关系尽量合理化。这里的相关性分析只解决了具有平行地位要素之间的关系分析问题，对于系统的阶层关系则需要其他分析方法。

4.4.4　系统整体分析

系统整体性分析是结构分析的核心,是解决系统整体协调和优化的基础。系统要素集、关系集、层次性分析只是在某种程度上研究了系统的一个侧面,它们各自的合理性或优化还不足以说明整体的性质。整体性分析是综合要素集、关系集、层次性分析结果,以整体最优为目的的协调,也就是使要素集、关系集、层次分布达到最优结合,并取得系统整体的最优输出。系统整体优化和取得整体的最优输出是可能的。这是因为构成系统结构的要素集、关系集、层次分布都有允许的变动范围,在对应于给定目标要求下,它们都将有多种结合方案。

整体性分析主要有两项内容。一是为了衡量和分析系统的整体结合效果,需要建立一个评价指标体系。这些指标分别说明这种综合效果所表现的方面;这些指标还应当有最低标准,达不到它,就说明这种结合没有取得起码的整体效果;这类指标应当是可衡量的价值指标,以便在多指标条件下能做到综合评价。例如一个工程施工技术系统是由若干台(套)各种装置或仪器设备(供电、供水、运输、机械设备、仪器、测试、原材料)和各类工作人员构成。这些构成要素即为要素集。在一定的生产工艺流程条件下,由人—机组成了各种关系,这种关系可以看成为关系集。由于人—机系统中各种要素功能不同,就必然构成层次关系,即为层次分布集。根据系统结构结合特性,其评价指标体系应当考虑的有:设备利用率、设备故障率、能耗、材料消耗、生产效率、成本、质量等指标,并规定这些指标的最低标准。二是尽量建立反映系统整体性的要素集、关系集、层次分布的结合模型,以定量分析系统整体结构的合理性和最优输出。经上述分析,就可以了解系统整体性如何,并以此为基础调整和改善系统结构中的不合理部分或薄弱环节,使系统达到整体协调运行,获得满意的输出效果。

4.5　系统可靠性分析

“系统的可靠性是指系统在规定条件下和规定时间内,完成规定功能的能力”。“可靠性”一词包括广义和狭义的两种解释。广义可靠性是指系统在其整个寿命周期内完成规定功能的能力,它包括狭义可靠性和维修性;狭义可靠性则指系统在某一规定时间内发生失效的难易程度。另外有一个可靠度的概念,“可靠度是指系统在规定的条件下和规定的时间内发生失效的概率。”可靠度是可靠性的度量化名词。

4.5.1 可靠性指标

可靠性指标可用来进行产品的可靠性设计、分析、评价、管理。对于具体的产品,可以选择不同的可靠性指标来试题。下面介绍几个常用的可靠性指标:

(1) 平均故障间隔时间(mean time between failures,简记 MTBF)。可修产品可靠性的一种基本指标,也称为产品的寿命。其度量方法为:在规定的条件和规定的时间内,产品的寿命单位总数与故障总数之比。

(2) 平均故障前时间(mean time to failure,简记 MTTF)。不修复产品可靠性的一种基本指标,其度量方法为在规定的条件下和规定的时间内产品寿命单位总数与故障总数之比。

(3) 平均维修时间(mean time to repair,简记 MTTR)。可修产品维修性的一种基本指标,其度量方法为故障维修时间单位总数与故障总数之比。

(4) 可靠度(reliability)。产品的工作时间是一个随机变量,可用 T 表示,t 表示规定的工作时间,则可靠度为

$$R(t) = P(T > t)$$

其中,$R(t)=1-F(t)$,$F(t)=P(T\leqslant t)$为故障概率分布函数。

(5) 维修度(maintainability)。修复时间为 T,则 T 是随机变量,在时间 t 内修复的概率,即维修度。

$$M(t) = P(T \leqslant t)$$

(6) 可用度(availability)。定义变量:

$$x(t) = \begin{cases} 0,\text{若 } t \text{ 时刻产品正常} \\ 1,\text{若 } t \text{ 时刻产品故障} \end{cases}$$

则 t 时刻产品的瞬时可用度可表示为

$$A(t) = P\{X(t) = 0\}$$

令 $t\to\infty$,可得稳态可用度 A

$$A = \lim_{t\to\infty} A(t)$$

稳态可用度可表示为:

使用可用度 A_o(operational availability)

$$A_o = \frac{\text{能工作时间}}{\text{能工作时间} + \text{不能工作时间}}$$

固有可用度 A_i(inherent availability)

$$A_i = \frac{MTBF}{MTBF + MTTR}$$

A_i 是设计的可用度,应比实际运行的可用度 A_o 大。

4.5.2　可靠性指标体系

对于一个复杂的多功能系统，需要建立一个可靠性指标，从不同的侧面，全面地、系统地研究系统的可靠性。

1. 指标体系的定义

在系统可靠性设计和管理过程中，为使系统在运行中能够完成或达到所规定功能，并通过维修保持这种能力，要对系统提出可靠性和维修性要求，并将这些要求用一组能反映系统功能的可靠性和维修性指标定量描述，这组可靠性与维修性指标的组合即为系统的可靠性与维修性指标体系。

2. 指标体系的性质

(1) 指标体系的完备性。在可靠性与维修性指标体系中，所有选定的指标组合在一直能完整地描述系统可靠性与维修性要求的各个方面，即在战备完好、任务成功、维修人力费用和后勤保障费用等方面的要求。

(2) 指标体系的阶段性。根据任务分析，将系统任务过程找岔分为不同的阶段。对每一任务阶段应有相应的可靠性和维修性指标和指标值，不同阶段的指标和指标值可以不同。

(3) 指标体系的适用性。指标体系的指标应与系统的工作性质，包括系统所要完成的任务和规定的功能等，并与系统可能发生的故障模式相对应。

(4) 指标体系的层次性。一个复杂的系统，一般是由若干个不同功能的子系统构成的，而子系统又可以根据其功能继续分解。对每一分解层次上的功能子系统，都需要给出相应的可靠性和维修性指标。由于各种子系统的功能不同，所选取的指标也有可能不同。

(5) 指标的可达性。指标应对系统可靠性设计起指导作用，确定的指标值应与系统的实际可靠性水平基本相符，应使设计生产出来的系统的可靠性与维修水平能达到规定的要求。

(6) 指标组合的不唯一性。系统可靠性与维修性指标体系中的可靠性与维修性指标的组合方式并不唯一。即可以用相互联系的不同的指标描述系统在某一方面的可靠性或维修性具体要求。这种不唯一性并不影响指标体系的完备性。

3. 指标体系中指标选取的原则

根据上述系统性指标体系的性质，在具体选择指标参数时应遵循以下一般原则：

(1) 指标体系中的指标应能全面地反映系统的各个方面的要求。

(2) 应根据系统的类型、功能和应用特点来选择其可靠性指标,系统特点是指系统的结构、复杂程度以及工作方式等。

(3) 应根据使用要求及维修和后勤保障的方案来选择指标。使用要求包括系统要完成规定的任务或要达到的预期目的,使用环境及限制条件等。

(4) 在选择系统可靠性指标时,应考虑各指标间的相关性和跟踪性,以免造成指标间的不协调,并使指标值便于跟踪和评估。

(5) 指标体系中的指标宜少不宜多,选择时应考虑其直观通用性,便于在指标阶段确定相应的指标值。

(6) 指标体系中指标的选择,应便于可靠工作,如系统分配、预测等顺利进行。

(7) 应根据技术任务书中规定的系统功能一览表、故障模式及差别准则一览表和紧急情况一览表,选择系统指标组成。

4. 指标选取的方法

对于多功能系统,在研究其问题时,应按照系统每种功能,单独地对其进行定量描述、分析、评估并予以保证。维修性指标应根据系统的各种单一功能选取。

根据参与完成系统某种功能的特征,将整个系统进行分解而得到系统相应的功能子系统。每一个功能子系统都只完成单一的功能。应按系统的每个功能子系统来分析系统,同时还须考虑其功能子系统具有一种互相代替的性能,这种性能可以使部分功能子系统出现的故障对系统的影响减到最低程度。

在系统的任务剖面中,各种规定的功能是由各不相同的功能子系统来实现的,因此应当对系统的每一种功能,尤其是系统的主要功能都给出相应的指标。对应于系统连续完成的功能,一般可采用无故障工作时间和故障率等指标,它们反映系统完成该功能平均寿命;对应于系统断续完成的功能,则可选用与任务成功性有关的任务成功概率和任务准备系统指标。

对每一任务要进行任务阶段的划分,对每一特定阶段选择相应的可靠性和维修性指标。

描述系统的可靠性有以下四种基本方法:

(1) 把可靠性定义为“平均寿命”或平均故障间隔时间 MTBF。这种方法适用于长寿命系统。在这种系统中,任务时间总比平均寿命要短。

(2) 把可靠性定义为在规定时间内的正常工作概率。当在执行任务期间要求设备和系统具有很高的可靠性时可用此定义。

(3) 把可靠性定义为成功概率。这种定义适用于一次使用装置的可靠性或周期使用装置的可靠性。

(4) 把可靠性定义为在规定时间内的故障率。

一般规定系统的可靠性要求可采用第一或第二种定义,除对于指数分布之外,第一种方法在早期寿命中不能有效地保证规定的可靠性水平。当系统平均故障间隔时间超出任务规定时间时可使用第二种方法。第四种定义可用来规定元器件和组件的可靠性。

系统的维修性也有四种方法:

(1) 平均维修时间。

(2) 维修度。

(3) 修理率。

(4) 维修成功概率。

4.5.3　典型系统可靠性模型

1. 串联系统可靠性模型

若系统由 n 个子系统组成,当且仅当 n 个子系统全部正常工作时,系统才正常工作,或只要一个子系统故障时,则系统故障,这里称系统是由 n 个子系统构成的可靠性串联系统,其可靠性框图如图 4.11 所示。

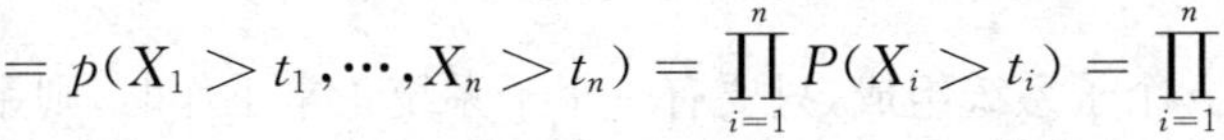

图 4.11　串联系统可靠性框图

令第 i 个子系统的寿命为 X_i,其工作时间为 t_i 的可靠度为 $R_i(t)=P\{x_i>t_i\}$, $X_1,X_2,\cdots,X_n$ 相互独立,系统寿命为 X_s,工作时间为 t_s,则系统可靠度为

$$R_s(t)=p(X_1>t_1,\cdots,X_n>t_n)=\prod_{i=1}^{n}P(X_i>t_i)=\prod_{i=1}^{n}R_i(t_i)$$

串联系统的可靠度等于子系统可靠度的乘积,可见子系统越多,系统可靠性越低。若所有子系统故障都服从指数分布,则

$$R_s(t)=\prod_{i=1}^{n}R_i(t_i)=\prod_{i=1}^{n}\mathrm{e}^{-\lambda_i t_i}$$

其中,λ_i 为第 i 个子系统的故障率。当工作时间相同时

$$R_s(t)=\prod_{i=1}^{n}\mathrm{e}^{-\lambda_i t}=\mathrm{e}^{-\sum\limits_{i=1}^{n}\lambda_i t}=\mathrm{e}^{-\lambda_s}t$$

$$\lambda_s=\sum_{i=1}^{n}\lambda_i$$

可见此时系统仍然是指数分布，λ_s 称为系统的故障率。当 $\lambda_i=\lambda, i=1,\cdots,n$ 时

$$R_s(t)=\mathrm{e}^{-n\lambda t}$$

在指数分布下，故障率为常数时的平均寿命为

$$MTTF=\int_0^\infty tf(t)\mathrm{d}t=\frac{1}{\lambda}$$

$$R_s(t)=\mathrm{e}^{-\frac{n}{MTTF}t}$$

当故障率不相等时

$$\begin{cases} R_s(t)=\mathrm{e}^{-\sum\limits_{i=1}^{n}\lambda_i t} \\ MTTF_s=\dfrac{1}{\sum\limits_{i=1}^{n}\lambda_i} \end{cases}$$

若 $R_s(t)$ 按泰勒级数展开，得

$$R_s(t)=1-\lambda_s t+\frac{1}{2!}(\lambda_s t)^2+\frac{1}{3!}(\lambda_s t)^3+\cdots$$

当 λ_t 足够小时，上式可近似为

$$R_s(t)=1-\lambda_s t=1-\left(\sum_{i=1}^{n}\lambda_i\right)t$$

当 $\lambda_i=\lambda, i=1,\cdots,n$，则

$$R_s(t)=1-n\lambda t=1-\frac{nt}{MTTF}$$

由于 t 比 $MTTF$ 小得多，此近似公式一般可采用。

2. 并联系统可靠性模型

若系统由 n 个子系统组成，只要有一个子系统正常工作时，则系统正常工作，当系统故障时，必定是 n 个子系统全部故障，这里称为系统是由 n 个子系统构成可靠性并联系统，其可靠性如图 4.12 所示。

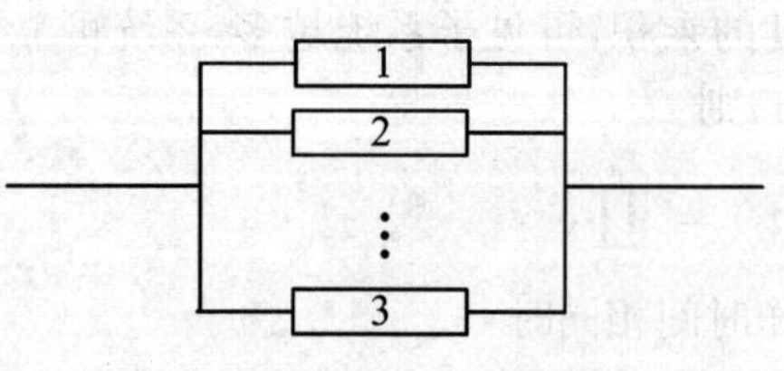

图 4.12 并联系统可靠性框图

令第 i 个子系统的寿命为 X_i，系统寿命为 X_s，系统工作时间为 t，根据可靠性并联系统的定义有

$$X_s=\max(X_1,X_2,\cdots,X_n)$$

$$\begin{aligned}R_s(t) &= P(X_s > t) = P(\max(X_1, X_2, \cdots, X_n)) \\ &= 1 - P(\max(X_1, X_2, \cdots, X_n) \leqslant t) \\ &= 1 - \prod_{i=1}^{n} P(X_i \leqslant t) \\ &= 1 - \prod_{i=1}^{n}(1 - R_i(t))\end{aligned}$$

当 $R_i(t) = e^{-\lambda_i t}$ 时

$$R_s(t) = 1 - \prod_{i=1}^{n}(1 - e^{-\lambda_i t})$$

当 $n=2$ 时

$$R_s(t) = e^{-\lambda_1 t} + e^{-\lambda_1 t} - e^{-(\lambda_1+\lambda_2)t}$$

$$\lambda_s(t) = -\frac{1}{R_s(t)}\frac{dR_s(t)}{dt} = \frac{\lambda_1 e^{-\lambda_1 t} + \lambda_2 e^{-\lambda_2 t} - (\lambda_1 + \lambda_2)e^{-(\lambda_1+\lambda_2)t}}{e^{-\lambda_1 t} + e^{-\lambda_2 t} - e^{-(\lambda_1+\lambda_2)t}}$$

$$\begin{aligned}MTTF &= \int_0^{\infty} R_s(t)dt = \int_0^{\infty}(e^{-\lambda_1 t} + e^{-\lambda_2 t} - e^{-(\lambda_1+\lambda_2)t}dt \\ &= \frac{1}{\lambda_2} + \frac{1}{\lambda_2} - \frac{1}{\lambda_1 + \lambda_2}\end{aligned}$$

当 $\lambda_1 = \lambda_2 = \lambda$ 时

$$MTTF = \frac{1}{\lambda} + \frac{1}{2\lambda}$$

所以当 $R_i(t) = e^{-\lambda t}, i = 1, 2, \cdots, n$ 时

$$\begin{cases}R_s(t) = 1 - (1 - e^{-\lambda t})^n \\ MTTF = \int_0^{\infty}(1 - (1 - e^{-\lambda t})^n)dt = \sum_{i=1}^{n}\frac{1}{i\lambda}\end{cases}$$

由上式可看出并联产生的效果，两个并联系统平均寿命提高 50%，三个并联第 3 个对提高系统平均寿命的贡献为 33.3%，四个并联，第 4 个的贡献为 25%，随着并联部件的增多，对提高系统可靠性的贡献程度下降，所以一般只采用 2 个并联或 3 个并联来提高可靠性。

3. 混联系统可靠性模型

图 4.13 是系统冗余可靠性模型，图 4.14 是部件冗余可靠性框图。

设部件的可靠度分别为 $R_1, R_2, \cdots, R_n$，不可靠度为 $Q_1, Q_2, \cdots, Q_n$，则

(1) 系统冗余时，系统可靠度为：

$$R_{SR} = 1 - \left[1 - \prod_{i=1}^{n} R_i\right]^2$$

$$= 2\prod_{i=1}^{n} R_i - \left[\prod_{i=1}^{n} R_i\right]^2$$

$$= \left[\prod_{i=1}^{n} R_i\right]\left[2 - \prod_{i=1}^{n} R_i\right]$$

$$= \left[\prod_{i=1}^{n} (1-Q_i)\right]\left[2 - \prod_{i=1}^{n} (1-Q_i)\right]$$

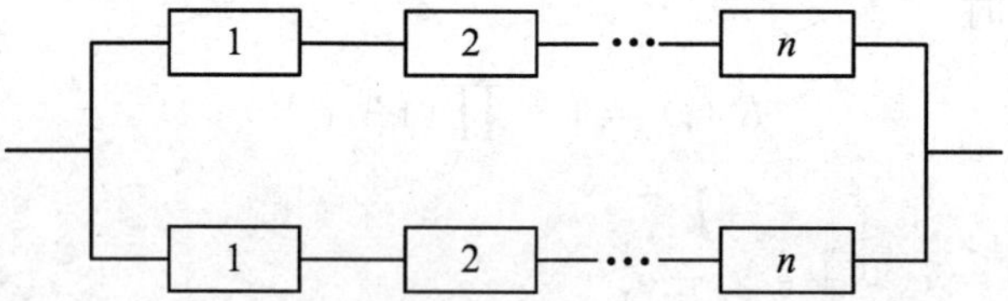

图 4.13　系统冗余可靠性框图

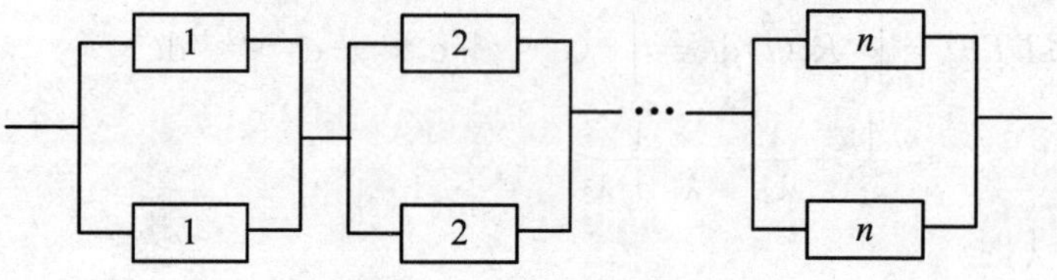

图 4.14　部件冗余可靠性框图

(2) 部件冗余时，系统可靠度为：

$$R_{CR} = \prod_{i=1}^{n}(1-Q_i^2) = \prod_{i=1}^{n}(1-Q_i)(1+Q_i) = \left[\prod_{i=1}^{n}(1-Q_i)\right]\left[\prod_{i=1}^{n}(1+Q_i)\right]$$

$$R_{CR} - R_{SR} = \left[\prod_{i=1}^{n}(1-Q_i)\right]\left[\prod_{i=1}^{n}(1+Q_i) + \prod_{i=1}^{n}(1-Q_i) - 2\right]$$

$$\prod_{i=1}^{n}(1+Q_i) = 1 + \sum_{i=1}^{n} Q_i + \sum_{1\leqslant i<j\leqslant n} Q_iQ_j + \sum_{1\leqslant i<j<k\leqslant n} Q_iQ_jQ_k + \cdots + \prod_{i=1}^{n} Q_i$$

$$\prod_{i=1}^{n}(1-Q_i) = 1 - \sum_{i=1}^{n} Q_i + \sum_{1\leqslant i<j\leqslant n} Q_iQ_j - \sum_{1\leqslant i<j<k\leqslant n} Q_iQ_jQ_k + \cdots + (-1)^n\prod_{i=1}^{n} Q_i$$

$$\prod_{i=1}^{n}(1+Q_i) + \prod_{i=1}^{n}(1-Q_i) - 2 = 2\sum_{1\leqslant i<j\leqslant n} Q_iQ_j + 2\sum_{1\leqslant i<j<k<l\leqslant n} Q_iQ_jQ_kQ_l + \cdots > 0$$

$$R_{CR} - R_{SR} > 0$$

因此，在任何情况下部件冗余可靠度大于系统冗余可靠度。

提高系统的可靠性，一方面要提高构成系统的各元件本身的可靠性，如：要提高飞机的可靠性，首先要提高发动机、控制系统、导航系统等的可靠性。另一方面还要提高系统承受误操作的可靠性。例如 1991 年的海湾战争中,美国的"爱国者"导弹出尽风头,它不仅能准确可靠地在空中击毁敌方导弹,而且在没有发现目标时,将在空中自行销毁,不造成损失。

提高系统的可靠性,要从系统的设计着手。要使系统的元器件工作在正常状态下,没有过载超负荷等现象的发生,并且要有一定的裕度。也可以采用冗余贮备,使系统即使有个别元器件或设备出现故障仍能正常工作,譬如,大型客机拥有四个发动机,中型客机拥有两个发动机。也就是说有一个设备出现故障,有另一个设备顶替它工作。当然冗余设备有可能增加系统的复杂性和成本,但是如果设计得合理,在成本增加不多的情况下,使系统的可靠性有很大的提高,是完全值得的。

思考题

1. 试述系统分析的基本思路及系统分析的特点。
2. 试述系统目标分析的要点及处理目标冲突的方法。
3. 系统分析的要素是什么?
4. 系统分析的内容包括哪些?
5. 系统分析的目的和意义是什么?
6. 系统分析的原则有哪些? 为什么?
7. 系统分析包括哪些步骤? 能否省略某些步骤?
8. 政策因素对系统目标的影响有哪些?
9. 试举现实生活中的一个例子,说明目标冲突问题。
10. 系统结构分析的基本思想是什么? 它在系统分析中起什么作用?
11. 试述系统结构分析的主要内容。
12. 试述系统环境、系统目标、系统结构之间的关系。
13. 系统可靠性指标有哪些? 我们通常考虑的指标是什么?
14. 分析串联系统的可靠性。

第5章　系统工程方法和技术

系统工程方法和技术，是在系统科学理论指导下，在系统工程的每一过程中所运用的方法和技术的总称。从技术科学的角度来看，这些方法和技术是系统工程方法论的具体应用。

对于系统工程方法论，从哲学上说，它就是辩证法，要求辩证地分析和解决组织管理所涉及的各种矛盾；从科学上讲，它就是系统科学的方法论，要求按照系统的思想、观点和方法来分析和处理组织管理所涉及的各种问题，注重系统的构成要素、结构方式、整体目标、约束条件、系统与环境的关系等问题，是总体协调、目标优化之类的问题。

本章主要介绍系统工程的常用方法和技术，包括系统工程方法论、系统分析方法、系统评价方法、系统预测方法和系统决策方法等。其中，系统工程方法论主要介绍霍尔三维结构模式、切克兰德调查学习模式、检查表模式、综合集成研讨厅模式；系统分析方法主要介绍层次分析法、主成分分析法、因子分析法和投入产出分析法；系统评价方法主要介绍模糊综合评价方法和灰色综合评价方法；系统预测方法主要介绍时间序列分析预测方法、回归分析预测方法、模糊预测方法和灰色预测方法；系统决策方法主要介绍决策树方法、贝叶斯决策方法和多准则决策。

5.1 系统工程方法论

系统工程研究的对象是复杂的大系统，即系统的结构复杂、层次较多，其元素种类多且相互关系复杂。系统既包含“硬件”元素，也包含“软件”元素，加之人的偏好和环境的不确定性，使系统更具复杂性和不确定性。因此，要有灵活独特的思考问题和处理问题的方法，要用多种技术方案进行求解，这就是系统工程方法论。系统工程方法论(methodology of systems engineering)就是解决系统工程实践中的问题所应遵循的步骤、程序和方法。它是系统工程思考问题和处理问题的一般方法，把研究对象作为整体来考虑，进行分析、设计、制造和使用时的基本思想方法和工作方法。

系统工程方法论体系的基础就是综合运用系统思想和各种数学方法、科学管理方法、经济学方法、控制论方法以及计算机技术等工具来实现系统的模型化和最优化，进行系统分析和系统设计。同时，系统工程方法论除一般的数学描述和逻辑推理方法外，还有工程技术的规范和社会科学的艺术等。描述性、逻辑性、规范性、艺术性这些特点交织在一起，构成了系统工程独特的思想方法、理论基础、基本程序和方法步骤。系统工程方法论的基本特点是：研究方法强调整体性；技术应用强调综合性；管理决策强调科学性。

处理一个系统工程问题时，首先要对具体的对象进行科学的构思，以形成正确的思路。构思时一般遵循：由粗到细的原则；互相结合的原则；定性分析与定量分析相结合的原则；分解、协调和综合的原则。

随着实践经验的不断丰富和系统工程学科的不断发展，人们认识到，系统工程面对的系统实际上分为良性结构系统和不良结构系统两类。良性结构系统是指偏重工程、机理明显的物理型的硬系统，它易于用数学模型来描述，并用定量方法计算出系统行为和最佳结果。解决这类系统工程问题所用的方法通常称“硬方法”，霍尔的三维结构系统工程方法论主要适用于解决良性结构的硬系统，适于解决各种“战术”问题。霍尔的系统工程方法论强调目标明确，核心内容是最优化，认为现实问题都可归纳为工程类的问题，应用定量分析的手段求得最优解。不良结构系统是指偏重社会、机理尚不清楚的生物型的软系统，它难以用数学模型描述，往往只能靠人的判断和直觉，用半定量半定性的方法来处理问题，这种方法称为“软方法”。比如，专家调查法、情景分析法、冲突分析法。然而，切克兰德的“调查学习”模式更适用于解决这种不良结构的软系统。切克兰德的“调查学习”模式的核心不是寻求最优化，而是“调查、比较、学习”，通过比较学习改善系统的途径。

5.1.1　霍尔三维结构模式

霍尔三维结构是美国通信工程师和系统工程专家A·D·霍尔于1969年提出的。它的出现，为解决大型复杂系统的规划、组织、管理问题提供了一种统一的思想方法，因而在世界各国得到了广泛应用。霍尔三维结构是将系统工程整个活动过程分为前后紧密衔接的七个阶段和七个步骤，同时还考虑了为完成这些阶段和步骤所需要的各种专业知识和技能。这样，就形成了由时间维、逻辑维和知识维所组成的三维空间结构，如图5.1所示。其中，时间维表示系统工程活动从开始到结束按时间顺序排列的全过程，分为规划、拟定方案、研制、生产、安装、运行、更新七个时间阶段。逻辑维是指时间维的每一个阶段内所要进行的工作内容和应该遵循的思维程序，包括明确问题、确定目标、系统综合、系统分析、优化、决策、实施七个逻辑步骤。知识维列举需要运用包括工程、医学、建筑、商业、法律、管理、社会科学、艺术、等各种知识和技能。三维结构体系形象地描述了系统工程研究的框架，对其中任一阶段和每一个步骤，又可进一步展开，形成了分层次的树状体系。霍尔方法主要适用于良性结构系统。

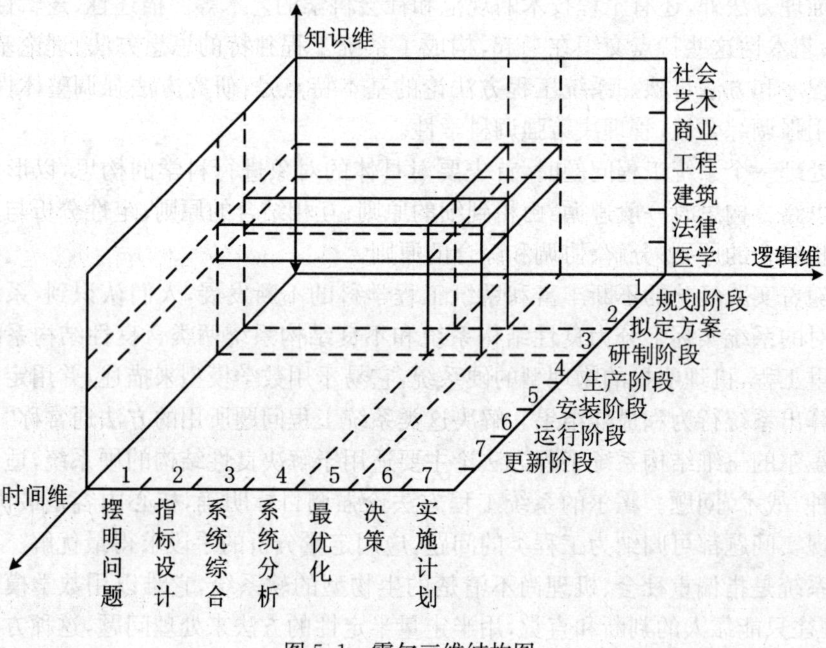

图 5.1　霍尔三维结构图

1. 时间维

时间维中表达的是系统工程从开始启动到最后完成的整个过程中按时间划分的各个阶段所需要进行的工作，是保证任务按时完成的时间规划。一般地，针对不同的系统工程任务，在时间维上划分每个时间阶段的工作任务各不相同，而且对时间表制定的详细程度也不相同。然而，从广义的方法论角度，时间维至少应包括以下六个阶段：

(1) 规划阶段。对将要进行的系统工程问题进行调查研究，明确研究目标，在此基础上，提出设计思想和初步方案，制定出系统工程活动的方针、政策和规划。

(2) 方案拟定阶段。根据规划阶段所提出的若干设计思想和初步方案，从社会、经济、技术等可行性方面进行综合分析，提出具体计划方案并选择一个最优方案。

(3) 研制阶段。以计划为行动指南，把人、财、物组成一个有机整体，使各环节、各部门围绕总目标，实现系统的研制方案，并做出生产计划。

(4) 生产阶段。生产或研制、开发出系统的零部件(硬、软件)及整个系统。

(5) 运行阶段。把系统安装好,完成系统的运行计划,使系统按预定目标运行服务。

(6)更新阶段。完成系统评价,在现有系统运行的基础上,改进和更新系统,使系统更有效地工作,同时为系统进入下一个研制周期准备条件。

2. 逻辑维

逻辑维按系统工程的不同工作内容划分具有逻辑先后顺序的工作步骤,每一步具有不同的工作性质和实现的工作目标,这是运用系统工程方法进行思考、分析和解决问题时应遵循的一般程序,具有以下几方面:

(1) 明确问题。尽可能全面收集资料、了解问题,包括实地考察和测量、调研、需求分析和市场预测等。

(2) 选择目标。对所解决的问题,提出应达到的目标,并制定出衡量是否达标的准则。

(3) 系统综合。搜集并综合达到预期目标的方案,对每一种方案进行必要的说明。

(4) 系统分析。应用系统工程方法技术,将综合得到的各种方案,系统地进行比较、分析,建立数学模型进行仿真实验或理论计算。

(5) 方案优化。对数学模型给出的结果加以评价,筛选出满足目标要求的最佳方案。

(6) 做出决策。确定最佳方案。

(7) 付诸实施。方案的执行,完成各阶段工作。

3. 知识维

三维结构中的知识维是指在完成上述各种步骤时所需要的各种专业知识和管理知识,包括自然科学、工程技术、经济学、法律、管理科学、环境科学、计算机技术等方面。由于系统工程本身的复杂性和多学科性,综合的多学科知识成为完成系统工程工作的必要条件。在上述各阶段、步骤中,并非每一阶段、步骤都需要全部各学科的知识内容,而是在不同的阶段有不同侧重。

作为运用系统工程解决各种实际问题的方法论基础,霍尔三维结构已被广泛采用。在霍尔提出的三维结构中,他十分重视系统工程各项工作中人的创造性和能动性。他认为,系统工程不仅仅涉及工具,它是程序、人和工具这三者的精心协调,其中人始终是起主导作用,系统工程的程序、原理、观点和手段,只能使一个有才能的人在较短的时间内更好地工作，而不能使一个条件很差的人去做高级工作。这是霍尔系统工程思想的一个显著特点，同时也表明系统工程的三维结构只是一种科学的思想方法，运用得好坏与人的关系极大。

5.1.2 切克兰德调查学习模式

针对不良结构系统，很难用数学模型描述，往往只能靠人的判断和直觉，用半定量半定性的方法来处理，这类方法称为“软方法”。研究社会经济系统及其发展战略问题，涉及的社会经济因素相当复杂，霍尔的三维结构硬系统工程方法论难以适应，所以，出现了一些解决不良结构系统问题的软方法，其中切克兰德提出的“调查学习”模式具有很好的概括性。

“软方法”不像“硬方法”可以求出最佳的定量结果，而是得到可行的满意解。

切克兰德系统工程方法论的出发点是，社会经济领域中的问题往往很难像工程技术问题那样事先将“需求”给定清楚，因而也难以按若干个衡量指标设计出符合此“需求”的最优系统。切克兰德系统工程方法论的核心不是“最优化”，而是“比较”或“学习”。从模型和现状的比较中，学习改善现状的途径。切克兰德软系统工程方法论的方法步骤如图 5.2 所示。“比较”这个环节含有组织讨论、听取各种意见的观念，从而不拘泥于描述定量求解的过程，反映了人的因素和社会经济系统的特点。切克兰德方法论是霍尔方法论的扩展。当现实问题确实能够工程化，在弄清其需求时，概念模型阶段就相当于霍尔方法论中的建立数学模型阶段，而改善概念模型阶段就相当于最优化阶段，实施的不是变革而是设计好的最优系统。

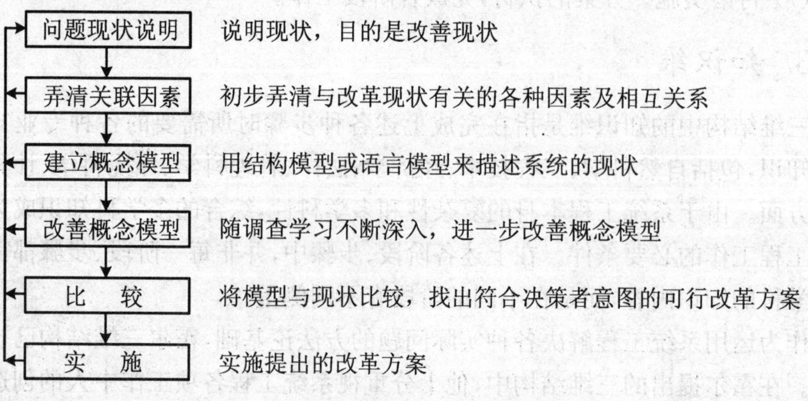

图 5.2 软系统工程方法的主要内容

5.1.3 检查表模式

系统分析是运用逻辑思维推理的方法对问题进行分析，在分析时往往要通过一系列的“为什么”而使问题得到圆满的解答，当思考到再也想不出任何构想时，可如下制成检查表提示思路：

(1) 有没有其他的方法。把现有的东西稍作变化，再想一下有没有其他方法。

(2) 可不可以借用别人的构想。① 别处有无类似的东西可借鉴？② 有无可供参考的构想？③ 过去有无类似的东西？④ 是否有可以模仿的东西？

(3) 是否可以变换形式看看。是不是可以考虑把背景、意境、色彩、声音、气味、外貌、形体、作用等改变形式看看。

(4) 是否可以考虑把它扩大。① 是否可以增加重量，增长制作时间，增加次数？② 是否可以将它加长，或增加价格，或使之更耐用，或使用期限更长？③ 能否把它并列、重叠？

(5) 是否能把它缩小。① 可否考虑拿掉某些部分，或把它压缩、打薄？② 能否将它制成迷你型？③ 能否将高度降低、长度缩短、重量减轻，把外型改为流线型？④ 能否把它切开，或分成小块出售？

(6) 可否替换。① 如更换原料，变更设计，改变制造程序，把原因结果对换，改变速度等等。② 能否用一种东西代替最初的物体，使其作用不发生变化，或性能更好？

(7) 把它倒置后看看。用颠倒的方式看问题，颠倒它的作用，阴阳互换，左右对调，里外、上下对换等等，甚至可将好的变成不好的，坏的变成好的。

(8) 组合。与另一物体、另一作用、另一不同的东西组合。如合金，重新组合装配等。

(9) 改变。改变原料，用别的原料要素制成另一种形态，更换部分零件，改变动力，用蒸汽代替电能等等。

以上的问题，综合起来可以表示为“5W2H”，即何时(when)，何地(where)，何人(who)，何事(what)，为何(why)，如何(how)，多少(how much)。可以借用表5.1来理解系统分析的要点。

例如，当我们接受了某个系统的开发任务时，我们必须首先设定问题，然后才能对问题进行分析研究，找到解决问题的对策。如果此时拟出下列疑问句自问自答，就很容易抓住问题的要点，找到解决问题的关键：

(1) 任务的对象是什么？即要干什么？(what)

(2) 这个任务何以需要？即为什么这样干？(why)

(3) 它在什么时候和什么样的情况下使用？即何时干？(when)

(4) 使用的场所在哪里？即在何处干？(where)

(5) 是以谁为对象的系统？即谁来干？(who)

(6)怎样才能解决问题？即如何干？(how)

表 5.1 系统分析的要点

项 目	为什么	应该如何	采取什么对策
目的 对象	为什么提出这个问题？ 为什么从此入手？	应提什么？ 应找哪个？	删去工作中不必要部分
时间 地点 人	为什么在这时做？ 为什么在这里做？ 为什么由此人做？	应何时做？ 应在何处做？ 应由谁做？	合并重复的工作内容
方法 数量	为什么这样做？ 为什么需要这么多？	如何去做？ 需要多少？	使工作尽量简化优化、节约

运用 5W2H 式的疑问句对开发任务提问，除上述问题外还能想出其他一些问题。在系统开发的各个阶段，所要解决的问题应从宏观逐渐转移到微观，因此，对这些疑问的回答也要按照不同阶段而改变。

5.1.4 综合集成研讨厅模式

钱学森院士在研究解决开发的复杂巨系统问题时，提出了从定性到定量的综合集成法，简称综合集成(metasynthesis)，这是系统工程思想新的重大发展。

1. 综合集成方法概述

20 世纪 80 年代初，我国著名科学家钱学森提出了将科学理论、经验和专家判断相结合的半理论半经验方法。80 年代中期，钱学森亲自参加并指导“系统学讨论班”，号召与会专家、学者在学术观点上能做到“百家争鸣，各抒己见”。在系统学讨论班的基础上，他于 1989 年提出了开放的复杂巨系统(OCGS)及方法论，即“定性定量综合集成法”，后来又发展到了“从定性到定量综合集成研讨厅”(简称综合集成演讨厅)，它的实质是将专家群体、统计数据和信息资料、计算机技术三者结合起来，构成一个高度智能化的人—机结合系统，创立系统科学的新理论。

实践已经证明，现在能用的唯一有效处理开放的复杂巨系统(包括社会系统)

的方法就是定性定量相结合的综合集成方法，这个方法是在以下三个复杂巨系统研究实践的基础上，提炼、概括和抽象出来的，这就是：

（1）在社会系统中，由几百个或上千个变量所描述的定性定量相结合的系统工程技术，对社会经济系统的研究和应用。

（2）在人体系统中，把生理学、心理学、西医学、中医和传统医学以及奇观、人体特异功能等综合起来的研究。

（3）在地理系统中，把生态系统和环境保护以及区域规划等综合探讨地理科学的工作。

在这些研究和应用中，通常是科学理论、经验知识和专家判断力相结合，提出经验性假设（判断或猜想），而这些经验性假设不能用严谨科学方式加以证明，往往是定性的认识。但可用经验性数据和资料以及几十、几百、上千个参数的模型对其确实性进行检测，而这些模型也必须建立在经验和对系统的实际理解上，经过定量计算，通过反复对比，最后形成理论，而这样的结论就是我们在现阶段认识客观事物所能达到的最佳结论，是从定性的认识上升到定量的认识。

从上所述，定性定量相结合的综合集成方法，就其实质而言，是将专家群体（各种有关的专家）、数据和各种信息与计算机技术有机结合起来，把各种学科的科学理论和人的经验知识结合起来，这三者本身也构成了一个系统，这个方法的成功应用，就在于发挥这个系统的整体优势和综合优势。

近几年，国外有人提出综合分析方法（meta-analysis），对不同领域的信息进行跨域分析综合，但还不成熟，方法也太简单，但定性定量相合的综合集成方法却是真正的综合分析方法。

从定性到定量综合集成研讨厅体系（hall for workshop of meta-synthetic engineering，HWSME）实际上是将现代计算机技术、多媒体技术、人工智能技术、信息技术、现代模拟仿真技术、虚拟现实技术引入到系统工程领域，以解决许多用传统方法难以解决的问题。把定量的模型计算与主要是由专家掌握的定性知识有机地结合起来，实现定性知识与定量数据之间的相互转化。同时它是一个人—机结合系统，它的实现要通过以下几种技术的综合运用，包括定性定量相结合、专家研讨、多媒体及虚拟现实、信息融合、模糊决策及定性推理技术和分布式交互网络环境等。

2. 综合集成方法的基本思想

综合集成是指通过将科学理论、经验知识和判断力（知识、智慧和创造性）相结合，形成和提出经验性假设（如判断、猜想、方案、思路等），再利用现代计算机技术，实现人机结合以人为主，通过人机交互、反复对比、逐次逼近，实现从定性到定量的认识,从而对经验性假设作出明确的科学的结论。见图 5.3。

综合集成方法作为科学方法论,其理论基础是思维科学,方法基础是系统科学与数学科学,技术基础是以计算机为主的现代信息技术,实践基础是系统工程应用,哲学基础是马克思主义认识论和实践论。

综合集成的实质是专家经验、统计数据和信息资料、计算机技术三者的有机结合,构成一个以人为主的高度智能化的人—机结合、人—网结合的系统,形成人类智慧、知识、技术之大成,以获得对系统整体的认识,并发挥这个系统的整体优势,去解决复杂的决策问题。对开放复杂巨系统的综合集成要以人类积累的全部知识为基础,要在整个现代科学知识体系中作大跨度的跳跃,集大成,得智慧,产生新思想、新知识、新方法,钱学森称其为大成智慧。

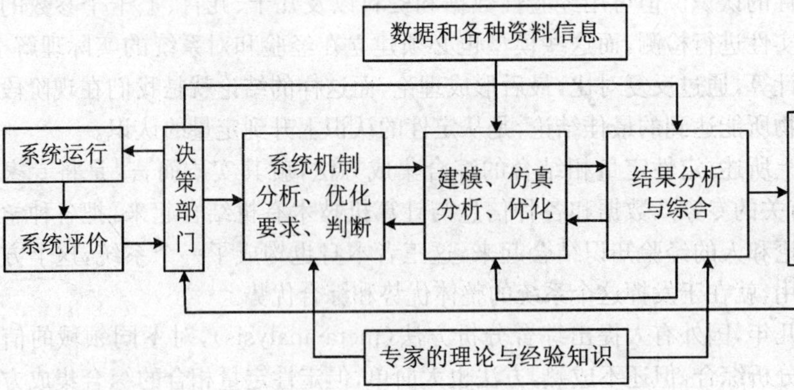

图 5.3 综合集成方法

在哲学上,就是要把经验与理论、定性与定量、人与机、微观与宏观、还原论与整体论辩证地统一起来。这就是方法论层次上的综合集成,其要点如下:

(1) 直接诉诸实践经验,特别是专家的经验、感受和判断力,把这些经验知识和现代科学提供的理论知识结合起来。

(2) 专家的经验是局部的、多半是定性的,要通过建模计算把这些定性知识和各种观测数据、统计资料结合起来,使局部定性的知识达到整体定量的认识。

(3) 把人与计算机结合起来,充分利用知识工程、专家系统和电脑的优点,同时发挥人脑的洞察力和形象思维能力,取长补短,产生出更高的智慧。

从定性到定量综合集成法不是一门具体技术,是一种研究问题的思想,是一种指导分析复杂巨系统问题的总体规划、分步实施的方法和策略。这种思想、方法和策略的实现是通过以下几种技术的综合运用:即定性定量相结合、专家研讨、综合集成、决策支持技术和分布式交互网络技术等。这几种技术的每一种只能从某一个侧面解决复杂巨系统问题，它们的综合运用是研究复杂巨系统问题的有效途径之一。

“从定性到定量”、“综合集成”、“研讨”是系统实现的三个关键主题。“从定性到定量”就是把专家的定性知识同模型的定量描述有机地结合起来，实现定性知识和定量变量之间的相互转化。对于复杂巨系统问题，需要把各种分析方法、工具、模型、信息、经验和知识综合集成，构造出适合于问题的决策支持环境，以利于对复杂问题的解决；对于结构化很强的问题，主要用定量模型来分析；对于非结构化的问题，更多的是通过定性分析来解决；对于既有结构化的特点，又有非结构化的特点的问题，只有采取定性定量相结合的方式。“综合集成”是指集成系统的各种资源，建立提供决策支持的开放式系统，在分布的网络环境下，包括专家群体头脑中的知识及将决策支持所需的数据库、模型库、方法库、知识库及问题库有机地连接成一个整体，并且根据决策问题使各部分实现优化的配置组合，使之在决策中发挥作用。这里的“研讨”是指分析问题人员的群体协调工作，充分地利用定性定量模型和数据库等工具，实现人机的有机结合，研讨过程即是分析人员的知识与计算机系统的数据、模型和知识的不断交互过程，也是研讨人员群体智慧的结合和综合，这样，即可实现定性定量的综合集成研讨。

3. 综合集成方法的步骤

用综合集成法解决开放复杂巨系统的问题，大致可分为以下步骤：

(1) 明确任务、目的。

(2) 尽可能多地请有关专家提出意见和建议。专家的意见是一种定性的认识，肯定不完全一样。此外还要搜集大量有关的文献资料，认真了解情况。

(3) 通过上述两个步骤，有了定性的认识，在此基础上建立一个系统模型。在建立模型过程中必须注意与实际调查数据相结合，统计数据有多少个就需要多少个参数。然后用计算机进行建模工作。

(4) 模型建立后，通过计算机运行得出结果。但结果可靠性如何，需要把专家请来，对结果反复进行检验、修改，直到专家认为满意，这个模型才算完成。

这个方法，综合了许多专家的意见和大量数据资料的内容，是专家群体的意见。把定性的、不全面的感性认识加以综合集成，达到定量的认识。

根据系统分析的思想，结合复杂系统问题的特点，综合集成方法过程可分解为三部分：

1）系统分解

在分析任务的基础上构成问题，把关于整体目标的、高度概括但又相当含糊的陈述转变为一些更具体的、便于分析的目标。根据问题的性质和要达到的总目标,将复杂的决策问题分解成若干子问题,并按系统变量间的相互关联及隶属关系,将因素按不同层次聚集组合,形成一个递阶层次结构指标体系。

2）模型集成

首先建立模型:构造一组合适的模型,描述子系统组成变量及其之间的关系以及决策者的偏好;然后资源集成:将各种定性、定量分析方法,以及领域专家、信息等一切可以利用的资源,利用分布式计算机网络有机地结合起来,供分析问题时使用;最后进行系统分析:用集成的资源进行分析评价,利用各种模型方法,计算所有可行方案对指标体系的满意程度,得出各种指标的分析结果。

模型集成涉及资源广泛,使用算法理论复杂,需要利用大量的、多样化的数据,实现使用技术更新速度快,因此,它是实现综合集成方法重要难点所在。

3）系统综合

系统综合就是利用多目标决策的方法综合各子系统的分析结果,以反映整个系统行为的结论。根据系统分析和综合的结果,对所列的备选方案进行比较、排序,确定出一定意义下的最佳方案,供决策者参考。如果决策者对分析结果不满意,还可利用在分析和反馈过程中获得的新信息,对问题进行重构和分析。

如何将专家意见整合到一起,形成共识是这一过程的重要任务。由于人的心理、偏好等很难把握,定性信息很难完全科学地定量化,要将众多专家、决策者意见整合到一起绝非易事,同样也是综合集成方法实现的难点。

如何进行综合集成,除方法论层面上的综合集成外,还应特别重视工程技术层次上的综合集成。综合集成工程具有很强的可操作性。运用综合集成工程解决开放复杂巨系统问题的基本步骤和要点是:

(1) 一个实际问题提出来后,研究者(或研究小组)首先要充分收集有关的信息资料,调用有关方面的统计数据,作为开展研究工作的基础性准备。这些数据资料中包含系统定性、定量特性的信息,没有它们就不可能实现从关于系统的局部定性认识,经过综合集成达到关于系统的整体定量认识。

(2) 研究者约请各方面有关专家对系统的状态、特性、运行机制等进行分析研究,明确问题的症结所在,对系统的可能行为走向及解决问题的途径作出定性判断,形成经验性假设,明确系统的状态变量、环境变量、控制变量和输出变量,确定系统建模思想。

(3) 以经验性假设为前提,充分运用现有的理论知识,把系统的结构、功能、行为、特性、输入输出关系定量地表示出来,作为系统的数学模型,以使用模型研究部分地代替对实际系统的研究。

(4) 依据数学模型把有关的数据和信息输入计算机,对系统行为做仿真模拟试验,通过试验,获得关于系统特性和行为走向的定量数据资料。

(5) 组织专家群体对计算机仿真试验的结果进行分析评价，对系统模型的有效性进行检验，以便进一步挖掘和收集专家的经验、直觉、更深入细致的判断。所谓“即景生情”式的见解，常常是专家面对仿真试验结果时被诱导出来和明确起来的。如果再应用虚拟现实技术，可能会有意想不到的效果。

(6) 依据专家们的新见解、新判断，对系统模型作出修改，调整有关参数，然后再上机做仿真模拟试验，将新的试验结果再交给专家群体分析评价，根据新一轮的专家意见和判断再次修改模型，再做仿真试验，再请专家群体分析评价，如此反复循环，直到计算机仿真试验结果与专家意见基本吻合为止。最后得到的数学模型就是符合实际系统的理论描述，从这种模型中得出的结论将是可信的。

5.2 系统分析方法

系统工程解决问题离不开系统分析，这里主要介绍几种常用的具有代表性的系统分析方法，包括层次分析法、主成分分析法、因子分析法和投入产出分析法。

5.2.1 层次分析法

层次分析法(the analytical hierarchy process，简称 AHP)是美国著名运筹学家、匹兹堡大学教授 T. L. Satty 在 20 世纪 70 年代初提出的。它是处理多目标、多准则、多因素、多层次的复杂问题，进行决策分析、综合评价的一种简单、实用而有效的方法，是一种定性分析和定量分析相结合的系统分析方法。

1. 层次分析法的基本原理

在进行系统分析时，我们经常会碰到这样一类情况：有些问题难以甚至根本不可能建立数学模型来进行定量分析；也可能由于时间紧迫，对有些问题来不及进行过细的定量分析，只需做出初步的选择和大致的判断就行了。例如，选择一个新厂的厂址，购买一台重要设备，确定到哪里去旅游度假等。这时，我们若应用层次分析法进行分析，就可以简便而迅速地解决问题。

利用层次分析法分析问题时，首先将所要分析的问题层次化，根据问题的性质和所要达到的总目标，将问题分解为不同的组成因素，并按照这些因素间的相互关联影响转化为最底层相对最高层(总目标)的比较优劣的排序问题，借助这些排序，最终可以对所分析的问题做出评价或决策。

层次分析法简化了系统分析和计算，把一些定性的因素进行定量化，是分析目标、多准则、多因素的复杂系统的有力工具。它具有思路清晰、方法简便、适用面广、系统性强等特点，便于普及推广，可成为人们工作和生活中思考问题、解决问题的一种方法。

2. 层次分析法的步骤

运用层次分析法分析问题时一般需要经历四个步骤，即建立层次分析结构模型，构造判断矩阵，层次单排序及一致性检验，层次总排序及一致性检验。以下对各主要步骤进行详细讨论。

1）建立层次分析结构模型

利用层次分析法分析问题时，首先就是建立系统的递阶层次模型。这一步是建立在对所分析问题及其所处环境的充分理解、分析的基础之上的，所以这项工作应由运筹学工作者、管理人员与专家等密切合作完成。

对于一般的系统，层次分析法模型的层次结构大体分为三层。

最高层，又称为顶层、目标层。表示系统的目的，即系统分析要达到的总目标。一般只有一个。

中间层，又称为准则层。表示采取某些措施、政策、方案等来实现系统总目标所涉及的一些中间环节，这些环节通常是需要考虑的准则、子准则。这一层可以有多个子层，每个子层可以有多个因素。

最底层，又称为措施层、方案层。表示为实现目标所要选用的各种措施、决策、方案等。

在层次分析结构模型中，用线标明上一层因素与下一层因素之间的联系。如果某个因素与下一层次的所有因素都有联系，这种关系叫做完全层次关系，如图5.4所示；而更多的情况是上一层因素只与下一层因素中的部分因素有联系，这

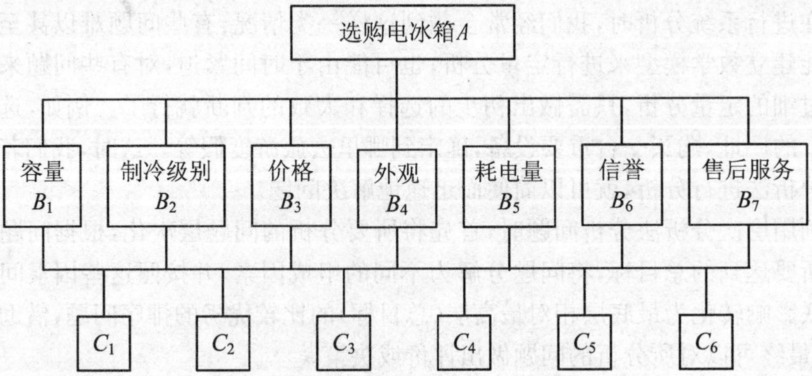

图5.4 电冰箱选购完全层次关系

种关系叫做不完全层次关系，如图 5.5 所示。

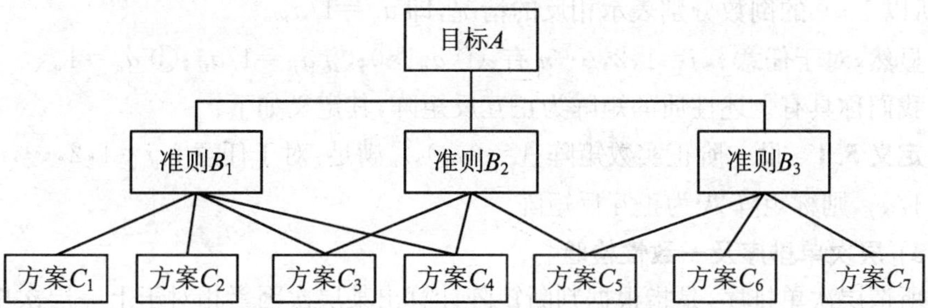

图 5.5　不完全层次关系层次结构模型

2）构造判断矩阵

任何系统分析都要有一定信息。而层次分析的信息主要是人们对于每一层次中各因素的相对重要性做出判断。这些判断通过引入合适的标度进行定量化，就形成了判断矩阵。判断矩阵表示相对于上一层次的某一个因素，本层次有关因素之间相对重要性的比较。

一般情况下，直接确定有关因素的相对重要性是很困难的，因此层次分析法提出用两两比较的方式建立判断矩阵。

设与上层因素 z 关联的 n 个因素为 $x_1, x_2, \cdots, x_n$，对于 $i, j=1,2,\cdots,n$，以 a_{ij} 表示 x_i 与 x_j 关于 z 的影响之比值。于是得到这 n 个因素关于 z 的两两比较的判断矩阵

$$A=\begin{bmatrix} a_{11} & a_{12} & \cdots & a_{1n} \\ a_{21} & a_{22} & \cdots & a_{2n} \\ \vdots & \vdots & \vdots & \vdots \\ a_{n1} & a_{n2} & \cdots & a_{nn} \end{bmatrix}$$

为了便于操作，Satty 建议使用 1～9 及其倒数共 17 个数作为标度来确定 a_{ij} 的值，习惯上称为 9 标度法。9 标度法的含义如表 5.2 所示。

表 5.2　9 标度法的含义

含义	x_i 与 x_j 同样重要		x_i 比 x_j 稍重要		x_i 比 x_j 重要		x_i 比 x_j 强烈重要		x_i 比 x_j 极重要
a_{ij} 取值	1		3		5		7		9
		2		4		6		8	

表 5.2 中的第 2 行描述的是从定性的角度，x_i 与 x_j 相比较重要程度的取值，

第3行描述了介于每两种情况之间的取值。由于 a_{ij} 描述了两因素重要程度的比值，所以1～9的倒数分别表示相反的情况，即 $a_{ij}=1/a_{ji}$。

显然，对于任意 $i,j=1,2,\cdots,n$ 有：① $a_{ij}>0$；② $a_{ji}=1/a_{ij}$；③ $a_{ii}=1$。

我们称具有上述性质的矩阵为正互反矩阵，其定义如下：

定义5.1 设 n 阶正实数矩阵 $A=(a_{ij})_{n\times n}$ 满足：对于任意 $i,j=1,2,\cdots,n$ 有 $a_{ji}=1/a_{ij}$，则称矩阵 A 为正互反矩阵。

3) 层次单排序及一致性检验

所谓层次单排序，是指根据判断矩阵计算出某层次因素相对于上一层次中某一因素的相对重要性权值。可以用上一层次各因素分别作为其下一层次各因素之间相互比较判断的准则，即可做出一系列的判断矩阵，从而计算得到下一层次因素相对上一层次因素的多组权值。

在给定准则下，由因素之间两两比较判断矩阵导出相对排序权重的方法有许多种，其中提出最早、应用最广、又有重要理论意义的特征根法受到普遍的重视。在介绍特征根法之前，首先介绍一致性矩阵的概念。

定义5.2 设 $A=(a_{ij})_{n\times n}$ 为 n 阶正互反矩阵，满足对任意 $i,j,k=1,2,\cdots,n$ 有 $a_{ik}\times a_{kj}=a_{ij}$，则称 A 为一致性矩阵。

特征根法的基本思想是：当矩阵 A 为一致性矩阵时，其特征根问题 $A\omega=\lambda\omega$ 的最大特征值所对应的特征向量归一化后即为排序权重向量。

最大特征根及其特征向量的精确算法可以用线性代数中求矩阵特征根的方法求出所有的特征根，然后再找一个最大特征根，并找出它对应的特征向量。当判断矩阵的阶数较高时，此方法就要求解 A 的 n 次方程，且要所有的 n 个特征根都找到，才能比较其大小，这给计算带来了一定的困难。鉴于判断矩阵有它的特殊性，下面给出两种比较简便的近似计算：

(1) 方根法。方根法的基本过程是将判断矩阵 A 的各行向量采用几何平均，然后归一化，得到排序权重向量。计算步骤如下：

第一步，计算判断矩阵各行元素乘积的 n 次方根

$$M_i=\left(\prod_{j=1}^{n}a_{ij}\right)^{1/n}\quad(i=1,2,\cdots,n)\tag{5.1}$$

第二步，对向量 M 归一化

$$w_i=M_i/\sum_{j=1}^{n}M_j\quad(i=1,2,\cdots,n)\tag{5.2}$$

$W=(w_1,w_2,\cdots,w_n)^T$ 即为所求的特征向量。

第三步，计算判断矩阵的最大特征值

$$\lambda_{\max} = \frac{1}{n}\sum_{i=1}^{n}\frac{(Aw)_i}{w_i} \tag{5.3}$$

式中，$(Aw)_i$ 为 Aw 的第 i 个分量。

容易证明，当正互反矩阵 A 为一致性矩阵时，方根法可得到精确的最大特征值与相应的特征向量。

（2）和积法。和积法的基本过程是先把判断矩阵的每一列向量归一化，再对这个新矩阵的每一行向量的元素采用算术平均，最后归一化即得到排序权重向量。计算步骤如下：

第一步，将判断矩阵的每一列向量归一化得到 $B=(b_{ij})_{n\times n}$

$$b_{ij} = a_{ij}/\sum_{k=1}^{n}a_{kj} \quad (i,j = 1,2,\cdots,n)$$

第二步，将 B 的行向量的元素算术平均

$$w_i = \frac{1}{n}\sum_{j=1}^{n}b_{ij} \quad (i = 1,2,\cdots,n) \tag{5.4}$$

第三步，计算最大特征值

$$\lambda_{\max} = \frac{1}{n}\sum_{i=1}^{n}\frac{(Aw)_i}{w_i}$$

式中，$(Aw)_i$为 Aw 的第 i 个分量。容易证明，当正互反矩阵 A 为一致性矩阵时，方根法可得到精确的最大特征值与相应的归一化特征向量。

利用两两比较形成判断矩阵时，由于客观事物的复杂性及人们对事物判别比较时的模糊性，不可能给出精确的两个因素的比值，只能对它们进行估计判断。这样判断矩阵中给出的 a_{ij} 与实际的比值有偏差，因此不能保证判断矩阵具有完全的一致性。于是 *Satty* 在构造层次分析法时，提出了满意一致性概念，即用 λ_{max} 与 n 的接近程度作为一致性程度的尺度（有定理可以保证一致性矩阵的最大特征值等于矩阵的阶数）。

对判断矩阵进行一致性检验的步骤为：

（1）计算判断矩阵的最大特征值 $\lambda_{\max}$。

（2）计算一致性指标 $C.I.$（Consistency Index）

$$C.I. = \frac{\lambda_{\max} - n}{n-1} \tag{5.5}$$

（3）查表求相应的平均随机一致性指标 $R.I.$（Random Index）。

平均随机一致性指标可以预先计算制成表，其计算过程为：取定阶数 m，随机由 9 标度数构造正反矩阵求其最大特征值，计算 m 次（m 足够大）。由这 m 个最大特征值的平均值可得随机一致性指标

$$R.I. = \frac{\widetilde{\lambda}_{\max} - n}{n-1} \tag{5.6}$$

Satty 以 $m=1000$ 得到如表 5.3 所示的随机一致性指标。

表 5.3 随机一致性指标 *R.I.*

矩阵阶数	3	4	5	6	7	8	9	10	11	12	13
R.I.	0.58	0.90	1.12	1.24	1.32	1.41	1.45	1.49	1.51	1.54	1.56

（4）计算一致性比率 *C.R.*（Consistency Radio）

$$C.R. = \frac{C.I.}{R.I.} \tag{5.7}$$

（5）判断

当 $C.R<0.1$ 时，认为判断矩阵 A 有满意一致性；反之，当 $C.R\geqslant 0.1$ 时，认为判断矩阵 $C.R\geqslant 0.1$ 不具有满意一致性，需要进行修正。

4）层次总排序及一致性检验

所谓层次总排序，是指某一层次的所有因素相对于最高层（总目标）的重要性权值。依次沿递阶层次结构由上而下逐层计算，即可计算最底层（如待选的项目、方案、措施等）相对于最高层（总目标）的相对重要性权值或相对优劣的排序值。

设已计算出第 $k-1$ 层 n_{k-1} 个因素相对于总目标的权值向量为

$$w^{(k-1)} = (w_1^{(k-1)}, w_2^{(k-1)}, \cdots, w_{n_{(k-1)}}^{(k-1)})^T \tag{5.8}$$

再设第 k 层的 n_k 个因素关于第 $k-1$ 层的第 j 个因素的层次单排序权重向量为：

$$w_j^k = (w_{1j}^k, w_{2j}^k, \cdots, w_{n_{kj}}^k)^T \quad (j = 1, 2, \cdots, n_{k-1}) \tag{5.9}$$

上式对第 k 层的 n_k 个因素是完全的。当某些因素与 $k-1$ 层第 j 个因素无关时，相应的权重为 0，于是得到矩阵

$$W^k = \begin{bmatrix} w_{11}^k & w_{12}^k & \cdots & w_{1n_{k-1}}^k \\ w_{21}^k & w_{22}^k & \cdots & w_{2n_{k-1}}^k \\ \vdots & \vdots & \vdots & \vdots \\ w_{n_k1}^k & w_{n_k2}^k & \cdots & w_{n_kn_{k-1}}^k \end{bmatrix} \tag{5.10}$$

于是，得到第 k 层 n_k 个因素关于最高层的相对重要性权值向量为

$$w^{(k)} = W^k \times w^{(k-1)} \tag{5.11}$$

将上式分解可得

$$w^{(k)} = W^k \times w^{(k-1)} \times \cdots \times W^3 \times w^{(2)} \tag{5.12}$$

把式(5.12)写成分量的形式有

$$w_i^{(k)} = \sum_{j=1}^{n_{k-1}} w_{ij}^k w_j^{(k-1)} \quad (i = 1,2,\cdots,n_k) \tag{5.13}$$

层次总排序得到的权值向量是否可以被满意接受，需要进行综合一致性检验。

设以第 $k-1$ 层的第 j 个因素为准则的一致性指标为$C.I._j^k$，平均随机一致性指标为 $C.I._j^k$。那么第 k 层的综合指标分别为

$$C.I.^{(K)} = (C.I._1^K, C.I._2^K, \cdots, C.I._{n_{k-1}}^k) w^{(k-1)} = \sum w_j^{(k-1)} C.I._j^k \tag{5.14}$$

$$R.I.^{(k)} = (R.I._1^k, R.I._2^k, \cdots, R.I._{n_{k-1}}^k) w^{(k-1)} = \sum w_j^{(k-1)} R.I._j^k \tag{5.15}$$

$$C.R.^{(k)} = \frac{C.I.^{(k)}}{R.I.^{(k)}} \tag{5.16}$$

当 $C.R.^{(k)} < 0.1$ 时，认为层次结构在第 k 层以上的判断具有整体满意一致性；反之，当 $C.R.^{(k)} \geqslant 0.1$，认为层次结构在第 k 层以上的判断不具有整体满意一致性，需要修正判断矩阵。

在实际应用中，整体一致性检验常常不必进行，主要原因是对整体进行考虑是很困难的；另外，若单层次排序下具有满意一致性，而整体不具有满意一致性时，判断矩阵的调整非常困难。因此，一般情况下，可不予进行整体一致性检验。综上所述，层次分析法计算过程中流程如图 5.6 所示。

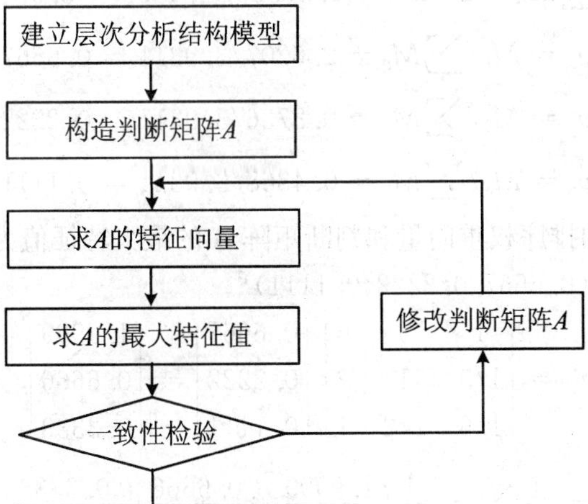

图 5.6　AHP 的流程图

【例 5.1】　如图 5.5 所示的递阶层次结构，经专家讨论分析得到以下两两判断矩阵，试利用层次分析法确定各方案的优先次序。

A	B_1	B_2	B_3
B_1	1	3	6
B_2	1/3	1	2
B_3	1/6	1/2	1

B_1	C_1	C_2	C_3	C_4
C_1	1	1/3	1/5	1/9
C_2	3	1	1/2	1/7
C_3	5	2	1	1/4
C_4	9	7	4	1

B_2	C_3	C_4	C_5
C_3	1	2	7
C_4	1/2	1	4
C_5	1/7	1/4	1

B_3	C_5	C_6	C_7
C_5	1	2	5
C_6	1/2	1	3
C_7	1/5	1/3	1

解 利用方根法求解第 2 层和第 3 层因素的单层次排序权重向量并进行一致性检验。对于矩阵 A

$$M_1 = \sqrt[3]{1\times 3\times 6} = 2.6207$$

$$M_2 = \sqrt[3]{1/3\times 1\times 2} = 0.8736$$

$$M_3 = \sqrt[3]{1/6\times 1/2\times 1} = 0.4368$$

对向量 M 归一化

$$\sum M_i = 2.6207 + 0.8736 + 0.4368 = 3.9311$$

$$w_1 = M_1/\sum M_i = 2.6207/3.9311 = 0.6667$$

$$w_2 = M_2/\sum M_i = 0.8736/3.9311 = 0.2222$$

$$w_3 = M_3/\sum M_i = 0.4368/3.9311 = 0.1111$$

第 2 层对目标层的排序权重向量和判断矩阵 A 的最大特征值为：

$$w^{(2)}(0.6667.0.2222,0.1111)^T$$

$$Aw^{(2)} = \begin{bmatrix} 1 & 3 & 6 \\ 1/3 & 1 & 2 \\ 1/6 & 1/2 & 1 \end{bmatrix} \begin{bmatrix} 0.6667 \\ 0.2222 \\ 0.1111 \end{bmatrix} = \begin{bmatrix} 1.9999 \\ 0.6666 \\ 0.3333 \end{bmatrix}$$

$$\lambda_{\max} = \frac{1}{n}\sum_{w_i}^{(Aw)_i} = \frac{1}{3}\left(\frac{1.9999}{0.6667} + \frac{0.6666}{0.2222} + \frac{0.3333}{0.1111}\right) = 3$$

由式(5.5)，得 $$C.I. = \frac{\lambda_{\max} - n}{n-1} = \frac{3-3}{3-1} = 0$$

由式(5.7)，$C.R. = 0 < 0.1$，所以判断矩阵为一致性矩阵。

第 3 层对第 2 层各因素的层次单排序权重向量分别为：

对判断矩阵 B_1

$$M_1 = \sqrt[4]{1 \times 1/3 \times 1/5 \times 1/9} = 0.2934$$
$$M_2 = \sqrt[4]{3 \times 1 \times 1/2 \times 1/7} = 0.6804$$
$$M_3 = \sqrt[4]{5 \times 2 \times 1 \times 1/4} = 1.2574$$
$$M_4 = \sqrt[4]{9 \times 7 \times 4 \times 1} = 3.9843$$

对向量 M 归一化

$$\sum M_1 = 0.2934 + 0.6804 + 1.2574 + 3.9843 = 6.2155$$
$$w_1 = M_1 / \sum M_i = 0.2934/6.2155 = 0.0472$$
$$w_2 = M_2 / \sum M_i = 0.6804/6.2155 = 0.1095$$
$$w_3 = M_3 / \sum M_i = 1.2574/6.2155 = 0.2023$$
$$w_4 = M_4 / \sum M_i = 3.9843/6.2155 = 0.6410$$

C_1, C_2, C_3, C_4 对准则 B_1 的排序权重向量为

$$w_1^3 = (0.0472, 0.1095, 0.2023, 0.6410)^T$$

相应判断矩阵的最大特征值 $\lambda_{\max} = 4.0887$，得到

$$C.I._1^3 = \frac{4.0887 - 4}{4 - 1} = 0.0296, R.I._1^3 = 0.90, C.R._1^3 = 0.0329 < 0.1$$

所以判断矩阵 B_1 有满意一致性。

同理，对判断矩阵 B_2 和 B_3 可以分别求出层次单排序权重向量，并进行一致性检验。

C_3, C_4, C_5 对准则 B_2 的排序权重向量为

$w_2^3 = (0.6026, 0.3150, 0.0824)^T$

$\lambda_{\max} = 3.0020, C.I._2^3 = 0.0010, R.I._2^3 = 0.5800, C.R._2^3 = 0.0017 < 0.1$

所以判断矩阵 B_2 有满意一致性。

C_5, C_6, C_7 对准则 B_3 的排序权重向量为

$w_3^3 = (0.5813, 0.3091, 0.1096)^T$

$\lambda_{\max} = 3.0038, C.I._3^3 = 0.0019, R.I._3^3 = 0.5800, C.R._3^3 = 0.0033 < 0.1$

所以判断矩阵 B_3 有满意一致性。

由式(5.13)可得第三层因素对目标层的层次总排序权重向量为

$$w_1^{(3)} = 0.0472 \times 0.6667 = 0.03147$$
$$w_2^{(3)} = 0.1095 \times 0.6667 = 0.07300$$
$$w_3^{(3)} = 0.2023 \times 0.6667 + 0.6026 \times 0.2222 = 0.26877$$
$$w_4^{(3)} = 0.6410 \times 0.6667 + 0.3150 \times 0.2222 = 0.49735$$

$$w_5^{(3)} = 0.0824 \times 0.2222 + 0.5813 \times 0.1111 = 0.08289$$

$$w_7^{(3)} = 0.1096 \times 0.1111 = 0.01218$$

$$w^{(3)} = (0.03147, 0.07300, 0.26877, 0.49735, 0.082989, 0.03434, 0.01218)^T$$

由式(5.14)、(5.15)、(5.16)可得综合一致性检验

$$C.I.^{(3)} = [0.0296 \quad 0.0010 \quad 0.0019]\begin{bmatrix}0.6667\\0.2222\\0.1111\end{bmatrix} = 0.0202$$

$$R.I.^{(3)} = [0.9 \quad 0.58 \quad 0.58]\begin{bmatrix}0.6667\\0.2222\\0.1111\end{bmatrix} = 0.7933$$

$$C.R.^{(3)} = \frac{0.0202}{0.7933} = 0.02546 < 0.1$$

所以整体满足一致性。

5.2.2 主成分分析法

主成分分析法(principal component analysis)也称主分量分析或矩阵数据分析,是统计分析法中的一种重要方法,在系统分析、评价、故障诊断、质量管理和发展对策等许多方面都有应用。这一方法利用数理统计方法找出系统中的主要因素和各因素之间的相互关系,因此,主成分分析是因素分析法中的一个主要内容。这种方法一般用在工程项目中,例如产品质量问题分析,因为这类问题比较容易获得数据。对于社会系统,须人为地给以评分,以决定相关矩阵的因素,再进行分析或模糊分析,将诸多变量进行分类,以发现主因素。

因素分析法的研究是从心理学开始的,当时,为了评价各种人的智能,人们采用了多种测试方法和指标,从统计资料中,找出能反映人的智能这一复杂问题的本质因素。后来这一方法用于研究生产过程,人们为了监视系统是否正常运行,常常只是检查几个主要环节的仪表指示情况。这是因为系统是相互关联的,出现异常情况时,抓住几个主要参数的状态,就能把握系统的全局,这几个参数反映了问题的综合指标,也是系统的主要因素。

主成分分析法是把系统中的多个变量(或指标)转化为较少的几个综合指标(即主成分)的一种统计分析方法,因而可将多变量的高维空间问题化简成低维的综合指标问题。能反映系统中最重要信息的综合指标为第一主成分,其次是第二主成分……主成分的个数一般按所需反映信息量的百分比来决定,各个主成分之间彼此是线性无关的。这在分析和评价运行中的系统时有着重要的应用,给数据分析带来很大的方便。比如建立一个指标体系,为了从不同侧面反映系统分析的

综合性和全面性，在指标体系中要设立若干个（n 个）指标。对于大系统的指标体系来说，这类指标数量往往很大，而且彼此之间常常存在着联系。例如生产性固定资产总值与总产值之间、职工人数与总产值之间、总产值与净产值之间，这些指标间都存在着相关关系，而且很多是线性相关的。由于实际中存在的指标数量多而且指标之间的线性相关，使得分析评价方法，特别是定量方法的应用，面临着很大困难，甚至无法应用。在这种情况下，主成分分析方法的这一特点，即能将众多线性相关指标转换为少数线性无关指标，就显示出其应用价值。由于主成分之间的线性无关，就使得分析与评价指标变量时，可以切断相关的干扰，找出主导因素，做出更准确的估量。

1. 主成分的定义与性质

如果将描述系统的 n 个指标看作是 m 维空间的 n 个随机变量（由于支持情况不断变化，故其取值是随机的），则有如下的主成分的定义：

定义 5.3　设向量空间 R^n 中的所有单位向量的集合为 $R_0=\{a\,|\,aa^T=1\}$，给定 n 个线性相关的随机变量 $X_i=(x_{i1},x_{i2},\cdots,x_{im})\in R^m$，$i=1,2,\cdots,n$，并令 $X=(X_1,X_2,\cdots,X_n)^T$，$D(X_i)$ 为 X_i 的方差。若向量 Z_1 满足 $D(Z_1)=\max\limits_{a\in R_0}\{D(aX)\}$，则称 Z_1 为 X 的第一主成分，记为 $Z_1=\beta_1 X$，$\beta_1\in R_0$；在形如 $Z=aX$，$a\in R_0$，且与 Z_1 线性无关的所有随机变量中，方差最大者称为 X 的第二主成分，记为 $Z_2=\beta_2 X$，$\beta_2\in R_0$；类似地，假设已确定了 $k-1$ 个主成分 $Z_1,Z_2,\cdots,Z_{k-1}$，在形如 $Z=aX$ 且与 $Z_1,Z_2,\cdots,Z_{k-1}$ 线性无关的所有随机变量中，称方差最大者为 X 的第 k 个主成分，记为 $Z_k=\beta_k X$，$\beta_k\in R_0$。

由以下定理可以确定各主成分 $Z_i=\beta_i X$ 的线性系数 β_i。

定理 5.1　设 $E(X)=0$，$E(X\cdot X^T)=\sigma$（可以证明 σ 是实对称的非负定的 n 阶协方差矩阵），σ 的 n 个非负特征根记为 $\lambda_1\geqslant\lambda_2\geqslant\cdots\geqslant\lambda_n\geqslant 0$，则 X 的第 k 个主成分 $Z_k=\beta_k X$ 的线性系数 β_k 为 λ_k 的单位化的特征向量。（证明略）

为了便于理解，下面以二维空间为例，直观说明主成分的含义。

在二维空间中，根据两个随机变量取值的一组样本可以确立两个主成分，如图 5.7 中的 Z_1 和 Z_2。Z_1 为第一主成分，其指标取值（样本）沿 Z_1 方向的分布范围最大，即方差最大。此时沿 Z_1 方向对样本的区分能力最大，即可在很大程度上综合了由原来 X_1、X_2 两个指标反映的信息。与 Z_1 不相关（即不平行）且使沿该方向样本分布范围最大者为 Z_2，故 Z_2 为第二主成分。

2. 主成分的计算

设 X 为 n 维空间的随机变量，且 $E(X)=0$，$E(X^TX)=\sigma$，则

$$\sigma = E(X^T X) = E(X)\cdot E(X^T) + \mathrm{cov}(X^T X) = \mathrm{cov}(X^T X)$$

即σ是实对称的n阶协方差矩阵，σ的n个非负特征根记为

$$\lambda_1 \geqslant \lambda_2 \geqslant \cdots \geqslant \lambda_n \geqslant 0$$

则X的第k个主成分$Z_k=\beta_k X$的线性系数β_k为λ_k的单位化的特征向量，如此即可求出n个主成分。

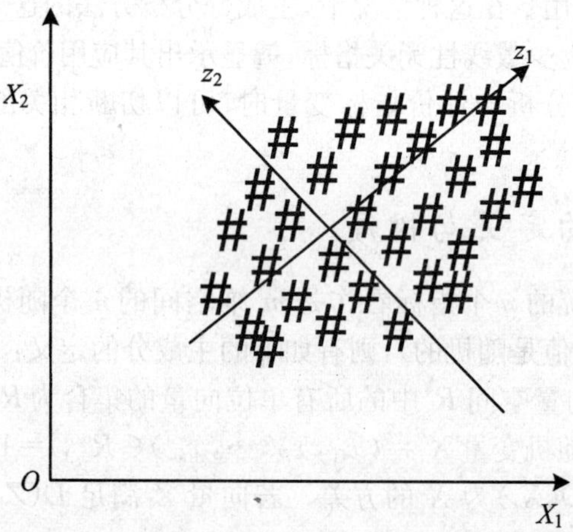

图 5.7　二维空间的主成分示意图

但在实际工作中，我们总是根据一组指标取值的一个样本来分析问题。下面就介绍样本的主成分计算。设随机变量X的n个指标取值的一组样本如表 5.4 所示。

表 5.4　指标样本值

样本 指标	样本 1	样本 2	…	样本 m
X_1	y_{11}	y_{12}	…	y_{1m}
X_2	y_{21}	y_{22}	…	y_{2m}
⋮	⋮	⋮		⋮
X_n	y_{n1}	y_{n2}	…	y_{nm}

1）对样本进行标准化处理

对样本数据进行标准化处理主要包括两部分内容：指标性质的调整和数据标准化。指标性质的调整主要是要区分正指标和逆指标，即效益型和成本型指标，调整逆指标的方向，使其数值的变化方向与正指标一致。

数据标准化首先是无量纲化，因为不同指标的量纲通常是不完全相同的，为了使各指标之间具有可比性，必须消除指标的量纲。其次，数据的原始样本不一定满足 $E(X)=0$，因此，必须对原始样本数据进行标准化处理，以便使样本数据量纲为一，并且满足 $E(X)=0$。标准化处理的计算式为

$$x_{ij}=\frac{(y_{ij}-\overline{Y}_i)}{S_i} \tag{5.17}$$

式中，$\overline{Y}_i=\frac{1}{m}\sum_{j=1}^{m}y_{ij}$，$(i=1,2,\cdots,n)$，$S_i^2=\frac{1}{m-1}\sum_{j=1}^{m}(y_{ij}-\overline{Y}_i)^2$，$(i=1,2,\cdots,n)$。

经标准化处理后可得标准化矩阵为

$$X=\begin{bmatrix} x_{11} & x_{12} & \cdots & x_{1m} \\ x_{21} & x_{22} & \cdots & x_{2m} \\ \vdots & \vdots & \ddots & \vdots \\ x_{n1} & x_{n2} & \cdots & x_{nm} \end{bmatrix}$$

2）计算相关系数，得到相关矩阵

计算标准化后的每两个指标间的相关系数，得到相关系数矩阵 R，即 n 个指标的协方差矩阵。即

$$R=\frac{1}{m-1}XX^T=\begin{bmatrix} 1 & r_{12} & \cdots & r_{1n} \\ r_{21} & 1 & \cdots & r_{2n} \\ \vdots & \vdots & 1 & \vdots \\ r_{n1} & r_{n2} & \cdots & 1 \end{bmatrix}$$

R 是一个实对称的相关矩阵，其中主对角线上元素均为 1，R 矩阵的元素与样本的方差和协方差有关，相关系数的计算式为

$$r_{ij}=\frac{1}{m-1}\sum_{k=1}^{m}x_{ik}x_{jk}\,(i,j=1,2,\cdots,n) \tag{5.18}$$

3）计算矩阵 R 的特征根及相应的特征向量

根据前面的相关矩阵 R，由下式可求出相关矩阵的特征值

$$\begin{vmatrix} r_{11}-\lambda_1 & r_{12} & \cdots & r_{1n} \\ r_{21} & r_{22}-\lambda_2 & \cdots & r_{2n} \\ \vdots & \vdots & & \vdots \\ r_{n1} & r_{n2} & \cdots & r_{nn}-\lambda_n \end{vmatrix}=0$$

将上式改写成矩阵的形式为 $|R-\lambda I|=0$ 就可以得到 n 个非负特征根 $\lambda_1\geqslant\lambda_2\geqslant\cdots\geqslant\lambda_n\geqslant 0$，从而得到对应于特征根的 n 个单位化特征向量 $A_i=(a_{i1},a_{i2},\cdots,a_{in})$，$(i=1,2,\cdots,n)$ 构成一个正交矩阵 $A=(A_1,A_2,\cdots,A_n)^T$，即

$$A=\begin{bmatrix} a_{11} & a_{12} & \cdots & a_{1n} \\ a_{21} & a_{22} & \cdots & a_{2n} \\ \cdots & \cdots & \vdots & \cdots \\ a_{n1} & a_{n2} & \cdots & a_{nn} \end{bmatrix}$$

4) 计算主成分

根据 $Z=AX$,则可得到 n 个线性无关的主成分 $Z_1,Z_2,\cdots,Z_n$ 如下:

$$Z=\begin{bmatrix} Z_1 \\ Z_2 \\ \vdots \\ Z_n \end{bmatrix}=\begin{bmatrix} a_{11} & a_{12} & \cdots & a_{1n} \\ a_{21} & a_{22} & \cdots & a_{2n} \\ \vdots & \vdots & \vdots & \vdots \\ a_{n1} & a_{n2} & \cdots & a_{nn} \end{bmatrix}\cdot\begin{bmatrix} X_1 \\ X_2 \\ \vdots \\ X_n \end{bmatrix}$$

如果令 $Z_i=(z_{i1},z_{i2},\cdots,z_{im})$,$i=(1,2,\cdots,n)$,则有

$$\begin{bmatrix} z_{11} & z_{12} & \cdots & z_{1m} \\ z_{21} & z_{22} & \cdots & z_{2m} \\ \vdots & \vdots & \vdots & \vdots \\ z_{n1} & z_{n2} & \cdots & z_{nm} \end{bmatrix}=\begin{bmatrix} a_{11} & a_{12} & \cdots & a_{1n} \\ a_{21} & a_{22} & \cdots & a_{2n} \\ \vdots & \vdots & \vdots & \vdots \\ a_{n1} & a_{n2} & \cdots & a_{nn} \end{bmatrix}\begin{bmatrix} x_{11} & x_{12} & \cdots & x_{1m} \\ x_{21} & x_{22} & \cdots & x_{2m} \\ \vdots & \vdots & \vdots & \vdots \\ x_{n1} & x_{n2} & \cdots & x_{nm} \end{bmatrix}$$

至此,我们可以把由原来研究 X 的问题转化为研究 Z 的问题,并且 Z 中的各主成分是线性无关的。但是 Z 只是将原来的线性相关的一组随机变量转化为线性无关的随机变量,其主成分仍为 n 个,并没有减少指标的数量。下面介绍如何减少主成分个数,将多指标分析转化为少数指标分析的问题,并且在研究少数指标的变化规律后,再通过少数几个指标将原始样本的 n 个指标计算出来,从而达到分析的目的。

3. 样本主成分选择及原指标对主成分回归

1) 主成分选择

为了合理选择少数几个主成分来有效地描述原来 n 个指标所构成的一组样本,要引入主成分贡献率的概念及其计算方法。若 λ_i 为相关矩阵 R 的第 i 个特征根,则 $\lambda_k/\sum_{i=1}^{n}\lambda_i$ 为第 k 个主成分的贡献率,$\sum_{i=1}^{r}\lambda_i/\sum_{i=1}^{n}\lambda_i$ 为前 r 个主成分的累计贡献率。

样本前 r 个主成分的累计贡献率表明了前 r 个主成分能够反映原样本信息量的程度。当其达到一定水平时,说明采用前 r 个主成分来描述原样本所包含的信息量已经可以达到要求。例如:$n=5$,$\lambda_1=3.0$,$\lambda_2=1.5$,$\lambda_3=0.3$,$\lambda_4=0.15$,$\lambda_5=0.15$ 时

$$(\lambda_1+\lambda_2)/\sum_{i=1}^{5}\lambda_i=(3.0+1.5)/(3.0+1.5+3.0+1.5+0.05)=0.9$$

说明前两个主成分即能反映原来 5 个指标 90%的信息量，从而在一定水平下可将多个指标转化成用少数几个指标来处理分析、研究、预测和评价的工作，并得出有关结论。但是有时运用这个研究结果时，还须知道它们所对应的原始的 n 个指标的取值，因此，还要给出根据已知成分求原始指标的方法。

2）原指标对主成分的回归

原指标对主成分的回归问题，就是在 $X=BZ$ 中如何确定回归系数矩阵 B 的问题。由 $Z=AX$，因为 A 为正交矩阵，故 $A^T=A^{-1}$，即 $A^TA=A^{-1}A=I$，所以将 $Z=AX$ 两端分别左乘 A^T 变为 $X=A^TZ$，即回归系数矩阵 $B=A^T$，于是可以根据主成分反求原指标。

当取前 r 个主成分 $Z_1,Z_2,\cdots,Z_r$时，$X=A^TZ$ 为

$$\begin{bmatrix}X_1\\X_2\\\vdots\\X_n\end{bmatrix}=\begin{bmatrix}a_{11}&a_{21}&\cdots&a_{r1}\\a_{12}&a_{22}&\cdots&a_{42}\\\cdots&\cdots&\ddots&\cdots\\a_{1n}&a_{2n}&\cdots&a_{rn}\end{bmatrix}\cdot\begin{bmatrix}Z_1\\Z_2\\\vdots\\Z_r\end{bmatrix}$$

综上所述，我们就可将多个线性相关的随机变量转换成少数线性无关的随机变量来研究。使研究简化而实用，又能根据研究结果推算原指标的取值。

4. 举例

为了体现主成分分析是将多个线性相关的随机变量转换成少数线性无关的新变量这一基本作用，下面举一个某种社会经济现象的多指标转化为少数几个主成分指标。达到综合描述作用的例子，借以达到综合描述的目的。

【例 5.2】 某部门对 68 种日常消费品进行了社会调查。抽查方法是将被抽查对象按性别和年龄分成 10 个组。10 个组分别对 68 种消费品进行评分，最受欢迎的给最高分 9 分；最不受欢迎的给最低分 1 分，其余得分在(1,9)区间，其局部数据资料如表 5.5 所示。

根据式(5.17)，对表 5.5 中的数据进行标准化处理

$$\overline{Y}_i=\frac{1}{68}\sum_{j=1}^{68}y_{ij},\quad S_i^2=\frac{1}{67}\sum_{j=1}^{68}(y_{ij}-\overline{Y}_i)^2,\quad x_{ij}=\frac{y_{ij}-\overline{Y}_i}{S_i}$$

根据式(5.18)计算相关矩阵

$$R=[r_{ij}],\quad r_{ij}=\frac{1}{68-1}\sum_{k=1}^{68}x_{ik}x_{jk}$$

式中，未注明的 $i,j=1,2,\cdots,10$。

$$R=\begin{bmatrix}1 & 0.871 & 0.516 & 0.370 & 0.172 & 0.936 & 0.811 & 0.015 & 0.500 & 0.330\\ & 1 & 0.759 & 0.640 & 0.402 & 0.821 & 0.838 & 0.709 & 0.647 & 0.457\\ & & 1 & 0.852 & 0.726 & 0.517 & 0.658 & 0.698 & 0.701 & 0.558\\ & & & 1 & 0.874 & 0.358 & 0.488 & 0.620 & 0.721 & 0.632\\ & & & & 1 & 0.208 & 0.354 & 0.523 & 0.710 & 0.748\\ & & & & & 1 & 0.889 & 0.746 & 0.621 & 0.493\\ & & & & & & 1 & 0.894 & 0.768 & 0.642\\ & & & & & & & 1 & 0.582 & 0.773\\ & & & & & & & & 1 & 0.911\\ & & & & & & & & & 1\end{bmatrix}$$

表 5.5 68 种消费品评分表

评价分组	消费品 1	消费品 2	消费品 3	…	消费品 68
X_1(男 15 岁以下)	6.8	3.2	4.6		3.4
X_2(男 16～20 岁)	5.4	3.8	2.9		2.9
X_3(男 21～30 岁)	3.9	4.7	5.6		3.2
X_4(男 31～40 岁)	4.0	3.0	5.9		3.4
X_5(男 40 岁以上)	3.2	4.1	3.4		2.5
X_6(女 15 岁以下)	8.1	6.2	4.6		3.9
X_7(女 16～20 岁)	6.4	7.2	5.3		3.4
X_8(女 21～30 岁)	5.4	7.5	6.1		6.8
X_9(女 31～40 岁)	7.0	6.2	6.8		6.7
X_{10}(女 40 岁以上)	1.5	9.0	4.5		3.0

相关矩阵的计算亦可以借助 SPSS 软件来完成，求出相关矩阵后，用计算机求解特征根和相应的特征向量，由于前 3 个特征根的累计贡献率为 93.4%，所以取其前 3 个主成分来综合描述原来的 10 项分组指标。具体结果：$\lambda_1=6.83$，$\lambda_2=1.76$，$\lambda_3=0.75$，$\sum\lambda_i=10$。计算结果如表 5.6 所示。

现对以上 3 个主成分所反映的住处情况分析如下：

(1) a_1是第一主成分 Z_1的系数，从表 5.6 中可见，a_1的各分量的取值符号相同，取值大小差异不大，表明无论哪一组对嗜好都是喜欢的，或者都是不喜欢的。因此，称这个新的综合指标为一般嗜好指标。

(2) a_2是第二主成分 Z_2的系数，从表 5.6 中可见，a_2的各分量从第 1 组到第 5

组，从第 6 组到第 10 组都有从大变小的相同趋势。具体说，就是随着年龄的增长取值由正变负，由大变小，它表示出年龄对嗜好喜欢程度的影响，因此我们称 Z_2 为年龄影响指标。

表 5.6　计算结果表

特征向量(a) / 评价分组(X)	a_1	a_2	a_3
X_1	0.268	0.446	0.194
X_2	0.331	0.240	0.336
X_3	0.323	−0.166	0.442
X_4	0.229	−0.359	0.375
X_5	0.261	−0.507	0.128
X_6	0.309	0.408	−0.084
X_7	0.344	0.235	−0.171
X_8	0.348	0.032	−0.290
X_9	0.346	−0.164	−0.322
X_{10}	0.303	−0.267	−0.522
特征根 λ_i	6.830	1.760	0.750
贡献率 $\lambda_i/10$	0.683	0.176	0.075
累计贡献率	0.683	0.859	0.934

(3) a_3 是第三主成分 Z_3 的系数，从表 5.6 中可以看出，a_3 的各分量对男性取正值而对女性取负值，表明性别不同会产生嗜好上的不同，因此称 Z_3 为性别影响指标。

从上述分析结果可以看出，关于日常消费品嗜好可以用 3 个综合性新指标 Z_1、Z_2、Z_3 来描述。它们的代表性由大变小，其贡献率分别为 68.3%、17.6% 和 7.5%，累计贡献率为 93.4%。另外，通过对 68 种日常消费品的进一步分析，还可以得出哪些消费品属于一般嗜好商品，哪些属于年龄嗜好不同商品，哪些属于性别嗜好不同的商品。

由数理统计中的大数定律可知，随着样本容量的增大，它们的平均水平和离散度将会趋于稳定，从而协方差矩阵也会趋于稳定，因此，主成分分析适宜于大样本容量的因素分析。一般说来，要求样本容量应大于指标个数的两倍（即 $m>2n$）。

5.2.3 因子分析法

因子分析的出发点是用较少的互相独立的因子变量来代替原有变量的绝大部分信息,因子分析法与主成分分析法都基于统计分析法,但两者有较大区别:主成分分析是通过坐标变换提取主成分,也就是将一组具有相关性的变量变换为一组独立的变量,将主成分表示为原始观察变量的线性组合;而因子分析法是主成分分析法的发展。

1. 概述

狭义的因子分析法常与主成分分析法在处理方法上有类似之处,都要对变量标准化,并找出原始变量标准化后的相关矩阵。其主要不同点在于建立线性方程时所考虑的方法,因子分析是以回归方程的形式将变量表示成因子的线性组合,而且要使因子数 m 小于原始变量维数 p,从而简化了模型结构。

因子模型的表达式为

$$\left.\begin{aligned} x_1 &= a_{11}f_1 + a_{12}f_2 + \cdots + a_{1m}f_m + e_1 \\ x_2 &= a_{21}f_1 + a_{22}f_2 + \cdots + a_{2m}f_m + e_2, \\ &\vdots \qquad\quad \vdots \qquad\quad \vdots \\ x_p &= a_{p1}f_1 + a_{p2}f_2 + \cdots a_{pm}f_m + e_p; \end{aligned}\right\} \tag{5.19}$$

也可以写成矩阵的形式

$$x = Af + e$$

式中 $x_i(i=1,2,\cdots,p)$为原始(观察)变量,$f_j(j=1,2,\cdots,m)$为因子变量,也叫公共因子($m<p$),e_i只包含在 x_i中,称为 x_i的残余。公共因子和残余是相互独立的变量,并服从正态分布 $N(0,\sigma^2)$,A 为因子载荷矩阵,a_{ij} 称为因子载荷,它表示第 i 个原始变量在第 j 个因子变量上的负荷,或者称为第 i 个原始变量在第 j 个因子变量上的权重,它反映了第 i 个原始变量在第 j 个因子变量上的相对重要性。在各因子变量不相关的前提下,因子载荷 a_{ij} 就是第 i 个原始变量与第 j 个因子变量的相关系数,因此,a_{ij} 的绝对值越大,则因子变量 f_j 与原始变量 x_i 的关系越紧密。因子变量具有以下几个特点:

(1) 因子变量的数量远少于原有指标变量的数量,对因子变量的分析能够减少分析中的计算工作量。

(2) 因子变量并不是原有变量简单取舍,而是对原始变量的重新组构,它们能够反映原有众多指标的绝大部分信息,不会产生重要信息的丢失问题。

(3) 因子变量之间是线性无关的,因此对变量的分析能够为研究工作提供较大的便利。

(4) 因子变量具有命名解释性。因子变量的命名解释性可以理解为某些原始变量的综合,它能够反应这些原始变量的绝大部分信息。

在实际应用过程中,由于残余因子对系统分析结论造成的影响很小,故通常略去。

2. 因子分析法的基本步骤

因子分析的核心问题有两个:一是如何构造因子变量;二是如何对因子变量进行命名解释。因此,围绕解决这两个核心问题的因子分析常常有以下三个基本步骤:确定原始变量是否适合进行因子分析;构造因子变量;因子变量的命名解释。

1) 确定原始变量是否适合进行因子分析

因子分析的目的是从原始的众多变量中综合出少量具有代表意义的变量,这显然有一个潜在的前提要求,即原始变量之间应具有较强的相关关系。不难理解,如果原始变量之间不存在较强的相关关系,那么根本无法从中综合出能够反映某些变量共同特性的几个较少的公共因子变量来。因此,一般在因子分析时,需要对原始变量进行相关分析。最简单的方法是计算变量之间的相关系数矩阵并进行统计检验。如果相关系数矩阵中的大部分相关系数都小于 0.3,且未通过统计检验,那么这些变量就不适合进行因子分析。这一步骤可通过 SPSS 软件来完成。

2) 构造因子变量

构造因子变量是因子分析法的关键之一。因子分析法中有许多确定因子变量的方法,如基于主成分模型的主成分分析法,基于因子分析模型的主轴因子法、极大似然法、最小二乘法等。这里介绍如何利用主成分分析法构造因子变量。

在因子分析模型中,假定原始数据已标准化(标准化的计算式参见 5.17),即原始变量 x_{ik0} 经规格化后为新变量 x_{ik},其均值为 0,方差为 1,并且假定各公共因子和特殊因子都已标准化,即各因子的平均值也均为 0,方差为 1。经标准化转换后的 n 个样本数据矩阵为

$$x=\begin{bmatrix} x_{11} & x_{12} & \cdots & x_{1n} \\ x_{21} & x_{22} & \cdots & x_{2n} \\ \vdots & \vdots & \vdots & \vdots \\ x_{p1} & x_{p2} & \cdots & x_{pn} \end{bmatrix}$$

与主成分法一样,可先对该数据矩阵求相关矩阵 R,再由特征方程 $|R-\lambda I|=$

0 求出特征值 $\lambda_i, i=1,2,\cdots,p$。设特征值满足 $\lambda_1 \geqslant \lambda_2 \geqslant \cdots \geqslant \lambda_p \geqslant 0$，特征向量矩阵 U 为正交矩阵，有

$$U = \begin{bmatrix} u_{11} & u_{12} & \cdots & u_{1p} \\ u_{21} & u_{22} & \cdots & u_{2p} \\ \vdots & \vdots & \vdots & \vdots \\ u_{p1} & u_{p2} & \cdots & u_{pp} \end{bmatrix} \tag{5.20}$$

且有关系

$$U^T U = U U^T = I \tag{5.21}$$

$$R = U \begin{bmatrix} \lambda_1 & & & \\ & \lambda_2 & & \\ & & \ddots & \\ & & & \lambda_P \end{bmatrix} U^T \tag{5.22}$$

在因子分析中，通常只选 m 个（$m<4$）主因子。也就是根据变量的相关性先选出第一主因子，使其在各变量的公共因子方差中所占的方差比重最大，再依次排出第二主因子、第三主因子等。假如我们按所选取的主因子信息量之和占总体信息量的 85%来确定 m 值，则有

$$\frac{\lambda_1 + \lambda_2 + \cdots + \lambda_m}{\sum_{i=1}^{p} \lambda_i} = \frac{\lambda_1 + \lambda_2 + \cdots + \lambda_m}{p} \geqslant 85\%$$

具有 p 维的特征向量矩阵 U 可分解为

$$U = [U_1 \quad \cdots \quad U_m \quad U_{m+1} \quad \cdots \quad U_p] = [U(1)_{p\times m} \quad U(2)_{p\times(p-m)}]$$

将 U 代入因子分析的基本方程式中有

$$X_{p\times m} = U_{p\times p} f_{p\times m} = [U(1) \quad U(2)] \begin{bmatrix} f(1) \\ f(2) \end{bmatrix} = \tag{5.23}$$

$$U(1)_{p\times m} f(1)_{m\times m} + U(2)_{p\times(p-m)} f(2)_{(p-m)\times m} = U(1) f(1) + e$$

其中，$f(1)$为因子变量，$f(2)$为特殊因子，包含在残余 e 中。因子分析是将原始变量 x_i 表示为新因子 f_j 的线性组合，而且要求特殊因子对应的方差尽可能小。选出主因子后，因子模型表达式即为

$$\begin{aligned} x_1 &= u_{11} f_1 + u_{12} f_2 + \cdots + u_{1m} f_m + e_1 \\ x_2 &= u_{21} f_1 + u_{22} f_2 + \cdots + u_{2m} f_m + e_2 \\ &\vdots \qquad\quad \vdots \qquad\qquad\quad \vdots \\ x_p &= u_{p1} f_1 + u_{p2} f_2 + \cdots u_{pm} f_m + e_p \end{aligned}$$

为使每个方程中 m 个因子的系数的平方和尽量接近于 1，需要进行规格化处理，取因子载荷量 $u_{ij}\sqrt{\lambda_j}$ 为系数 a_{ij}，即令第 i 个变量在第 j 个主因子上的载荷为

$$a_{ij} = u_{ij}\sqrt{\lambda_j}$$

由此可得因子载荷矩阵 A 为

$$A = (a_{ij}) = \begin{bmatrix} u_{11}\sqrt{\lambda_1} & u_{12}\sqrt{\lambda_2} & \cdots & u_{1m}\sqrt{\lambda_1} \\ u_{21}\sqrt{\lambda_1} & u_{22}\sqrt{\lambda_2} & \cdots & u_{2m}\sqrt{\lambda_m} \\ \vdots & \vdots & \cdots & \vdots \\ u_{p1}\sqrt{\lambda_1} & u_{p2}\sqrt{\lambda_2} & \cdots & u_{pm}\sqrt{\lambda_m} \end{bmatrix}$$

调整后的因子模型为

$$\left.\begin{aligned} x_1 &= a_{11}f_1 + a_{12}f_2 + \cdots a_{1m}f_m + e_1 \\ x_2 &= a_{21}f_1 + a_{22}f_2 + \cdots a_{2m}f_m + e_2 \\ &\vdots \\ x_p &= a_{p1}f_1 + a_{p2}f_2 + \cdots a_{pm}f_m + e_p \end{aligned}\right\} \tag{5.24}$$

该模型中，有 m 个主因子 $f_i(i=1,2,\cdots,m;m<p)$所张起的 m 个相互垂直的坐标系。a_{ij} 的大小反映了第 i 个变量在第 j 个主因子的相对重要性，于是可得出因子模型的矩阵式

$$x = Af + e \tag{5.25}$$

3) 因子变量的命名解释

因子变量的命名解释是因子分析的另一个核心问题。对上面计算得到的因子载荷矩阵中的元素 a_{ij} 进行观察，一般会发现这样的现象：a_{ij} 的绝对值可能在某一行的许多列上都有较大的取值，或 a_{ij} 的绝对值可能在某一列的许多行上都有较人的取值。这表明：某个原始变量可能同时与几个因子变量都有比较人的相关关系。也就是说，某个原始变量的信息需要有若干个因子变量来共同解释。虽然一个因子变量可能能够解释许多变量的信息，但它却只能解释某个变量的一少部分信息，不是任何一个变量的典型代表。这样的情况必然使得某个因子变量的实际含义模糊不清。但在实际分析工作中，人们总是希望对因子变量的含义有比较清楚的认识。

为了更好地反映变量之间的关系，可以在保持因子轴正交的前提下，旋转因子轴，使协方差的自乘和最小。为此，选择正交矩阵 T，并令 $AT^{-1}=B$，$f^TT^T=g^T$，由此可得

$$Bg = AT^{-1}Tf = Af$$

在上式中，B 为新的因子载荷矩阵，g 为新的因子变量。正交矩阵的选择应使 B 的元素尽可能接近于 1 或 0。这样可使某些因子反映某几个变量，另一些因子反映其他变量，便于给因子以明确的经济意义和矛盾不大的解释。

3. 应用举例

【例 5.3】 某一社会经济系统问题，其主要先进性可用四个指标表示，它们分别是生产、技术、交通、环境，其相关矩阵为

$$B=\begin{bmatrix}1 & 0.64 & 0.29 & 0.10\\ 0.64 & 1 & 0.70 & 0.30\\ 0.29 & 0.70 & 1 & 0.84\\ 0.10 & 0.30 & 0.84 & 1\end{bmatrix}$$

该矩阵相应的特征及其占总体百分比和累计百分比如表 5.7 所示。

表 5.7 特征值及其占比例

序号	特征值	占总体百分比	累计百分比
1	2.49	62.25%	62.26%
2	1.13	28.25%	90.50%
3	0.35	8.74%	99.24%
4	0.03	0.76%	100.00%

对应于以上特征值的特征向量矩阵为

$$U=\begin{bmatrix}0.38 & 0.67 & 0.62 & -0.14\\ 0.54 & 0.36 & -0.61 & 0.46\\ 0.59 & -0.30 & -0.20 & -0.72\\ 0.47 & -0.58 & 0.45 & 0.50\end{bmatrix}$$

如果要求所取特征值反映的信息量占总体信息量的 90%以上，则从累计特征值所占百分比看，只需取前两项即可，也就是说，只需取两个主因子。对应于前两列特征向量，可求得其因子载荷矩阵 A 为

$$A=\begin{bmatrix}0.60 & 0.71\\ 0.85 & 0.38\\ 0.93 & -0.32\\ 0.74 & -0.40\end{bmatrix}$$

于是，该问题的因子模型为

$$x_1=0.60f_1+0.71f_2$$

$$x_2=0.85f_1+0.38f_2$$

$$x_3=0.93f_1-0.32f_2$$

$$x_4=0.74f_1-0.40f_2$$

可以看出，两个因子中 f_1 是全面反映生产、技术、交通及环境的因子，而 f_2 却

不同，它反映了对生产、技术这两项增长有利，而对交通、环境增长不利的因子。也就是说，按原有统计资料得出的相关矩阵分析结果是：如果生产和技术都随 f_2 增长了，将有可能出现交通紧张和环境恶化问题。f_2 反映了这两方面相互制约的状况。

4. 因子分析与主成分分析的区别

因子分析法与主成分分析法都属于因素分析法，都基于统计分析方法，但两者有较大的区别：主成分分析是通过坐标变换提取主成分，也就是将一组具有相关性的变量变换为一组独立的变量，将主成分表示为原始观察变量的线性组合；而因子分析法是要构造因子模型，将原始观察变量分解为因子的线性组合。通过对上述内容的学习，可以看出因子分析法和主成分分析法的主要区别为：

(1) 主成分分析是将主要成分表示为原始观察变量的线性组合，而因子分析是将原始观察变量表示为新因子的线性组合，原始观察变量在两种情况下所处的位置不同。

(2) 主成分分析中，新变量 Z 的坐标维数 j（或主成分的维数）与原始变量维数相同，它只是将一组具有相关性的变量通过正交变换转换成一组维数相同的独立变量，再按总方差误差的允许值大小，来选定 q 个（$q<p$）主成分；而因子分析法是要构造一个模型，将问题的为数众多的变量减少为几个新因子，新因子变量数 m 小于原始变量数 p，从而构造成一个结构简单的模型。可以认为，因子分析法是主成分分析法的发展。

(3) 主成分分析中，经正交变换的变量系数是相关矩阵 R 的特征向量的相应元素；而因子分析模型的变量系数取自因子负荷量，即 $a_{ij}-u_{ij}\sqrt{\lambda}$。因子负荷量矩阵 A 与相关矩阵 R 满足以下关系

$$R = U\begin{bmatrix} \lambda_1 & & & \\ & \lambda_2 & & \\ & & \ddots & \\ & & & \lambda_p \end{bmatrix}U^T = AA^T$$

其中，U 为 R 的特征向量。

在考虑有残余项 ε 时，可设包含 ε_i 的矩阵 ρ 为误差项，则有 $R-AA^T=\rho$。

在因子分析中，残余项应只在 ρ 的对角元素项中，因特殊项只属于原变量项，因此，a_{ij} 的选择应以 ρ 的非对角元素的方差最小为原则。而在主成分分析中，选择原则是使舍弃成分所对应的方差项累积值不超过规定值，或者说被舍弃项各对角要素的自乘和为最小，这两者是不同的。

5.3 系统评价方法

系统评价是优选方案和决策的基础，直接影响着决策的正确性。系统评价需要遵照客观公正原则、方案的可比性原则、评价指标的系统性与合理性原则等。我们首先介绍常用的系统评价方法，比如专家咨询法、费用—效益分析法和价值分析法等，在此基础上，主要介绍系统的模糊综合评价方法和灰色综合评价方法。

5.3.1 评价方法概述

有关系统评价的理论和方法，归纳起来大致可以区分为三类：

第一类是以数理为基础的理论。它用数学理论和解析方法对评价系统进行严密的定量描述和计算。因而通常为了使评价工作能够正常进行而不会出现矛盾，经常需要在假定的条件下才能进行评价。

第二类是以统计为主的理论和方法。通过统计数据来建立只能凭感觉而不能测量的评价项目的评价模型。对于一些我们无法直接测量的项目，有可能利用统计数据进行定量评价。因而这也是一种试验性的评价方法，是心理学领域的常用方法。但由于是统计处理，所以还存在少数行为在评价中不能反映的缺点。

第三类是重现决策支持的方法。也就是说我们从另一个角度来考虑评价，当我们想方设法对评价系统进行客观而正确的评价时，倒不如研究如何才能比较容易地决定与目标一致的人类行为。比如计算机系统仿真技术就是这一类有效方法。

迄今为止，具体的评价方法已经有不少种，这里，我们首先介绍几种常规评价方法，包括德尔菲法、费用—效益分析法、价值分析法等，然后，从理论方法角度详细地介绍常用的专门评价方法，包括模糊综合评价法和灰色综合评价法。

5.3.2 专家咨询法

在系统评价和系统预测时都使用专家咨询法(德尔菲法)，此法常用于中长期预测。

专家咨询法主要包括两个基本环节，即专家群的组成及调查提纲的拟定和专家意见的综合。

1. 专家群的组成及调查提纲的拟定

(1) 组织专门小组。系统评价时主持人通常需要组织一个专门小组进行工作。主要进行拟定调查提纲，提供背景材料，组织专人负责与专家联系等任务，收集、分析和整理调查结果，提交预测报告。专门小组成员的选择，是德尔菲法成败的关键。一般选择与问题有关的各个领域内具有丰富的专业工作经验、熟悉业务、有预见性和分析能力、有一定声望的人士，同时还要聘请边缘学科和其他专业的专家，以开阔思路，提高评价质量。专家评价的人选还可以是全国各地甚至是世界各地的有关人士，这样就避免了座谈会方式使参加人员受地域限制的弊端，能够提高评价的准确性和权威性。专家人数多少与评价规模、被评价内容是否经常交流、估计调查表回收率高低、研究经费数量等有关，根据经验，一般 10～15 人为宜。

(2) 拟定调查提纲。系统评价组织者把需要评价的内容拟成几个或十几个问题，并列成调查提纲。提纲内容要明确具体、用词确切，尽量避免含糊不清和缺乏定量概念的词汇；问题不宜过多，估计回答问题的时间不宜过长，以避免答复的人不耐烦，有利于保证测量质量；对有怀疑、有争议的问题进行评价时必须提供背景资料。整个过程一般要经过几轮反复征询，这种使分散的意见逐步趋向一致的方法，可以汇集专家个人评判和集体智慧两者的有利因素，比较科学、全面，准确度较高。

2. 专家意见的综合

专家意见的综合也就是评价结果的处理过程。具体的综合方法很多，这里仅介绍几种常用的基于数理统计原理的方法。

(1) 中位数法。中位数法是指对某事物的评价结果取专家人数的中分点值，即将专家评价结果从小到大依次排列，然后把数列二等分，则中分点值称为中位数。表示预测结果的分布中心，即评价的较可能值。为了反映专家意见的离散程度，可以在中位数法前后二等分中各自再进行二等分，先于中位数的中分点值称为下四分位数，后于中位数的中分点值称为上四分位数。用上下四分位数之间的区间来表示专家意见的离散程度，也称为评价区间。

(2) 主观概率法。主观概率是某人对某一事件可能发生程度的一种主观估量。要求专家不仅要有估量，还应说明根据。对同一事件在相同情况下的评价，不同专家可能提出不同的数量估计和实现概率，甚至会持完全相反的意见。正是因为存在着不同的个人估计，所以才有寻求合理或最佳估计量的必要。在处理中，一般也是取评价结果的分布中心为评价结论。

例如，要评价某一事件发生可能性的大小，可以调查一组专家的评价概率，然后相加求平均值，得出某事件的评价概率，即

$$\rho = \frac{\sum_{i=1}^{n} p_i}{n} \tag{5.26}$$

式中，P 为事件评价的概率平均值，P_i 为每一位专家的主观评价概率，n 为专家人数。

(3) 变异系数法。变异系数法是代表评价相对波动大小的重要指标，具体计算过程如下：

计算第 j 方案评价的均方差 D_j，均方差代表评分的离散程度，其公式为

$$D_j = \frac{1}{n}\sum_{i=1}^{n}(C_{ij} - M_j)^2 \tag{5.27}$$

其中，n 为专家人数；C_{ij} 为第 i 个专家对方案 j 的评价分值；M_j 为方案 j 的评分均值。

计算第 j 方案评价的标准差 σ_j，标准差越大代表评分的变异程度越高，其公式为

$$\sigma_j = \sqrt{D_j} \tag{5.28}$$

计算第 j 方案评价的变异系数 V_j，变异系数表明了专家们对第 j 方案相对重要性的意见的波动程度，也就是协调程度，因此 V_j 越小，专家们的协调程度越高，应作为综合评价选取的方案。变异系数公式为

$$V_i = \frac{\sigma_j}{M_j} \tag{5.29}$$

5.3.3 费用—效益分析法

这是系统评价的经典方法之一。费用—效益法就是把不同方案的成本和效益进行比较分析的方法。成本可以反映主要消耗，效益则反映了经济和社会效果，要求所投资的项目给社会提供的财富和服务价值—效益，必须超过其费用，以此作为项目投资合理性依据。在大多数情况下，效益可以用经济收益来衡量。

成本模型应能说明方案的特性参数与其成本之间的关系。成本模型一般可表示为

$$C = F(X) \tag{5.30}$$

式中，X 为特性参数。

与成本模型一样，效益模型一般可表示为

$$E = G(x) \tag{5.31}$$

通常，经过费用和效益的计算与分析，虽然清楚了替代方案的费用和效益，但是还不能说知道了系统的价值，因此，需要根据评价准则，把费用和效益综合起来

考虑。

费用和效益的关系,可以从以下几个方面来讨论:

(1) 在成本一定时,哪个方案的效益最高。

(2) 在效益一定时,哪个方案的成本最低。

(3) 在成本与效益均不限定时,取其比率或超过额最大者。

另外,我们可以通过成本—效益曲线图,来分析方案的合理性。

5.3.4　价值分析法

通过系统目标分析,可将系统目标分成一系列具体的分目标,用系统的价值来衡量系统目的的实现程度。系统的价值是由若干指标的价值组成的,如系统性能、系统所需费用、完成系统功能所需时间和系统可靠性等。

如果系统有 n 个评价方案,每个方案又有 m 个衡量指标,由于各指标对实现系统目标的重要程度不同,可根据其重要程度赋予其权重,设第 j 个指标的权重用 W_j 表示。同时不同方案对各指标的满足程度也不同,设第 i 个方案对第 j 个指标的得分值用 v_{ij} 表示,则方案 i 的综合评价值计算公式为

$$V_i = \sum_{j=1}^{m} W_i v_{ij} \tag{5.32}$$

各方案的综合评价表如表 5.8 所示。

表 5.8　综合评价表

指标 \ 方案	x_1	x_2	…	x_j	…	x_m	方案价值
	W_1	W_2	…	W_j	…	W_m	
A_1	v_{11}	v_{12}	…	v_{1j}	…	v_{1m}	V_1
A_2	v_{21}	v_{22}	…	v_{2j}	…	v_{2m}	V_2
…	…	…	…	…	…	…	…
A_n	v_{n1}	v_{n2}	…	v_{nj}	…	v_{nm}	V_n

应用价值分析法的关键在于确定各评价指标的相对重要度(即权重)以及由评价主体给定的评价指标的评价尺度。下面结合例子来介绍确定权重和评价尺度的两种方法。

1. 逐对比较法

利用多元评价指标对替代方案进行综合评价时,最简便的方法就是逐对比较法,逐对比较法就是利用所有评价指标对替代方案按照一定的基准进行评分,再利用加权方法对替代方案各种评价指标的评价值进行综合评价的方法。下面以

交通安全对策为例对各评价指标加权的方法加以说明。

【例 5.4】 假定减少交通事故的措施有护栏、人行道和交通信号灯，综合评价指标为：减少死亡人数、减少负伤人数、减少经济损失、外观以及实施费用等。对所有评价指标的重要程度进行两两比较判定，判定为重要的指标给 1 分，相应的另一个指标就为不重要指标，给 0 分，把各个评价指标的得分相加，归一化后即得各指标的权重，如表 5.9 所示。

表 5.9 用逐对比较法计算权重

评价指标	判定										得分	权值
	1	2	3	4	5	6	7	8	9	10		
减少死亡人数	1	1	1	1							4	0.4
减少负伤人数	0				1	1	1				3	0.3
减少经济损失		0			0			1	0		1	0.1
外观			0			0		0		0	0	0
实施费用				0			0		1	1	2	0.2
合计	1	1	1	1	1	1	1	1	1	1	10	1.0

现在，对三个方案进行比较，它们的效果如表 5.10 所示。假定所设评分尺度如表 5.11 所示，则各替代方案的综合得分值 v_n 可用下式计算：

对于设置预防事故栅栏：$v_1 = 0.4\times3+0.3\times2+0.1\times2+0.2\times5=3$

对于设置人行道：$v_1 = 0.4\times4+0.3\times3+0.1\times3+0.2\times1=3$

对于设置交通信号：$v_3 = 0.4\times2+0.3\times1+0.1\times1+0.2\times5=2.2$

表 5.10 各替代方案的预计效果

评价指标 替代方案	减少死亡人数（人）	减少负伤人数（人）	减少经济损失（百万元）	外观	实施费用（百万元）
防事故栅栏（A_1）	5	10	10	差	20
人行道（A_2）	6	15	15	很好	100
信号（A_3）	3	8	5	一般	5

表 5.11　评分尺度

评价指标＼得分	5	4	3	2	1
减少死亡人数(人)	7 以上	6～7	4～5	2～3	2 以下
减少负伤人数(人)	29 以上	20～29	15～19	10～14	10 以下
减少经济损失(百万元)	29 以上	20～29	15～19	10～14	0～9
外　观	很好	好	一般	差	很差
实施费用(百万元)	0～20	21～40	41～60	61～80	80 以上

这样 A_1,A_2 方案有了同等的分值,属于待选方案,A_3 属于淘汰方案。要在 A_1、A_2 中进一步选择时,需要加入新的因素后才可确定。

2. KLEE 法

当指标间的重要性可以在数量上作出判断时,可用 KLEE 法。仍用例 5.4 对这种方法的步骤加以说明。

(1) 按照如下步骤决定评价指标的权重:

第一步,把评价指标以任意顺序排列起来。

第二步,从下至上对相邻的评价指标进行评价。以下面指标为基准,在数量上进行重要度的判定(r_j 栏)。例如在表 5.12 中,外观的价值是实施费用的 0.5 倍,减少经济损失的价值是外观的 2 倍,负伤者减少的价值又是减少经济损失的 3 倍,进而死亡者减少的价值是负伤者减少的 3 倍。

第三步,把 k 列中最下面一个 k 值设为 1,接着进行基准化。即按从下而上的顺序乘以 r_j 的值从而求出 k_j。

第四步,把 k_j 归一化即为权重 W_j。

(2) 根据各个指标的效果对替代方案进行单项评价。在本例中,除指标“外观”需给出评价基准以外,其他指标比率的计算都可以用比例尺度表示,在表 5.13 中直接给出了 r_j、k_j 和 s_{ij} 的计算过程。k_j 和 s_{ij} 的计算与表 5.12 的 k_j 和 W_j 计算方法相同。

(3) 替代方案综合得分的计算结果如表 5.14 所示。

表 5.12 评价指标的重要度

评价指标	R_j	K_j	W_j
减少死亡人数	3	9.0	0.62
减少负伤人数	3	3.0	0.21
减少经济损失	2	1.0	0.07
外观	0.5	0.5	0.03
实施费用	/	1.0	0.07
小计			1.00

表 5.13 替代方案按指标类别的评价

评价指标	替代方案	r_j	k_j	s_{ij}
减少死亡人数	设置防事故栅栏	0.8	1.60	0.35
	设置人行道	2.0	2.00	0.43
	设置交通信号	/	1.00	0.22
	合 计		4.60	1.00
减少负伤人数	设置防事故栅栏	0.67	1.26	0.30
	设置人行道	1.88	1.88	0.46
	设置交通信号	/	1.00	0.24
	合 计		4.14	1.00
减少经济损失	设置防事故栅栏	0.67	2.00	0.33
	设置人行道	3.00	3.00	0.50
	设置交通信号	/	1.00	0.17
	合 计		6.00	1.00
外 观	设置防事故栅栏	0.40	0.67	0.20
	设置人行道	1.67	1.67	0.50
	设置交通信号	/	1.00	0.30
	合 计		3.34	1.00
实施费用	设置防事故栅栏	5.00	0.25	0.19
	设置人行道	0.05	0.05	0.04
	设置交通信号	/	1.00	0.77
	合 计		1.30	1.00

表 5.14　替代方案综合得分计算表

方案 \ 得分 \ 权重 \ 指标	减少死亡人数	减少负伤人数	减少经济损失	外　观	实施费用	V
	0.62	0.21	0.07	0.03	0.07	
设置防事故栅栏	0.36	0.30	0.33	0.20	0.19	0.3286
设置人行道	0.43	0.46	0.50	0.50	0.04	0.4160
设置交通信号	0.21	0.24	0.17	0.30	0.77	0.25547

5.3.5 模糊综合评价法

在现实世界中，很多事物之间的关系是不清晰的，是模糊的，如胖和瘦、高和矮、年老和年轻、大和小等，它们之间没有绝对明确的界限，具有模糊性。在方案的评价过程中，要想准确地描述一个目标，往往极为困难，例如“把企业办得更好”、“改善服务态度，提高服务质量”等，其评价标准往往由决策者主观确定，对这类目标实现效果的评价也具有模糊性。模糊评价法是运用模糊集理论对某一考核系统进行综合评价的一种方法。这种方法考核的对象可以是方案、产品或是各类人员（如管理人员、技术人员、生产工人等）。

1. 模糊综合评价的数学模型

模糊综合评价可分为一级综合评价模型和多级综合评价模型两类。

1）一级模糊综合评价

（1）建立因素集。因素就是评价对象的各种属性或性能，在不同场合，也称为参数指标或质量指标，它们综合地反映出对象的质量，如衣服的款式、花色等。人们就是根据这些因素进行评价。所谓因素集，就是影响评价对象的各种因素组成的一个普通集合，即 $U=\{u_1,u_2,\cdots,u_n\}$。这些因素通常都具有不同程度的模糊性，当然也可以是非模糊的。各因素与因素集的关系，或者 u_i 属于 U，或者 u_i 不属于 U，二者必居其一。因此，因素集本身是一个普通集合。

（2）建立备择集。备择集，又称为评价集，是评价者对评价对象可能作出的各种总的评价结果所组成的集合，即 $V=\{v_1,v_2,\cdots,v_m\}$。各元素 v_i 代表各种可能的总评价结果，如对学生成绩评价中的优秀、良好、中等、及格、不及格等。模糊综合评价的目的，就是在综合考虑所有影响因素的基础上，从备择集中得出的一个最佳的评价结果。

显然，v_i 与 V 的关系也是普通集合关系，因此，备择集也是一个普通集合。

（3）建立权重集。在因素集中，各因素的重要程度是不一样的。为了反映各因素的重要程度，对各个因素 u_i 应赋予一相应的权数 $a_i(i=1,2,\cdots,n)$。由各权数所组成的集合 $A=(a_1,a_2,\cdots,a_n)$ 称为因素权重集，简称权重集。

通常各权数 a_i 应满足归一性和非负性条件，即

$$\sum_{i=1}^{n} a_i = 1 \quad a_i \geqslant 0 \tag{5.33}$$

各种权数一般由人们根据实际问题的需要主观确定，没有统一的格式可以遵循，常用的方法有：统计实验法、分析推理法、专家评分法和两两对比法等。

(4) 单因素模糊评价。单独从一个因素出发进行评价，以确定评价对象对备择集元素的隶属度，称为单因素模糊评价。

单因素模糊评价，即建立一个从 U 到 $F(V)$ 的模糊映射

$$\underset{\sim}{f}: U \to F(V),\ \forall u_i \in U,\ u_i \mapsto \underset{\sim}{f}(u_i) = \frac{r_{i1}}{v_1} + \frac{r_{i2}}{v_2} + \cdots + \frac{r_{im}}{v_m} \tag{5.34}$$

式中，r_{ij} 表示 u_i 属于 v_j 的隶属度。

由 $\underset{\sim}{f}(u_i)$ 可得到单因素评价集

$$\underset{\sim}{R}_i = (r_{i1}, r_{i2}, \cdots, r_{im}),\ i = 1,2,\cdots,n$$

以单因素评价集为行组成的矩阵称为单因素评价矩阵

$$\underset{\sim}{R} = \begin{bmatrix} r_{11} & r_{12} & \cdots & r_{1m} \\ r_{21} & r_{22} & \cdots & r_{2m} \\ \cdots & \cdots & \cdots & \cdots \\ r_{n1} & r_{n2} & \cdots & r_{nm} \end{bmatrix}$$

该矩阵是一个模糊矩阵。

(5) 模糊综合评价。单因素模糊评价仅反映了一个因素对评价对象的影响，这显然是不够的，要综合考虑所有因素的影响，便是模糊综合评价。

由单因素评价矩阵可以看出：$\underset{\sim}{R}$ 的第 i 行反映了第 i 个因素影响评价对象取备择集中各个元素的程度；$\underset{\sim}{R}$ 的第 j 列则反映了所有因素影响评价对象取第 j 个备择元素的程度。如果对各因素作用以相应的权数 a_i，便能合理地反映所有因素的综合影响。因此，模糊综合评价可以表示为

$$\underset{\sim}{B} = \underset{\sim}{A} \cdot \underset{\sim}{R} = (a_1, a_2, \cdots, a_n) \begin{bmatrix} r_{11} & r_{12} & \cdots \\ r_{21} & r_{22} & \cdots \\ \cdots & \cdots & \cdots \\ r_{n1} & r_{n2} & \cdots \end{bmatrix} = (b_1, b_2, \cdots, b_m) \tag{5.35}$$

式中，b_j 称为模糊综合评价指标，简称评价指标。其含义为：综合考虑所有因素的影响时，评价对象对备择集中第 j 个元素的隶属度。权重矩阵与单因素评价在合

成时，可以选用下述几种评价模型之一。

模型Ⅰ　$M(\wedge,\vee)$，即

$$b_j=\bigvee_{i=1}^{n}(a_i\wedge r_{ij})\tag{5.36}$$

由于取小运算使得 $r_{ij}>a_i$ 的 r_{ij} 均不考虑，a_i 成了 r_{ij} 的上限，当因素较多时，权数 a_i 很小，因此将丢失大量的单因素评价信息。相反，当因素较少时，a_i 可能较大，取小运算使得 $a_i>r_{ij}$ 的 a_i 均不考虑，r_{ij} 成了 a_i 的上限，因此，将丢失主要因素的影响。取大运算均是在 a_i 和 r_{ij} 的较小者中取其最大者，这又要丢失大量信息。所以，该模型不宜用于因素太多或太少的情形。

模型Ⅱ　$M(\cdot,\vee)$，即

$$b_j=\bigvee_{i=1}^{n}(a_i\cdot r_{ij})\tag{5.37}$$

a_i 和 r_{ij} 为普通乘法运算，不会丢失任何信息，但取大运算仍将丢失大量有用信息。

模型Ⅲ　$M(\wedge,\oplus)$ 即

$$b_j=\sum_{i=1}^{n}(a_i\wedge r_{ij})\tag{5.38}$$

该模型在进行取小运算时，仍会丢失大量有价值的信息，以致得不出有意义的评价结果。

模型Ⅳ　$M(\cdot,\oplus)$ 即

$$b_j=\sum_{i=1}^{n}(a_i\cdot r_{ij})\tag{5.39}$$

该模型不仅考虑了所有因素的影响，而且保留了单因素评价的全部信息，适用于需要全面考虑各个因素的影响和全面考虑单因素评价结果的情况。

(6) 评价指标的处理。得到评价指标之后，可以根据下述某一评价原则来决定评价结果：

评价原则Ⅰ　最大隶属原则。取与最大的评价指标 $max b_j$ 相对应的备择元素 v_j 为评价结果。

评价原则Ⅱ　最小代价原则。设 x 属于 v_i 却判别为 v_j 的代价为 d_{ij}，又用表示判别为 v_j 的全部代价，即

$$\beta_j=\sum_{i=1}^{n}d_{ij}b_i\quad(j=1,2,\cdots,n)$$

若 $\beta_{j0}=\min\limits_{1\leqslant j\leqslant n}\beta_j$，则认为 x 属于 v_{j0} 类。

评价原则Ⅲ　置信度原则。置信度原则主要应用于有序评价类的评价结果的处理。设有序评价类 $v_1>v_2>\cdots>v_n$（或 $v_1<v_2<\cdots<v_n$），λ 为置信度，则

$$\frac{1}{2}\sum_{i=1}^{n}b_i < \lambda < \sum_{i=1}^{n}b_i$$

若 $k_0 = \min\{k: \sum_{i=1}^{k}b_i \geqslant \lambda, 1 \leqslant k \leqslant n\}$，或 $k_0 = n - \min\{k: \sum_{i=1}^{k}b_i \geqslant \lambda, 0 \leqslant k \leqslant n-1\}$，则认为 x 属于 v_{k_0} 类。

评价原则Ⅳ　评分原则

设 $\{v_1, v_2, \cdots, v_n\}$ 为一个有序评价类。由于评价类 v_i 之间有强弱关系，我们可以用分数表示评价类的强弱关系，强类的分数比弱类的分数大。设 v_i 的分数为 k_i，当 $v_1 < v_2 < \cdots < v_n$ 时，有 $k_1 < k_2 < \cdots < k_n$；当 $v_1 > v_2 > \cdots > v_n$ 时，有 $k_1 > k_2 > \cdots > k_n$。称 $q_x = \sum_{i=1}^{n}k_i b_i$ 为 x 的分数。如果 $q_{x_1} > q_{x_2}$，则认为 x_1 比 x_2 强，记为 $x_1 > x_2$。

2）多级综合评价模型

将因素 U 按属性的类型划分成 s 个子集，记作 $U_1, U_2, \cdots, U_s$，根据问题的需要，每一个子集还可以进一步划分。对每一个子集 U_i，按一级评价模型进行评价。将每一个 U_i 作为一个因素，用 $\underset{\sim}{B_i}$ 作为它的单因素评价集，又可构成评价矩阵 $\underset{\sim}{R} = [\underset{\sim}{B_1} \quad \underset{\sim}{B_2} \quad \cdots \quad \underset{\sim}{B_s}]^T$，故有第二级综合评价：$\underset{\sim}{B} = \underset{\sim}{A} \cdot \underset{\sim}{R}$。二级综合评价模型如图 5.8 所示。

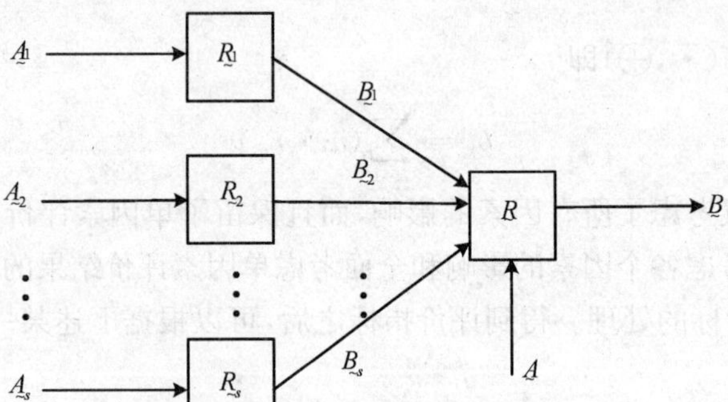

图 5.8　二级综合评价模型

2. 模糊综合评价的应用

1）一级模糊综合评价的应用

【例 5.5】　服装评价问题。

假定考虑三种因素：花色式样 u_1，耐穿程度 u_2，价格 u_3，因素集为 $U = \{u_1, u_2, u_3\}$。

评价分为四级：很欢迎 v_1，较欢迎 v_2，不太欢迎 v_3，不欢迎 v_4。这样就得到备

择集 $V=\{v_1, v_2, v_3, v_4\}$。

对于某类服装，先作单因素评价。例如，可以请若干专门人员或顾客单就花色式样 u_1 表态，若有 70%的人很欢迎，20%的人较欢迎，10%的人不太欢迎，没有人不欢迎，则关于 u_1 的评价为(0.7,0.2,0.1,0)。

类似的可以得到对耐磨程度 u_2 的评价为(0.2,0.4,0.3,0.1)；对价格 u_3 的评价为(0.1,0.3,0.4,0.2)。这样得到一个对服装各因素评价的评价矩阵

$$\underset{\sim}{R}=\begin{bmatrix} 0.7 & 0.2 & 0.1 & 0 \\ 0.2 & 0.4 & 0.3 & 0.1 \\ 0.1 & 0.3 & 0.4 & 0.2 \end{bmatrix}\begin{matrix}\text{花色式样}\\ \text{耐磨程度}\\ \text{价格}\end{matrix}$$

$$\begin{matrix}\text{很欢迎} & \text{较欢迎} & \text{不太欢迎} & \text{不欢迎}\end{matrix}$$

对不同类的顾客而言，诸因素的权重不同。假设某类顾客对诸因素的考虑权重为

$$A=(0.5, 0.3, 0.2)$$

则由模糊合成运算 $M(\cdot, \oplus)$ 可得综合评价向量如下：

$$\underset{\sim}{B}=\underset{\sim}{A}\cdot\underset{\sim}{R}=[0.5\quad 0.3\quad 0.2]\begin{bmatrix} 0.7 & 0.2 & 0.1 & 0 \\ 0.2 & 0.4 & 0.3 & 0.1 \\ 0.1 & 0.3 & 0.4 & 0.2 \end{bmatrix}$$

$$=[0.43\quad 0.28\quad 0.22\quad 0.07]$$

根据最大隶属原则可知，该类服装很受某类顾客的欢迎。

2）多级模糊综合评价的应用

【例 5.6】 某生产系统的安全性评价。

(1) 建立因素集。已知影响某生产系统安全性的因素可分为人、机、环境三大类，此为第一层次因素，影响人的因素很多，主要考虑人的生理、基本素质、技术熟练程度等。因此选取平均年龄 u_{11}，平均工龄 u_{12}，平均受教育年限 u_{13} 和平均专业培训时间 u_{14}，即 $U_1=\{u_{11}, u_{12}, u_{13}, u_{14}\}$；影响机的因素选取完好率 u_{21}，待修率 u_{22} 和故障率 u_{23}，即 $U_2=\{u_{21}, u_{22}, u_{23}\}$；影响环境的因素选取温度 u_{31}，湿度 u_{32}，照度 u_{33} 和噪声 u_{34}，即 $U_3=\{u_{31}, u_{32}, u_{33}, u_{34}\}$。

(2) 建立备择集。对系统的安全性进行综合评价，就是要指出系统的安全状况如何，即好、一般、差。故备择集为 $V=\{\text{好}, \text{一般}, \text{差}\}=\{v_1, v_2, v_3\}$。

(3) 建立权重集。权重的确定没有统一的方法，这里权重的确定采用层次分析法。

在该生产系统中，第一层次因素权重组成的权重为 $\underset{\sim}{A}=(0.65,0.25,0.10)$。

第二层次中人的因素的权重集为 $\underset{\sim}{A}_1=(0.10,0.25,0.37,0.28)$，机的因素的权重为 $\underset{\sim}{A}_2=(0.35,0.20,0.45)$，环境因素的权重集为 $\underset{\sim}{A}_3=(0.24,0.20,0.26,0.30)$。

(4) 单因素模糊评价。单因素模糊评价，就是建立从 U_i 到 $F(V)$ 模糊映射，即建立 U_i 中的每个因素对备择集 V 的隶属函数，以确定其隶属于每个备择元素的隶属度。

已知该生产系统中人、机、环境各因素的原始数据如表 5.15 至表 5.17 所示。

表 5.15 人的因素的原始数据

人的因素	平均年龄（岁）	平均工龄（年）	平均受教育年限（年）	平均专业培训时间（天）
数据	29.4	9.06	9.75	89

表 5.16 机的因素的原始数据

机的因素	完好率(%)	待修率(%)	故障率(%)
数据	92.01	2.30	0.162

表 5.17 环境因素的原始数据

环境因素	温度(℃)	湿度(%)	照度(lx)	噪声(dB)
数据	22.4	92.4	119	78

根据表中数据，可利用专家评判法或刻度法得到人、机、环境各因素的单因素模糊评价矩阵。

人的单因素评判矩阵为

$$\underset{\sim}{R}_1=\begin{bmatrix}0.83 & 0.73 & 0.02\\ 0.91 & 0.88 & 0.10\\ 0.98 & 0.87 & 0.18\\ 0.89 & 0.76 & 0.20\end{bmatrix}$$

机的单因素评判矩阵为 $$\underset{\sim}{R}_2=\begin{bmatrix}0.81 & 0.63 & 0.20\\ 0.89 & 0.29 & 0.23\\ 0.96 & 0.08 & 0.23\end{bmatrix}$$

环境的单因素评判矩阵为

$$\underset{\sim}{R}_3 = \begin{bmatrix} 0.88 & 0.80 & 0.52 \\ 0.19 & 0.38 & 1.00 \\ 0.85 & 0.67 & 0.48 \\ 0.55 & 0.88 & 0.68 \end{bmatrix}$$

(5) 一级模糊综合评价。

第一，人的因素综合评价。由前面确定出的人的因素的单因素评价矩阵 $\underset{\sim}{R}_1$ 和权重集 $\underset{\sim}{A}_1$，可得出人的模糊综合评价为

$$\underset{\sim}{B}_1 = \underset{\sim}{A}_1 \cdot \underset{\sim}{R}_1 = (0.1 \quad 0.25 \quad 0.37 \quad 0.28) \begin{bmatrix} 0.83 & 0.73 & 0.02 \\ 0.91 & 0.88 & 0.10 \\ 0.98 & 0.87 & 0.18 \\ 0.89 & 0.76 & 0.20 \end{bmatrix}$$

$$= (0.92 \quad 0.83 \quad 0.15)$$

第二，机的因素综合评价。由前面确定出的机的因素的单因素评价矩阵 $\underset{\sim}{R}_2$ 和权重集 $\underset{\sim}{A}_2$，可得出机的模糊综合评价为

$$\underset{\sim}{B}_2 = \underset{\sim}{A}_2 \cdot \underset{\sim}{R}_2 = (0.35 \quad 0.2 \quad 0.45) \begin{bmatrix} 0.81 & 0.63 & 0.20 \\ 0.89 & 0.29 & 0.23 \\ 0.96 & 0.08 & 0.23 \end{bmatrix}$$

$$= (0.89 \quad 0.32 \quad 0.14)$$

第三，环境因素综合评价。由前面确定出的环境因素的单因素评价矩阵 $\underset{\sim}{R}_3$ 和权重集 $\underset{\sim}{A}_3$，可得出环境的模糊综合评价为

$$\underset{\sim}{B}_3 = \underset{\sim}{A}_3 \cdot \underset{\sim}{R}_3 = (0.24 \quad 0.2 \quad 0.26 \quad 0.3) \begin{bmatrix} 0.88 & 0.80 & 0.52 \\ 0.19 & 0.38 & 1.00 \\ 0.85 & 0.67 & 0.48 \\ 0.55 & 0.88 & 0.68 \end{bmatrix}$$

$$= (0.64 \quad 0.71 \quad 0.65)$$

(6) 二级模糊综合评价。将人、机、环境看做单一因素，人、机、环境的一级评价结果可视为其单因素评价集，组成二级模糊综合评价的单因素评价矩阵

$$\underset{\sim}{R} = \begin{bmatrix} \underset{\sim}{B}_1 \\ \underset{\sim}{B}_2 \\ \underset{\sim}{B}_3 \end{bmatrix} = \begin{bmatrix} 0.92 & 0.83 & 0.15 \\ 0.89 & 0.32 & 0.14 \\ 0.64 & 0.71 & 0.65 \end{bmatrix}$$

由单因素评价矩阵 $\underset{\sim}{R}$ 和权重集 $\underset{\sim}{A}$，可得出二级模糊综合评价为

$$\underset{\sim}{B}=\underset{\sim}{A}\cdot\underset{\sim}{R}=(0.65\quad 0.25\quad 0.1)\begin{bmatrix}0.92 & 0.83 & 0.15\\0.89 & 0.32 & 0.14\\0.64 & 0.71 & 0.65\end{bmatrix}$$

$$=(0.89\quad 0.69\quad 0.20)$$

根据最大隶属原则，该生产系统的安全性模糊综合评价结果为安全性好。

5.3.6 灰色综合评价法

灰色系统理论是华中理工大学的邓聚龙教授于1982年提出的。该理论的研究对象是灰色系统，灰色系统是相对于白色系统和黑色系统而言的。黑色系统是指人们对系统的内部结构、参数和特征一无所知，只能从系统的外部表象来研究系统。这里所说的黑就是表示信息缺乏。反之，一个系统的内部结构完全已知，则称这类系统为白色系统。这里所说的白就是信息充足。部分信息已知，部分信息未知的系统就称为灰色系统，如经济系统、社会系统、生态系统、农业系统等大多数系统都是灰色系统。

灰色综合评价就是利用灰色关联作为测度，来比较各备选方案的优劣程度。灰色综合评价主要是利用灰色关联分析这一工具。关联分析就是通过计算比较序列与参考序列的关联系数和关联度，来确定各种影响因素或备选方案的重要度，进而确定重要因素或最优方案。也就是说，首先要选取参考序列，将各种备选方案在各评价因素下的价值评定值视为比较序列，通过计算各方案与参考序列的关联度来确定最优方案。

灰色综合评价法的特点是：分析思路清楚，分析时所需数据不多，计算方法简单，可以充分利用已白化的信息，综合评价的误差小。

1. 灰色综合评价的数学模型

灰色综合评价可分为单层次综合评价和多层次综合评价。

1) 单层次综合评价

(1) 确定评价指标。评价指标也称为因素，就是评价对象的各种属性或性能，它们综合反映出评价对象的质量，是对评价对象进行评价的依据。

(2) 确定最优指标集 U^*。最优指标是从各评价对象的同一指标中选取最优的一个，各评价指标的最优值组成的集合称为最优指标集，记为

$$U^*=(u_{01},u_{02},\cdots,u_{0m})$$

它是各评价对象比较的基准。最优指标集和各评价对象的指标组成原始值矩阵

$$D=\begin{bmatrix} u_{01} & u_{02} & \cdots & u_{0m} \\ u_{11} & u_{12} & \cdots & u_{1m} \\ \cdots & \cdots & \cdots & \cdots \\ u_{n1} & u_{n2} & \cdots & u_{nm} \end{bmatrix}$$

其中，u_{ij} 为第 i 个评价对象的第 j 个指标的值（$i=0,1,2,\cdots,n$；$j=1,2,\cdots,m$）。

（3）数据的无纲化处理。各因素组成的序列，一般来说，取值单位不尽相同，而单位不同的数据是无法进行比较的，因此必须把原始数据进行无量纲化处理。无量纲化的方法有数据初值化、数据均值化、数据极差化和数据标准化等，常用的是数据均值化和初值化。

数据均值化是用矩阵 D 的每列数据的平均值去除该列的所有数据，得到一个占平均值一定百分比的新序列。原始值矩阵 $D=[u_{ij}]$ 经过均值化处理后得无量纲矩阵 $E=[v_{ij}]$，其中

$$v_{ij}=\frac{u_{ij}}{\bar{u}_j},i=0,1,2,\cdots,n;\quad j=1,2,\cdots,m \tag{5.40}$$

式中，$\bar{u}_j=\frac{\sum_{i=0}^{n}u_{ij}}{n+1}$，$j=1,2,\cdots,m$。

数据初值化就是数据列中的数据都除以第一个数据，以得到一个占第一个数据一定百分比的新数据列。原始值矩阵 $D=[u_{ij}]$ 经过均值化处理后得无量纲矩阵 $E=[v_{ij}]$，其中

$$v_{ij}=\frac{u_{ij}}{u_{0j}},\quad i=0,1,2,\cdots,n;\quad j=1,2,\cdots,m \tag{5.41}$$

（4）确定评价矩阵。经量纲归一化处理后，以最优指标集为参考序列，各评价对象的指标为比较序列，由下式计算第 i 个评价对象与最优指标集的第 j 个最优指标的灰色关联系数

$$L_{ij}=\frac{\min\limits_{i}\min\limits_{j}\mid v_{0j}-v_{ij}\mid+\rho\max\limits_{i}\max\limits_{j}\mid v_{0j}-v_{ij}\mid}{\mid v_{0j}-v_{ij}\mid+\rho\max\limits_{i}\max\limits_{j}\mid v_{0j}-v_{ij}\mid}$$

$$i=1,2,\cdots,n;\quad j=1,2,\cdots,m \tag{5.42}$$

式中，ρ 为分辨系数，在[0,1]中取值，通常取 0.5；$\min\limits_{i}\min\limits_{j}|v_{0j}-v_{ij}|$ 为两级最小差；$\max\limits_{i}\max\limits_{j}|v_{0j}-v_{ij}|$ 为两级最大差。

各评价对象与最优指标的关联系数 L_{ij} 组成评价矩阵

$$R=\begin{bmatrix} L_{11} & L_{12} & \cdots & L_{1m} \\ L_{21} & L_{22} & \cdots & L_{2m} \\ \cdots & \cdots & \cdots & \cdots \\ L_{n1} & L_{n2} & \cdots & L_{nm} \end{bmatrix}$$

(5)确定各评价指标的权重矩阵。由于各指标的重要程度不同，因此，需要对各个指标赋予不同的权数 $a_i(i=1,2,\cdots,m)$，权重矩阵 $A=(a_i)_{1\times m}$。通常各权数应满足归一性和非负性条件，即

$$\sum_{i=1}^{m} a_i = 1, a_i \geqslant 0$$

(6) 灰色综合评价。由评价矩阵 R 和权重矩阵 A，可求出用灰色关联度表示的评价结果

$$B = A \times R^T, b_i = \sum_{j=1}^{m} a_j \cdot L_{ij}, i = 1,2,\cdots,n \tag{5.43}$$

灰色关联度越大，说明该评价对象越接近于最优指标。因此可以根据关联度的大小排出各评价对象的优劣顺序。

2）多层次综合评价

当评价对象的各指标间分为不同层次时，需要采用多层次综合评价模型。多层次综合评价是在单层次综合评价的基础上进行的，评价方法与单层次相似。第二层次评价结果组成第一层次的评价矩阵，由式(5.43)计算出第一层次评价结果。多层次综合评价模型见图 5.9 所示。

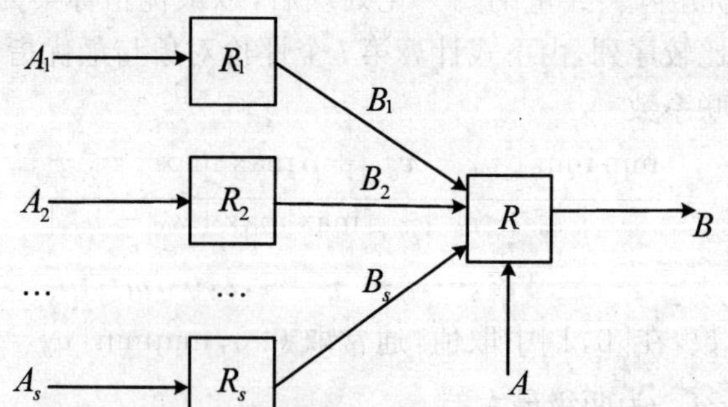

图 5.9 多层次综合评价模型

2. 灰色综合评价的应用

【例5.7】 在某建筑工程的抛投标中应用灰色综合评价的方法决定中标单位。

设参加某体育馆工程项目投标的有A、B、C三个建筑公司，各公司投标方案的技术经济指标如表5.18所示。七个指标的权重系数为$A=\{0.35,0.15,0.1,0.1,0.1,0.15,0.05\}$。

表5.18 技术经济指标表

指标	标度及上下浮动限值	A公司	B公司	C公司
报价(万元)	1120.9896 1064.940～1177.039	1061	1015	1125
工期(月)	24 21.6～25.2	22	22	23
钢材用量(t)	1341 1300～1177.039	1349	1402	1234
木材用量(m^3)	1032 1001～1061	1074	968	1010
水泥用量(t)	4000 3880～4120	4061	4022	4362
施用技术措施	15	12.8	11.2	11
社会信誉	5	5	4.8	4.7

说明：施用技术措施和社会信誉两项，是根据若干名专家打分后取平均值得到的；施用技术措施最高分为15分，社会信誉最高分为5分

解 (1) 确定最优指标集。前5个指标为成本型，越小越好，后两个指标为效益型指标，越大越好。故最优指标集为：$U^*=\{1064,21.6,1300,1001,3880,15,5\}$。则

$$D=\begin{bmatrix}1064 & 21.6 & 1300 & 1001 & 3880 & 15.0 & 5.0\\ 1061 & 22.0 & 1349 & 1074 & 4061 & 12.8 & 5.0\\ 1015 & 22.0 & 1402 & 968 & 4022 & 11.2 & 4.8\\ 1125 & 23.0 & 1234 & 1010 & 4362 & 11.0 & 4.7\end{bmatrix}\begin{matrix}U^*\\ A\\ B\\ C\end{matrix}$$

(2) 数据的无量纲化。根据式(5.40)对矩阵D中的数据进行均值化处理，得

$$E=\begin{bmatrix}0.998 & 0.975 & 0.984 & 0.988 & 0.951 & 1.200 & 1.026\\0.995 & 0.993 & 1.021 & 1.060 & 0.995 & 1.024 & 1.026\\0.952 & 0.993 & 1.061 & 0.955 & 0.985 & 0.896 & 0.985\\1.055 & 1.038 & 0.934 & 0.997 & 1.069 & 0.880 & 0.964\end{bmatrix}$$

(3) 以最优指标集为参考数列，三个公司的七个因素为比较数列，根据式(5.42)可计算出由关联系数组成的评判矩阵

$$\min_i \min_j |v_{0j}-v_{ij}|=0$$

$$\max_i \max_j |v_{0j}-v_{ij}|=0.32$$

$$L_{11}=\frac{0+0.5\times 0.32}{0.003+0.5\times 0.32}=0.982,\cdots,$$

$$R=\begin{bmatrix}0.982 & 0.899 & 0.812 & 0.690 & 0.784 & 0.476 & 1.000\\0.777 & 0.899 & 0.675 & 0.829 & 0.825 & 0.345 & 0.796\\0.737 & 0.717 & 0.762 & 0.947 & 0.576 & 0.333 & 0.721\end{bmatrix}$$

(4) 灰色综合评价。根据式(5.43)，可得评价结果

$$B=[0.35\quad 0.15\quad 0.10\quad 0.10\quad 0.10\quad 0.15\quad 0.05]\begin{bmatrix}0.982 & 0.777 & 0.737\\0.899 & 0.899 & 0.717\\0.812 & 0.675 & 0.762\\0.690 & 0.829 & 0.947\\0.784 & 0.825 & 0.576\\0.476 & 0.345 & 0.796\\1.000 & 0.796 & 0.721\end{bmatrix}=[0.829\quad 0.731\quad 0.680]$$

由评价结果可知，A 公司较其他两家公司更接近最优指标集，所以 A 公司应为中标单位。

【例 5.8】 生产系统的安全性评价问题。

已知影响生产系统安全性的因素可分为人、机、环境三大类，此为第一层次因素。影响人的因素很多，主要考虑人的生理、基本素质、技术熟练程度等，因此选取平均年龄 u_{11}，平均工龄 u_{12}，平均受教育年限 u_{13} 和平均专业培训时间 u_{14}，即 $U_1=\{u_{11},u_{12},u_{13},u_{14}\}$；影响机的因素选取完好率 u_{21}、待修率 u_{22} 和故障率 u_{23}，即 $U_2=\{u_{21},u_{22},u_{23}\}$；影响环境的因素选取温度 u_{31}、湿度 u_{32}、照度 u_{33} 和噪声 u_{34}，即 $U_3=\{u_{31},u_{32},u_{33},u_{34}\}$。影响人、机、环境的因素为第二层次的因素。已知 A、B、C 三个系统的原始数据如表 5.19 至表 5.21 所示。试利用灰色综合评价的方法评价各系统安全状况的好坏。

表 5.19　生产系统人的因素的原始数据

人的因素	平均年龄(岁)	平均工龄(岁)	平均受教育年限(年)	平均专业培训时间(天)
A	29.4	9.06	9.75	89
B	34.9	13.10	9.00	150
C	38.5	17.10	8.00	75

表 5.20　各生产系统机的因素的原始数据

机的因素	完好率(%)	待修率(%)	故障率(%)
A	92.01	3.30	0.16
B	90.02	3.56	0.76
C	82.98	4.02	0.89

表 5.21　各生产系统环境因素的原始数据

环境因素	湿度(℃)	湿度(℃)	照度(lx)	噪声(dB)
A	22.4	92.4	119	78
B	23.3	94.8	137	84
C	27.5	96.0	82	91

解　(1) 建立权重矩阵。权重的确定没有统一的方法。对第一层次的因素，权重的确定采用专家评分法，对第二层次的因素，权重的确定采用两两对比法。在各生产系统中，第一层次因素权重组成的权重矩阵为 $A=(0.65,0.25,0.10)$。第二层次中的人因素的权重为 $A_1=(0.10,0.25,0.37,0.28)$，机的因素的权重为 $A_2=(0.35,0.20,0.45)$，环境因素的权重为 $A_3=(0.24,0.20,0.26,0.30)$。

(2)第二层次灰色综合评价：

第一，人的因素的灰色综合评价。人的因素中，年龄反映人的生理因素，根据生理学可知，年龄越接近 25 岁越好；其他三个指标显然越长(大)越好。因此，可确定出最优指标集为

$$U_1^* = (29.4,17.1,9.75,150)$$

则

$$D_1 = \begin{bmatrix} 29.4 & 17.1 & 9.75 & 150 \\ 29.4 & 9.06 & 9.75 & 89 \\ 34.9 & 13.1 & 9.00 & 150 \\ 38.5 & 17.1 & 8.00 & 75 \end{bmatrix} \begin{matrix} v_1^* \\ A \\ B \\ C \end{matrix}$$

根据式(5.40)，对矩阵 D_1 中的数据进行均值化处理得

$$E_1=\begin{bmatrix}0.890 & 1.124 & 1.068 & 0.293\\ 0.890 & 0.643 & 1.068 & 0.767\\ 1.056 & 0.930 & 0.986 & 1.293\\ 1.165 & 1.214 & 0.870 & 0.647\end{bmatrix}$$

以最优指标集为参考数列，三个系统中人的因素为比较数列，根据式(5.42)可计算出由关联系数组成的评价矩阵

$$R_1=\begin{bmatrix}1.000 & 0.385 & 1.000 & 0.380\\ 0.661 & 0.532 & 0.798 & 1.000\\ 0.540 & 1.000 & 0.628 & 0.333\end{bmatrix}$$

则人的因素的灰色综合评价为

$$B_1=A_1\times R_1^T=(0.1\quad 0.25\quad 0.37\quad 0.28)\begin{bmatrix}1.000 & 0.661 & 0.540\\ 0.385 & 0.532 & 1.000\\ 1.000 & 0.798 & 0.628\\ 0.380 & 1.000 & 0.333\end{bmatrix}$$

$$=(0.673\quad 0.774\quad 0.63)$$

第二，机的因素的灰色综合评价。在机的因素中，完好率越大越好，待修率和故障率越小越好，因此最优指标集为

$$U_2^*=(92.01,2.3,0.16)$$

则

$$D_2=\begin{bmatrix}92.01 & 2.30 & 0.16\\ 92.01 & 2.30 & 0.16\\ 90.02 & 3.56 & 0.76\\ 82.98 & 4.02 & 0.89\end{bmatrix}\begin{matrix}v_2^*\\ A\\ B\\ C\end{matrix}$$

根据式(5.40)，对矩阵 D_2 中的数据进行均值化处理得

$$E_2=\begin{bmatrix}1.031 & 0.755 & 0.325\\ 1.031 & 0.755 & 0.325\\ 1.009 & 0.169 & 1.543\\ 0.929 & 0.321 & 1.807\end{bmatrix}$$

以最优指标集为参考数列，3 个系统中机的因素为比较数列，根据式(5.43)可计算出由关联系数组成的评价矩阵

$$R_2=\begin{bmatrix}1.000 & 1.000 & 1.000\\ 0.971 & 0.642 & 0.378\\ 0.879 & 0.567 & 0.333\end{bmatrix}$$

则机的因素的灰色综合评价为

$$B_2 = A_2 \times R_2^T = (0.35 \quad 0.2 \quad 0.45)\begin{bmatrix}1.000 & 0.971 & 0.879\\1.000 & 0.642 & 0.567\\1.000 & 0.378 & 0.333\end{bmatrix}$$

$$= (1 \quad 0.638 \quad 0.571)$$

第三，环境因素的灰色综合评价。科学实验证明，在各环境因素中，温度在19℃时，事故率最低；40%～60%的湿度最适宜；一般情况下，照度越大越好；噪声越小越好。因此最优指标集为

$$v_3^* = (22.4, 92.4, 137, 78)$$

则

$$D_3 = \begin{bmatrix}22.4 & 92.4 & 137 & 78\\22.4 & 92.4 & 119 & 78\\23.3 & 94.8 & 137 & 84\\27.5 & 96.0 & 82 & 91\end{bmatrix}\begin{matrix}v_3^*\\A\\B\\C\end{matrix}$$

根据式(5.41)，对矩阵 D_3 中的数据进行均值化处理得

$$E_3 = \begin{bmatrix}0.937 & 0.984 & 1.154 & 0.943\\0.937 & 0.984 & 1.002 & 0.943\\0.975 & 1.010 & 0.154 & 1.015\\1.151 & 1.022 & 0.690 & 1.099\end{bmatrix}$$

以最优指标集为参考数列，三个系统中环境因素为比较数列，根据式(5.43)可计算出由关联系数组成的评价矩阵

$$R_3 = \begin{bmatrix}1.000 & 1.000 & 0.604 & 1.000\\0.859 & 0.899 & 1.000 & 0.763\\0.520 & 0.859 & 0.333 & 0.598\end{bmatrix}$$

则环境因素的灰色综合评价为

$$B_3 = A_3 \times R_3^T = (0.24 \quad 0.2 \quad 0.26 \quad 0.3)\begin{bmatrix}1.000 & 0.859 & 0.520\\1.000 & 0.899 & 0.859\\0.604 & 1.000 & 0.333\\1.000 & 0.763 & 0.598\end{bmatrix}$$

$$= (0.897 \quad 0.875 \quad 0.563)$$

(3) 第一层次灰色综合评价

由第二层次人、机、环境各因素的灰色综合评价结果组成第一层次的评价矩阵

$$R=\begin{bmatrix}0.673 & 0.774 & 0.630\\ 1.000 & 0.638 & 0.571\\ 0.897 & 0.875 & 0.563\end{bmatrix}$$

则三个生产系统的安全性综合评价为

$$B=A\times R=(0.65\quad 0.25\quad 0.1)\begin{bmatrix}0.673 & 0.774 & 0.630\\ 1.000 & 0.638 & 0.571\\ 0.897 & 0.875 & 0.563\end{bmatrix}$$

$$=(0.78\quad 0.75\quad 0.61)$$

根据关联度的大小可知，生产系统 A 的安全性好于生产系统 B 好于生产系统 C。

5.4 系统预测方法

5.4.1 系统预测概述

实际上，预测和决策可以凭经验和直觉作出。例如，早晨上班之前，可以看看天色，然后根据以往的经验预测今天是否会下雨，从而决定是否带雨具。但是，现代社会的发展，使系统结构日益复杂，变化过程中存在着极大的不确定性和随机性，这就使得我们在系统的组织、管理中凭经验直觉做出决策并获得成功的可能性大大减小。为了在错综复杂、急剧变化的环境中，减少决策失误，改善管理调控，系统预测的理论和方法都随着实践的需要有了迅速的发展，形成了一套科学的预测方法。

由于预测对象、时间、范围、性质等的不同，现有预测方法可以形成不同的预测方法分类。但根据方法本身的性质特点，我们在此可将预测方法分为三大类。

第一类称为定性(qualitative)预测方法。这类方法主要是依据人们对系统过去和现在的经验、判断和直觉，如市场调查、专家打分、主观评价等做出预测。主要有德尔斐(Delphi)法、主观概率法、领先指标法等。

第二类称为时间序列分析(time series analysis)预测方法。这类方法主要是根据系统对象随时间变化的历史资料(如统计数据、实验数据和变化趋势等)，只考虑系统变量随时间的发展变化规律，对其未来做出预测。它主要包括移动平均法、指数平滑法、趋势外推以及博克斯—詹金斯(Box-Jenkins)方法等。

第三类称为因果关系(causal)预测方法。系统变量之间存在着某种前因后果关系，找出影响某种结果的一个或几个因素，建立起它们之间的数学模型，然后可以根据自变量的变化预测结果变量的变化。因果关系模型中的因变量和自变量在时间上是同步的，即因变量的预测值要由并进的自变量的值来旁推。因果关系预测方法主要有线性回归分析(linear regression analysis)法、马尔可夫(Markov)法、状态空间预测法、计量经济预测法以及系统动力学仿真方法等。

其中，第二、三类方法都是定量的方法。这三类预测方法归纳为图 5.10 所示。

- 定性预测方法
  - 德尔菲法
  - 主观概率法
  - 领先指标法
- 定量预测方法
  - 时间序列分析
    - 移动平均
    - 指数平滑
    - *Box–Jenkins*法
  - 因果关系分析
    - 线性回归分析
    - 计量经济模型（包括投入产出分析）
    - 马尔可夫模型
    - 状态空间分析
    - 灰色系统模型
    - 系统动力学仿真

图 5.10　预测方法分类

系统预测是一种科学预测，它决不是“未卜先知”的占卜术或星相术，而是“鉴往知来”，是对系统对象的发展、演变的客观规律的认识和分析过程。因此，系统预测应该建立在科学的理论基础之上，采用合理的分析、测算以及评价方法和手段。这样系统预测技术应当包括它所遵循的理论、预测对象的历史和现状资料与数据、所能采用的计算方法或分析判断方法、预测方法和结果的评价与检验等要素。预测技术所遵循的理论又包括两个方面：一是预测对象本身所处学科领域的理论，用以辨识事物发展的客观规律，指导预测方法的选择和结果的分析检验，例如，天气预报和经济预报可能采用完全不同的预测模型；二是预测方法本身的理论，主要是数理统计学的一些有关理论，近来也出现了一些智能预测的理论和方法等。因此，实施一个具体的系统预测项目，必须基于上述两方面的科学理论基础。一个成功的预测实践，应当科学合理地选择预测方法以及准确、完整地理解预测对象(包括其发展历史、现状及其资料、数据等)。

尽管不同的预测对象、不同的预测方法可能导致不同的预测实施过程，但总体看来，特别是定量预测方法大致可分为以下几个步骤：

1）明确预测目的

一般来说，系统预测不是系统工程研究的最终目的，它应当是为系统决策任务服务的。因此，在预测工作过程中，首先要在整个系统研究的总目标指导下，确定预测对象及具体的要求，包括预测指标、预测期限、可能选用的预测方法以及要求的基本资料和数据。这是系统预测一项极为重要的准备工作，它实际上是使得我们预测工作将会有正确的科学理论和方法指导，有的放矢。

2）收集、整理资料和数据

根据选用或可能选用的预测方法和预测指标，进行两个方面的工作：一是把有关的历史资料、统计数据、试验数据等尽可能收集齐全，在此基础上进一步分析、整理，去伪存真，填平补齐，形成合格的数据样本；另一方面，进行调查、访问，以取得第一手的数据资料，这一点对定性预测更是如此。

3）建立预测模型

根据科学理论指导以及所选择的预测方法，用各种有关变量来真实表达预测对象的关系，从而建立起预测用的数学模型。必要时可对数据样本进行适当处理，以符合模型本身的要求。

4）模型参数估计

按照各自模型的性质和可能的样本数据，采取科学的统计方法，对模型中的参数进行估计，最终识别和确认所选用的模型形式和结构。

5）模型检验

检验包括对模型的合理性及有效性验证。模型检验具体有两个方面，一是对有关假设的检验，如对线性关系的假设、变量结构（变量选取）以及独立性假设等必须进行统计检验，以保证理论、方法的正确性。另一方面是模型精度即预测误差的检验，如误差区间、标准离差等的检验。一旦检验发现模型不合理，就必须对模型加以修正。

6）预测实施与结果分析

运用通过检验的预测模型，使用有关数据，就可进行未来预测，并对预测结果进一步进行有关理论、经验方面的分析。此外，必要时还可对不同方法模型同时预测的结果加以分析对比，以做出更加可信的判断，为系统决策提供科学依据。

从上面划分列出的六个预测步骤，也从预测实际工作来看，不可能仅靠上述步骤的实施就能完全达到目标，有时会需要若干次的反复和迭代，经过多次样本修改、信息补充、模型修正等，才能完成系统预测任务。

5.4.2　时间序列分析预测

1. 时间序列概念

系统中某一变量或指标的数值或统计观测值，按时间顺序排列成一个数值序列 $x_1, x_2, \cdots, x_n$，就称为时间序列(time series)。例如，商场的月销售额、城市的季度用电量、地区的每年5月份的降雨量、地区的工业总产值、投资总额，以至由仪器测到的人体心电图，随时间变化的电路电压、电流信号值等都是时间序列的典型例子。某市六年来汽车货运量(如表5.22所示)是一个典型的时间序列。

表5.22　某市六年来汽车货运量($\times 10^8$ t·km)

年份	一季度	二季度	三季度	四季度
1990	4.77	6.16	5.04	5.13
1991	6.38	8.06	9.64	6.83
1992	7.46	6.37	8.46	8.89
1993	10.34	10.45	9.54	8.27
1994	8.48	8.15	9.43	9.67
1995	10.39	10.48	12.23	10.98

从系统的角度来看，某一时间序列代表着客观世界的某一动态过程，它是系统中某一变量受其他各种因素影响的总结果，且表现为动态变化，因此，时间序列也往往称为“动态数据”。系统变量变化的动态过程分为两类：一类是可以用时间 t 的确定函数加以描述，称为确定性过程；另一类是没有确定的变化形式，也不能用 t 的确定函数加以描述，但是可以用概率统计方法寻求合适的随机模型来近似地反映其变化规律，这种过程称为随机过程。在系统预测中讨论的每一个时间序列都是某一事件变化的随机过程的一个样本，通过对样本的分析研究，找出动态过程的特性、最佳的数学模型、估计模型参数，并检验利用数学模型进行统计预测的精度，这就是时间序列预测的主要内容。

2. 时间序列的特征

各种不同的系统变量由于受到不同因素的影响，在不同时间区段内，其时间序列会体现出不同的变化规律，不同的时间序列也会体现不同的统计特征。通过对各种不同的社会、经济和工程系统中的时间序列的分析发现，时间序列的影响因素的作用特征可以概括为四种变动方式，即趋势变动 T，季节变动 S，循环变动(周期变动) C 及不规则变动 I。也就是说，任何一个时间序列总是表现为上述几

种变动的不同组合的总结果 Y，且可用乘法模型或加法模型表示为

$$Y = T \cdot S \cdot C \cdot I$$

或

$$Y = T + S + C + I$$

由此可见，时间序列的特征表现为四个方面：

(1) 趋势性。某个变量由于受到某些因素持续同性质（或同向）的影响，其时间序列表现出持续上升或下降的总变化趋势，其间的变动幅度可能有时不等。

(2) 季节性。时间序列以一年为周期，随着四个季节的推移呈现某种规律性变化，但是各年变动幅度在各个季节不一定相同，而各季节出现高峰值和低谷值的规律是相同的。例如表 5.22 的时间序列就具有季节特征。

(3) 周期性。季节性变动是一种典型的周期变动，它以一年为周期，而且这种周期性主要是由于外部（季节）因素造成的。然而，其他一些系统对象和事物由于其内部因素的相互影响，其动态时间序列会呈现出各种周期长度不同的周期性变动。例如，宏观经济的繁荣、萧条就存在 2 年～5 年的短周期，同时也存在 5 年～20 年中周期以及 30 年～50 年的长周期。

(4) 不规则性。不规则性变动可分为突然性和随机性变动。前者是由于难以预测的因素引起的，其规律目前难以认识和推测。具有随机性变动的时间序列，若能用一个经过历史或测试数据验证的概率分布加以推测，则称之为随机性时间序列。

任何一个时间序列，可能同时具有以上几个特征，也可能是其中某几个的组合。

在系统预测中，我们一般把 I 视为干扰，必须设法将其过滤掉，而将趋势变动反映出来，以预测时间序列的长期变化趋势，必要时还应将季节性或周期性特征反映出来。

由于时间序列可能具有不同特征，就导致我们在进行系统预测时采用不同方法。因此在预测之前，有必要识别时间序列的变动特征，从而选择合适的预测方法。

3. 时间序列特征的识别

识别时间序列特征的简单方法是作图法，即以时间为横坐标，以变量值为纵坐标，将时间序列数值绘在坐标图上，一般就可以大致观察到时间序列变动特征。

因为时间序列被认为是一个随机过程的一个样本或者是一个离散的随机过程本身，所以其特征识别将从它的随机性（相关性）及平稳性开始。为此，应先定义自相关系数。

设时间序列为 $x_1, x_2, \cdots, x_n$，则 k 个自相关系数 r_k 可按下式计算

$$r_k = \frac{\sum_{t=1}^{n-k}(x_t - \bar{x})(x_{t+k} - \bar{x})}{\sum_{t=1}^{n}(x_t - \bar{x})^2}, \quad \left(k = 1, 2, \cdots, \frac{n}{4}\right) \tag{5.44}$$

式中

$$\bar{x} = \frac{1}{n}\sum_{t=1}^{n} x_t \tag{5.45}$$

1）时间序列的随机性识别

当时间序列样本数 n 足够大时，如果所有的自相关系数 $r_1, r_2, r_3, \cdots$ 近似等于零，则表明该时间序列完全由随机数组成，即具有完全的随机性特征。由数理统计知识可以推出：若计算较多（20 个以上）的自相关系数 $r_k, k=1, \cdots, 20$，当

$$\frac{-1.96}{\sqrt{n}} \leqslant r_k \leqslant \frac{1.96}{\sqrt{n}} \tag{5.46}$$

成立时，则有 95％的置信度可以认为所有的自相关系数 r_k 与零没有显著性差异，因而认为该时间序列具有随机性特征。

在有些情况下，可能由于偶然因素，有个别 $r>0$ 超出式（5.46）的范围。G. E. Box 和 D. A. Pierce 提出可用 χ^2 检验来判别 r_k 与零有无显著性差异，其方法如下：

计算 m 个自相关系数 $r_1, r_2, \cdots, r_m (m \geqslant 6, n > m)$，构造统计量 Q

$$Q = n\sum_{k=1}^{m} r_k^2 \tag{5.47}$$

于是，由 $r_k (k=1, \cdots, m)$ 可直接计算 Q；再查 χ^2 表，取自由度为 $m-1$。当 $Q \leqslant \chi^2(m-1)$ 时，则可认为这 m 个自相关系数 r_k 与零没有显著差异，此时间序列具有随机性，否则，为非随机性。

2）时间序列的平稳性识别

时间序列的平稳性检验，就是检验 $x_1, x_2, \cdots, x_n$ 是否为平稳随机过程的一个有限样本。所谓平稳序列，应具有两个基本特点：一是它的数学期望和方差取常值，即序列的样本应在某一固定水平线附近摆动；二是它的相关函数只是时间间隔 k 的函数，与时间起点 t_0 无关。因此，时间序列的平稳性识别就是要检验这两个特性是否成立。

显然，观测时间序列的图形是一种直观识别其平稳性的办法。此外，对于一个物理随机过程，如果它的系统参数、影响因素及实际条件保持不变或变化不大的话，就可视为是平稳的。用统计的办法，如果所有 r_k 与零均无显著差异（在置

信度 95%内)，或统计量 $Q<\chi^2$ 的关系满足，也可认为该序列具有平稳性。

3) 时间序列趋势性识别

对于非平稳的时间序列，其均值和方差可能存在某种趋势。这里给出一种对单调趋势识别有效的检验方法。设有时间序列 $x_1,x_2,\cdots,x_n$，当出现一个 $x_j>x_i$ $(j>i,i=1,2,\cdots,n)$时，将其定义为 x_i 的一个逆序，x_i的逆序数定义为 x_i 相应逆序的总个数 A_i。于是，时间序列的逆序总数为

$$A=\sum_{i=1}^{n-1}A_i \tag{5.48}$$

于是，统计量

$$u=\left(A+\frac{1}{2}-E(A)\right)/\sqrt{\mathrm{Var}(A)} \tag{5.49}$$

渐近服从正态分布 $N(0,1)$。其中，A 的平均值为

$$E(A)=n(n-1)/4 \tag{5.50}$$

A 的方差为

$$\mathrm{Var}(A)=n(2n^2+3n-5)/72 \tag{5.51}$$

于是，由 n 可以计算出 $E(A)$及 $\mathrm{Var}(A)$，且由实际序列可得到 A 的值，从而由式(5.49)可计算出 u 的值。如果$-2\leqslant u\leqslant 2$，则可认为"序列无趋势"，否则拒绝上述假设(在 0.05 显著水平上)。显然如果 A 很大，表明时间序列均值(或方差)有上升的趋势；而很小，则表明时间序列均值(或方差)有下降趋势。

尽管上述方法仅对单调序列有效，但对一些复杂趋势序列，也有可能把数据分成若干段，然后分段利用上述方法加以识别。

4) 时间序列周期性(季节性)的识别

时间序列周期性识别的简单方法，仍然是计算出所有的自相关系数 r_k，并组成 r_k序列。一般说来，r_k序列与原序列会具有相同的周期性规律，即在序列的峰、谷处，会出现$|r_k|\geqslant\dfrac{1.96}{\sqrt{n}}$ 的情况，而其余的 r_k大多仍满足$|r_k|<\dfrac{1.96}{\sqrt{n}}$。

实际的时间序列，其统计特性往往是错综复杂的，可能含有多个未知的周期分量及噪声干扰，因此，采用有限的采样数据是比较理想的。识别其周期性规律往往是比较困难的，有兴趣的读者可进一步参考有关文献。

5.4.3 平滑预测法

平滑预测法通常包括移动平均法和指数平滑法两种。

1. 移动平均法

设时间序列$\{x_1,x_2,\cdots,x_n\}$，对其中连续 $N(\leqslant n)$个数据点进行算术平均，得 t

时刻的移动平均值，记为 M_t，有

$$M_t = \frac{x_t + x_{t-1} + \cdots + x_{t-N+1}}{N} \tag{5.52}$$

当用移动平均法进行超前一个周期预测时，采用移动平均值作为预测值 $\hat{x}_{t+1}$，即有

$$\hat{x}_{t+1} = M_t = \frac{x_t + x_{t-1} + \cdots + x_{t-N+1} + x_{t-N} - x_{t-N}}{N} =$$

$$M_{t-1} + \frac{x_t - x_{t-N}}{N} = \hat{x}_t + \frac{x_t - x_{t-N}}{N}$$

【例 5.9】 现有某商场 1 月～6 月的销售额资料如表 5.23，试用 $N=5$ 来进行移动平均，预测 6 月和 7 月的销售额。

表 5.23　某商场 1 月～6 月的销售额

月份	1	2	3	4	5	6
销售额(万元)	35	38	33	34	38	40

解

$$\hat{x}_6 = \frac{x_5 + x_4 + x_3 + x_2 + x_1}{5} = \frac{38 + 34 + 33 + 38 + 35}{5} = 35.6(\text{万元})$$

$$\hat{x}_7 = \frac{x_6 + x_5 + x_4 + x_3 + x_2}{5} = \frac{40 + 38 + 34 + 33 + 38}{5} = 36.6(\text{万元})$$

移动平均方法简单，但它一般只对发展变化比较平坦、增长趋势不明显，并且与以往远时期的状况联系不大的时间序列有效。

2. 指数平滑法

指数平滑法也是对时间序列进行平均，不过它不是求算术平均，而是注重时间序列的长期数值对未来预测值的共同影响，即对时间序列的各个数据进行加权平均，时间越近的数据，其权值越大。

设有时间序列 $\{x_1, x_2, \cdots, x_t\}$，用全部历史数据加权平均有

$$\hat{x}_{t+1} = a_0 x_t + a_1 x_{t-1} + a_2 x_{t-2} + \cdots + a_t x_1 \tag{5.53}$$

且

$$\begin{cases} 0 \leqslant a_i \leqslant 1 \\ \sum_{i=0}^{t} a_i = 1 \end{cases}$$

现特取 $a_0 = \alpha, a_j = \alpha(1-\alpha)^j, (j=1,2,\cdots,t), 0 \leqslant \alpha \leqslant 1$，于是

$$\hat{x}_{t+1} = \alpha x_t + \alpha(1-\alpha)x_{t-1} + \alpha(1-\alpha)^2 x_{t-2} + \cdots =$$
$$\alpha x_t + (1-\alpha)[\alpha x_{t-1} + \alpha(1-\alpha)x_{t-2} + \cdots] = \alpha x_t + (1-\alpha)\hat{x}_t \quad (5.54)$$

或

$$\hat{x}_{t+1} = \hat{x}_t + \alpha(x_t - \hat{x}_t) \quad (5.55)$$

式(5.54)说明 $t+1$ 时刻的预测值可用前一时刻的实际值，和预测(拟合)值 $\hat{x}_t$ 加权组合得到。其中，x_t是 t 时刻得到的关于时间序列的最新信息，而 $\hat{x}_t$是在 t 时刻前对 x_t的估计，它包含了 t 时刻之前获得的全部关于 x_t的信息；而式(5.55)表示 t 时刻的预测值 $\hat{x}_{t+1}$是获得新信息后，用误差信息 $e_t = x_t - \hat{x}_t$ 来修正原来的预测值 $\hat{x}_t$ 而获得的。显然，α 越大，表明越重视新信息的影响。但这种办法只能预测一期。

为适应一般情况，将式(5.54)改为

$$s_t = \hat{x}_{t+1} = \alpha x_t + (1-\alpha)\hat{x}_t = \alpha x_t + (1-\alpha)s_{t-1} \quad (5.56)$$

同时取 $s_= x_1$，称 α 为平滑常数(系数)，称 s_t 为 t 时刻的一阶指数平滑值。相应可对一次平滑序列$\{s_t\}$再进行一次指数平滑，称为二次指数平滑，设 $s_t^{(2)}$ 为二次指数平滑值，则有

$$s_t^{(2)} = \alpha s_t^{(1)} + (1-\alpha)s_{t-1}{}^{(2)} \quad (5.57)$$

由式(5.56)和(5.57)求得 $s_t^{(1)}$、$s_t^{(2)}$ 后，则可用下面公式预测 t 之后第 T 个时刻的值 $\hat{x}_{t+T}$

$$\hat{x}_{t+T} = a_t + b_t T \quad (5.58)$$

且可以证明

$$\left.\begin{aligned} a_t &= 2s_t^{(1)} - s_t^{(2)} \\ b_t &= \frac{\alpha}{1-\alpha}[s_t^{(1)} - s_t^{(2)}] \end{aligned}\right\} \quad (5.59)$$

如果对$\{x_t\}$的二次指数平滑值 $s_t^{(2)}$ 再作一次平滑，即得到三次指数平滑值 $s_t^{(3)}$ 为

$$s_t^{(3)} = \alpha s_t^{(2)} + (1-\alpha)s_{t-1}^{(3)} \quad (5.60)$$

这时，三次指数平滑的预测方程为

$$\hat{x}_{t+T} = a_t + b_t T + \frac{1}{2}c_t T^2 \quad (5.61)$$

也可以证明

$$\left.\begin{aligned} a_t &= 3s_t^{(1)} - 3s_t^{(2)} + s_t^{(3)} \\ b_t &= \frac{\alpha}{2(1-\alpha)^2}[(6-5\alpha)s_t^{(1)} - 2(5-4\alpha)s_t^{(2)} + 4(4-3\alpha)s_t^{(3)}] \\ c_t &= \frac{\alpha^2}{2(1-\alpha)^2}[s_t^{(1)} - 2s_t^{(2)} + s_t^{(3)}] \end{aligned}\right\} \quad (5.62)$$

从理论上讲，还可对$\{x_t\}$进行更多次的指数平滑，但是在实际中，三次以上的平滑公式几乎不会用到。

不难看出，式(5.58)及(5.61)提供了一种较为方便的能进行多期($T=1,2,\cdots$)预测的方法。但是，这里仍有两个问题需要解决，即平滑系数α选取，以及初始条件$s_0^{(1)}, s_0^{(2)}, s_0^{(3)}$的给定。

在指数平滑中，平滑常数α对预测精度影响很大，因此它的选择十分重要。α值代表了模型对过程变化的反映速度，α越大(向 1 接近)，表示模型越重视近期数据的作用，对过程的变化反映越快；另一方面，α值又代表预测系统对随机误差的修匀能力，α越小(向 0 接近)，表示模型越重视离现时更远的历史数据的作用，系统滤波(修匀)能力越强，便对过程变化的反映越迟钝。为了兼顾预测系统既有一定的跟踪过程变化的能力，又有一定的滤波能力，因此，α的取值应在二者之间折衷。

在实际中，应根据具体的预测问题，主要凭经验来选择α值，有下面几条原则可供参考：

(1) 如果对初始值的正确性有疑问时，则α的值宜取大一些，以便扩大近期数据的作用，迅速减小初始值的影响。

(2) 如果外部环境变化较快，数据随时产生大的变化，则α的值宜取大一些，以便跟踪过程的变化(一般取 0.3～0.5)。

(3) 如果原始资料比较缺乏，或历史资料的参考价值小(如历史统计数据准确性差)，则α的值宜取大一点。

(4) 如果时间序列虽然具有不规则变动，但是长期趋势比较稳定(如接近某一稳定常数)，那么α的值应取得较小(0.05～0.2)。

(5) 对变化甚小的时间序列，α值宜取小(一般 0.1～0.4)，使较早观察值亦能充分反映在平滑值中。

至于平滑序列初始值的确定，一般为当时间序列原始数据样本较多，α的值较大时，可取$s_0^{(1)}=x, s_0^{(2)}=s_0^{(1)}, s_0^{(3)}=s_0^{(2)}$。

而当数据点不够多，初始值对预测精度影响较大时，可取开始几个观测值的算术平均值、加权平均值或指数平均值作为初始值。

总之，无论是平滑系数α还是初始条件$s_0^{(1)}$、$s_0^{(2)}$、$s_0^{(3)}$，对预测结果都有直接的影响。那么，一般可以选择不同的α，通过对预测结果的评价来选择较好的值。这里评价的原则主要有以下三个：

(1) 对不同的α，计算平均绝对误差$\mathrm{MAE}=\frac{1}{n}\sum_{i=1}^{n}|x_i-\hat{x}_i|$，选择使 MAE 最小的$\alpha$值。

(2) 用历史数据检验。即对每一个 α,用离现时较远的历史数据建立预测模型,“预测”离现时较近的历史(事后预测),看符合程度如何,选用符合得较好的 α。

(3) 对用不同 α 的预测结果,采用专家评估法,取评价结果好的 α。

【例 5.10】 已知某地区 1964 年至 1978 年各年的人均工业总产值如表 5.24,用指数平滑法预测 1979 年至 1988 年各年的人均工业总产值。

表 5.24 某地区 1964 年~1978 年的人均工业总产值

年份	周期数	历年人均产值 x_t	$s_t^{(1)}$	$s_t^{(2)}$	$s_t^{(3)}$
	0		114.5	114.5	114.5
1964	1	134.4	118.46	115.29	114.66
1965	2	165.0	127.77	117.79	115.29
1966	3	195.1	141.24	122.48	116.73
1967	4	164.1	145.81	127.15	118.81
1968	5	151.5	146.95	131.11	121.27
1969	6	198.2	157.2	136.33	124.28
1970	7	251.9	176.14	144.29	128.28
1971	8	281.8	197.27	154.89	133.6
1972	9	293.7	216.56	167.22	140.32
1973	10	314.2	236.09	180.99	148.45
1974	11	309.3	250.73	194.9	157.75
1975	12	350.0	270.58	210.07	168.21
1796	13	349.7	286.4	225.34	179.64
1977	14	394.4	308.0	241.87	192.09
1978	15	441.6	334.72	260.44	205.76

解 取 $\alpha=0.2, s_0^{(1)}=s_0^{(2)}=s_0^{(3)}$,则各次平滑值可由平滑公式得到,列在表 5.24 的右边三列内。

$$a_{15}=3\times 334.72-3\times 260.44+250.76=428.6$$

$$b_{15}=\frac{0.2}{2(1-0.2)^2}[(6-5\times 0.2)\times 334.72-2(5-4\times 0.2)\times 260.44+4(4-3\times 0.2)\times 0205.76]=28.98$$

$$c_{15}=\frac{0.2^2}{2(1-0.2)^2}[334.72-2\times 260.44+205.76]=0.6125$$

预测模型为 $Y_{15+T}=428.6+28.98T+0.6125T^2$。

按照这个公式,可计算出各年份的预测值,如

1979 年，$T=1$，$Y_{16}=428.6+28.98\times1+0.6125\times1^2=458.19$

……

1988 年，$T=10$，$Y_{25}=428.6+28.98\times10+0.6125\times10^2=779.65$

3. 趋势外推预测法

在一个时间序列中，特别对某些社会、经济系统中的渐变发展过程，往往可能存在某种长期趋势，用适当的方法测定这个趋势，给它选择一个合适的趋势曲线方程，以作为外推预测的依据，是统计预测的基本方法之一。

趋势曲线外推预测是基于如下两个假设：第一，影响预测对象过去发展的因素，在很大程度上也将决定其未来的发展；第二，预测对象的发展过程不是突变，而是渐变过程。利用趋势外推法，主要解决两个问题：一是找到合适的趋势拟合曲线方程；二是如何确定趋势曲线方程中参数。下面将着重讨论几种常见的趋势曲线方程及其参数辨识方法。

1）常用的趋势曲线

在实际应用中，最常用的是一些比较简单的函数形式，如多项式函数、指数函数、生长曲线和包络曲线等，下面介绍几种主要形式：

（1）多项式函数：多项式模型的一般形式为

$$y_t=a_0+a_1t+\cdots+a_kt^k \tag{5.63}$$

式中，y_t 为 t 时预测变量；t 为时间自变量；$a_0,a_1,a_2,\cdots,a_k$ 为多项式系数。

当 $k=1$ 时，是线性模型；$k=2$ 时，为二次抛物线模型；当 $k=3$ 时，称为三次抛物线模型，如图 5.11 所示。实际上，三次以上的多项式模型应用很少。线性模型用来描述随时间均匀发展的过程；二次抛物线描述增量 $u_t=y_t-y_{t-1}$ 均匀变化的过程，或者说以等加速度增加或以等加速度减小的过程；三次抛物线描述加速度与时间成比例增加或减小的过程。模型中的系数可用最小二乘法得到。而多项式次数，可根据残差平方和最小的原则确定。

（2）指数函数：

$$y_t=y_0e^{at} \tag{5.64}$$

该函数曲线如图 5.12 所示。它适应于变化率和变量 y 成比例的对象。如人口或生物种群繁殖生长，研究质变前的发展速度，新产品在成长期的销售量等等。

（3）生长曲线：生长曲线本是用来描述生物生长过程的一种特殊曲线。科学家们研究发现，生物的生长过程，一般经历发生、发展、成熟和衰亡四个阶段，每个阶段的成长速度各不相同：发生初期成长速度较慢，由慢渐快；发展时期成长速度则较快；成熟时期，其成长速度则由最快，开始变慢，进入饱和状态。这一过程如图 5.13 所示。其曲线形如 S，故又称 S 曲线。将这一过程推广到一般事物，它比较客观地描述了事物演变规律。用它进行中长期预测比较可靠,因而该方法得到广泛应用。S 型曲线又叫 Logistic 曲线,它有多种数学形式,这里介绍两种。

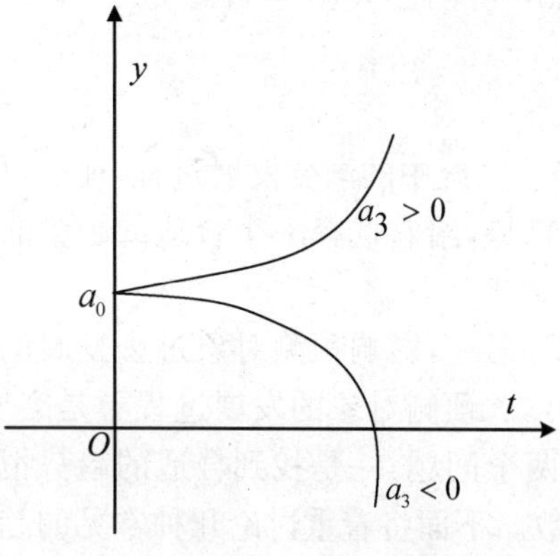

图 5.11　三次抛物线模型

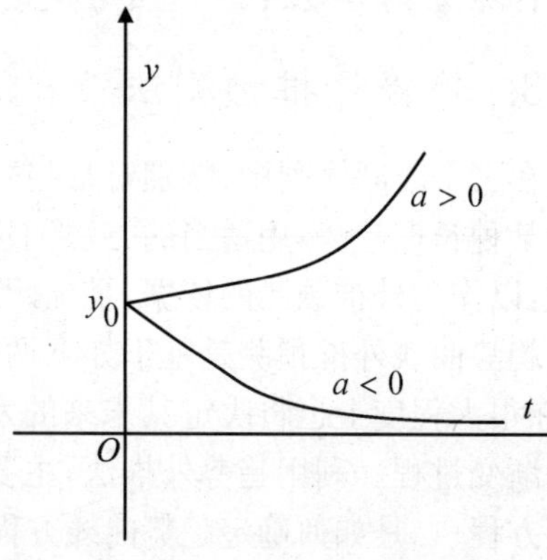

图 5.12　指数函数曲线

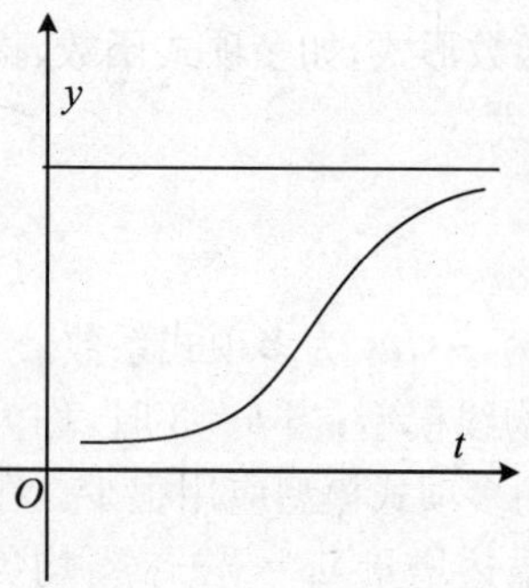

图 5.13　生长曲线

・逻辑斯蒂(Logistic)曲线。该曲线由德国数学与生物学家 P. F. Verhust 于 1837 年首先提出,之后由美国生物学家、人口统计学家皮尔(Pearl)用它对生物繁殖和生长过程进行了大量研究,故又称皮尔曲线。其形式如下:

$$y_t=\frac{K}{1+a\mathrm{e}^{-bt}} \tag{5.65}$$

由(5.65)可见,当 $t\to\infty$ 时,$y_t\to K$,是达到饱和状态的极限值,而且求得 y_t 对 t 的拐点,即增长速度的转折点为 $t=\frac{\ln a}{b}$,$y_t=\frac{1}{2}K$。

・龚伯茨(B. Gompartz)曲线。又称双指数模型,是英国统计学家和数学家龚伯茨发现的,其形式如下:

$$y_t=K\mathrm{e}^{-b\mathrm{e}^{kt}} \tag{5.66}$$

它和 Logistic 曲线类似,K 是饱和极限值($t\to\infty$, $y_t\to K$),其拐点为 $t=\frac{\ln b}{k}$,$y_t=K\mathrm{e}^{-1}$。

(4) 其他趋势曲线:

实际上,预测用的趋势曲线远不止上述几种,通过适当组合变形,还可以产生很多可供选择的趋势曲线,如:

$$y_t = L + ab' \quad (\text{修正指数曲线}) \tag{5.67}$$

$$y_t = a + \frac{b}{c+t} \quad (\text{双曲线}) \tag{5.68}$$

$$y_t = at^{\alpha} e^{\beta t} \tag{5.69}$$

$$y_t = a e^{\frac{b}{x}} \quad (\text{另一种指数曲线}) \tag{5.70}$$

等等。因此,如何根据实际中预测对象的规律来选择合适的趋势曲线,就成为趋势外推法应用的一个重要问题。

2) 趋势预测模型的选择

由于预测曲线具有多样性,能否正确地选择趋势模型,对预测任务的成败至关重要。为了获得与预测对象发展趋势一致的趋势模型,不仅要分析预测对象历史演变的特点即测试历史数据的特点,而且更重要的是要分析其未来发展趋势。由此看来,选择趋势预测模型时,一方面要从客观上分析其过去序列的特点,另一方面又要从主观上判断其未来趋势。前者主要可由已有的样本数据分析得到,而后者却要依据预测人员的经验和判断,体现了预测的科学性和艺术性的统一。具体说来,有以下几方面的问题需要研究:

(1) 预测对象发展的时间特征:是单调递增还是递减的;是有发展趋势的,还是周期性变化的;是有发展极限的,还是没有发展极限的;是渐变的,还是跳跃变化的。

(2) 预测对象发展的极值特征:预测对象的变化过程是否有极大值或极小值;这些极值点是否稳定;是可达到的,还是渐近的。

(3) 预测对象发展的时间函数形状特点:是否有拐点;是否具有对称性等。

(4) 预测对象的发展过程在时间上是否有明显的限制。

(5) 预测对象未来发展速度:是等速的还是变速的;速度和加速度的变化特点等。

利用趋势外推法从事实际预测时,一般可以建立几种不同的趋势模型,然后,逐个进行分析比较,包括进行残差平方和检验与进行专家评审等,来最终选择一个预测模型,实施预测或选择预测结果。

3) 趋势模型的参数辨识

显然,在趋势模型选定后,首要的工作就是要确定模型中参数。不同的趋势模型可能会有不同的参数辨识方法,但大致可使用如下三种:

(1) 最小二乘法。最小二乘法是广泛使用的一种曲线拟合方法。其优点是运算简单,能很好地平滑趋势中的随机干扰,对方程式中的参数作出无偏估计。在实际运用中,有两种情况:一是可以直接按最小二乘法,只要作简单的变量替换,就可以进行,如多项式函数。另一种是方程式需要作适当的变换,以转换成第一种情形,再作处理。

・多项式函数模型的参数辨识。给定时间序列样本数据为(t_1,y_1),(t_2,y_2),…,(t_n,y_n),设选取的趋势曲线为 t 的 k 次多项式

$$\hat{y}_t = a_0 + a_1 t + \cdots + a_k t^k \tag{5.71}$$

用最小二乘法估计参数 $a_0,a_1,\cdots,a_k$。设 y_t 表示样本值,$\hat{y}_t$ 为其估计值,那么其误差序列为

$$e_t = y_t - \hat{y}_t \tag{5.72}$$

曲线拟合目标是使误差的平方和最小,即

$$\min Q = \min \sum_{t=t_1}^{t_n} e_t = \min \sum_{t=1}^{n} (y_i - \hat{y}_t)^2 \tag{5.73}$$

其中,$y_i = y_t(t=t_i)$,$\hat{y}_i = \hat{y}_t(t=t_i)$,现记

$$Y = \begin{bmatrix} y_1 \\ y_2 \\ \vdots \\ y_n \end{bmatrix}, B = \begin{bmatrix} a_1 \\ a_2 \\ \vdots \\ a_n \end{bmatrix}, E = \begin{bmatrix} e_1 \\ e_2 \\ \vdots \\ e_n \end{bmatrix}, T = \begin{bmatrix} 1 & t_1 & t_1^2 & \cdots & t_1^k \\ 1 & t_2 & t_2^2 & \cdots & t_2^k \vdots \\ 1 & t_n & t_n^2 & \cdots & t_n^k \end{bmatrix}$$

于是

$$Q = E^T E = (Y - TB)^T (Y - YB), \frac{\partial Q}{\partial B} = -2T^T Y + 2T^T TB = 0$$

使得 Q 最小的 B 为

$$\hat{B} = (T^T T)^{-1} T^T Y \tag{5.74}$$

上式可以用标准的算法实现。但在手工运算中,当自变量时间 t 取间距相等的自然数时,矩阵 T 将变得特殊。而且,一般情况下,$k \leqslant 3$,这就有可能为手工运算提供方便的途径。分别对 $k=1,2,3$,将式(5.71)乘以 t 和 t^2,再对 n 个样本点求和,就可分别得到如下方程

$k=1$:$\hat{y}_t = a + bt$

$$\left.\begin{aligned} \sum y_t &= an + b\sum t \\ \sum t y_t &= a\sum t + b\sum t^2 \end{aligned}\right\} \tag{5.75}$$

$k=2$:$\hat{y}_t = a + bt + ct^2$

$$\left.\begin{aligned} \sum y_t &= an + b\sum t + c\sum t^2 \\ \sum t y_t &= a\sum t + b\sum t^2 + c\sum t^3 \\ \sum t^2 y_t &= a\sum t^2 + b\sum t^3 + c\sum t^4 \end{aligned}\right\} \tag{5.76}$$

$k=3$:$\hat{y}_t = a + bt + ct^2 + dt^3$

$$\left.\begin{aligned}\sum y_t &= an + b\sum t + c\sum t^2 + d\sum t^3\\ \sum ty_t &= a\sum t + b\sum t^2 + c\sum t^3 + c\sum t^4\\ \sum t^2 y_t &= a\sum t^2 + b\sum t^3 + c\sum t^4 + d\sum t^5\\ \sum t^3 y_t &= a\sum t^3 + b\sum t^4 + c\sum t^5 + d\sum t^6\end{aligned}\right\} \tag{5.77}$$

注:以上$\sum$均表示$\sum\limits_{t=1}^{n}$。

而且,通过适当地选取时间坐标原点,可使以上算式变得更简单。当样本点数 n 为奇数时,取 $t=\cdots,-3,-2,-1,0,1,2,3,\cdots$。而当样本点数 n 为偶数时,取 $t=\cdots,-5,-3,-1,1,3,5,\cdots$时可分别使

$$\sum_{t=1}^{n} t^{2i+1} = 0,\quad (i = 0,1,2)$$

从而使式(5.75)～(5.77)的计算大为简化。

【例 5.11】 某省谷物产量历史数据如表 5.25 和图 5.14 所示,预测今后 10 年的产量。

表 5.25　某省谷物产量

年份	1964	1965	1966	1967	1968	1969	1970	1971	1972
期数 t	−8	−7	−6	−5	−4	−3	−2	−1	0
产量 y_t	54.1	35.4	56.6	46.6	46.7	52.1	56.1	44.8	68.3
年份	1973	1974	1975	1976	1977	1978	1979	1980	
期数 t	1	2	3	4	5	6	7	8	
产量 y_t	36.3	75.0	57.2	69.0	55.5	73.3	64.1	60.0	

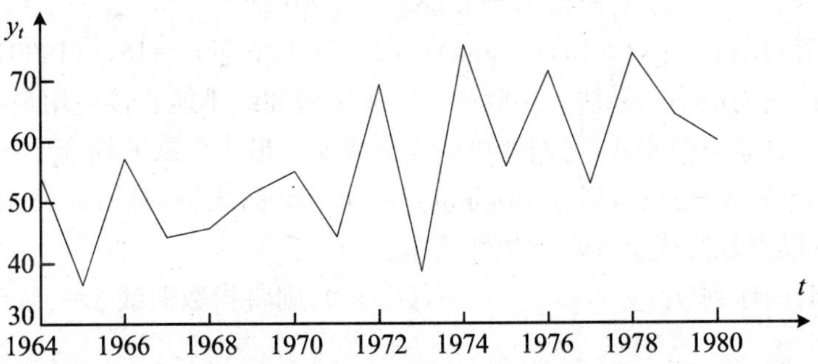

图 5.14　某省谷物产量曲线

从该省谷物产量的历史数据来看，虽然波动较大，但是总趋势是增长的。记 y_t 为谷物产量，t 为代表年份的期数。因时间序列项数 $n=17$ 为奇数，采用坐标平移法，取 1972 年为基准年，期数号 t 令为 0，若用二次抛物线 $y_i=a+bt+ct^2$ 来拟合时，式(5.76)中的系数则可大为简化，有

$$\begin{cases}\sum y_t = an + c\sum t^2 \\ \sum ty_t = b\sum t^2 \\ \sum t^2 y_t = a\sum t^2 + c\sum t^4\end{cases}$$

且

$$\sum t^2 = \frac{(n-1)n(n+1)}{12} = \frac{(17^2-1)\times 17}{12} = 408$$

$$\sum t^4 = \sum t^2 \cdot \frac{3n^2-7}{20} = 17544$$

$$\sum y_t = 951.6, \sum ty_t = 525.6$$

$$\sum t^2 y_t = 22849.2$$

将它们代入方程组中得到

$$b = \frac{\sum ty_t}{\sum t^2} = \frac{525.6}{408} = 1.288$$

$$a = \frac{\sum y_t}{n} - \frac{\sum t^2}{n} \cdot \frac{n\sum t^2 y_t - \sum t^2 \sum y_t}{n\sum t^4 - (\sum t^2)^2} = 55.97$$

$$c = \frac{n\sum t^2 y_t - \sum t^2 \sum y_t}{n\sum t^4 - (\sum t^2)^2} = 0.0014$$

预测模型为 $\hat{y}=55.97+1.288t+0.0014t^2$

预测值为 1985 年，$t=13$，$\hat{y}(1985)=72.75$；1990 年，$t=15$，$\hat{y}(1990)=79.60$。

· 间接使用最小二乘法。实际中有许多趋势曲线不能直接使用最小二乘法，但是只要经过简单的变换，它们就可以变换成使用最小二乘的标准形式。如指数曲线 $\hat{y}=a\cdot b^t$，$\hat{y}=y_0e^{at}$，以及 Logistic，Gompartz 曲线等，都可以使用最小二乘法，下面仅以指数曲线 $\hat{y}=y_0e^{at}$ 为例介绍。

已知时间序列 $(t_1,y_1),(t_2,y_2),\cdots,(t_n,y_n)$，则将指数曲线 $\hat{y}=y_0e^{at}$ 两边取对数，得到

$$\ln\hat{y} = \ln y_0 + at$$

于是记 $y'_t=\ln\hat{y}_t$，$a_0=\ln y_0$，$a_1=a$，则有

$$y'_t = a_0 + a_1 t$$

利用最小二乘法，就可以求得使

$$Q = \sum_{i=1}^{n} (\ln\hat{y}_t - \ln y_t)^2$$

最小的 a_0 和 a_1，进而求得 y_0 和 a。需要说明的是，这时求得是关于 y_0 和 a 的有偏估计。因此，当样本值之间变化幅度很大时，可以考虑采用非线性的最小二乘法。

(2) 三段和值法。设已知时间序列为 (t_1, y_1)，(t_2, y_2)，…，(t_n, y_n)，现拟用 Logistic 曲线

$$\hat{y}_t = \frac{K}{1 + a\mathrm{e}^{-bt}}$$

对其进行拟合预测，需估计参数 K，a，b。为此，把 n 个样本点等分为 3 组，每组 $r \approx \frac{n}{3}$ 个数据。

先求 y_t 的倒数 $\frac{1}{y_t}$

$$\frac{1}{y} = \frac{1}{K} + \frac{a}{K}\mathrm{e}^{-bt}$$

分三组求和

$$S_1 = \sum_{t=1}^{r} y_t^{-1} = \frac{r}{K} + \frac{a}{K}\sum_{t=1}^{r}\mathrm{e}^{-bt} = \frac{r}{K} + \frac{a}{K}\,\frac{\mathrm{e}^{-b}(1 - \mathrm{e}^{-rb})}{1 - \mathrm{e}^{-b}}$$

$$S_2 = \sum_{t=r+1}^{2r} y_t^{-1} = \frac{r}{K} + \frac{a}{K}\,\frac{\mathrm{e}^{-(r+1)b}(1 - \mathrm{e}^{-rb})}{1 - \mathrm{e}^{-b}}$$

$$S_3 = \sum_{t=2r+1}^{3r} y_t^{-1} = \frac{r}{K} + \frac{a}{K}\,\frac{\mathrm{e}^{-(2r+1)b}(1 - \mathrm{e}^{-rb})}{1 - \mathrm{e}^{-b}}$$

再由 $D_1 = S_1 - S_2$，$D_2 = S_2 - S_3$，得

$$D_1 = \frac{a}{K}\,\frac{\mathrm{e}^{-b}(1 - \mathrm{e}^{-rb})^2}{1 - \mathrm{e}^{-b}}, \quad D_2 = \frac{a}{K}\,\frac{\mathrm{e}^{-(r+1)b}(1 - \mathrm{e}^{-rb})^2}{1 - \mathrm{e}^{-b}}$$

于是

$$\frac{D_1}{D_2} = \mathrm{e}^{rb}$$

由此得

$$b = \frac{1}{r}\ln\frac{D_1}{D_2} \tag{5.78}$$

又

$$\frac{D_1^2}{D_1 - D_2} = \frac{a}{K}\,\frac{\mathrm{e}^{-b}(1 - \mathrm{e}^{-rb})^2}{1 - \mathrm{e}^{-b}} = S_1 - \frac{r}{K}$$

得

$$K=\frac{r}{S_1-\left(\frac{D_1^2}{D_1-D_2}\right)} \tag{5.79}$$

$$a=\frac{K}{G}\cdot\frac{D_1^2}{D_1-D_2} \tag{5.80}$$

式中

$$G=\frac{\mathrm{e}^{-b}(1-\mathrm{e}^{-rb})}{1-\mathrm{e}^{-b}} \tag{5.81}$$

三段和值法主要适用于在比较窄范围内变动的原始数据，而且计算结果对随机干扰很敏感。为此，在估计参数前应利用指数平滑法对序列进行修匀。如果整个数列中有明显的干扰，则可用平均值（算术平均或几何平均）取代相应的数据，以排除个别的显著干扰。

三段和值法同样适应于修正指数曲线和 Gompartz 曲线的参数估计，计算公式见表 5.26。

表 5.26　三段和值法的参数计算公式

模型	参数计算公式	符号说明
$y_t=K+ab^t$ （修正指数曲线）	$b\sqrt[r]{\frac{S_3-S_2}{S_2-S_1}}$ $a=(S_2-S_1)\frac{b-1}{(b^r-1)^2}$ $K=\frac{1}{r}\left(S_1-\frac{b^r-1}{b-1}-a\right)$ $=\frac{1}{r}\left(\frac{S_1S_3-S_2^2}{S_1+S_3-2S_2}\right)$	$S_1=\sum_{t=1}^{r}y_t$ $S_2=\sum_{t=r+1}^{2r}y_t$ $S_3=\sum_{t=2r+1}^{3r}y_t$ $\left(r=\frac{n}{3}\right)$ n 为数据的个数
$\lg y_t=\lg K+b^t\lg a$ （龚伯茨曲线）	$b=\sqrt[r]{\frac{S_3-S_2}{S_2-S_1}}$ $\lg a=(S_2-S_1)\frac{b-1}{(b^r-1)^2}$ $\lg K=\frac{1}{r}\left(S_1-\frac{b^r-1}{b-1}\lg a\right)$ $=\frac{1}{r}\left(\frac{S_1S_3-S_2^2}{S_1+S_3-2S_2}\right)$	$S_1=\sum_{t=1}^{r}\lg y_t$ $S_2=\sum_{t=r+1}^{2r}\lg y_t$ $S_3=\sum_{t=2r+1}^{3r}\lg y_t$ $\left(r=\frac{n}{3}\right)$

(续)表 5.26

模型	参数计算公式	符号说明
$y_t=\frac{K}{1+ae^{-bt}}$ （皮尔曲线）	$b=\frac{1}{r}\ln\frac{D_1}{D_2}$ $K=\frac{r}{S_1-\frac{D_1^2}{D_1-D_2}}$ $a=\frac{K}{G}\frac{D_1^2}{D_1-D_2}$	$S_1=\sum_{t=1}^{r}\frac{1}{y_t}$ $S_2=\sum_{t=r+1}^{2r}\frac{1}{y_t}$ $S_3=\sum_{t=2r+1}^{3r}\frac{1}{y_t}$ $D_1=S_1-S_2$ $D_2=S_2-S_3$ $G=\frac{e^{-b}(1-e^{-rb})}{1-e^{-b}}$

(3) 三点法。条件同三段和值法，在时间序列中等间距地任取三点 τ_0,τ_1,τ_2，且满足 $T=\tau_1-\tau_0=\tau_2-\tau_1$。假设所取三点$(\tau_0,y_{\tau0})$、$(\tau_1,y_{\tau1})$、$(\tau_2,y_{\tau2}$正好在曲线 $y_t=\frac{K}{1+ae^{-bt}}$上，则应满足

$$\begin{cases} y_{\tau_0}=\dfrac{K}{1+ae^{-b\tau_0}} \\ y_{\tau_1}=\dfrac{K}{1+ae^{-b\tau_1}} \\ y_{\tau_2}=\dfrac{K}{1+ae^{-b\tau_2}} \end{cases}$$

解上述方程组得

$$K=(y_{\tau_0}+y_{\tau_2})+\frac{y_{\tau_0}+y_{\tau_2}-2y_{\tau_1}}{\dfrac{(y_{\tau_1})^2}{y_{\tau_0}\cdot y_{\tau_2}}-1} \tag{5.82}$$

$$b=\frac{1}{\tau_1-\tau_0}\ln\frac{y_{\tau_0}(K-y_{\tau_0})}{y_{\tau_0}(K-y_{\tau_1})} \tag{5.83}$$

$$a=\frac{K-y_{\tau_0}}{y_{\tau_0}} \tag{5.84}$$

5.4.4　回归分析预测

回归预测是经常使用的一种定量预测方法，是研究变量之间相关关系的数理统计分析方法。工作中经常使用的经验公式，大多是用某种回归分析方法得到的。本节主要介绍一元回归分析模型。

回归分析就是依据系统内部因素变化的因果关系来预测系统未来的发展趋

势，这种方法又称为因果法。由于它依据的是系统内部的发展规律，理论上又是以概率、数理统计为基础，因此用这种方法预测的结果比时间序列的预测结果精确。

系统内部因素的变化关系通常可分为两类：一类是变量间的确定性关系，又称为函数关系，可应用常规数学的函数方程来描述。另一类属于非确定性关系，变量之间有关系，但并不是确定的函数关系，我们称变量之间的这种关系为相关关系。应用数理统计方法，对存在相关关系的两个或两个以上的变量之间，建立起近似函数关系的过程称为回归。由此建立起来的数学模型称为回归预测模型。

根据变量之间的关系不同，回归预测模型可分为：

线性回归模型：指描述系统发展的自变量和因变量之间的关系是简单的线性关系。根据因变量受制约于自变量的数目多少，又分为一元线性回归模型和多元线性回归模型。描述一个自变量 X 和一个因变量 Y 之间的线性关系的回归模型，称为一元线性回归模型。描述两个或两个以上自变量（$X_1, X_2, \cdots$）与一个因变量 Y 之间的线性关系的回归模型称为多元线性回归模型。

非线性回归模型：指变量之间的关系是一种复杂的非线性关系。种类很多，一般适用于高级预测。

1. 一元线性回归模型

回归预测模型的一般形式是 $Y=f(X)$，如果 $f(X)$ 为一元线性函数形式时，模型变为 $Y=a+bX$。如果当参数 a、b 已知时，给定 X 的值即可确定 Y 的值。在直角坐标系中，该式可用一条斜率为 b、截距为 a 的直线表示，因此这种形式的回归分析又称一元线性回归。

进行预测是用已占有的数据，分析系统发展变化的规律性。根据所占有的若干组数据 $(X_i, Y_i)(i=1,2,\cdots,n)$，计算出系数 $\hat{a}$ 和 $\hat{b}$，就得出该事物发展变化的规律性 $\hat{Y}=\hat{a}+\hat{b}X$，这就是所要确定的预测模型。

一元线性回归模型在经济管理中的应用有两类，一类是反映因果关系的模型，另一类是反映时间序列的模型，虽然方法相同，但是所适用的问题不同，预测时应用的原理也不同，前者是因果对应，后者是趋势外推。

下面以某公司 1988 年～2001 年产品产量的数据（如表 5.27 所列），说明建立一元线性预测模型的方法。

表 5.27 产品产量数据 (单位:万吨)

年份	1988	1989	1990	1991	1992	1993	1994
t	0	1	2	3	4	5	6
产量(y)	10.59	17.67	17.07	17.21	18.24	18.84	17.62
年 份	1995	1996	1997	1998	1999	2000	2001
t	7	8	9	10	11	12	13
产量(y)	19.21	18.44	20.85	25.22	29.24	32.99	35.11

1) 一元线性回归模型的简易求法

预测方程为

$$\hat{Y}=\hat{a}+\hat{b}X \tag{5.85}$$

求该方程参数的简易方法如下:

(1) 将 n 组数据(X_i,Y_i)平均地分为两组(分组数决定于需确定的参数个数),并分别代入方程(5.85)。

(2) 把各组方程相加,得到两个以 $\hat{a}$、$\hat{b}$ 为变量的线性方程。

(3) 解此线性方程组可求出 $\hat{a}$、$\hat{b}$ 的值,代入方程(5.85),即是所求预测方程。

根据表 5.27 的数据并将其分为二组,代入(5.85)式后得:

1988 年	$X=0$	$10.59=\hat{a}$	1995 年	$X=7$	$19.21=\hat{a}+7\hat{b}$
1989 年	$X=1$	$14.67=\hat{a}+\hat{b}$	1996 年	$X=8$	$18.44=\hat{a}+8\hat{b}$
1990 年	$X=2$	$17.07=\hat{a}+2\hat{b}$	1997 年	$X=9$	$20.85=\hat{a}+9\hat{b}$
1991 年	$X=3$	$17.21=\hat{a}+3\hat{b}$	1998 年	$X=10$	$25.22=\hat{a}+10\hat{b}$
1992 年	$X=4$	$18.24=\hat{a}++4\hat{b}$	1999 年	$X=11$	$29.24=\hat{a}+11\hat{b}$
1993 年	$X=5$	$18.84=\hat{a}+5\hat{b}$	2000 年	$X=12$	$32.99=\hat{a}+12\hat{b}$
1994 年	$X=6$	$17.62=\hat{a}+6\hat{b}$	2001 年	$X=13$	$35.11=\hat{a}+13\hat{b}$
$114.24=7\hat{a}+21\hat{b}$			$181.06=7\hat{a}+70\hat{b}$		

以 $\hat{a}$、$\hat{b}$ 为变量的方程组为

$$\begin{cases}7\hat{a}+70\hat{b}=181.06\\7\hat{a}+21\hat{b}=114.24\end{cases}$$

解该方程组得 $\hat{a}=12.23;\hat{b}=1.3637$

预测方程为

$$\hat{Y}=12.23+1.3637X$$

2) 最小二乘法

对于回归方程 $\hat{Y}_i=\hat{a}+\hat{b}X$,将所占有的数据 $X_j(j=1,2,\cdots,n)$代入后得

$$\hat{Y}_i = \hat{a} + \hat{b}X_i$$

令

$$Y_i - \hat{Y}_i = e_i$$

其中，e_i是所占有数据 Y_i 与预测值 $\hat{Y}_i$ 的误差。

为了防止误差正、负抵消，采用误差平方和最小作为确定参数 $\hat{a}$、$\hat{b}$ 的准则，这种确定参数 $\hat{a}$、$\hat{b}$ 的方法叫最小二乘法。

依据最小二乘法原理得

$$\min Q = \sum_{i=1}^{n} e_i^2 = \sum_{i=1}^{n} (Y_i - \hat{Y}_i)^2 = \sum_{i=1}^{n} (Y_i - \hat{a} - \hat{b}X_i)^2 \tag{5.86}$$

使 Q 最小，驻点可由(5.88)式的导数为零来确定，由

$$\frac{\mathrm{d}Q}{\mathrm{d}\hat{a}} = 0, \quad \frac{\mathrm{d}Q}{\mathrm{d}\hat{b}} = 0$$

得到方程组

$$\left.\begin{aligned} -2\sum_{i=1}^{n} (Y_i - \hat{a} - \hat{b}X_i) = 0 \\ -2\sum_{i=1}^{n} (Y_i - \hat{a} - \hat{b}X_i)X_i = 0 \end{aligned}\right\} \tag{5.87}$$

解该方程组得

$$\hat{a} = \overline{Y} - \hat{b}\overline{X} \tag{5.88}$$

$$\hat{b} = \frac{\sum_{i=1}^{n} X_iY_i - \overline{X}\sum_{i=1}^{n} Y_i}{\sum_{i=1}^{n} X_i^2 - \overline{X}\sum_{i=1}^{n} X_i} \tag{5.89}$$

式中

$$\overline{X} = \frac{1}{n}\sum_{i=1}^{n} X_i; \quad \overline{Y} = \frac{1}{n}\sum_{i=1}^{n} Y_i$$

参数 $\hat{b}$ 还可写成如下形式：

$$\hat{b} = \frac{\sum_{i=1}^{n} X_iY_i - \sum X_i \sum Y_i}{n\sum_{i=1}^{n} X_i^2 - (\sum_{i=1}^{n} X_i)^2}$$

或

$$\hat{b} = \frac{\sum_{i=1}^{n} X_iY_i - n\overline{X}\,\overline{Y}}{\sum_{i=1}^{n} X_i^2 - n\overline{X}^2} \tag{5.90}$$

为了计算方便，可用列表的方法进行计算，上例的计算表如表 5.28 所示。

表 5.28　最小二乘法计算表

序号	X_i	Y_i	X_i^2	Y_i^2	X_iY_i
1	0	10.59	0	112.1481	0.00
2	1	14.97	1	224.1009	14.97
3	2	17.07	4	291.3849	34.14
4	3	17.21	9	296.1841	51.63
5	4	18.24	16	332.6976	72.96
6	5	18.84	25	354.9456	94.20
7	6	17.62	36	310.4644	105.72
8	7	19.21	49	369.0241	134.47
9	8	18.44	64	340.0336	147.52
10	9	20.85	81	434.7225	187.65
11	10	25.22	100	636.0483	252.20
12	11	29.24	121	854.9776	321.64
13	12	32.99	144	1088.3400	395.88
14	13	35.11	169	1232.7120	456.43
合计	91	295.60	819	6877.7840	2269.41

用最小二乘法计算的参数 $\hat{a}$、$\hat{b}$ 为 $\hat{a}=11.10$，$\hat{b}=1.537$。

故预测模型为 $\overline{Y}=11.10+1.537\overline{X}$。由(5.89)式知，如果 $\sum_i X_i=0$，则

$$\hat{b}=\frac{\sum_i X_iY_i}{\sum_i X_i^2} \tag{5.91}$$

$$\hat{a}=\overline{Y} \tag{5.92}$$

当数据满足 $\sum_i X_i=0$ 时，尤其是时间序列将自变量 t 经适当变换可使 $\sum_i t_i=0$，运用(5.91)和(5.92)式，可使计算简化。

3）线性回归预测模型检验过程及预测精度

由上述的讨论可知，一元线性回归方程在某种程度上揭示了两个变量间的线性相关关系。但在应用线性回归的计算公式时会发现，并不需要预先假设两个变量之间一定具有线性相关关系，也就是说，对任意给定的 N 组数据都可根据公式确定一条直线而得出预测方程。这样一来，需解决这条直线能否反映出所研究系统的变化规律问题，精确地说，需研究这条直线是否有实际使用价值。

我们曾指出，只有当两个变量之间有大致的线性关系时，用该方法所得到的

预测模型才是适用的。能否用一个数量指标来评价两个变量大致呈线性关系的程度,以决定用回归分析所得到的数学模型与研究系统的规律相符呢?又怎样确定预测模型的预测精度呢?这就是线性回归检验和精度分析需解决的问题。

1) 相关系数

我们把评价 X,Y 两个变量之间线性关系密切程度的数量指标叫相关系数,并以 r 表示,其计算公式为

$$r=\frac{L_{XY}}{\sqrt{L_{XX}L_{YY}}} \tag{5.93}$$

式中

$$L_{XX}=\sum_i(X_i-\overline{X})^2=\sum_i X_i^2-n\overline{X}^2 \tag{5.94}$$

$$L_{YY}=\sum_i(Y_i-\overline{Y})^2=\sum_i Y_i^2-n\overline{Y}^2 \tag{5.95}$$

$$L_{XY}=\sum_i(Y_i-\overline{Y})=\sum_i X_iY_i-n\overline{XY} \tag{5.96}$$

L_{XX}叫 X 的离差平方和,它是反映自变量 X 波动的一个指标,L_{XX}越大,X 的波动越大,反之越小;L_{YY}叫 Y 的离差平方和,它是反映变量 Y 波动的一个指标,L_{YY}越大,Y 的波动越大,反之越小;L_{XY}叫做 X、Y 的离差乘积和。由于

$$\sqrt{L_{XX}}\geqslant\sum_i(X_i-\overline{X})$$

$$\sqrt{L_{YY}}\geqslant\sum_i(Y_i-\overline{Y})$$

$$\sqrt{L_{XX}L_{YY}}\geqslant\sum_i(X_i-\overline{X})(Y_i-\overline{Y})=L_{XY}$$

故 r 的取值范围为 $-1\leqslant r\leqslant 1$。

为了说明 r 如何反映两个变量之间线性关系的密切程度,现研究 $\hat{b}$ 与 r 的关系。由(5.88)式知

$$\hat{b}=\frac{n\sum X_iY_i-\sum X_i\sum Y_i}{n\sum X_i^2-(\sum X_i)^2}=\frac{\sum\limits_i X_iY_i-n\overline{XY}}{\sum\limits_i X_i^2-n\overline{X}^2}=\frac{L_{XY}}{L_{XX}} \tag{5.97}$$

将(5.97)式分子、分母同时乘以 $\sqrt{L_{YY}}$,并把 $L_{XX}=\sqrt{L_{XX}\cdot L_{XX}}$ 代入得

$$\hat{b}=\frac{L_{XY}\sqrt{L_{YY}}}{\sqrt{L_{XX}L_{YY}}\sqrt{L_{XX}}}=r\sqrt{\frac{L_{YY}}{L_{XX}}} \tag{5.98}$$

或

$$r^2=\hat{b}^2\frac{L_{XX}}{L_{YY}} \tag{5.99}$$

由(5.98)和(5.99)式可见：

(1) 当 $r=0$ 时，$b=0$，则回归直线是一条与 X 轴平等的直线，说明 X 的变化与 Y 无关。

(2) 当 $r^2=1$ 即 $|r|=1$ 时

$$\hat{b}^2=\frac{L_{YY}}{L_{XX}}$$

或

$$\hat{b}^2L_{XX}=L_{YY}$$

这时我们考查回归的误差平方和 Q

$$Q=\sum_i(Y_i-\hat{Y}_i)^2=\sum_i(Y_i-\hat{a}-\hat{b}X_i)^2$$

把 $\hat{a}=\overline{Y}-\overline{\hat{b}X}$ 代入得

$$\begin{aligned}Q=&\sum(Y_i-Y+\hat{b}X-\hat{b}X_i)^2=\sum[(Y_i-\overline{Y})-\hat{b}(X-\overline{X})]^2=\\&\sum[(Y_i-\overline{Y})^2+\hat{b}^2(X_i-\overline{X})^2-2\hat{b}(Y_i-\overline{Y})(X_i-\overline{X})]=\\&L_{YY}+\hat{b}^2L_{XX}-2\hat{b}L_{XY}\end{aligned}$$

由(5.98)式知

$$L_{XY}=\hat{b}L_{XX}$$

$$Q=L_{YY}+\hat{b}^2L_{XX}-2\hat{b}^2L_{XX}=L_{YY}-\hat{b}^2L_{XX}$$

因为当 $|r|=1$ 时，$\hat{b}^2L_{XX}=L_{YY}$，故 $Q=0$。

由此可知，当 $r=1$ 时，$Q=0$，即所有点 (X_i,Y_i) 均在回归直线上，称完全正相关；当 $r=-1$ 时，称完全负相关。

当 $-1<r<1$ 时，X 与 Y 之间存在着一定的线性相关关系。当 $r>0$ 时，$\hat{b}>0>0$，Y 随 X 的增大而呈增加趋势，此时称正相关；当 $r<0$ 时，$\hat{b}<0<0$，Y 随 X 的增大呈减小趋势，此时称负相关；r 的绝对值越大时，散点越集中在回归直线附近，反之散点离回归直线越远、越分散。

由上述分析可见，指标 r 可衡量两变量的线性相关程度。但 r 只为我们提供了相对比较的评价依据，若进行绝对评价，则显得依据不足。因此为进行绝对评价，必须进行显著性检验。

2) 显著性检验

进行显著性检验，实际上相当于规定一个合理的、认为能满足使用要求的指标界限，并用该指标界限对系统预测模型的适用性进行绝对评价。

r 值的大小取决于 X_i、Y_i 和数据数量 n。因此，为任何系统都规定一个统一的标准值是不能反映不同情况的差异的，也是不合理的。显著性检验就是依据所占有的数据量及其分布情况、变量个数等条件,确定一个合理的标准作为评价指标。

常用的显著性检验有三种:t 检验、F 检验、r 检验。

(1) t 检验。t 检验的意义是检验回归方程中参数 b 的估计值 $\hat{b}$,在某一显著性水平下(通常选为 0.05)是否为零。该检验是在假设 $\hat{b}=0=0$ 的情况下进行的。如果 $\hat{b}$ 为零,则说明 Y 与 X 的变化无关。因此该方法根据占有数据的多少(样本数 n)查 $t_{1-\frac{\alpha}{2}}(n-2)$ 的分布表,确定 t 的临界值 t_α,与根据实际问题计算的 t 分布值 t 进行比较,如果当 $t>t_\alpha$,则说明原假设不成立,相关显著,回归方程有实用价值。否则原假设成立,可认为 $\hat{b}$ 在所确定的显著性水平下为零,即 $b=0$,这时,回归方程无实用价值。

t 的计算公式为

$$t=\frac{\hat{b}}{S}\sqrt{L_{XX}} \tag{5.100}$$

式中,S 为 Y 的均方差

$$S=\sqrt{\frac{\sum(Y_i-\overline{Y})^2}{n-2}}=\sqrt{\frac{L_{XX}L_{YY}L_{XY}^2}{(n-2)L_{XX}}}$$

(2) F 检验。F 检验的意义与 t 检验相同,只不过是查 $F_{1-\alpha}(1,n-2)$ 表确定 F 的临界值 F_α。F 的计算公式为

$$F=(n-2)\frac{r^2}{1-r^2} \tag{5.101}$$

当 $F>F_\alpha$ 时,否定原假设,变量相关显著。

(3) r 检验。为了使用方便,由公式

$$(n-2)\frac{r^2}{1-r^2}>F_{1-\alpha}(1,n-2)$$

反求出 r 的临界值 r_α,即可通过 r 的大小直接判断显著性。当

$$|r|\geqslant\sqrt{\frac{1}{\frac{n-2}{F_{1-\alpha}(1,n-2)}+1}}=r_\alpha$$

时,两变量相关显著。

将 $\sqrt{\frac{1}{\frac{n-2}{F_{1-\alpha}(1,n-2)}+1}}$ 编成表,即是检验相关系数的临界值 r_α 表。

上例中,相关系数 $r=0.9162$。

应用 t 检验法:$t_{0.975}=2.179$,$t=7.863$,$t>t_{0.975}$,故回归效果显著。

应用 F 检验法:$F_{0.95}(1,14-2)=4.75$,$F=62.73$,$F>F_{0.95}(1,12)$,故回归

效果显著。

应用 r 检验：$r=0.9162$，$r_\alpha=0.5760$，$r>r_\alpha$，故回归效果显著。

3）方差分析

为了估计预测精度需对预测模型作方差分析。

应用预测模型 $\hat{Y}=\hat{a}+\hat{b}X$，当 $X=X_0$ 时，求出的预测值 $\hat{Y}_0$ 只是实际 Y_0 的期望值，且该估计是无偏估计。由数理统计知其方差为

$$D(\hat{Y}-Y)=\sigma^2\left[1+\frac{1}{n}+\frac{(X-\overline{X})^2}{\sum_i (X_i-\overline{X})^2}\right]$$

因为 $\hat{\sigma}$ 是 σ 的无偏估计，所以可用 $\hat{\sigma}$ 代替 σ，由于 $\hat{\sigma}^2=\frac{1}{n-2}\sum_i(\hat{Y}_i-\hat{a}-\hat{b}X_i)^2$

且 Y 落在 $((\hat{Y}-\delta,\hat{Y}+\delta)$ 内的概率为 $1-\alpha$，即

$$P((\hat{Y}-\delta<Y<\hat{Y}+\delta)=1-\alpha$$

$$\delta^2=F_{1-\alpha}(1,n-2)\cdot\hat{\sigma}^2\left[1+\frac{1}{n}+\frac{(X-\overline{X})^2}{\sum_i (X_i-\overline{X})^2}\right] \tag{5.102}$$

或

$$\delta^2=t_{1-\frac{\alpha}{2}}(n-2)\cdot\hat{\sigma}^2\left[1+\frac{1}{n}+\frac{(X-\overline{X})^2}{\sum_i (X_i-\overline{X})^2}\right] \tag{5.103}$$

由 δ 的计算公式可知，δ 的大小取决于数据组数（样本数）n 和 X 的大小。当 n 大时，δ 值小，预测精度高，反之则低；在数据组数一定且在 $X=\overline{X}$ 时，δ 最小；若 X 越远离 $\overline{X}$，δ 越大，则预测误差越大。由此可得出提高线性回归预测精度的方法为：① 增加数据组数；② 使预测期限尽量接近 X。

在实际工作中增加占有的数据量，需增加预测费用和时间，因此要以系统思想确定合理的预测精度和期限，达到以最省的预测费用取得最好的预测效果的目的。

现总结一下线性回归的方法和步骤：

（1）整理占有的数据 $(X_i,Y_i)(i=1,2,\cdots,n)$。

（2）运用 $\overline{Y}=\hat{a}+\overline{\hat{b}X}$ 和 $\hat{b}^2=\frac{L_{YY}}{L_{XX}}$ 求出 $\hat{a}$ 和 $\hat{b}$，得到预测方程 $\hat{Y}=\hat{a}+\hat{b}X$。

（3）进行检验：① 求出相关系数 r；② 选择 t 检验、F 检验或 r 检验法对预测模型的显著性进行检验。

（4）利用模型进行预测，并用

$$\delta^2=F_{1-\alpha}(1,n-2)\cdot\hat{\sigma}^2\left[1+\frac{1}{n}+\frac{(X-\overline{X})^2}{\sum_i (X_i-\overline{X})^2}\right]$$

或

$$\delta^2 = t_{1-\frac{\alpha}{2}}(n-2) \cdot \hat{\sigma}^2 \left[1 + \frac{1}{n} + \frac{(X-\overline{X})^2}{\sum_i (X_i - \overline{X})^2}\right]$$

确定置信区间。

目前实际工作中很多人只进行到第(3)步的①为止,这是不够的。因为在未完成以后各步计算时,相关系数只是一个相对的评价指标。只有完成上述全部过程,才基本上可以对预测对象的变化规律有一个明确认识,才能真正作好预测工作。这也正是我们在回归检验中费了这么多笔墨的原因。

2. 一元非线性回归模型

在实践中,经常遇到两个变量之间的关系呈非线性关系的情况。一般情况下,非线性函数都可通过变量代换的方法或应用泰劳级数展开而变成一元线性和多元线性函数。对于用变量代换的方法将其化为一元线性关系的问题,可采用一元线性回归的方法,对于用泰劳级数将其化为多元线性关系的问题,可用多元回归分析法去解决。

1) 化一元非线性函数为线性函数

在一元函数中可化曲线方程为直线方程的问题有很多。在进行该项工作之前,较困难的是确定要代换的曲线类型。

确定曲线类型的方法一般为:

(1) 根据理论分析以及过去所积累的经验,确定 X、Y 之间的函数类型。

(2) 在数据量不大的情况下,作出散点图,观察散点的分布,确定函数类型。

(3) 采用多种曲线模型进行回归分析后,进行相对比较分析,从中选择一个较好形式的模型作为预测模型。

下面介绍将特殊的曲线方程化成直线方程的变量代换方法。

(1) 双曲线函数。双曲线函数的一般形式为

$$\frac{1}{Y} = a + \frac{b}{X} \tag{5.104}$$

令

$$Y^* = \frac{1}{Y}, \quad X^* = \frac{1}{X}$$

代入式(5.104)式得

$$Y^* = a + bX^* \tag{5.105}$$

式(5.105)为一元线性函数形式,所以预测模型为 $\hat{Y}^* = \hat{a} + \hat{b}X^*$ 。

(2) 指数函数。指数函数的一般形式为

$$Y = Ae^{bX} \tag{5.106}$$

对(5.106)式取对数后得

$$\ln Y = \ln A + bX \tag{5.107}$$

令 $\ln Y = Y^*$，$\ln A = a$，代入式(5.107)，则得出化为线性函数的预测模型

$$\hat{Y}^* = \hat{a} + \hat{b}X$$

(3) 负指数函数。负指数函数的一般形式为

$$Y = Ae^{\frac{-b}{X}} \tag{5.108}$$

对(5.108)式取对数得

$$\ln Y = \ln A - \frac{b}{X}$$

令 $\ln Y = Y^*$，$\ln A = a$，$-\frac{1}{X} = X^*$，代入上式，得出化成一元线性函数模型的形式为

$$Y^* = a + bX^* \tag{5.109}$$

(4) 对数函数。对数函数的一般形式为

$$Y = a + b\ln X \tag{5.110}$$

令 $\ln X = X^*$ 代入式(5.110)，得线性模型为

$$Y^* = a + bX^* \tag{5.111}$$

(5) 幂函数。幂函数的一般形式为

$$Y = AX^b \tag{5.112}$$

对式(5.112)取对数得

$$\ln Y = \ln A + b\ln X$$

令 $\ln Y = Y^*$，$\ln A = a$，$\ln X = X^*$，代入上式得线性模型为

$$Y^* = a + bX^* \tag{5.113}$$

(6) S 曲线。S 曲线的一般形式为

$$Y = \frac{1}{a + be^{-X}} \tag{5.114}$$

对(5.114)式取倒数得

$$\frac{1}{Y} = a + be^{-X}$$

令 $\frac{1}{Y} = Y^*$，$e^{-X} = X^*$ 代入上式得线性模型为

$$Y^* = a + bX^* \tag{5.115}$$

现以某地区总产值与投资的资料(见表 5.29)来研究二者之间的相关关系。

表 5.29 总产值和投资额 (单位:亿元)

年份	1960	1965	1970	1975	1980	1985	1990	1995
总产值(X_i)	2.9	9.2	7.2	12	16	37	49	52
总投资(Y_i)	0.49	2.01	2.03	6.16	4.29	5.89	7.8	7.57

采用指数函数模型 $Y=Ae^{bX}$。将总投资 Y_i 取对数,按线性回归法计算得

$$Y^* = 0.165+0.042X^*, r=0.8116, F=11.57, F_\alpha=5.99, F>F_\alpha$$

故回归显著。

$$\because \hat{a}=0.165,\quad \therefore \ln A=0.165,\quad A=1.18,\quad \hat{b}=b=0.042$$

故预测模型为

$$Y=1.18e^{0.042X}$$

需要指出的是,把一元非线性问题化为线性问题确定预测模型的方法,剩余平方和、剩余标准差和相关系数与化成线性关系以后的形式不同,其原因是所求出的方程使变换以后的 Y^* 与相应回归线上的点之差最小,而不是变换前的 Y 与回归线上相应点之差最小。

本例中是以 $\min Q=\sum_i(\ln y_i-\ln\hat{Y}_i)^2$ 为准则进行的回归,所以 $Q=\sum_i(Y_i-\hat{Y}_i)^2$ 应以 $\hat{Y}=1.18e^{0.042x}$ 为基准进行计算。

如本例中应按公式 $Q=\sum\delta^2=\sum_i(Y_i-\hat{Y}_i)^2$ 计算预测模型 $Y=1.18e^{0.042x}$ 的剩余平方和,剩余标准差 $S=\sqrt{\dfrac{Q}{N-2}}$;相关指数 $R^2=1-\dfrac{Q}{L_{YY}}\dfrac{\overline{X}-\mu}{\sigma}$。

由于曲线类型很多,且有些很相似,故在实际工作中最好的办法是用计算机按不同函数配合曲线,从中选择一个比较好的,即比较 Q,R^2 和 S(Q,S 小者为好,R^2 大者为好)。

2) 化一般一元非线性函数为线性函数

任何一元非线性函数都可通过数学分析(泰劳级数展开,取近似值)的方法化成以下形式

$$Y=a+b_1X+b_2X^2+\cdots+b_nX^n \tag{5.116}$$

通过变量代换的方法,可将(5.116)式化成一个多元线性模型。

令 $X_1=X, X_2=X^2, \cdots, X_n=X^n$,代入(5.116)式得

$$Y=a+b_1X_1+b_2X_2+\cdots+b_nX_n \tag{5.117}$$

这就是多元线性模型的一般形式,它可采用多元线性回归的方法建立模型。

5.4.5　模糊预测

1. 基于因果聚类的模糊预测

设 α 为要预测的量，而量 α 的预测问题，则可以用三元结构 $(X, P_0(Y), \varphi)$ 来描述，其中 $X = X_1 \times X_2 \times \cdots \times X_n$ 是 n 元 Descartes 乘积，而 $X_1, X_2, \cdots, X_n$ 均为实数集，称为状态空间，它们分别是 α 的 n 个因素 $f_1, f_2, \cdots, f_n$ 取值范围，Y 也为实数集，是 α 的取值范围，称为预测空间；而 $P_0(Y)$ 为 Y 的非空幂集，φ 为 X 到 $P_0(Y)$ 的映射，即

$$\varphi: X_1 \times X_2 \times \cdots \times X_n \to P_0(Y)$$

表示对给定的因素状态 $(x_1, x_2, \cdots, x_n)$，与之相应的 α 是 Y 中一个非空子集合，有时 φ 的取值退化为一个单点集，即

$$\varphi: X_1 \times X_2 \times \cdots \times X_n \to Y$$

通俗地讲，量 α 的预测问题，就是在已知因素状态 $(x_1, x_2, \cdots, x_n)$ 的情况下，通过 φ 来求得 α 的估计值。但在实际问题中要搞清 φ 的结构和表达式往往是十分困难的，有时也是不必要的，因此我们一般不去直接研究 φ 的具体形式，而是应用模糊因果聚类和模式识别的手段，由因素状态 $(x_1, x_2, \cdots, x_n)$ 去推测 α 的取值，从而作出预测，这是经验的一种运用方法。

设有 T 期历史数据 $(x_t, y_t)(t=1,2,\cdots,T)$，其中

$$x_t = (x_t^{(1)}, x_t^{(2)}, \cdots, x_t^{(n)}) \in X, y_t \in Y$$

基于因果聚类进行模糊预测的步骤如下：

(1) 模糊因果聚类。记 $z_t = (x_t, y_t)(t=1,2,\cdots,T)$，利用模糊聚类方法，求出 $z_1, z_2, \cdots, z_T$ 的最佳聚类。不妨设最佳聚类为

$$U_1, U_2, \cdots, U_m$$

(2) 建立特征模糊集。令

$$V_i = \{x_{t_1}, x_{t_2}, \cdots, x_{t_{k_i}}\} \quad (i = 1,2,\cdots,m)$$

其中，$(x_{t_s}, y_{t_s}) = z_{t_s} \in U_i (s=1,2,\cdots,k_i)$，即 V_i 是 U_i 向因素轴 X 的投影。计算

$$\overline{x}_i = \frac{1}{k_i}\sum_{s=1}^{k_i} x_{t_s} = (\overline{x}_i^{(1)}, \overline{x}_i^{(2)}, \cdots, \overline{x}_i^{(n)}) \quad (i = 1,2,\cdots,m)$$

$$\sigma_{ij}^2 = \frac{1}{k}\sum_{s=1}^{k_i}(x_{t_s}^{(j)} - \overline{x}_i^{(j)})^2 \quad (j = 1,2,\cdots,n)$$

对于 $x = (x_1, x_2, \cdots, x_n) \in X$，令

$$\underset{\sim}{p_i}(x) = \sum_{j=1}^{n} \omega_j \mathrm{e}^{-\frac{(x_j^{(j)} - \overline{x}_i^{(j)})^2}{9\sigma_{ij}^2}} \quad (i = 1,2,\cdots,m)$$

其中,$(\omega_1,\omega_2,\cdots,\omega_n)$是一组取定的权重,而模糊集 $\underset{\sim}{p}_i(x)\in F(X)$就是类 U_i 的特征。再令 $W_i=\{y_{t_1},y_{t_2},\cdots,y_{t_{k_i}}\},i=1,2,\cdots,m$,其中$(x_{t_s},y_{t_s})=z_{t_s}\in U_i,s=1,2,\cdots,k_i$,即 W_i 是 U_i 向预测轴的投影。计算

$$\bar{y}_i=\frac{1}{K_i}\sum_{s=1}^{k_i}y_{t_s}$$

并求 $\delta_i=\max\limits_{1\leqslant s\leqslant k_i}|y_{t_s}-\bar{y}_i|$。最后构造$(\bar{y}_i,3\delta_i)$为参数的三角模糊数(或正态模糊数) $\underset{\sim}{I}_i(i=1,2,\cdots,m)$。于是对应于分类$\{U_1,U_2,\cdots,U_m\}$,有

$$\begin{pmatrix}\underset{\sim}{P}_1 & \underset{\sim}{P}_2 & \cdots & \underset{\sim}{P}_m\\ \underset{\sim}{I}_1 & \underset{\sim}{I}_2 & \cdots & \underset{\sim}{I}_m\end{pmatrix}$$

(3) 进行预测。假定对第 s 期$(s>T)$的 α 进行预测,分两种情况预测:

第一,如果第 s 期的因素状态是一个确定的点 $x_s\in X$,那么,对 x_s 和$\{\underset{\sim}{P}_1,\underset{\sim}{P}_2,\cdots,\underset{\sim}{P}_m\}$应用“最大隶属原则”,选出 $\underset{\sim}{P}_{i0}$,然后以相应的 $\underset{\sim}{I}_{i0}$ 作为 α 在第 s 期的模糊预测值$(i_0\in\{1,2,\cdots,m\})$。

第二,如果第 s 期的因素状态是一个模糊集 $\underset{\sim}{B}_s\in F(X)$,那么,对 $\underset{\sim}{B}_s$ 和$\{\underset{\sim}{P}_1,\underset{\sim}{P}_2,\cdots,\underset{\sim}{P}_m\}$应用“择近原则”,选出 $\underset{\sim}{P}_{i0}$,并以相应的 $\underset{\sim}{I}_{i0}$ 作为 α 在第 s 期的模糊预测值$(i_0\in\{1,2,\cdots\cdots,m\})$。

【例 5.12】 设甲乙丙为影响某产品的三个因素,现已知三因素及利润指标的七期历史数据(见表 5.30)。

表 5.30 历史数据

时期	甲(x_{t1})	乙(x_{t2})	丙(x_{t3})	利润(y_t)
1	0.0592	1.1271	19.610	0.047
2	0.0802	1.1805	19.360	0.353
3	0.0681	1.5631	45.060	0.560
4	0.0848	1.3787	46.755	0.688
5	0.1126	1.7095	94.029	1.285
6	0.1380	1.9596	96.560	1.796
7	0.1171	1.9956	99.046	1.750

如果甲乙丙的指标分别为 $x_1=0.1120,x_2=1.7040,x_3=93.0210$ 时,问此时利润指标估计为多少?

解　记 $z_t=(x_t,y_t)(t=1,2,\cdots,7)$，其中，$x_t=(x_{t1},x_{t2},x_{t3})$。由模糊聚类分析，经计算，得 $z_t(t=1,2,\cdots,y)$ 的最佳聚类为

$$U_1=\{z_1,z_2\},U_2=\{z_3,z_4\},U_3=\{z_5,z_6,z_7\}$$

由于 $\bar{x}_1=(0.0679,1.1538,19.485)$，$\bar{x}_2=(0.0765,1.4709,45.908)$，$\bar{x}_3=(0.1226,1.8882,96.545)$，故

$$\sigma_{11}^2=0.0001,\sigma_{12}^2=0.0007,\sigma_{13}^2=0.0156$$

$$\sigma_{21}^2=0.0001,\sigma_{22}^2=0.0085,\sigma_{23}^2=0.7191$$

$$\sigma_{31}^2=0.0001,\sigma_{32}^2=0.0162,\sigma_{33}^2=4.195$$

若取 $(\omega_1,\omega_2,\omega_3)=(0.5,0.2,0.3)$，则各类的特征模糊集分别为

$$\underset{\sim}{P}_1(x)=0.5\mathrm{e}^{-\frac{(x_1-0.0697)^2}{0.0009}}+0.2\mathrm{e}^{\frac{(x_2-1.1538)^2}{0.0063}}+0.3\mathrm{e}^{\frac{(x_3-45.908)^2}{0.1404}}$$

$$\underset{\sim}{P}_2(x)=0.5\mathrm{e}^{-\frac{(x_1-0.0765)^2}{0.0009}}+0.2\mathrm{e}^{\frac{(x_2-1.4709)^2}{0.0765}}+0.3\mathrm{e}^{\frac{(x_3-45.908)^2}{6.4719}}$$

$$\underset{\sim}{P}_3(x)=0.5\mathrm{e}^{-\frac{(x_1-0.1226)^2}{0.0009}}+0.2\mathrm{e}^{\frac{(x_2-1.8882)^2}{0.1458}}+0.3\mathrm{e}^{\frac{(x_3-96.545)^2}{37.755}}$$

又因为

$$\bar{y}_1=0.2,\quad \bar{y}_2=0.624,\quad \bar{y}_3=1.610$$

所以有

$$\delta_1=0.153,\quad \delta_2=0.064,\quad \delta_3=0.325$$

构造以 $(\bar{y}_i,3\delta_i)(i=1,2,3)$ 为参数的三角模糊数

$$\underset{\sim}{I}_1=\begin{cases}\dfrac{y}{0.459}+0.564, & -0.259\leqslant y\leqslant 0.200\\[2mm] \dfrac{-y}{0.459}+1.435, & 0.200<y\leqslant 0.659\end{cases}$$

$$\underset{\sim}{I}_2=\begin{cases}\dfrac{y}{0.192}-2.25, & 0.432\leqslant y\leqslant 0.624\\[2mm] \dfrac{-y}{0.192}+4.25, & 0.624<y\leqslant 0.816\end{cases}$$

$$\underset{\sim}{I}_3=\begin{cases}\dfrac{y}{0.975}-0.651, & 0.635\leqslant y\leqslant 1.610\\[2mm] \dfrac{-y}{0.975}+2.651, & 1.610<y\leqslant 2.585\end{cases}$$

当 $x_1=0.1120,x_2=1.7040,x_3=93.210$ 时，经计算得

$$\underset{\sim}{P}_1(x)=0.0956,\quad \underset{\sim}{P}_2=0.2216,\quad \underset{\sim}{P}_3=0.8376$$

故由最大隶属原则，应选 $\underset{\sim}{I}_3$ 作为模糊预测，即利润指标估计在 0.635～2.585

之间,1.610 的可能性最大。

2. 模糊时间序列预测法

下面介绍模糊时间序列预测法,该方法适合解决带有模糊信息的动态预测问题。

1)普通时间序列预测法

普通时间序列的基本模型是

$$y(t)=a_0+a_1t+a_2t^2+\cdots+a_kt^k+\varepsilon$$

其中,y 表示测量值($k\in N$),$a_i(i=0,1,\cdots,k)$为待定实数,ε 是一个随机误差,满足 $E(\varepsilon)=0$。

若除去随机干扰 ε,y 可看作时间 t 的多项式。

如果有 T 期历史数据$(1,y_1),(2,y_2),\cdots,(T,y_T)$,那么,通过线性回归可对未知参数 $a_0,a_1,\cdots,a_k$进行估计,并进行其他相关的统计实验,设最后得到的回归函数为

$$\hat{y}(t)=\hat{a}_0+\hat{a}_1t+\cdots+\hat{a}_kt^k \tag{5.118}$$

其中,$\hat{a}_i$ 是 a_i 的估计值($i=0,1,\cdots,k$)。于是由式(5.118)便可预测某时期的 y 的值。

时间序列预测法的特点是仅仅利用 y 本身的历史数据,去构造 y 随时间变化的趋势的表达式,而不去分析影响 y 的其他因素。

2)模糊时间序列预测法

模糊时间序列的基本模型是

$$\underset{\sim}{Y}(t)=\underset{\sim}{P}_0+\underset{\sim}{P}_1t+\underset{\sim}{P}_2t^2+\cdots+\underset{\sim}{P}_kt^k+\varepsilon \tag{5.119}$$

其中,$\underset{\sim}{Y}(t)(t)$表示带预测的模糊量($k\in N$),$\underset{\sim}{P}_i$ 为有界闭模糊数($i=0,1,\cdots,k$),ε 是随机误差,满足 $E(\varepsilon)=0$。

约定:$\underset{\sim}{P}_it^i=t^i\cdot\underset{\sim}{P}_i$。我们的任务是时间根据历史数据确定式(5.119)的次数 k 和所有模糊系数 $\underset{\sim}{P}_i(i=0,1,\cdots,k)$,从而由式(5.119)便可进行预测。具体步骤如下:

(1) 获取模糊数据。如果历史数据本身就是模糊数 $\underset{\sim}{Y}_1,\underset{\sim}{Y}_2,\cdots,\underset{\sim}{Y}_T$ 那么可以直接使用。

如果历史数据是一组实数 $x_1,x_2,\cdots,x_T$,那么,需从这些数据出发构造一组模糊数。可用如下两种方法构造模糊数。

方法一:令
$$u_t=\max\{x_{t-1},x_t,x_{t+1}\}$$
$$v_t=\min\{x_{t-1},x_t,x_{t+1}\}\quad(t=2,3,\cdots,T-1)$$

而 $u_1=\max\{x_1,x_2\}$，$v_1=\min\{x_1,x_2\}$，$u_T=\max\{x_{T-1},x_T\}$，$v_T=\min\{x_{T-1},x_T\}$，再令

$$\underset{\sim}{Y}_t(x)=\begin{cases}1-\dfrac{|x-a_t|}{c_t}, & v_t\leqslant x\leqslant u_t\\ 0, & \text{其他}\end{cases}$$

其中，$c_t=(u_t-v_t)/2$，$a_t=(u_t+v_t)/2$，$(t=1,2,\cdots,T)$，即 $\underset{\sim}{Y}_r$ 是以参数为 (a_t,c_t) 的三角函数。这里假定 $u_t>v_t$，且假定第 t 期的数据受到前后各一期数据的影响。

方法二：令

$$\underset{\sim}{Y}_t(x)=\begin{cases}1-\dfrac{|x-x_t|}{\sigma}, & x_t-\sigma\leqslant x\leqslant x_t+\sigma\\ 0, & \text{其他}\end{cases}$$

其中，σ 为固定正实数。

(2) 确定多项式次数。多项式的次数 k 也称为模糊时间序列的长度，确定其值有两种方法：

方法一：作出 α_t 或 $x_t(t=1,2,\cdots,T)$ 的散点图(见图 5.15)，然后用折线连结，将 k 取为折线点个数加 1。例如图 5.15 中折线有三个尖点，故 k 取为 4。

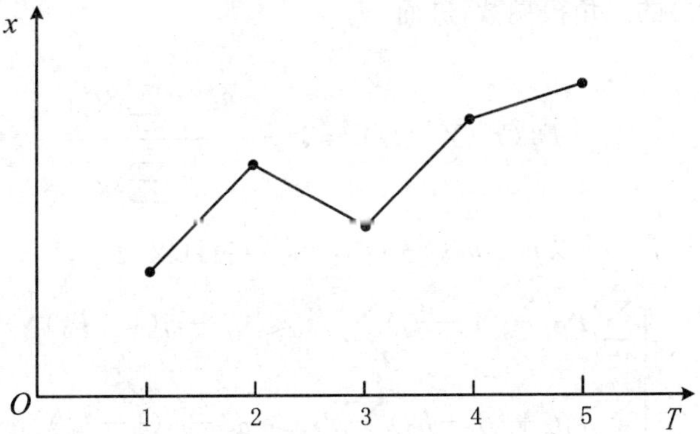

图 5.15　k 的确定

方法二：将 k 取若干不同的自然数，相应于每个 k 求出式(5.119)的回归函数

$$\underset{\sim}{Y}^*(t)=\underset{\sim}{\hat{P}}_0+\underset{\sim}{\hat{P}}_1t+\cdots+\underset{\sim}{\hat{P}}_kt^k$$

其中，$\underset{\sim}{\hat{P}}_i$ 是 $\underset{\sim}{p}_i(i=0,1,\cdots,k)$ 的估计值。

然后计算
$$d^*=\frac{1}{T}\sum_{t=1}^{T}D(\underset{\sim}{Y}_t,\underset{\sim}{Y}^*(t))$$

其中，D 为某个贴近度，d^* 称为拟合度。

选择拟合度最大的 k 作为多项式的次数。

(3) 确定模糊系数的估计值。假设模糊系数 $\underset{\sim}{p}_i$ 的估计值 $\underset{\sim}{\hat{P}}_i(i=0,1,\cdots,k)$ 的估计值为三角模糊数

$$\underset{\sim}{\hat{P}}_i(x)=\begin{cases}1-\dfrac{|x-\beta_i|}{s_i}, & \beta_i-s_i\leqslant x\leqslant\beta_i+s_i\\ 0, & \text{其他}\end{cases}$$

其中，$(\beta_i,s_i)(i=0,1,\cdots,k)$为待确定常数。

确定$(\beta_i,s_i)(i=0,1,\cdots,k)$的准则是使每对 $\underset{\sim}{Y}_t$ 和 $\underset{\sim}{Y}^*(t)$尽可能接近，且回归函数的模糊性也尽可能小。

于是若令 $h_t=D_g(\underset{\sim}{Y}_t,\underset{\sim}{Y}^*(t))(t=0,1,\cdots,T)$，则确定$(\beta_i,s_i)(i=0,1,\cdots,k)$的问题成为让每个 h_t不小于事先给定的 h_0的前提下，使系统$\{\underset{\sim}{P}_0,\underset{\sim}{P}_1,\cdots,\underset{\sim}{P}_k\}$的模糊度达到最小，即

$$\begin{cases}\min s\\ h_t\geqslant h_0\end{cases}$$

上式可化为线性规划问题。由于 $\underset{\sim}{Y}^*(t)=\underset{\sim}{\hat{P}}_0+\underset{\sim}{\hat{P}}_1t+\cdots+\underset{\sim}{\hat{P}}_kt^k$。故 $\underset{\sim}{Y}^*(t)$是参数为$(\sum\limits_{i=0}^{k}\beta_it^i,\sum\limits_{i=0}^{k}s_it^i)$的三角模糊数，进而

$$h_t=D_g(\underset{\sim}{Y}_t,\underset{\sim}{Y}^*(t))=1-\frac{\left|a_t-\sum\limits_{i=0}^{k}\beta_it^i\right|}{c_t+\sum\limits_{i=0}^{k}s_it^i}$$

其中，$t=1,2,\cdots,T$。所以 $h_t\geqslant h_0(t=1,2,\cdots,T)$当且仅当

$$\begin{cases}\sum\limits_{i=0}^{k}t^k\beta_i-(1-h_0)\sum\limits_{i=0}^{k}t^is_i\leqslant\alpha_t+c_t(1-h_0)\\ \sum\limits_{i=0}^{k}t^i\beta_i+(1-h_0)\sum\limits_{i=0}^{k}t^is_i\geqslant\alpha_t-c_t(1-h_0)\end{cases}$$

于是$(\beta_i,s_i)(i=0,1,\cdots,k)$由下列线性规划问题所确定

$$\min s=\sum_{i=0}^{k}\omega_is_i$$

$$\begin{cases}\sum\limits_{i=0}^{k}t^i\beta_i-(1-h_0)\sum\limits_{i=0}^{k}t^is_i\leqslant\alpha_t+c_t(1-h_0)\\ \sum\limits_{i=0}^{k}t^i\beta_i+(1-h_0)\sum\limits_{i=0}^{k}t^is_i\geqslant\alpha_t-c_t(1-h_0)\\ s_t>0\quad(t=1,2,\cdots,T;i=0,1,\cdots,k)\end{cases}$$

解此线性规划问题，便可得到(β_i, s_i)，从而求出 $\underset{\sim}{P}_i$ 的估计值 $\underset{\sim}{\hat{P}}_i(i=0,1,\cdots,k)$，于是便可得式(5.119)的回归函数

$$\underset{\sim}{Y}^*(t)=\underset{\sim}{\hat{P}}_0+\underset{\sim}{\hat{P}}_1 t+\cdots+\underset{\sim}{\hat{P}}_k t^k \tag{5.120}$$

并且由此给出的拟合度不低于 h_0。

由式(5.120)便可进行预测。对于第 $s(s>T)$期，预测值 $\underset{\sim}{Y}^*(s)$是一个三角模糊数。当时间 t 变动时，$\underset{\sim}{Y}^*(t)$不是一条曲线而是一条“带”，如图 5.16 所示。

图中三条曲线自上而下依次为

$$f_1(t)=\beta(t)+s(t)$$
$$f_2(t)=\beta(t)$$
$$f_3(t)=\beta(t)-s(t)$$

其中，$\beta(t)$是 $\underset{\sim}{Y}^*(t)$的中心值，$s(t)$是 $\underset{\sim}{Y}^*(t)$的模糊度。

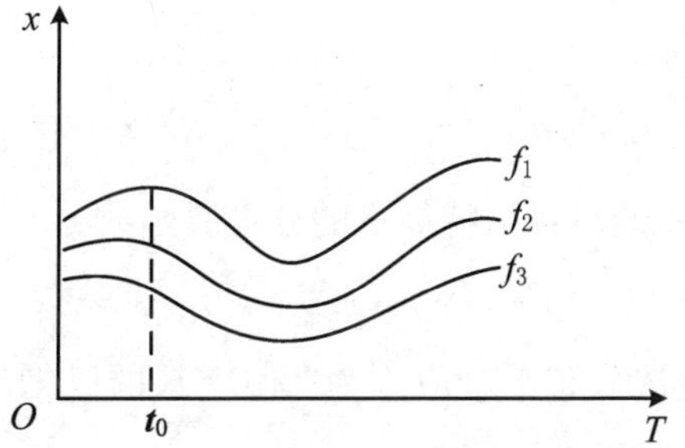

图 5.16　模糊值预测曲线

当 $k=1$ 时，基本模型式(5.119)成为线性形式

$$\underset{\sim}{Y}(t)=\underset{\sim}{P}_0+\underset{\sim}{P}_1 t+\varepsilon \tag{5.121}$$

3. 预测问题举例

下面通过具体实际例子来说明如何直接应用模糊模式识别和模糊规划来进行顶测。

【例 5.13】　某地有一个接触交待型富铁矿区，该矿与燕山期中性岩浆侵入杂岩有成因联系。区内广泛出露燕山期中性岩浆岩和奥陶系中统灰岩，石灰二叠纪地层也有一定出露，且构造断裂和褶皱广泛发育，地质条件很复杂。在开采前，需先对开采区进行有无铁矿顶测。

预测过程可按如下步骤进行：

(1) 在矿区内取一试验地段，面积为 $250km^2$。把 $1km^2$ 作为一预测单元，并

把试验区分成两类，“有矿”与“无矿”，它们都是预测单元集上的模糊子集，分别记为 $\underset{\sim}{A}$，$\underset{\sim}{B}$，而待预测区也是一模糊集，用 $\underset{\sim}{C}$ 表示。

(2) 在 1:25000 地质图和航磁图上取下列五种地质变量和地球物理变量作为矿产预测的特征量。它们是：

· 中性岩浆岩在单元中的出露面积(万 m^2)。

· 奥陶系中统灰岩在单元内的出露面积(万 m^2)。

· 单元内的断裂构造长度(m)。

· 单元内平均航磁值(伽玛)。

· 单元内最高航磁值(伽玛)。

分别用 x_1,x_2,x_3,x_4,x_5 表示。

(3) 在试验区内选取了 22 个已知有矿的单元，设第 j 个单元上前述五个特征量的实测数据为 $(x_{1j},x_{2j},x_{3j},x_{4j},x_{5j})(j=1,2,\cdots,22)$。

令

$$\bar{x}_i=\frac{1}{22}\sum_{j=1}^{22}x_{ij},\quad \sigma_i^2=\frac{1}{21}\sum_{j=1}^{22}(x_{ij}-\bar{x}_i)^2\quad(i=1,2,\cdots,5)$$

则模糊集“有矿”$\underset{\sim}{A}$ 的对各个特征量的分隶属函数为

$$\underset{\sim}{A}_i(x_i)=\exp[-(x_i-\bar{x}_i)^2/\sigma_i^2]\quad(i=1,2,\cdots,5)$$

同样，在试验区内选取若干个应判为“无矿”B 的已知单元，建立“无矿”$\underset{\sim}{B}$ 的对每个特征量的分隶属函数

$$\underset{\sim}{B}_i(x_i)=\exp[-(x_i-\bar{x}'_i)^2/\bar{\sigma}'^2_i]\quad(i=1,2,\cdots,5)$$

此处，$\bar{x}'_i$ 及 $\bar{\sigma}'^2_i$ 分别为无矿单元第 i 个特征量观察值的样本均值与样本方差。

有关的参数值见表 5.31。

表 5.31 试验区的参数值

类型		变量				
		1	2	3	4	5
有矿($\underset{\sim}{A}$)	$\bar{x}_i$	37.49	61.52	364.55	331.82	540.91
	σ_i	44.78	29.82	941.79	176.30	312.68
无矿($\underset{\sim}{B}$)	$\bar{x}'_i$	5.51	12.49	310	33.08	23.08
	σ'_i	19.88	25.42	674.77	43.85	43.85

(4) 构造模糊集 $\underset{\sim}{C}$ 的对各特征量的分隶属函数

$$\underset{\sim}{C}_i(x_i)\exp[-(x_i-\overline{x}''_i)^2/\overline{\sigma}''^2_i]\quad(i=1,2,\cdots,5)$$

其中，$\overline{x}''_i$ 及 $\overline{\sigma}''^2_i$ 分别为待预测区第 i 个特征量观测值的样本均值与样本方差，如表 5.32 所示。

表 5.32　预测区的参数值

参数	变量				
	1	2	3	4	5
$\overline{x}''_i$	36.72	53.21	387.50	283.33	475.00
σ''_i	29.03	29.41	785.63	128.51	217.94

(5) 分别计算 $\underset{\sim}{C}_i$ 和 $\underset{\sim}{A}_i$、$\underset{\sim}{B}_i(i=1,2,\cdots,5)$ 的格贴近度。通过计算可得

$$D_g(\underset{\sim}{C}_1,\underset{\sim}{A}_1)=0.99989,\quad D_g(\underset{\sim}{C}_2,\underset{\sim}{A}_2)=0.98051$$
$$D_g(\underset{\sim}{C}_3,\underset{\sim}{A}_3)=0.99982,\quad D_g(\underset{\sim}{C}_4,\underset{\sim}{A}_4)=0.97501$$
$$D_g(\underset{\sim}{C}_5,\underset{\sim}{A}_5)=0.98469,\quad D_g(\underset{\sim}{C}_1,\underset{\sim}{B}_1)=0.66552$$
$$D_g(\underset{\sim}{C}_2,\underset{\sim}{B}_2)=0.57606,\quad D_g(\underset{\sim}{C}_3,\underset{\sim}{B}_3)=0.99719$$
$$D_g(\underset{\sim}{C}_4,\underset{\sim}{B}_4)=0.12148,\quad D_g(\underset{\sim}{C}_5,\underset{\sim}{B}_5)=0.05079$$

(6) 由于

$$s_1=\bigwedge_{i=1}^{5}\{D_g(\underset{\sim}{C}_i,\underset{\sim}{A}_i)\}=0.97501$$
$$s_2=\bigwedge_{i=1}^{5}\{D_g(\underset{\sim}{C}_i,\underset{\sim}{B}_i)\}=0$$

故按择近原则应预报待预测区“有矿”，具有开采价值。

5.4.6　灰色预测

时间序列预测采用趋势预测原理进行预测，但是时间序列预测存在以下问题：

(1) 若时间序列变化趋势不明显时，则很难建立起较精确的预测模型。

(2) 趋势预测是基于系统按原趋势发展变化的假设基础之上进行预测的，因而未考虑对未来变化产生影响的各种不确定因素。

为了克服上述缺点，华中科技大学的邓聚龙教授在 20 世纪 80 年代初创立了灰色预测理论。

1. 灰色预测概述

部分信息已知，部分信息未知的系统称为灰色系统。比如人体是一个灰色系

统，人体某些外形参数，如身高、体重等是已知的，某些内部参数如血压、脉搏等也是已知的，但有更多的信息是未知的，如人体信息网络、人体功能机制等。严格说来，灰色系统是绝对的，而白色系统和黑色系统是相对的。

基于灰色系统理论（简称灰色理论或灰理论）的 GM(1,1)模型的预测，称为灰色预测。

1）灰色预测的基本思想

当一时间序列无明显趋势时，采用累加的方法可生成一趋势明显的时间序列。如时间序列 $x^{(0)}=(32,35,36,35,40,42)$的趋势并不明显，但将其元素进行“累加”后所生成的时间序列 $x^{(l)}=(32,70,106,141,181,223)$，则是趋势明显的数列，按该数列的增长趋势可建立预测模型并考虑灰色因子的影响进行预测，然后采用“累减”的方法进行逆运算，恢复原时间序列，得到预测结果，这就是灰色预测的基本思想。

2）灰色预测的类型

灰色预测按其应用的对象不同可分为五种类型：

(1) 数列预测。这类预测是对系统行为特征值大小的发展变化所进行的预测，称为系统行为数据列的变化预测，简称数列预测。如粮食产量的预测等。

(2) 灾变预测。对系统行为的特征值超过某个阈值（界限值）的异常值将在何时再出现的预测，称为灾变预测。所以灾变预测就是对异常值出现时刻的预测。

(3) 季节突变预测。若系统行为特征量异常值的出现，或某种事件的发生是在年中某个特定的时区，则这种预测称为季节性灾变预测。

(4) 拓扑预测。这类预测是对一段时间内系统行为特征数据波形的预测。

(5) 系统预测。系统预测是指对同一系统多种行为变量的预测。如对粮食系统中粮食单位面积产量、粮食总产量、化肥施用量等的预测就是系统预测。系统预测模型不同于前面四种预测模型，它是基于一串相互关联的 GM(1,*N*)的模型。

3）*GM* 模型机理

灰色理论的微分方程型模型称为 GM 模型(grey model)。一般建模是用数据列建立差分方程，而灰色建模则是将原始数据列做生成处理后建立微分方程。GM(1,N)表示 1 阶的、N 个变量的微分方程型模型。而 GM(1,1)则是 1 阶的、1 个变量的微分方程型模型。

GM(1,N)模型适合于建立系统的状态模型，适合于各变量动态关联分析，适合于为高阶系统建模提供基础，但不适合预测使用。因为 GM(1,N)虽然反映的是变量 x_1 的变化规律，但是每个时刻的 x_1 值都依赖于其他变量在该时刻的值，如果其他变量的预测值未求出，则 x_1 的预测值就不可能得到。因此适合于预测的模型应该是单变量的模型，即GM(1,1)模型，GM(1,1)是GM(1,N)的特例（即变量为1）。所以通常所说的灰色预测皆指GM(1,1)模型预测。

灰色理论的GM模型的机理可概括为以下几点：

(1) 一般系统理论只能建立差分模型，不能建立微分模型。而差分模型是一种递推模型，只能按阶段分析系统的发展，只能用于短期分析。而灰色理论，基于关联度收敛原理、生成数、灰导数、灰微分方程等观点和方法建立了微分方程型模型。

(2) 灰色理论将一切随机变量看做是在一定范围内变化的灰色量，将随机过程看作是在一定范围内变化的、与时间有关的灰色过程。利用数据生成的方法，将杂乱无章的原始数据整理成规律性较强的生成数列再作研究。

(3) 对高阶系统建模，灰色理论是通过GM(1,N)模型群来解决的。GM模型群即一阶微分方程组，也可以通过多级多次残差GM模型的补充修正来解决。

(4) 灰色理论通过模型计算值与实际值之差（残差）建立GM(1,1)模型，作为提高模型精度的主要途径。灰色理论模型在考虑残差GM(1,1)模型的补充和修正后经常会成为差分微分型模型。

(5) 灰色理论建模，一般都采用环中检验方式，即残差大小检验、后验差检验和关联度检验。残差大小检验是按点检验，是算术检验；后验差检验是按照残差的概率分布进行检验，属统计检验；关联度检验是根据模型曲线与行为数据曲线的几何相似程度进行检验，是一种几何检验。

(6) 灰色GM模型是生成数据模型，因此通过生成数据的GM模型所得到的预测值，必须做逆生成处理后才能使用。

2. GM(1,1)模型的建模

GM(1,1)模型是生成模型，所以首先介绍生成数的有关内容。

1) 生成数

灰色理论中常用的生成方程有累加生成AGO(accumulated generating operation)与累减生成（逆累加生成）IAGO(inverse accumulated generating operation)。

若记 $x^{(0)}$ 为原始数列，$x^{(r)}$ 为作 r 次累加生成后的生成数列（记为 r—AGO)，即

$$x^{(0)} = (x^{(0)}(1), x^{(0)}(2), \cdots, x^{(0)}(n))$$
$$x^{(r)} = (x^{(r)}(1), x^{(r)}(2), \cdots, x^{(r)}(n))$$

则有AGO计算式

$$x^{(r)}(k)=x^{(r-1)}(1)+x^{(r-1)}(2)+\cdots+x^{(r-1)}(k)$$
$$=\sum_{i=1}^{k}=x^{(r)}(k-1)+x^{(r-1)}(k) \tag{5.122}$$

对于 $x^{(r)}$，其 IAGO 计算式为

$$a^{(1)}(x^{(r)}(k))=a^{(0)}(x^{(r)}(k))-a^{(0)}(x^{(r)}(k-1))=x^{(r)}(k)-x^{(r)}(k-1)$$
$$=x^{(r)}(k);a^{(i)}(x^{(r)}(k))=x^{(r-i)}(k) \tag{5.123}$$

称 $a^{(i)}$ 为 i 次累减。

2) GM(1,1)模型的建模步骤

设原始数列为 $x^{(0)}$，1－AGO 生成的数列为 $x^{(1)}$，则按累加生成数列建立的微分方程模型为

$$\frac{\mathrm{d}x^{(1)}}{\mathrm{d}k}=ax^{(1)}=u$$

其解的离散描述形式为

$$X^{(1)}(k+1)=\left(x^{(0)}(1)-\frac{u}{a}\right)\mathrm{e}^{-ak}+\frac{u}{a}$$

确定了参数 a 和 u 后，按此模型递推，即可得到预测的累加数列，通过检验后，再累减即得到预测值。

建模的步骤如下：

(1) 由原始数列 $x^{(0)}$，按式(5.122)计算累加生成数列 $x^{(1)}$。

(2) 对 $x^{(1)}$，采用最小二乘法按下式确定模型参数

$$\hat{a}=[a\quad u]^{T}=(B^{T}\quad B)^{-1}B^{T}y_{N} \tag{5.124}$$

式中

$$B=\begin{bmatrix}-\frac{1}{2}(x^{(1)}(1)+x^{(1)}(2) & 1\\ -\frac{1}{2}(x^{(1)}(2)+x^{(1)}(3) & 1\\ \vdots & \vdots\\ -\frac{1}{2}(x^{(1)}(n-1)+x^{(1)}(n) & 1\end{bmatrix},y_{N}=\begin{bmatrix}x^{(0)}(2)\\ x^{(0)}(3)\\ \vdots\\ x^{(0)}(n)\end{bmatrix}$$

(3) 建立预测模型，求出累加序列

$$\hat{x}^{(1)}(k+1)=\left(x^{(0)}(1)-\frac{u}{a}\right)\mathrm{e}^{-ak}+\frac{u}{a}$$

(4) 对预测模型进行残差检验。

(5) 根据系统未来变化，确定预测值上下界，即按下式确定灰平面

$$\text{上界}:x_{\max}^{(1)}(n+k)=x^{(1)}(n)+k\sigma_{\max}$$

$$下界：x_{\min}^{(1)}(n+k)=x^{(1)}(n)+k\sigma_{\min}$$

式中，$\sigma_{\max}$为在 n 点以后，$x^{(0)}$增长的上界，$\sigma_{\min}$为在 n 点以后，$x^{(0)}$增长的下界。

(6)用模型进行预测。利用上述模型进行预测是利用累加生成数列 $x^{(1)}$ 的预测值，利用累减生成将其还原，即可以得到原始数列 $x^{(0)}$ 的预测值，如果满足灰因子条件则完成预测。

3）模型检验

GM(1,1)模型通常采用残差检验。所谓残差检验是指按所建模型计算出累加数列后，再按累减生成还原，还原后将其与原始数列 $x^{(0)}$ 相比较，求出两序列的差值即为残差，通过计算相对精度以确定模型精度的一种方法。

如果相对精度均满足要求精度，则模型通过检验；如果不满足要求精度，可通过上述残差数列建立残差 GM(1,1)模型对原模型进行修正。

残差模型 GM(1,1)可提高原模型的精度，共有两种方式：

(1) 当用累加生成数列的残差建立 GM(1,1)残差模型时，其残差数列为

$$\varepsilon^{(0)}(k)=x^{(1)}(k)-\hat{x}^{(1)}(k)$$

再累加生成 GM(1,1)模型为

$$\hat{\varepsilon}^{(1)}(k+1)=\left(\varepsilon^{(0)}(1)-\frac{\mu_\varepsilon}{a_\varepsilon}\right)e^{-a_\varepsilon k}+\frac{\mu_\varepsilon}{a_\varepsilon}$$

其导数为

$$\hat{\varepsilon}^{(0)}(k+1)=(-a_\varepsilon)\left(\varepsilon^{(0)}(1)-\frac{\mu_\varepsilon}{a_\varepsilon}\right)e^{-a_\varepsilon k}$$

以 $\hat{\varepsilon}^{(0)}(k+1)$修正模型 $\hat{x}^{(0)}(k+1)$，得到修正后的模型为

$$\hat{x}^{(1)}(k+1)=\left(x^{(0)}(1)-\frac{\mu}{a}\right)e^{-ak}+\frac{\mu}{a}+\delta(k-i)(-a_\varepsilon)\left(\varepsilon^{(0)}(1)-\frac{\mu_\varepsilon}{a_\varepsilon}\right)e^{-a_\varepsilon k}$$

式中

$$\delta(k-i)=\begin{cases}1, k\geqslant i\\0, k<i\end{cases}$$

(2) 当用还原模型的残差数列建立 GM(1,1)模型时，残差数列为

$$q^{(0)}(k)=x^{(0)}(k)-\hat{x}^{(0)}(k)$$

$\hat{x}^{(0)}$是下述模型的数据

$$\hat{x}^{(0)}(k+1)=(-a)\left(x^{(0)}(1)-\frac{\mu}{a}\right)e^{-ak}$$

若通过残差 $q^{(0)}$ 建立的 GM(1,1)模型为

$$\hat{q}^{(1)}(k+1)=\left(q^{(0)}(1)-\frac{\mu_q}{a_q}\right)e^{-a_q k}+\frac{\mu_q}{a_q}$$

其导数为

$$\hat{q}^{(0)}(k+1)=(-a_q)\left(q^{(0)}(1)-\frac{\mu_q}{a_q}\right)\mathrm{e}^{-a_q k}$$

修正后的模型为

$$\hat{x}^{(0)}(k+1)=(-a)\left(x^{(0)}(1)-\frac{\mu_a}{a_q}\right)\mathrm{e}^{-ak}+\delta(k-i)(-a_q)\left(q^{(0)}(1)-\frac{\mu_q}{a_q}\right)\mathrm{e}^{-a_q k}$$

式中

$$\delta(k-i)=\begin{cases}1,k\geqslant i\\0,k<i\end{cases}$$

综上所述，GM(1,1)模型实质上是采用线性化方法建立的一种指数预测模测，因此，当系统呈指数变化时，预测精度较高。

3. 数列预测

数列预测是对系统行为特征值大小的发展变化进行预测。这种预测的特点是对系统行为的特征量(如产量、销售量、降雨量等)进行等时距观测，预测的任务就是了解这些行为特征量在下一时刻有多大。数列预测的步骤如下：

(1) 进行级比检验，判断建模可行性。对于给定序列 x，$x=(x(1),x(2),\cdots,x(n))$，计算级比 $\sigma(k)$

$$\sigma(k)=\frac{x(k-1)}{x(k)} \tag{5.125}$$

从而获得级比序列 σ

$$\sigma=(\sigma(2),\sigma(3),\cdots,\sigma(n))$$

然后检验级比是否落于可容覆盖中，即

$$\sigma(k)\in(\mathrm{e_e}^{\frac{-2}{n+1}},\mathrm{e}^{\frac{2}{n+1}}) \tag{5.126}$$

只有当所有的 $\delta(k)$ 均落于可容覆盖，则该序列可作 GM(1,1)建模和进行数列预测。

(2) 数据变换处理。对于级比检验不合格的序列，必须进行数据变换处理，使变换后的序列的级比落于可容覆盖中。通常变换处理的途径有对数变换、方根变换和平移变换三种。这里只介绍对数变换和方根变换。

· 对数变换。令 x 为原始序列，y_m 为 x 的 m 次对数序列

$$x=(x(1),x(2),\cdots,x(n))$$

$$y_m=(y_m(1),y_m(2),\cdots,y_m(n))$$

式中，$y_m(k)=\ln^x(k)=\ln(\ln(\cdots\ln x(k)\cdots))$，如：$m=2$ 时，$y_2(k)=\ln(\ln x(k))$。

又记

$$\Delta(k)=|\ x(k)-x(k-1)\ |,\Delta_m(k)=|\ \ln^m x(k)-\ln^m x(k-1)\ |$$

则有

$$\delta(k) = \frac{\Delta k}{x(k)}$$

$$\delta_m(k) = \frac{\Delta_m k}{\ln^m x(k)}$$

对于指定的小于 1 的正实数 ε，可通过合适的 m，使得 $\delta_m(k) < \varepsilon$。

此时，y_m 为对数变换的满意序列。但应该注意，并不是 m 越大越好，因为过分大的 m 将导致 $\ln^m x(k)$ 过分减小，这样，有可能导致 $\delta_m(k)$ 增大。

· 方根变换。令 x 为原始序列，y_m 为 x 的 m 次方根序列

$$x = (x(1), x(2), \cdots, x(n))$$

$$y_m = (\sqrt[m]{x(1)}, \sqrt[m]{x(2)}, \cdots, \sqrt[m]{x(n)}, m = 2, 3, \cdots)$$

又记

$$\Delta_x(k) = |x(k) - x(k-1)|$$

$$\Delta_m(k) = \left|\sqrt[m]{x(k)} - \sqrt[m]{x(k-1)}\right|$$

则有

$$\delta_x(k) = \frac{\Delta_x k}{x(k)},\quad \delta_m(k) = \frac{\Delta_m k}{\sqrt{x(k)}}$$

对于指定的小于 1 的正实数 ε，可通过合适的 ，使得

$$\delta_m(\max) < \varepsilon$$

$$\delta_m(\max) = \max_k \delta_m(k)$$

此时，y_m 为方根变换的满意序列。

(3) GM(1,1)建模。

(4) 预测。

【例 5.14】 已知某百货公司 2002 年～2007 年的销售数据表 5.33 所示。试建立 GM(1,1)预测模型并预测 2008 年、2009 年的销售额。

表 5.33　某百货公司 2002 年～2007 年的销售数据表

年份	2002	2003	2004	2005	2006	2007
销售额(万元)	434.5	470.5	527.6	571.4	626.4	685.2

由题意，初始给定序列

$$x^{(0)} = (434.5, 470.5, 527.6, 571.4, 626.4, 685.2)$$

(1) 级比检验。根据式(5.127)，计算序列 的级比序列

$$\sigma(2) = 434.5/470.5 = 0.92, \cdots, \sigma(6) = 626.4/685.2 = 0.91;$$

$$\sigma = (0.92, 0.89, 0.92, 0.91, 0.91)$$

$n=6$,由式(5.126)可得可容覆盖为(0.75,1.33)。

由于所有的$\sigma(k)$均落于可容覆盖中,所以该序列可作GM(1,1)建模。

(2) GM(1,1)建模:

· 累加生成数列$x^{(1)}$。由式(5.122)可得

$x^{(1)}(1) = x^{(0)}(1) = 434.5$, $x^{(1)}(2) = 434.5 + 470.5 = 905, \cdots$

$x^{(1)} = (434.5, 905, 1432.6, 2004, 2630.4, 3315.6)$

· 用最小二乘法确定模型参数$\hat{a}=[a \quad u]^T$

$$B = \begin{bmatrix} -\frac{1}{2}(X^{(1)}(1)+X^{(1)}(2)) & 1 \\ -\frac{1}{2}(X^{(1)}(2)+X^{(1)}(3)) & 1 \\ -\frac{1}{2}(X^{(1)}(3)+X^{(1)}(4)) & 1 \\ -\frac{1}{2}(X^{(1)}(4)+X^{(1)}(5)) & 1 \\ -\frac{1}{2}(X^{(1)}(5)+X^{(1)}(6)) & 1 \end{bmatrix} = \begin{bmatrix} -669.75 & 1 \\ -1168.6 & 1 \\ -1718.3 & 1 \\ -2317.2 & 1 \\ -2973.0 & 1 \end{bmatrix}, y_N = \begin{bmatrix} 470.5 \\ 527.6 \\ 571.4 \\ 626.4 \\ 685.2 \end{bmatrix}$$

代入式(5.124)中得

$$\hat{a} = [-0.0916, \cdots, 414.0736]^T$$

· 建立预测模型。因为$x^{(0)}(1)=434.5$,所以预测模型为

$$\hat{x}^{(1)}(k+1) = \left(x^{(0)}(1) - \frac{u}{a}\right)e^{-ak} + \frac{u}{k} = 1954.95415e^{0.0916k} - 4520.45415$$

· 残差检验。检验结果如表5.34所示。由表可见,精度较高,模型可用。

表5.34 预测模型检验数表

年份	模型计算值$\hat{x}^{(1)}$	还原值$\hat{x}^{(0)}$	原始数据$x^{(0)}$	绝对误差	相对误差
2002	434.5	434.5	434.5	0	0
2003	909.8	475.3	470.5	−4.8	−1.02
2004	1430.7	520.9	527.6	6.7	1.27
2005	2001.6	570.9	571.4	0.5	0.087
2006	2627.2	625.6	626.5	0.9	0.14
2007	3312.9	685.7	685.2	−0.5	−0.07

· 建立灰平面。假设该公司受各种条件的限制，每年销售额的增长量不会超过 70 万元，但不会低于 20 万元，该公司最高销售额为 800 万元，最低为 600 万元，故灰平面为

当 $n=6$ 时

$$\text{上界：}\quad x_{\max}^{(1)}(6+k)=x^{(1)}(6)+k\sigma_{\max}=3315.6+70k$$

$$\text{下界：}\quad x_{\min}^{(1)}(6+k)=x^{(1)}(6)+k\sigma_{\min}=3315.6+20k$$

(3) 预测。由预测模型可预测 2008、2009 年的销售额：

2008 年：$\hat{x}^{(1)}(6+1)=4954.95415e^{0.0916\times6}-4520.45415=4064.3$

还原值：$\hat{x}^{(0)}(7)=4064.3-3312.9=751.4$

2009 年：$\hat{x}^{(1)}(7+1)=4954.95415e^{0.0916\times7}-4520.45415=4887.8$

还原值：$\hat{x}^{(0)}(8)=4887.8-4064.3=823.5$

由于 $\hat{x}^{(0)}(8)$ 比 $\hat{x}^{(0)}(7)$ 高出了 72.1 万元，超过了增长限度，所以应取增长值的上界 70 万元，则 2009 年的销售额应为：751.4+70=821.4 万元。但该值超过了该公司的最高销售额 800 万元，因此，2009 年的销售额最终预测应为 800 万元。

4. 灾变预测

严格说来，灾变预测是异常值时间分布的预测，是异常值可能在未来的哪些市区发生的预测。所谓异常值是指过大或小的值，超过或低于阈值的值。所谓时间分布是指异常值出现的时区在时间轴上的分布。因此，灾变预测不是预测异常值的大小，而是预测异常值出现的时间。

灾变预测的步骤为：

(1) 给定原始序列 x，指定阈值 ξ。

(2) 构造异常序列 x_ξ。按指定的阈值 ξ 从 x 中选择满足阈值的数据：对于上异常(即大于阈值)$x(t_k)>\xi$；对于下异常 $x(t_k)<\xi$；然后用 $x(t_k)$ 构造异常(值)序列 x_ξ

$$x_\xi=(x(t_1),x(t_2),\cdots,x(t_m))$$

(3) 构造时分布序列。通过时分布映射 M_τ，获取时分布序列 τ

$$M_\tau:x_\xi\rightarrow\tau,M_\tau(x(t_k))=t_k,\tau=(t_l,t_2,\ldots,t_m)$$

(4) 对时分布序列 τ 作 GM(1,1)建模。

(5) 预测。

【例 5.15】 已知山西省某水库入库流量数据如表 5.35 所示，试预测出现径流量小于 1000(万 m^3)的年份。

表 5.35 山西省某水库 1989 年～2006 年的入库径流量

序号	1	2	3	4	5	6	7	8	9
年 份	1989	1990	1991	1992	1993	1994	1995	1996	1997
径流量(万 m^3)	1761.3	2187.4	2641.9	609.8	3135.6	862.7	966.2	1357.7	4042.4
序 号	10	11	12	13	14	15	16	17	18
年份	1998	1999	2000	2001	2002	2003	2004	2005	2006
径流量(万 m^3)	1272.5	719.1	554.4	462.7	682.1	1701.5	591.7	951.9	407.6

由题意知,这种预测属于灾变预测。

(1) 给定原始序列,指定阈值。原始序列为 $x=(x(1),x(2),\cdots,x(18))=(1761.3,2187.4,2641.9,609.8,3135.6,862.7,966.2,1357.7,4042.4,1272.5,719.1,554.4,462.7,682.1,1701.5,591.7,951.9,407.6)$。按预测要求,阈值 $\xi=1000$,即异常值满足 $X(k_\xi)<1000$。

(2) 构造异常序列 x_ξ。根据题意可得异常序例 $x_\xi=(x(t_1),x(t_2),\cdots,x(t_{10}))=(x(4),x(6),x(7),x(11),x(12),x(13),x(14),x(16),x(17),x(18))=(609.8,862.7,966.2,719.1,554.4,462.7,682.1,591.7,951.9,407.6)$。

(3) 构造时分布序列。通过时分布映射 M_τ,获取时分布序列 τ

$M_\tau: x_\xi \rightarrow \tau, M_\tau(x(t_k))=t_k$

$\tau=(t_l,t_2,t_3,t_4,t_5,t_6,t_7,t_8,t_9,t_{10})=(4,6,7,11,12,13,14,16,17,18)$

(4) 对时分布序列 τ 作 GM(1,1)建模。

· GM(1,1)建模序列:

$$\tau=(4,6,7,1l,12,l3,14,16,17,18)$$

累加生成序列 $\tau^{(1)}=(4,10,17,28,40,53,67,83,100,118)$

· 按 $\tau^{(1)}$ 建 GM(1,1)模型:

$$B=\begin{bmatrix}-7 & -13.5 & -22.5 & -34 & -46.5 & -60 & -75 & -91.5 & -109\\ 1 & 1 & 1 & 1 & 1 & 1 & 1 & 1 & 1\end{bmatrix}^T$$

$$y_N=[6\quad 7\quad 11\quad 12\quad 13\quad 14\quad 16\quad 17\quad 18]^T$$

代入式(5.124)中得

$$\hat{a}=[-0.1126\quad 6.9244]^T$$

· 建立预测模型:

$$\hat{\tau}^{(1)}(k+1)=\left(\tau^{(0)}(1)-\frac{u}{a}\right)e^{-ak}+\frac{u}{a}=65.4956e^{0.1126k}-61.4956$$

· 残差检验。检验结果如表 5.36 所示。由表可见,只有第 2 和第 3 数据点的偏差较大，相对误差逐渐减小，因此模型可用。

表 5.36　模型检验数表

序号	年份	模型计算值 $\hat{\tau}^{(1)}$	还原值 $\hat{\tau}^{(0)}$	原始数据 τ	绝对误差	相对误差
1	1992	4.0	4.0	4	0.0	0.0
2	1994	11.8	7.8	6	−1.8	−30.0
3	1995	20.5	8.7	7	−1.7	−24.3
4	1999	30.3	9.8	11	1.2	10.9
5	2000	4l.3	11.0	12	1.0	8.3
6	2001	53.5	12.2	13	0.8	6.1
7	2002	67.2	13.7	14	0.3	2.1
8	2004	82.6	15.4	16	0.6	3.7
9	2005	99.7	17.1	17	0.1	0.6
10	2006	118.9	19.2	18	−0.8	−4.4

（5）预测：

当 $k=10$ 时，$\hat{\tau}^{(1)}(10+1)=140.4$，还原值 $\hat{\tau}^{(0)}(11)=21.5$。下次径流量小于 1000 万 m^3 的年份应为 2007 年～2008 年。该水库 2007 年的实际径流量为 4647.3 万 m^3，2008 年的实际径流量为 865.3 万 m^3。由此可见，预测值和实际是吻合的。

5.5　系统决策方法

什么叫决策？有种种不同的提法，有人说，决策就是对未来的行动作出的决定；有人说，决策就是选择，决策就是拍板；也有人说，“管理就是决策”。这些提法都是从不同的角度来说明决策的含义和概念。

一般认为，决策是指人们为了实现某种特定目的，从多个可以互相替代的可行方案中选择比较满意的方案。它既是一个过程，又是一种选择。系统决策过程一般包括四个基本步骤：

第一步，分析问题，确定目标。必须重视搞好调查研究，在调查研究中学会抓主要矛盾，把握有价值的问题，查清问题的性质、范围、程度和后果，并寻找产生问题的各种原因，从而确定决策问题。

决策目标的确定关系到整个系统决策的全过程，目标确定后，才能为拟定各种决策方案提供依据和方向，目标正确，决策得当，目标错误，决策必然失误，并造成不良后果。目标的确定要保证其科学性和确切的评价准则。确切的评价准则能够给决策目标的约束条件、层次关系一个明确的界定。

第二步，拟制方案，分析评估，编制决策收益表。只有拟制多个可行方案，才能进行正确的选择，才能从中决策出最佳方案。拟制方案时需要注意：方案与目标的一致性；备选方案的完整性；备选方案的多样性；方案之间的差异性；拟制方案的创新性。方案是否可行，要进行可行性研究和分析评估。

对于经过可行性研究的备选决策方案，要预测每个方案可能发生的状态（称为自然状态），并计算不同方案在不同自然状态下的益损值，编制决策益损表，如表 5.37 所示。

表 5.37 决策益损表

决策方案 \ 益损值 \ 概率 \ 自然状态	S_1	S_2	…	S_n
	P_1	P_2	…	P_n
a_1	C_{11}	C_{12}	…	C_{1n}
a_2	C_{21}	C_{22}	…	C_{2n}
…	…	…	…	…
a_m	C_{m1}	C_{m2}	…	C_{mn}

表中包括：

(1) 备选决策方案 $a_i(i=1,2,\cdots,m)$。指经过可行性研究认为可行的决策方案。所有的备选方案 $A=\{a_i\}$构成的集合称为决策空间。

(2) 自然状态 $S_j(j=1,2,\cdots,n)$。指某个备选可行方案实施中可能遇到或发生的状态，如环境因素的变化等。所有能出现的自然状态构成的集合 $S=\{S_j\}$称状态空间。因为自然状态的出现不以人的意志为转移，所以只能用概率加以描述。$P_j(j=1,2,\cdots,n)$表示第 j 种自然状态可能发生或出现的概率值。这些自然状态发生的可能性是相互排斥的，所以有 $P_1+P_2+\cdots+P_n=1$。

(3) 益损值 C_{ij}。它是对各方案可行性研究基础上，通过分析计算每个方案不同自然状态下的益损值，一般用货币值表示。显然 C_{ij} 是自然状态出现概率 P_j 和决策方案 a_i 的函数，即 $C_{ij}=f(a_i,P_j)$。

第三步，方案选优，实验验证。选优是系统决策实践本身所固有的特性。系统决策要对各种可供选择的方案，权衡利弊，从中选一或综合为一，以决策益损值为依据，运用不同的决策标准（或准则）进行决策分析，选择最优方案。方案选优是一项复杂的工作，有时最后选定的方案往往达不到每一特定指标都是最佳的，只能有利于其中几个指标，而兼顾其他指标。

第四步，方案实施，追踪决策。通过实验验证方案可行就要不失时机地普遍实施。在实施过程中还可能出现与目标偏离的情况，因此，必须加强反馈工作。如果出现某种意外，主观条件发生重大变化，致使原决策方案无法实施，必须进行修正，或完全改变与重新确定目标，这就叫做“追踪决策”。决策者对追踪决策应保质清醒的头脑，提倡“慎思笃行”的精神和科学求实的态度，三思而后行。

针对不同的决策问题，使用不同的决策方法。这里仅介绍几种常用的决策方法。

5.5.1 决策树方法

人们把决策问题的自然状态或条件出现的概率、行动方案、益损值、预测结果等，用一个树状图表示出来，并利用该图反映出人们思考、预测、决策的全过程，这就是决策树法。决策树的节点为方块、圆圈、和三角，节点间通过直线段连接，如图 5.17 所示。图中：

□—表示决策节点。从它引出的分支叫方案分支，每支代表一个方案。决策节点上标注的数字是所选方案的期望值。

○—表示方案节点。从它引出的分支叫概率分支。分支数反映可能的自然状态数。分支上注明的数字为该自然状态的概率。

△—表示结果节点。它旁边标注的数字为方案在某种自然状态下的收益值。

应用树状图进行决策的过程，是由右向左逐步前进，计算右端的期望收益值，或损失值，然后对不同方案的期望收益值的大小进行选择。方案的舍弃称为剪支。最后决策节点只留下唯一的一个，就是最优的决策方案。

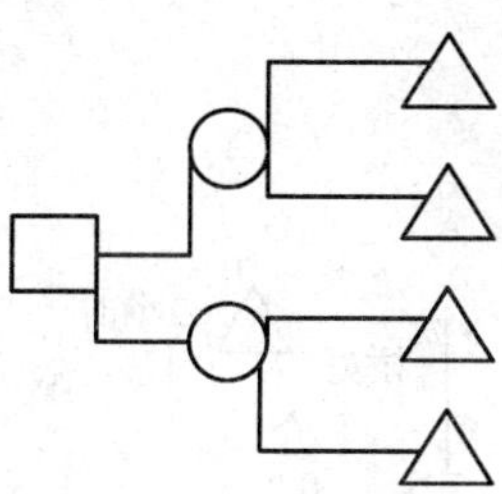

图 5.17　决策树

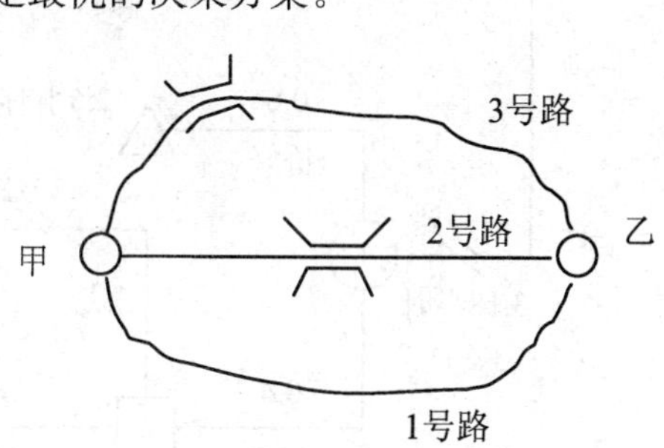

图 5.18　前进路线

【例 5.16】 某次战斗中，某部要求用汽车把一战斗小组以最短的时间从甲地运送到乙地。前进路线有 1 号、2 号、3 号公路可供选择，所需时间分别为 4 小时、2 小时、2.5 小时。其中 2、3 号道路上均有桥梁：2 号路上的桥梁位置离出发点有 1 小时的路程，3 号路上的桥梁离出发点有半小时的路程，如图 5.18 所示。由于刚遭敌机空袭，桥梁损坏程度不明。只知道 2 号路上的桥梁损坏的概率为 0.3，3 号路上的桥梁损坏概率为 0.4。

方案 1：走 1 号公路。共需 4 个小时。

方案 2：走 2 号公路。共有四种可能：① 2 号公路上的桥好，需要 2 小时；② 2 号公路上桥坏，折回走 1 号公路，需要 6 小时；③ 2 号公路上桥坏，折回走 3 号公路，并且 3 号路上桥好，需要 4.5 小时；④ 2 号公路上桥坏，折回走 3 号公路，而 3 号路上桥坏，折回走 1 号公路，需要 7 小时。

方案 3：走 3 号公路。也有四种可能：① 3 号公路上的桥好，需要 2.5 小时；② 3 号公路上桥坏，折回走 1 号公路，需要 5 小时；③ 3 号公路上桥坏，折回走 2 号公路，并且 2 号路上桥好，需要 3 小时；④ 3 号公路上桥坏，折回走 2 号公路，而 2 号路上桥坏，折回走 1 号公路，需要 7 小时。

利用决策树方法选择方案的过程如图 5.19 所示。

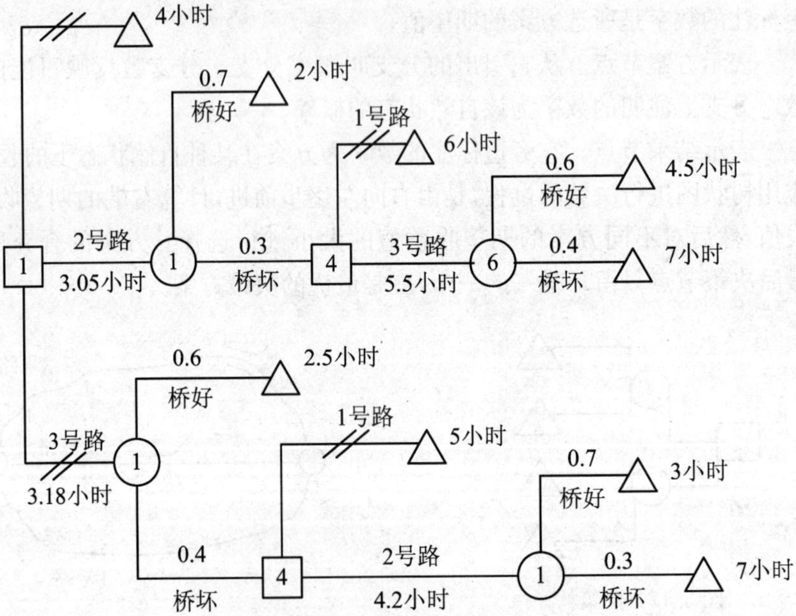

图 5.19 决策树方法选择方案的过程

5.5.2 贝叶斯决策方法

在风险决策问题中，由于自然状态的发生概率大多是根据过去的资料和经验估计的，因此就有一个准确性及可靠性问题，即为了改进决策制定过程，有没有必要再做调查或试验，进一步确认各种自然状态的发生概率，从而做出决策。运用概率论中的贝叶斯定理能方便地解决这类问题，这就是贝叶斯决策法。

贝叶斯定理是概率论中的基本定理之一，它揭示了概率之间的关系，我们用一个直观的例子说明之。

有道工序是把一种白色圆片零件的一面漆成红色，现有五个零件，其中的一个遗漏了这道工序。问从这五个零件中随机抽取一个，正好是次品(两面都是白色)的概率是多少？显然是 0.2。这个概率叫先验概率。

但如果五个零件都是白色朝上平放着，问任取一个上抛落地后为白色时，这个零件是次品的概率为多少？

假定五个零件，每一个都上抛 200 次，理论上要出现白色朝上 600 次，其中 200 次属于次品零件，所以上抛后落地为白色是次品零件的概率为 $200/600=\frac{1}{300}$ 或 0.33。这叫做后验概率，即做了这次上抛试验之后，0.20 的先验概率修改成 0.33 的后验概率。

运用贝叶斯定理能解决计算后验概率的问题。贝叶斯定理的表达式为

$$P(B_j \mid A_i) = \frac{P(A_i \mid B_j)P(B_j)}{\sum_{j=1}^{n} P(A_i \mid B_j)P(B_j)} \tag{5.127}$$

式中，$P(B_j)$为事件 B_j 发生的概率；$P(B_j|A_i)$为事件 A_i 发生条件下，事件 B_j 发生的条件概率；$P(A_i|B_j)$为事件 B_j 发生条件下，事件 A_i 发生的条件概率。

对于刚才的问题，可设 A 表白色，B_1表次品零件，B_2表正品零件，则

$$\begin{aligned} P(B_1 \mid A) &= \frac{P(A \mid B_1)P(B_1)}{P(A \mid B_1)P(B_1) + P(A \mid B_2)P(B_2)} \\ &= \frac{1.0 \times 0.2}{1.0 \times 0.2 + 0.5 \times 0.8} = \frac{0.2}{0.6} = 0.33 \end{aligned}$$

同先前逻辑分析的结果一致。

下面举例说明如何运用贝叶斯定理进行决策。

【例 5.17】 某公司考虑生产一种新产品，已知这产品的销售状况将取决于市场需求情况。经理在决策前已预见到生产后销售结果为好、中、差三种情况的概率及相应的盈利额如表 5.38 所示。

表 5.38 各种情况的概率及盈利额

销售结果预测	先验概率 $P(B)$	盈利额(万元)
B_1(好)	0.25	+15
B_2(中)	0.30	+1
B_3(差)	0.45	−6

在这种情况下,试对两个问题进行决策:① 是否值得做一次市场调查,以获取市场需求出现“好”、“中”、“差”的后验概率;② 是否生产这种新产品。且设市场调查费用估算需 6000 元。但为了决定是否要进行市场调查,除了要事先估计调查费用外,对调查情况下和不调查情况下的期望盈利值也应事先作出估计,从而可以确定是否值得花这笔调查费用。为此,将公司过去实践中的有关资料整理成表 5.39。

表 5.39 公司过去的有关资料

调查结论 \ $P(A_i\|B_j)$ \ 销售结果	B_1(好)	B_2(中)	B_3(差)
A_1(好)	0.65	0.25	0.10
A_2(中)	0.25	0.45	0.15
A_3(差)	0.10	0.30	0.75
合计	1.00	1.00	1.00

解 依题意,本问题也是一个两阶段决策问题。

表 5.38 列出的概率是 $P(A|B)$,即销售结果 B 为已知时,调查结论 A 的条件概率。而决策所需要知道的是 $P(B|A)$,即调查结论 A 为已知,销售结果 B 的条件概率。那么,如何将已知的条件概率 $P(A|B)$ 转移为所需要的条件概率 $P(B|A)$呢? 以下我们就用贝叶斯定理解决这个问题,并进而决策。

(1) 求联合概率和全概率。

由概率的乘法定理可知,A_i 和 B_j 的联合概率为

$$P(A_iB_j) = P(A_i \mid B_j)P(B_j) \tag{5.128}$$

又由全概率公式可得事件 A_i 的全概率为

$$P(A_i) = \sum_{j=1}^{n} P(A_iB_j)P(B_j) \tag{5.129}$$

所以,可把表 5.38 中的 $P(B)$乘表 5.44 中相应的 $P(A|B)$,即可得到有关的联合概率。例如,$P(A_1B_1)=0.25\times0.65=0.1625$,其余类推。再把行和列的联

合概率加总即得到全概率 $P(A)$ 和 $P(B)$。计算结果见表 5.40。

表 5.40　全概率 $P(A)$ 和 $P(B)$

销售结果 / $P(A_i\|B_j)$ / 调查结论	B_1(好)	B_2(中)	B_3(差)	$P(A_i)$
A_1(好)	0.1625	0.075	0.0450	0.2825
A_2(中)	0.0625	0.135	0.0675	0.2650
A_3(差)	0.0250	0.090	0.3375	0.4525
$P(B_j)$	0.2500	0.300	0.4500	1.0000

(2) 求条件概率。

由(5.127)式～(5.129)式可知，所要求的条件概率

$$P(B_j \mid A_i) = \frac{P(A_i \mid B_j)P(B_j)}{\sum_{j=1}^{n} P(A_i \mid B_j)P(B_j)} = \frac{P(A_iB_j)}{P(A_i)}$$

所以，可用全概率 $P(A_i)$ 除联合概率 $P(A_iB_j)$ 即得所需条件概率。如 $P(B_1|A_1) = \frac{0.1625}{0.2825} = 0.7552$，其余类推。计算结果见表 5.41，这里的 $P(B_j|A_i)$ 就是后验概率。例如，当调查结论为市场需求属中等时，表 5.38 的先验概率 0.25，0.30，0.45，就应修改成表 5.41 的后验概率 0.236，0.509，0.255。

表 5.41　条件概率

销售结果 / $P(A_i\|B_j)$ / 调查结论	B_1(好)	B_2(中)	B_3(差)	合计
A_1(好)	0.575	0.266	0.159	1.00
A_2(中)	0.236	0.509	0.255	1.00
A_3(差)	0.055	0.199	0.746	1.00

(3) 求期望盈利值。

“不调查”情况下生产该新产品的期望盈利值为

$$[0.25 \quad 0.30 \quad 0.45]\begin{bmatrix}15\\1\\-6\end{bmatrix} = 1.35\text{ 万元}$$

在调查后结论分别为“好”、“中”、“差”的情况下，对应的新产品期望盈利值是

$$\begin{bmatrix} 0.575 & 0.266 & 0.159 \\ 0.236 & 0.509 & 0.255 \\ 0.055 & 0.199 & 0.746 \end{bmatrix} \begin{bmatrix} 15 \\ 1 \\ -6 \end{bmatrix} = \begin{bmatrix} 7.937 \\ 2.519 \\ -3.452 \end{bmatrix} \text{万元}$$

即当调查结论为市场需求“好”时，生产新产品的期望盈利值是 7.937 万元；结论为“中”时，期望盈利值是 2.519 万元；结论为“差”时，期望盈利值是－3.452 万元。调查结论表明该产品的市场需求“差”时，期望盈利值是一个负数，因此不可能投产。这样，在“调查”情况下生产该新产品的期望盈利值为

$$\begin{bmatrix} 0.2825 & 0.2650 & 0.4525 \end{bmatrix} \begin{bmatrix} 7.937 \\ 2.519 \\ 0 \end{bmatrix} = 2.91 \text{万元}$$

(4) 决策。

调查情况下生产新产品的期望盈利值为 2.91 万元，减去调查费用 6 千元后还有 2.31 万元，大于不调查情况下的期望盈利值 1.35 万元。因此，作如下决策：① 进行市场调查。② 若调查结论表明市场需求为“好”或“中”，则生产该产品；若表明市场需求为“差”，则不生产该产品。

5.5.3 多准则决策

多准则决策(multiple criteria decision making，简称 MCDM)问题可以分为多属性决策(multiple attribute decision making，简称 MADM)和多目标决策(multiple objective decision making，简称 MODM)两类。关于多准则决策的文献常见的三个名词或术语是属性、目标、和准则。准则是决策事务或现象有效性的某种度量，是事务或现象评价的基础。它在实际问题中有两种基本表现形式，即属性与目标。属性伴随着决策事务或现象的某些特点、性质或效能，每一种属性应该能提供某种测量其水平高低的方法；目标是决策者对决策事物或现象的某种追求，一个目标通常表明决策者在未来针对某一事物或现象确定的努力方向。

多属性决策和多目标决策的共性在于：两者对事物好坏的判断标准都不是唯一的，且准则与准则之间常常会相互矛盾；此外，不同的目标或属性通常有不同的量纲，因而是不可以比较的，必须通过某种适当的变换后才具有可比性。多属性决策和多目标决策的主要区别是：前者的决策空间是离散的，后者是连续的；前者的选择余地是有限的、已知的，后者是无穷的、未知的。因此，多属性决策问题又称为有限方案的多目标决策。

1. 多属性决策

1) 求解多属性决策问题的准备工作

(1) 决策矩阵。设一个多属性决策问题记作 MA,可供选择的方案集为 $X=\{x_1,x_2,\cdots,x_m\}$;用向量 $Y_i=\{y_{i1},y_{i2},\cdots,y_{in}\}$表示方案 x_i的 n 个属性值,其中 y_{ij}是第 i 个方案的第 j 个属性的值;当目标函数为 f_j时,$y_{ij}=f_j(x_i)$,$(i=1,\cdots,m;j=1,\cdots,n)$。各方案的属性值可列成决策矩阵(或称为属性矩阵、属性值表),如表 5.45 所示。

表 5.45　决策矩阵

X \ Y	y_1	…	y_j	…	y_n
x_1	y_{11}	…	y_{1j}	…	y_{1n}
…	…	…	…	…	…
x_i	y_{i1}	…	y_{ij}	…	y_{in}
…	…	…	…	…	…
x_m	y_{m1}	…	y_{mj}	…	y_{mn}

该表提供了分析决策问题所需的基本信息,各种数据的预处理和求解方法都将以它作为分析的基础。

(2) 数据预处理。数据的预处理又称属性值的规范化,主要有如下三个作用:

第一,区分属性值的多种类型。有些指标的属性值,越大越好,称作效益型指标;有些指标的值越小越好,称作成本型指标;另有一些指标的属性值既非效益型又非成本型。这几类属性放在同一个表中不便于直接从数值大小判断方案的优劣,因此需要对决策矩阵中的数据进行预处理,使表中任一属性下性能越优的方案变换后的属性值越大。

第二,非量纲化。多目标决策与评估的困难之一是目标间的不可公度性,即在属性值表中的每一列数都具有不同的单位(量纲)。即使对同一属性,采用不同的计量单位,表中的数值也会不同。在用各种多属性决策方法进行分析评价时,需要排除量纲的选用对决策或评估结果的影响,这就是非量纲化,亦即设法消去(而不是简单删除)量纲,仅用数值的大小来反映属性值的优劣。

第三,归一化。为了直观,更为了便于采用各种多属性决策与评估方法进行比较,需要把属性值表中的数值归一化,即把表中数值均变换到[0,1]区间上。

此外，还可在数据预处理时用非线性变换或其他办法来解决或部分解决某些目标的达到程度与属性值之间的非线性关系，以及目标间的不完全补偿性。

常用的数据预处理方法有以下几种：

·线性变换。原始的决策矩阵 $Y=\{y_{ij}\}$，变换后的决策矩阵值为 $Z=\{z_{ij}\}(i=1,\cdots,m;j=1,\cdots,n)$，设 $y_j^{\max}$ 是决策矩阵第 j 列的最大值，$y_j^{\min}$ 是决策矩阵第 j 列的最小值，若 j 为效益型属性，则

$$z_{ij}=\frac{y_{ij}}{y_j^{\max}}$$

采用上式进行变换后，最差属性值不一定为 0，最佳属性值为 1。

若 j 为成本性属性，可以令

$$z_{ij}=1-\frac{y_{ij}}{y_j^{\max}} \tag{5.130}$$

经式(5.130)变换后的最佳属性值不一定为 1，最差属性值为 0。成本性属性也可以用下式进行变换

$$z'_{ij}=\frac{y_j^{\min}}{y_{ij}} \tag{5.131}$$

用式(5.131)变换后的属性值最差值不一定为 0，最佳为 1，且是线性变换。

·标准 0－1 变换。在属性值进行线性变换规范化后，若属性 j 的最优值为 1，则最差值一般不为 0；若最差值为 0，最优值就往往不为 1。为了使每个属性变换后的最优值为 1 且最差值为 0，可以进行标准 0－1 变换。对效益性属性 j，令

$$z_{ij}=\frac{y_{ij}-y_j^{\min}}{y_j^{\max}-y_j^{\min}} \tag{5.132}$$

j 为成本性属性时，令

$$z_{ij}=\frac{y_j^{\max}-y_{ij}}{y_j^{ax}-y_j^{\min}} \tag{5.133}$$

·最优值为给定区间式的变换。设给定的最优属性区间为$[y_j^0,y_j^*]$，y_j'为无法容忍下限，y_j''为无法容忍上限，则

$$z_{ij}=\begin{cases}1-\dfrac{y_j^0-y_{ij}}{y_j^0-y_j'} & \text{当 } y'_j<y_{ij}<y_j^0 \text{ 时}\\ 1 & \text{当 } y_j^0\leqslant y_{ij}<y_j^* \text{ 时}\\ 1-\dfrac{y_{ij}-y_j^*}{y''_{ij\,j}-y_j^*} & \text{当 } y_j^*>y_{ij}>y_j^* \text{ 时}\\ 0 & \text{其他}\end{cases} \tag{5.134}$$

变换后的属性值 z_{ij} 与原属性值 y_{ij} 之间的函数图形为一般梯形。当属性值最优区间的上下限相等时，最优区间退化为一个点，函数图形退化为三角形。

・向量规范化。无论成本属性还是效益性属性，向量规范化用下式进行变换

$$z_{ij} = \frac{y_{ij}}{\sqrt{\sum_{i=1}^{m} y_{ij}^2}} \tag{5.135}$$

这种变换也是线性的，但是它与前面介绍的几种变换不同，从变换后属性值的大小上无法分辨属性值的优劣。它最大的特点是，规范化后，各方案的统一属性值的平方和为 1，因此常用于计算各方案与某种虚拟方案（如理想点或负理想点）之间欧氏距离的场合。

・原始数据的统计处理。有些时候某个目标的各方案属性值往往相差很大，或者由于某种原因只有某个方案特别突出，如果按照一般方法对这些数据进行预处理，该属性在评价中的作用将不适当地夸大，若不作适当处理，会使整个评估结果发生严重扭曲。为此可以采用类似于评分法的统计平均方法。具体的做法有多种方式，其中之一是设定一个百分制平均值 M，将方案集 X 中各方案该属性的均值定位于 M，再用下式进行变换

$$z_{ij} = \frac{y_{ij} - \bar{y}_j}{y_j^{\max} - \bar{y}_j}(1.00 - M) + M \tag{5.136}$$

其中，$\bar{y}_j = \frac{1}{m}\sum_{i=1}^{m} y_{ij}$ 为各方案属性 j 的均值；m 为方案个数；M 为 0.5～0.75 之间。式(5.136)可以有多种变形，例如

$$z_{ij} = \frac{0.1 \times (y_{ij} - \bar{y}_i)}{\sigma_j} + 0.75 \tag{5.137}$$

其中，σ_j 为方案集 X 中各方案关于指标 j 的属性值的均方差，当高端均方差大于 $2.5\sigma_j$ 时，变换后的值为 1.00。这种变换与专家打分的结果比较吻合。

・专家打分数据的预处理。有时某些性能指标很难或根本不能用适当的统计数据来衡量其优劣。为了使评价尽可能客观、公正，通常邀请若干个同行专家对被评价对象按指标衡量其优劣。假设被邀请的各位专家意见的重要性相同，则每个专家在评价中理应发挥同样的作用；但是，对同一批被评价对象的同一指标，由于不同专家的打分习惯不同，所给分值所在区间往往会有很大差别。比如，专家甲的打分范围在 50～95 之间，而专家乙的打分范围在 75～90 之间。如果不对专家所打出的原始分值进行处理直接计算平均值，则专家甲在评价中所起的实际作用将是专家乙的 3 倍。为了改变这种无形中造成的各专家意见重要性不同的状况，使各位专家的意见在评价中起着同样重要的作用，应该把所有专家的打分值规范到相同的分值区间$[M^0, M^*]$内。M^0 和 M^* 的选值不同对评价结果并无影响，只要所有专家的打分值都规范到该区间就行。具体算法为

$$z_{ij} = M^0 + (M^* - M^0)\frac{y_{ij} - y_j^{\min}}{y_j^{\max} - y_j^{\min}}$$

若选 $M^0=0, M^*=1$，上式就与式(5.132)效益型属性的标准 0—1 变换相同。

(3) 方案筛选。当方案集 X 中的方案数量太多时，在使用多属性决策或评价方法进行正式评价之前就应当尽可能筛除一些性能较差的方案，以减少评价的工作量。常用的方案预筛选方法有如下三种：

· 优选法。优选法(Dominance)又称优势法，是利用非劣解的概念(亦即优势原则)去淘汰一批劣解。若方案 X 中方案 x_i 与方案 x_k 相比时，方案 x_i 至少有一个属性值严格优于方案 x_k，而且方案 x_i 的其余所有属性值均不劣于方案 x_k，则称方案 x_i 比方案 x_k 占优势，或称方案 x_k 与方案 x_i 相比处于劣势，处于劣势的方案 x_k 可以从方案集中删除。在从大批方案中选取少量方案时，可以用选优法淘汰掉全部劣解。

用 $x_i \succ_{(j)} x_k$ 表示根据属性 Y_j，方案 x_i 严格优于方案 x_k，$x_i \succeq_{(j)} x_k$ 表示根据属性 Y_J，方案 x_i 不劣于方案 x_k。$J=\{1,2,\cdots,n\}$ 为属性序号集。优选法可以用符号表述如下：

$x_i, x_k \in X$，若 $x_i \succeq_{(j)} x_k, \forall j \in J$ 且 $\exists j \in J$，有 $x_i \succ_{(j)} x_k$，则可删除 x_k

在用优选法淘汰劣解时，不必在各目标或属性之间进行权衡，不用对各方案的属性值进行预处理，也不必考虑各属性的权重。

· 满意值法。满意值法(Conjunctive)又称逻辑乘法(即与门)。不失一般性，设各属性均为效益型。这种方法对每个属性都提供一个能够被接受的最低值，称为切除值，记作 $y_j^0 (j=1,\cdots,n)$，只有当方案 x_i 的各属性值 y_{ij} 均不低于相应的切除值时，即 $y_{ij} \geqslant y_j^0 (j=1,2,\cdots,n)$ 均满足时，方案 x_i 才被保留；只要有一个属性值 $y_{ij} < y_j^0$，方案 x_j 就被删除。

使用该法的关键在于切除值的确定。切除值太高，被淘汰的方案太多；切除值太低，又会保留太多的方案。这种方法的主要特点是属性之间完全不能补偿，一个方案的某个属性值只要稍稍低于切除值，其他属性值再好也会被删除。

· 逻辑和法。逻辑和法(Disjunctive)意为“或门”，这种方法与满意值法的思路相反，它为每一个属性规定一个阈值 y_j^*，方案 x_i 只要有某一个属性的值 y_{ij} 优于阈值，即 $y_{ij} \geqslant y_j^* (j=1,2,\cdots,n)$ 时，方案 x_i 就被保留。显然这种方法不利于各属性都不错但没有特长的方案，不过，可以用来保留某个方面特别出色的方案。逻辑和法往往作为满意值法的补充，两者结合使用。例如，先用满意值法删除一些方案；在被删除的方案中再用逻辑和法挑选出若干方案参加综合评价。

上面介绍的这些方法可以用于初始方案的预选，但是不能用于方案的排序，因为它们无法量化方案的优化程度。

2）确定权的常用方法

权是目标重要性的度量，即衡量目标重要性的手段。权这一概念包含并反映下列几重因素：① 决策人对目标的重视程度；② 各目标属性值的差异程度；③ 各目标属性值的可靠程度。权应当综合反映以上三种因素的作用，而且通过权，可以采用各种方法将多目标决策问题化为单目标问题求解。

(1) 最小二乘法。由决策人把目标的重要性做成对比较，设有 n 个目标，则需比较 $c_n^2=\frac{1}{2}n(n-1)$次。把第 i 个目标对 j 个目标的相对重要性记为 a_{ij}，并认为，这就是属性 i 的权 w_i 和属性 j 的权 w_j 之比的近似值，$a_{ij}\approx\frac{w_i}{w_j}$，$n$ 个目标成对比较的结果为矩阵 A

$$A=\begin{bmatrix} a_{11} & a_{12} & \cdots & a_{1n} \\ a_{21} & a_{22} & \cdots & a_{2n} \\ \vdots & \vdots & \cdots & \vdots \\ a_{n1} & a_{n2} & \cdots & a_{nn} \end{bmatrix}\approx\begin{bmatrix} w_1/w_1 & w_1/w_2 & \cdots & w_1/w_n \\ w_2/w_1 & w_2/w_2 & \cdots & w_2/w_n \\ \vdots & \vdots & \cdots & \vdots \\ w_n/w_1 & w_n/w_2 & \cdots & w_n/w_n \end{bmatrix} \tag{5.138}$$

若决策人能够准确估计 $a_{ij}(i,j\in J)$则有

$$\begin{aligned} a_{ij} &= 1/a_{ji} \\ a_{ij} &= a_{ik}\cdot a_{kj},(\forall i,j,k\in J) \\ a_{ii} &= 1 \end{aligned} \tag{5.139}$$

且

$$\sum_{i=1}^{n} a_{ij}=\frac{\sum\limits_{i=1}^{n} w_i}{w_j} \tag{5.140}$$

当$\sum\limits_{i=1}^{n} w_i=1$时

$$w_j=\frac{1}{\sum\limits_{i=1}^{n} a_{ij}} \tag{5.141}$$

若决策人对 a_{ij} 的估计不准确，则上列各式中的等号应为近似号。这时可用最小二乘法求 W，即解

$$\min\left\{\sum_{i=1}^{n}\sum_{j=1}^{n}(a_{ij}-w_i)^2\right\} \tag{5.142}$$

受约束于$\sum\limits_{i=1}^{n} w_i=1, w_i>0 \quad (i=1,2,\cdots,n)$。

用拉格朗日乘子法解这一有约束纯量优化问题，则拉格朗日函数为

$$L=\sum_{i=1}^{n}\sum_{j=1}^{n}(a_{ij}-w_j)^2+2\lambda)(\sum w_i-1)$$

L 对 $w_l(l=l,2,\cdots,n)$ 求偏导数，并令其为零，得 n 个代数方程

$$\sum_{i=1}^{n}(a_{il}w_l-w_i)a_{il}-\sum_{j=1}^{n}(a_{lj}w_j-w_l)+\lambda=0\quad(l=1,2,\cdots,n)\tag{5.143}$$

式(5.143)及 $\sum_{i=1}^{n}w_i=1$ 共 $n+1$ 个方程，其中有 $w_1,w_2,\cdots,w_n$ 及 λ 共 $n+1$ 个变量，因此可以求得 $W=[W_1,W_2,\cdots,W_n]^T$。

(2) 本征向量法。该方法主要根据层次分析法中的两两比较原理来确定权重，详细内容参见5.2.1节。

3) 加权求和

(1) 一般加权和法。加权和法的求解步骤很简单：

第一步，属性表规范化，得 $z_{ij}(i=1,2,\cdots,m;j=1,2,\cdots,n)$。

第二步，确定各指标的权系数 $w_j(j=1,2,\cdots,n)$。

第三步，令

$$C_i=\sum_{j=1}^{n}w_jz_{ij}\tag{5.144}$$

根据指标 C_i 的大小排出方案 $i(i=1,2,\cdots,m)$ 的优劣。

(2) 字典序法。字典序法是在 $w_1\gg w_2\gg w_3\gg\cdots\gg w_n$(符号"≫"表示远远大于)时的加权和法，即某个目标 w_i 特别重要，它与重要性处于第二位的目标相比重要得多；重要性处于第二位的目标又比重要性处于第三位的目标重要得多……实质上，字典序法是单目标决策，首先只根据最重要目标的属性值的优劣来判断方案集 X 中各方案的优劣；只有当两个或多个方案的最重要目标的属性值相同时，再比较它们的第二重要目标的属性值，如此继续，直到排定所有方案的优劣为止。

这种决策方法不适用于重大问题的决策，但是它与实际生活中某些人的决策方式很接近，因为有些人倾向于在最重要的目标得到满足之后再去考虑重要性较差的目标。

(3) 层次分析法。层次分析法的求解步骤如下：

第一步，由决策人利用表5.41构造矩阵 A。

第二步，用本征向量法求 $\lambda_{\max}$ 和 W。

第三步，矩阵 A 的一致性检验；若最大本征值 $\lambda_{\max}$ 大于表5.42中给出的同阶矩阵相应的 $\lambda'_{\max}$ 时不能通过一致性检验，应该重新估计矩阵 A，直到 $\lambda_{\max}$ 小于 λ'

$_{max}$通过一致性检验，求得的 W 才有效。

第四步，方案排序。

层次分析法的详细介绍见前面系统分析章节中的有关内容。

(4) OWA 算子法。

定义 5.4　设 $f: R^n \to R$，若 $f(x_1, x_2, \cdots, x_n) = \sum_{i=1}^{n} w_i y_i$，其中权向量 $w = (w_1, w_2, \cdots, w_n)^T$ 满足 $w_1 + w_2 + \cdots + w_n = 1, 0 \leqslant w_i \leqslant 1, i \in I, I = \{1, 2, \cdots, n\}$，且 y_j 是数据集合 $\{x_1, x_2, \cdots, x_n\}$ 中的第 j 个最大元素，则称函数 f 是 n 维 OWA 算子。

确定权向量 $W = [W_1, W_2, \cdots, W_n]^T$，可利用如下公式

$$w_i = Q(i/n) - Q((i-1)/n), i \in I \tag{5.145}$$

其中，模糊语义量化算子 Q 有下式计算

$$Q(r) = \begin{cases} 0, & r < a \\ \dfrac{r-a}{b-a}, & a \leqslant r \leqslant b \\ 1, & r > b \end{cases} \tag{5.146}$$

式中 $a, b, r \in [0,1]$。对应于 3 种典型模糊语义“至少半数”、“大多数”和“尽可能多”的模糊量化算子中的参数 (a,b) 分别为 (0,0.5)，(0.3,0.8) 和 (0.5,1)。

应用 OWA 算子进行多属性决策的一般步骤为：

第一步，属性表规范化，得 $z_{ij}(i=1, \cdots, m; j=1, \cdots, n)$。

第二步，利用式 (5.145)、式 (5.146) 在某一模糊语义下确定 OWA 算子的集结权重 $w_j(j=1, \cdots, n)$。

第三步，计算

$$C_l = \sum_{j=1}^{n} w_j r_{ij} \tag{5.147}$$

其中，r_{ij} 是 $z_{ij}(i=1,2,\cdots,n)$ 中第 j 个最大元素。

第四步，根据 C_i 的大小排出方案 $i(i=1,2,\cdots,m)$ 的优劣。

4) TOPSIS 法

(1) 几个基本概念：

TOPSIS 是逼近理想解的排序方法(technique for order preference by similarity to ideal solution)的英文缩略。它考虑同时将理想解和负理想解二者作为参照基准，并采用欧几里德距离来度量任意可行解与理想解、负理想解之间的差异，然后把两个差异结合在一起，计算可行解的总效用。决策的原则是可行解的总效用越大越好。

由于多属性决策中，属性指标之间的矛盾相互制约，因而不存在通常意义下

的最优解。取而代之的是有效解、满意解、优先解、理想解、负理想解和折衷解。

·有效解(efficient solution)。对于一个可行解,如果没有任何其他可行解能够在所有的属性上都不差于它,则称该可行解为有效解。

·满意解(satisfied solution)。对于一可行解,如果它在所有属性上都能满足决策者的要求,则称该可行解为满意解。

·优先解(preferred solution)。对于一个可行解,如果它是最能满足决策者指定条件的有效解,则称该可行解为优先解。

·理想解(ideal solution)。对于一个解,如果它在所有的属性上都是该属性可能具有的最好结果,则称该解为理想解。

·负理想解(negative-ideal solution)。对于一个解,如果它在所有的属性上都是该属性可能具有的最差结果,则称该解为负理想解。

·折衷解(compromise solution)。对于一个解,如果它是距离理想解最近或距离负理想解最远的可行解,则称该解为折衷解。

(2) TOPSIS 法的基本步骤:

·用向量规范法求得规范决策矩阵。

设多属性决策问题的决策矩阵为 $Y=\{y_{ij}\}$,规范化决策矩阵为 $Z=\{z_{ij}\}$,则

$$z_{ij}=y_{ij}\Big/\sqrt{\sum_{i=1}^{m}y_{ij}^{2}}\ (i=1,\cdots,m;j=1,\cdots,n)$$

·构成加权规范阵 $X=\{x_{ij}\}$。

设由决策人给定 $W=\{w_1,w_2,\cdots,w_n\}$,则 $x_{ij}=w_j\cdot z_{ij}(i=1,\cdots,m;j=1,\cdots,n)$。

·确定理想解 x^* 和负理想解 x^0。

设理想解 x^* 的第 j 个属性值为 x_j^*,负理想解 x^0 第 j 个属性值为 x_j^0,则

$$\text{理解解 } x_j^*=\begin{cases}\max\limits_i x_{ij}, & j\text{ 为效益型属性} \quad (i=1,\cdots,n)\\ \min\limits_i x_{ij}, & j\text{ 为成本型属性} \quad (j=1,\cdots,n)\end{cases}$$

$$\text{负理解解 } x_j^0=\begin{cases}\max\limits_i x_{ij}, & j\text{ 为成本型属性} \quad (i=1,\cdots,n)\\ \min\limits_i x_{ij}, & j\text{ 为效益型属性} \quad (j=1,\cdots,n)\end{cases}$$

·计算各方案到理想解与负理想解的距离。

备选方案 x_i 到理想解的距离为

$$d_i^*=\sqrt{\sum_{j=1}^{n}(x_{ij}-x_j^*)^2}\quad (i=1,\cdots,m)$$

备选方案 x_i 到负理想解的距离为

$$d_i^0 = \sqrt{\sum_{j=1}^{n}(x_{ij} - x_j^0)^2} \quad (i = 1, \cdots, m)$$

· 计算各方案的排队指示值(即综合评价指数)

$$C_i^* = \frac{d_i^0}{(d_i^0 + d_i^*)} \quad (i = 1, \cdots, m)$$

· 按 C_i^* 由大到小排列方案的优劣次序。

5) 信息熵法

熵是社会科学和物理科学中的一个重要概念,它在信息理论中被作为不确定性和信息量的量度。决策矩阵是一种信息载体,故熵的概念可作为评价属性相对重要程度的一个工具,其基本原理是:就某一属性来说,如果不同策略在这一属性上的表现相当接近,则该属性作用就不很突出;如果所有策略在这一属性上的表现完全相同,则该属性对于方案的比较便没有意义。所以,属性间指标的差异越大,则提供的信息越多,该属性也就显得越重要。

设多属性决策问题含有 m 个方案 n 个属性,基于信息熵的多属性决策方法的步骤为:

(1) 将决策矩阵 $Y=\{y_{ij}\}$规范化为决策矩阵 $Z=\{z_{ij}\}$。

(2) 计算属性 j 的几何影射:

$$p_{ij} = x_{ij} \Big/ \sum_{i=1}^{m} x_{ij}, \forall i, j$$

(3) 计算属性 j 输出的信息熵:

$$E_j = -k \Big/ \sum_{i=1}^{m} p_{ij} \ln(p_{ij}), \forall j$$

其中,$k=1/\ln(m)$,并且规定当 $p_{ij}=0$ 时,$p_{ij}\ln(p_{ij})=0$。

(4) 计算属性 j 的权重:

$$\omega_j = (1 - E_j) \Big/ \sum_{j=1}^{n} (1 - E_j), \forall j$$

(5) 计算方案 i 的综合属性值:

$$U_i = \sum_{j=1}^{n} z_{ij} \omega_j, \forall i$$

(6) 按照 U_i 的值对方案排序。

2. 多目标决策

在实际生产与生活中,对一事物的决策往往要考虑多个目标。所谓多目标决策是指在有相互冲突、不可公度的多个目标的情况下进行的决策。

1）多目标决策的基本概念

方案集合 S 为 n 维向量集合，每一个分量表示一个决策因素，即 $S\subset R^n$，$(x_1, x_2, \cdots, x_n)^T\in S$。目标函数为向量值函数 $F(x)=[f_1(x), f_2(x), \cdots, f_m(x)]^T$，由对应方案 x 的 m 个目标值组成，$F\in R^m$。

由于多目标决策的目标之间相互冲突，很难相互取代，因此，这类问题一般没有最优解可取，而采用非劣解、选优解两个概念。非劣解也称有效解或 Pareto 最优解，其含义已经在前面系统优化章节中作了介绍。决策者按照某种规则或方法，从多个非劣解中选取一个作为决策结果的解，该解称为选优解。

2）多目标决策的基本方法

(1) 化多目标为单目标法。这里介绍几个常用的定量方法。

• 加权平均法。当目标函数 $f_1(x), f_2(x), \cdots, f_m(x)$ 都要求最小（或最大）时，可如下构造新的目标函数：

$$\min V(s) = \sum_{i=1}^{m} v_i f_i(x)$$

其中，v_i 是加权乘子，可采用 AHP 法或价值工程中的评分法、比率法确定。

• 数学规划法。这种方法是从多目标中选择一个最重要的目标 $f_k(x)$，使它满足最大或最小，而使其他目标满足 $f_i'\leqslant f_i(x)\leqslant f_i''$，从而构成了一个以重要目标 $f_k(x)$ 为单目标，以其余目标为约束的一个数学规划问题。

$$\begin{cases} \max \quad f_k(x) \\ s.t. \quad f_i'\leqslant f_i(x) \leqslant f_i''(i=1,2,\cdots,m; i\neq k) \end{cases}$$

• 平方和加权法。这种方法的基本思想是为所有目标确定一个预期达到的目标值 $f_i^*(x)$，使作出的决策与这一预期值越接近越好，以离差平方和的大小衡量偏离预期值的程度，即

$$\min \quad U(x) = \sum_{i=1}^{m} \lambda_i [f_i(x) - f_i^*(x)]^2$$

其中，λ_i 可按要求的相差程度确定。

• 费用—效益分析法。一般情况下，系统目标 $f_1(x), f_2(x), \cdots, f_m(x)$ 可以分为两大类，一类是费用型，一类是效益型。设前 p 个目标为费用型目标，后 $m-p$ 个为效益型目标，若以最小费用、最大效益作为系统评价的主要指标，则可以将多目标化为如下的单目标：

$$\max \quad U(x) = \sum_{i=p+1}^{m} f_i(x) - \sum_{j=1}^{p} f_j(x)$$

(2) 目标分层法。在多目标决策问题中，每个目标的重要性往往各不相同，可以根据目标的重要性将目标划分为不同的层次。目标分层法的主要思想是：把

所有目标按照其重要性的顺序排列起来，然后求出第一重要目标的最优解集合 V_1，在集合 V_1 中再求第二位重要目标的最优解集合 V_2，依次做下去，直到把全部目标都求完为止。满足最后一个目标的最优解就是该多目标决策问题的最优解。

采用这种方法时，如果前面目标的解集 V_i 是一个点集或空集，则后面的目标就无法在其中求解，这时不能应用此法。为了适应这种情况，可以把 V_i 的范围适当扩大。

(3) 功效系数—几何平均法。一般情况下，系统目标 $f_1(x)$，$f_2(x)$，…，$f_m(x)$ 都各有特点，有的目标要求越大越好，有的要求越小越好，有的要求适中为好，因此，分别给以 $f_i(x)$ 一定的功效系数 d_i，$d_i \in [0,1]$。当目标达到最满意值时，$d_i=1$；当目标达到最差值时，$d_i=0$。这样就可以用函数来描述目标函数和功效系数之间的关系，称为功效函数，表示为 $d_i=D_i(f_i)$。

有了功效函数后，每个目标都可对应相应的功效函数，目标值可转换为功效系数。这样每确定一个方案 x 后，就有 m 个目标函数值 $f_1(x)$，$f_2(x)$，…，$f_m(x)$；然后用其对应的功效函数求出相应的功效系数 d_1，d_2，…，d_m。用各目标的功效系数值的几何平均值作为评价函数：$\max D=\sqrt{d_1 d_2 \cdots d_m}$。

D 越大越好，当 $D=1$ 时，表示所有的目标都处在最满意的情况；$D=0$ 时是最差的。通过调整变量，使 D 达到最大值，从而得到最优方案。

思考题

1. 系统工程方法论的本质是什么？它主要包括哪些方法？

2. 简述霍尔系统工程方法论的主要内容。

3. 简述切克兰德系统工程方法论的主要内容。

4. 简述霍尔系统工程方法论与切克兰德系统工程方法论的主要区别。

5. 综合集成的内涵是什么？

6. 举例说明方法论层次上的综合集成与工程技术层次上的综合集成之间的区别与联系。

7. 简述层次分析法的基本原理与主要步骤。

8. 为什么一致性检验是层次分析法中必不可少的一个步骤？

9. 层次分析法是如何解决复杂系统的分析问题的？这种方法最适宜解决什么样的问题？

10. 某领导岗位需要增配一名领导，现有甲、乙、丙三位候选人，选择的原则是合理兼顾以下 6 个方面：思想品德、工作成绩、组织能力、文化程度、年龄大小、身体状况。试对三人进行排序，以确定最佳人选。

11. 简述主成分分析法的实质与主要步骤。

12. 主成分分析的优缺点有哪些？

13. 简述因子分析法的基本思想与主要步骤。

14. 因子分析法的特点与实质是什么？它与主成分分析法的区别是什么？

15. 在用专家咨询法进行评价时，两个基本环节是什么？

16. 简述专家意见综合的主观概率法和变异系数法。

17. 应用费用—效益分析法时，常采用的评价准则有哪些？

18. 在价值分析方法中，逐对比较法和 $KLEE$ 法的作用是什么？

19. 系统评价的内涵是什么？系统评价的一般步骤有哪些？

20. 系统评价指标体系的建立原则有哪些？

21. 模糊综合评价的基本原理是什么？它的一般步骤有哪些？

22. 设有甲、乙、丙三项科研成果，有关数据资料如下表所示。试用模糊综合评价方法选出其中的优秀项目。

	科技水平	实现可能性(%)	社会效益	经济效益
甲	国际先进	60	好	中等
乙	国内先进	85	最好	好
丙	本部门先进	100	较好	一般

23. 简述灰色综合评价的原理，说明系统单层次灰色综合评价的一般步骤。

24. 试说明灰色综合评价与模糊综合评价的区别。

25. 什么是系统预测，其实质是什么？

26. 系统预测方法有哪几大类，各有何特点？

27. 系统预测的一般步骤是什么？

28. 什么是时间序列预测？举例说明之。

29. 常见的平滑预测方法有哪些？各有何特点？

30. 一元回归分析预测的基本原理是什么？有何特点？

31. 灰色预测的基本原理是什么？有何特点？

32. 系统决策的内涵是什么？

33. 随机型决策有什么特征？其基本思路是什么？

34. 多准则决策有什么特征？决策的基本思路是什么？

35. 决策树方法的基本思想是什么？

36. 贝叶斯决策方法的原理与步骤是什么？

第 6 章　系统仿真

系统仿真是对实际系统的一种模仿活动，也就是利用一个模型来模仿实际的系统发展变化的规律。在系统工程中，对一些难以建立物理模型和数学模型的对象系统，可通过仿真模型来顺利地解决预测、分析和评价等系统问题，还可以把一个复杂系统降阶成若干子系统，以便于分析。通过系统仿真，不仅能启发新的思想或产生新的策略，还能暴露出原系统中隐藏的一些问题，以便及时解决。

6.1　系统仿真概述

6.1.1　系统仿真概念

系统仿真的确切概念可以表述为：系统仿真是指通过建立和运行系统的计算机仿真模型，来模仿实际系统的运行状态及其随时间变化的运行规律，以实现在计算机上进行试验的全过程。在这个过程中，通过对仿真运行过程的观察与统计，得到被仿真系统的仿真输出参数和基本特性，以此来估计和推断实际系统的真实参数和真实性能。

例如，在某项作战行动计划中，需要制定我军的攻击方案和策略。显然，这种问题由于敌方情况不完全可知，以及人力、财力、物力方面的约束，我们不可能进行真实条件下的"实验"。但是我们可以根据敌我双方的兵力、武器装备、后勤支援系统的情况等，按照作战规律，建立起敌我双方的作战模型。采用不同情况下设想的作战方案，在计算机上进行仿真实验，就可以获得采用不同作战方案时，敌我双方战斗力（如兵力、装备、阵地等）指标的变化情况，为指挥官最后确定作战方案提供多方位、多方案的决策依据。

从以上的概念和实际问题看到，首先，系统仿真是一种有效的"实验"手段，它为一些复杂系统创造了一种"柔性"的计算机实验环境，使人们有可能在短时间内从计算机上获得对系统运动规律以及未来特性的认识。第二，系统仿真实验是一种计算机上的软件实验，因此它需要较好的仿真软件（包括仿真语言）来支持系统的建模仿真过程。通常，计算机模型特别是仿真模型是面向实际问题的，或者说是问题导向的，它可以包含系统中的元素对象以及元素之间的关系，如逻辑关系、数学关系等。第三，系统仿真的输出结果是在仿真过程中由仿真软件自动给出的。第四，一次仿真结果，只是对系统行为的一次抽样，因此，一项仿真研究往往由多次独立的重复仿真所组成，所得到的仿真结果也只是对真实系统进行具有一定样本量的仿真实验的随机样本。故而，系统仿真往往要进行多次实验的统计推断，以及对系统的性能和变化规律做多因素的综合评估。

目前，系统仿真作为系统研究和系统工程实践中的一个重要技术手段，在各种具体的应用领域中表现出越来越强的生命力。特别在求解一些复杂系统问题中，系统仿真具有下列几个优点：

(1) 很多复杂的、带有随机因素的现实世界系统，不可能正确地用解析的数学模型来描述。因此，仿真是经常唯一可行的一种研究方式。系统仿真面向实际过程和系统问题，将不确定性作为随机变量纳入系统变量来处理，建立系统的内部结构关系模型，从而使我们对复杂的、带有多种随机因素的系统，可以方便地通过计算机仿真实验求解，避免了求解复杂的数学模型的困难，这也是目前系统仿真得到广泛应用的最根本的原因。

(2) 系统仿真采用问题导向来建模分析，并使用人机友好的计算机软件，使建模仿真直接面向分析人员，他们可以集中精力研究问题的内部因素及其相互关系，而不是计算机编程、调试及实现，从而使系统仿真为广大科研人员及管理人员所接受。

(3) 仿真允许人们在假设的一组运行条件下估计现有系统的性能，从而为分析人员和决策人员提供了一种有效的实验环境，他们的设想和方案可以通过直接调整模型的参数或结构来实现，并通过模型的仿真运行得到其“实施”结果，从而可以从中选择满意的方案。

(4) 仿真比用系统本身做实验能更好地控制实验条件。

(5) 仿真使人们能在较短的时间内研究长时间范围的系统（如经济系统），或在扩展时间内研究系统的详细运行情况。

然而，仿真技术也并非十全十美，它有其自身固有的缺点：

(1) 开发仿真软件，建立运行仿真模型是一项艰巨的工作，它需要进行大量的编程、调试和重复运行试验，这也是极其耗时、耗力和消耗资金的。

(2) 系统仿真只能得到问题的一个特解或可行解，不可能获得问题的通解或者最优解。仿真参数的调整往往具有极大的盲目性，寻找优化方案将消耗大量的人力物力。

(3) 仿真建模直接面向实际问题，对于同一问题，由于建模者的认识和看法有差异，往往会得到迥然不同的模型，自然，模型运行的结果也就不同。因此，仿真建模常被称为非精确建模，或认为仿真建模是一种“艺术”而不是纯粹的技术。

(4) 随机仿真模型每运行一次，仅对一组特定的输入参数产生模型的真实特性的估计。因此对每组研究的输入参数，可能需要几组独立的模型运行。另一方面，解析模型通常容易产生模型的真实特性(对于各种输入参数组)。因此，如果经过证实的解析模型可以应用且容易开发，则解析模型比仿真模型更为可取。

(5) 仿真研究产生大量数据，使人们产生一种更信任仿真研究结果的趋向。如果模型的表示是没有证实的系统，则仿真结果对实际系统提供的有用信息是很少的。

虽然以上缺点是由仿真本身的性质所造成的，但是随着计算机科学(包括硬件和软件)的发展和系统仿真方法研究的深入，这些问题正在得到不同程度的改善。随着计算机软、硬件技术性能的提高，出现了所谓的图形建模、可视建模方法和工具，从而使仿真建模工作变得轻松、方便；由于智能化技术的引入，也产生了所谓的自动建模环境，使仿真建模的科学性进一步提高。此外，仿真理论的发展，也使模型的验证、确认、优化工作进一步自动化，仿真的精确性得以提高。计算机技术中的多媒体技术、分布式网络技术的引入更使系统仿真技术如虎添翼，它们与仿真技术相结合而成为崭新的研究方向。

6.1.2　系统仿真分类

根据系统仿真的定义，实施一项系统仿真的研究工作，包含三个基本要素，即系统对象、系统模型以及计算机工具。因此，对于仿真中不同的基本要素组合，就必须使用不同类型的仿真技术。系统仿真最基本的分类方式有以下三种：

(1) 根据系统模型的基本类型，系统仿真可分为物理仿真、数学仿真和物理一数学仿真。

物理仿真是指对与真实系统相似的物理模型进行实验研究的过程，如用电路系统模拟机械振动系统等。物理仿真的优点是真实感强，直观、形象，但缺点是仿真建模周期长、花费大、灵活性不够好。

数学仿真是指对真实系统的数学模型进行实验的过程。由于计算机为数学模型的建立与实验提供了巨大灵活性，使得与物理仿真相比，数学仿真更加经济、灵活、方便。数学仿真又可以分为解析仿真和随机仿真。所谓解析仿真就是利用已建立的数学模型，利用解析的方法求出最佳的决策变量值，从而使系统得到优化。然而，在大多数情况下，往往由于问题本身的随机性质，或数学模型过于复杂，这时采用解析的方法不容易或根本无法求出问题的最优解，在这种情况下，就要借助于随机仿真。但是，随机仿真也有其缺点：与解析方法相比，它不能提供一般情况下的解，一次仿真只能提供一组特定参数下的数值解。因此，在探索系统的最优解等问题时，必须对很多组不同的参数进行仿真，而不同参数的组合数往往是非常可观的。此外，由于系统中许多因素具有随机性，为提高仿真的精度，就必须增加仿真的次数。由此可见，采用随机仿真求解问题时需要花费大量的时间，用人工几乎无法进行，必须借助于电子计算机这一计算工具。

如果在仿真中同时使用物理模型和数学模型，并将它们通过计算机软硬件接口连接起来进行实验，就称为物理－数学仿真，或半实物仿真。

(2) 根据仿真中所用的计算机类型，系统仿真可分为模拟仿真、数字仿真和混合仿真。

模拟仿真是基于系统模型数学上的同构和相似原理，通过专用的模拟计算机进行仿真实验。模拟计算机仿真的主要优点在于所有运算(包括加、减、乘、除等)都是同时进行的("并行的")，所以运算速度快；其整个运算为连续量，易于与实物连接。这两点使模拟计算机在快速、实时仿真方面至今仍保持有一定长处。其主要缺点是解题精度低，一般仅为百分之几；对一些特殊的系统，用电子线路来进行仿真不仅线路上比较复杂，而且精度也不易保证；存储和逻辑功能差，且通用性和灵活性也不够好。

数字仿真是基于数值计算方法，利用数字计算机和仿真软件，进行系统的建模仿真实验的过程。数字计算机仿真能很好地解决模拟计算机仿真时的不足，即使小型的数字计算机的运算精度通常也可达到 6 位～7 位有效数字，所以精度远高于模拟计算机。对于一些特殊环节，用数字计算机来仿真是很容易的。另外，用数字计算机来仿真时使用方便，修改参数也容易。所以，数字仿真具有自动化程度高，复杂的推理判断能力强，快速、灵活、方便、经济等特点，而且可以获得较高精度。

而混合仿真是将模拟仿真和数字仿真相结合的一种仿真方法。主要包括模拟计算机、数字计算机以及它们之间信息转换(通常是 A/D、D/A 转换)界面。混合仿真具有模拟和数字仿真的优点，如快速、高精度、灵活性等，它在某些大系统的实时仿真中具有很大优势。此外，由于其具有高速求解能力，混合仿真还可广泛用于参数优化、最优控制以及统计寻优和统计计算等方面。

(3) 根据研究的系统对象的性质，系统仿真可分成连续系统仿真和离散事件系统仿真。

连续系统是指系统状态随时间连续变化的系统，系统行为通常是一些连续变化的过程。连续系统模型通常是用一组方程式描述，如微分方程、差分方程等。注意差分方程形式上是时间离散的，但状态变量的变化过程本质上是时间连续的，如人口的变化过程、导弹运动、化工过程等。因此，连续系统仿真的主要任务就是如何求解上述的系统模型－系统运动方程组。

离散事件系统中，表征系统性能的状态只在随机的时间点上发生跃变，且这种变化是由随机事件驱动的，在两个时间点之间，系统状态不发生任何变化。例如，银行就是一个离散事件系统，因为状态变量（如银行里的顾客数量）只有顾客到达或离开时才有变化。离散事件仿真就是通过建立表达上述过程的模型，并在计算机上人为构造随机事件环境，以模拟随机事件的发生、终止、变化的过程，获得系统状态随之变化的规律和行为。

6.1.3 系统仿真步骤

系统仿真是一项应用技术，根据它的基本概念和求解问题的出发点和思路，在实施系统仿真应用时，遵循以下几个基本步骤：

1. 问题描述与定义

成功的仿真是基于彻底了解系统的每个组成部分及其与系统中其他组成部分的相互作用。没有系统运行过程和系统特性的详细知识是很难对系统进行仿真的。由于系统仿真是面向问题的而不是面向整个实际系统的，因此，首先要在分析调查的基础上，明确要解决的问题以及实现的目标，确定描述这些目标的主要参数（变量）以及评价准则。根据以上目标，要清晰地定义系统边界，辨识主要状态变量和主要影响因素，定义环境及控制变量（决策变量）；同时，给定仿真的初始条件，并充分估计初始条件对系统主要参数的影响。

2. 建立仿真模型

模型是关于实际系统某一方面本质属性的抽象描述和表达，建立仿真模型具有其本身的特点。在离散系统仿真建模中，主要应根据随机发生的离散事件、系统中的实体流以及时间推进机制，按系统的运行进程来建立模型；而在连续系统仿真建模中，则主要根据内部各个环节之间的因果关系、系统运行的流程，按一定方式建立响应的状态方程或微分方程来实现仿真建模。建立仿真模型包括下列五个步骤：

（1）决定仿真的目标。首先，仿真应回答哪些问题？需要从仿真中得出哪些结论？其次。必须提供一定的准则来评估问题的解答。

（2）决定状态变量。选择一些能达到仿真目标的关键因素。考虑那些反映待回答问题的组成部分和相应的状态变量。

（3）选择模型的时间移动方法。有两种方法：固定时间增长（以一定时间间隔变化时间）和可变的时间增长（仅在一定的事件发生时变化时间）。

（4）描述系统行为。应用状态变量和上述时间移动方法，描述状态变量如何随时间而变化。这种描述可以是数学形式或叙述形式，并需指明问题的概率分布。

(5) 准备过程发生器。对于上一步中指明的概率分布，必须准备产生该分布的随机变量的数值。

3. 数据采集

为了进行系统仿真，除了要有必要的仿真输入数据外，还必须收集与仿真初始条件及系统内部变量有关的数据，这些数据往往是某种概率分布的随机变量的抽样结果。因此，需要对真实系统的这些参数，或类似系统的这些参数做必要的统计调查，通过分布拟合、参数估计以及假设检验等步骤，确定这些随机变量的概率密度函数，以便输入仿真模型实施仿真运行。

此外，某些动态模型，如系统动力学、计量经济模型等，还需要对历史数据进行误差检验和模型有效性检验。

4. 仿真模型的确认

在仿真建模中，所建立的仿真模型能否代表真实系统，这是决定仿真成败的关键。按照统一的标准对仿真模型的代表性进行衡量，这就是仿真模型的确认。目前常用的是三步法确认:第一步，由熟知该系统的专家对模型做直观和有内涵的分析评价;第二步，是对模型的假设、输入数据的分布进行必要的统计检验;第三步，是对模型做试运行，观察初步仿真结果与估计的结果是否相近，以及改变主要输入变量的数值时仿真输出的变化趋势是否合理。通过以上三个步骤，一般可认为该模型已得到了确认。然而，由于仿真模型确认的理论和方法目前尚未达到完善的程度，仍有可能出现不同仿真模型都能得到确认的情况，因此改进仿真模型的确认方法使之更趋于定量化，仍然是系统仿真的一项研究课题。

5. 仿真模型的编程实现与验证

在建立仿真模型之后，就需要按照所选用的仿真语言编制相应的仿真程序，以便在计算机上做仿真运行实验。为了使仿真运行能够反映仿真模型的运行特征，必须使仿真程序与仿真模型在内部逻辑关系和数学关系方面具有高度的一致性，使仿真程序的运行结果能精确地代表仿真模型应当具有的性能。通常这种一致性由仿真语言在编制和建模的对应性中得到保证。但是，在模型规模较大或内部关系比较复杂时，仍需对模型与程序之间的一致性进行检验。通常均采用程序分块调试和整体程序运行的方法来验证仿真程序的合理性，也可采用对局部模块进行解析计算、与仿真结果进行对比的方法来验证仿真程序的正确性。

6. 仿真实验设计

因为仿真一般包括随机事件、概率分布等，一系列仿真的运行实质上是统计实验，因此要加以设计。在进行正式仿真运行之前，一般均应进行仿真实验框架设计，也就是确定仿真实验的方案。这个实验框架与多种因素有关，如建模仿真目的、计算机性能以及结果处理需求等。通常，仿真实验设计包括：仿真时间区间、精度要求、输入输出方式、控制参数的方案及变化范围等。

7. 仿真模型的运行

经过确认和验证模型，就可以在实验框架指导下在计算机上进行运行计算。在运行过程中，可以了解模型对各种不同输入及各种不同仿真方案的输出响应情况，通过获得的所需实验结果和数据，掌握系统的变化规律。

8. 仿真结果的输出与分析

对仿真模型进行多次独立重复运行可以得到一系列的输出响应和系统性能参数的均值、标准偏差、最大和最小数值及其他分布参数等，但是，这些参数仅是对所研究系统做仿真实验的一个样本，要估计系统的总体分布参数及其特征，还需要在仿真输出样本的基础上，进行必要的统计推断。通常，用于对仿真输出进行统计推断的方法有：对均值和方差的点估计，满足一定置信水平的置信区间估计，仿真输出的相关分析，仿真精度与重复仿真运行次数的关系以及仿真输出响应的方差衰减技术等。

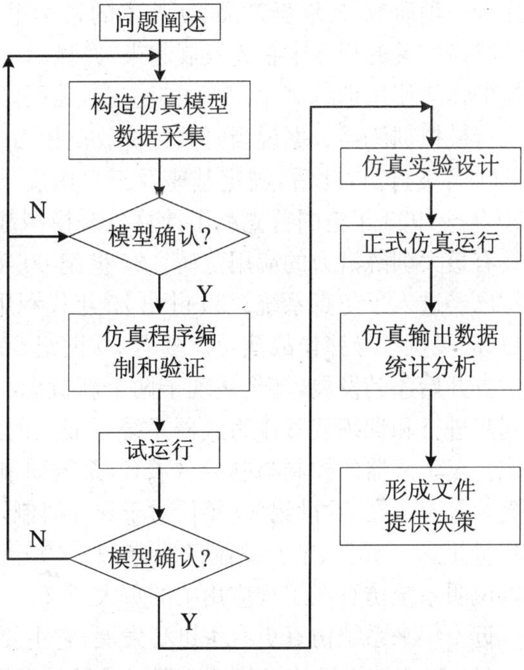

图6.1 系统仿真步骤

以上所述是系统仿真的一般和原则性的步骤，在实施仿真研究时，这几个步骤紧密联系，针对不同的问题和仿真方法，也不是一成不变的。从问题定义开始，通过建立仿真模型、收集数据、完成模型确认、仿真编程实验和验证，在仿真实验设计的基础上，重复仿真模型运行，并对仿真结果进行统计分析和统计推断，直到为决策部门和人员提供满意的方案为止的全过程是一个辩证的过程、迭代的过程。这一过程的逻辑顺序关系如图 6.1 所示。

6.1.4 系统仿真的发展与展望

仿真技术综合集成了计算机、网络技术、图形图像技术、多媒体、软件工程、信息处理、自动控制等多个高新技术领域的知识。仿真技术是以相似原理、信息技术、系统技术及其应用领域有关的专业技术为基础，以计算机和各种物理效应设备为工具，利用系统模型对实际的或设想的系统进行实验研究的一门综合性技术。仿真技术的应用已不仅仅限于产品或系统生产集成后的性能测试实验，仿真技术已扩大为可应用于产品型号研制的全过程，包括方案论证、战术技术指标论证、设计分析、生产制造、试验、维护、训练等各个阶段。仿真技术不仅仅应用于简单的单个系统，也应用于由多个系统综合构成的复杂系统。

伴随着第一台电子计算机的诞生和以相似理论为基础的模拟技术的应用，仿真作为一种研究、发展新产品、新技术的科学手段，在航空、航天、造船、兵器等与国防科研相关的行业中首先发展起来，并显示了巨大的社会效益和经济效益。以武器的作战使用训练为例，1930 年左右，美国陆、海军航空队就使用了林克式仪表飞行模拟训练器。据说当时其经济效益相当于每年节约 1.3 亿美元，而且少牺牲 524 名飞行员，此后，固定基座及三自由度飞行模拟座轮陆续大量投入使用。1950 年～1953 年美国首先利用计算机来模拟战争，防空兵力或地空作战被认为是具有最大训练潜力的应用范畴。20 世纪 60 年代，目标探测、捕获、跟踪和电子对抗已经进入了仿真系统。20 世纪 70 年代利用放电影方式，在大屏幕内实现了多目标、飞机一导弹作战演习。随着 20 世纪 80 年代数字计算机的高速发展，训练仿真开始蓬勃发展，甚至呈现了两个新概念：即武器系统研制与训练装置的开发同步进行和训练装置作为武器系统可嵌入的组成部分而进入整个计算机软件系统。至于武器的控制与制导(C&G)系统研制、试验与定型中仿真技术的应用则更为普遍。在 20 世纪 80 年代对于导弹研制，由于采用仿真就有了减小飞行试验数量 30％～40％、节约研制经费 10％～40％和缩短周期 30％～60％的效果，这足以说明系统仿真在工程应用中的重大意义。

近十年来系统仿真更有了迅猛发展，它主要得益于如下几种因素：

(1) 数字计算机技术的快速发展。日益提高的处理速度、高速数字通讯与网络、海量存储以及各种高质量接口，这些是硬件基础；系统软件、高级与仿真专用语言、数据库管理以及包括模型校验、验证与确认(VVA)在内的各类应用程序的开发是软件基础,建立在它们之上的系统仿真,无论是精度、速度、实时性、效率,还是在应用范围、所处理问题的能力上相对过去都有“质”的飞跃。

(2) 半实物仿真设备研制有了长足的进步。在 20 世纪 50 年代还断言不可能实现的 6 自由度仿真器,在 70 年代至 80 年代已经问世,覆盖射频、声频和光学(含可见光、红外、紫外)频段的各类目标与环境仿真技术已趋成熟,尤其成像目标与环境模拟器的出现使得精确制导与各类训练模拟器也有了“质”的提高。先进的控制理论、仿真原理和高精度、高性能的传感器、光机电系统的基础和充分利用计算机技术使各类仿真设备研制有了良好条件。这样对那些模型建立尚感困难或把握不大的一些系统,可以利用半实物仿真手段得以充分研究。

(3) 视景生成及图形显示技术的发展。似乎视景与图形显示和系统仿真没有直接关联,但是,由于人与客观世界之间信息交换的 70%要依靠视觉,不仅图形显示可为仿真结果与过程提供最直接的信息,更重要的是视景生成技术为以成像目标为探测对象的精确制导仿真和有人参与的系统仿真及训练提供了十分重要的视觉环境。虽然给机器“看”的和给人看的图像信息仿真生成的侧重点不同,但是它们都要提供一个“逼真”的场景,以供机器和人来进行判断。计算机图形学、计算机图像生成(CIG)技术、不同频段之间图像信息的转换和频率匹配技术、显示与投影技术的发展为视景生成与图形显示技术提供了良好条件,同时这些进步直接促进了仿真技术在更广泛的领域内得到应用。

(4) 系统仿真本身建模、校模与验模的理论和方法的成熟。仿真是以模型为基础的,模型是否真实,或者更确切地说是在一定使用范围内是否“足够”真实地反映了现实是仿真得以立足的生命线。随着在频域和时域校模、模型简化和以试验数据应用为基础的验模理论和方法的成功应用,使得人们对仿真所用的模型有了信任感,从而使具有安全、可靠、经济、使用灵活、适用性强的仿真技术得以进入各个工程领域以及社会科学领域。

一种技术或科学的发展除去技术基础之外,更重要的则是社会需求。促使系统仿真面向更高、更全面发展的因素有三个:

首先是军事需求。在当前战争仍然是作为解决国际之间利害冲突的重要手段的条件下,发展先进武器是各国共同的策略。鉴于仿真具有明显的安全、可靠、保密、应用灵活和高效费比的优点,而且它可应用于武器发展的全过程,从而先进的国家都把仿真作为重要的关键技术而加以重视。1994 年 10 月～11 月,北大西洋组织进行的代号为“大西洋决心 94”的世界规模的作战演习,是基于分布式交互仿真(DIS)的成功先例。无论在军事上、政治影响上还是技术上,它都标志着以系统仿真与训练为主要形势的作战仿真或演练已经走上了历史舞台,仿真与训练正在对武器发展策略、武器的运用、战场指挥与决策、甚至演习与作战方式起着愈来愈大的影响。

其次是节省经费。尽管在直接数字统计上有着一定困难，但仿真技术可以节约经费是个明白的事实。以“爱国者”导弹射击指挥训练器的应用为例，开发该系统需1300万美元，而建立战术系统本身则需1亿美元，投资并不算多，但每次训练就可以为军方节约9千美元。学员与设备的比例也由2:1变为4:1，即大大减少了对指挥官和设备的需求，而演练效果十分逼真（学员操作中手心冒汗的紧张程度也和真的一样），从而达到非常好的训练效果。至于作战仿真取代真实的作战演习而带来的物力、人力、时间方面的效益更是巨大。此外它的保密性、可重复性和灵活适用性也是真实演习无法比拟的。不仅军事上，在国民经济各个部门，例如，交通、动力、化工、制造以至农业、社会科学，都可以借助于仿真手段获得巨大的经济效益，从而达到“多、快、好、省”的目标。

第三是特殊需求。对于那些不允许或因代价太高而难于通过实验而达到研究目的的问题，仿真可以说是唯一的手段或途径。例如，当前的核武器实验、载人航天实验、高能武器实验，在通过少量子样实验取得足够可靠的模型条件下，人们就可以实现对这些投资高、风险大、动用人力、物力多的系统的仿真研究。由于人类对于客观事物的了解和开发各类资源的难度愈来愈大，因此对系统仿真方面的要求会愈来愈多。

正是由于这些需求和技术实现的可能，系统仿真已经有了如下几个方面的明显变化：其一是仿真规模由小到大、从局部向全面发展，例如，在武器系统的发展范畴已由控制和制导系统研制中的应用向全武器系统及其全生命周期发展；其二是由以实物及外场实验为主向，以数学模型及实验室内仿真为主，例如，大规模的作战演练已经可以通过分布交互式仿真，借助于参试人员与作战平台和建立在数字计算机技术为支撑的虚拟仿真、各种计算机生成兵力、武器运行模型、作战规划流程交互作用而实现，这其中数学模型起到了核心作用，分布交互式仿真和由综合集成为特色的先进的分布仿真将成为军事应用的重要发展方向；其三是由军用转向了国民经济各个方面的应用，例如，各类大型工业、运输行业系统运行操作的培训已有了众多的成功先例，而且仿真已开始向产业方向的发展。

作为可以为各行各业服务的公用手段，仿真技术正在不断自身完善和规范化，从而在国民经济中今后可以更好地得以应用。

我国仿真技术的研究与应用开展较早，发展迅速。自20世纪50年代开始，在自动控制领域首先采用仿真技术，面向方程建模和采用模拟计算机的数学仿真获得较普遍的应用；同时采用自行研制的三轴模拟转台的自动飞行控制系统的半实物仿真实验已开始应用于飞机、导弹的工程型号研制中。20世纪60年代，在开展连续系统仿真的同时,已开始对离散事件系统(例如交通管理、企业管理)的仿真进行研究。20 世纪 70 年代,我国训练仿真器获得迅速发展,我国自行设计的飞行模拟器、舰艇模拟器、火电机组培训仿真系统、化工过程培训仿真系统、机车培训仿真器、坦克模拟器、汽车模拟器等相继研制成功,并形成一定市场,在操作人员培训中起了很大作用。20 世纪 80 年代,我国建设了一批水平高、规模大的半实物仿真系统,如射频制导导弹半实物仿真系统、红外制导导弹半实物仿真系统、歼击机工程飞行模拟器、歼击机半实物仿真系统、驱逐舰半实物仿真系统等,这些半实物仿真系统在武器型号研制中发挥了重大作用。20 世纪 90 年代,我国开始对分布交互仿真、虚拟现实等先进仿真技术及其应用进行研究,开展了较大规模的复杂系统仿真,由单个武器平台的性能仿真发展为多武器平台在作战环境下的对抗仿真。

6.2　连续系统仿真

仿真是真实过程或系统在整个时间内运行的模仿,根据被研究系统的特性可以分为连续系统仿真和离散事件系统仿真两大类。

连续系统是指系统中的状态变量随时间连续地变化的系统。由于连续系统的关系式要描述每一个实体属性的变化率,所以连续系统的数学模型通常是由微分方程组成。当系统比较复杂,尤其是引入非线性因素后,此微分方程经常不可求解,至少非常困难,所以采用仿真方法求解。

连续系统的数学模型表示方法有很多种,但基本上可分为三大类:连续时间模型、离散时间模型及连续—离散混合模型。

假定一个系统的输入量 $u(t)$,输出量 $y(t)$以及内部状态变量 $x(t)$都是时间的连续函数,那么我们可以用连续时间模型来描述它。具体地讲,有四种形式。

1. 微分方程

$$\frac{\mathrm{d}y^n}{\mathrm{d}t^n}+a_1\frac{\mathrm{d}^{n-1}y}{\mathrm{d}t^{n-2}}+\cdots+a_{n-1}\frac{\mathrm{d}y}{\mathrm{d}t}+a_ny=c_1\frac{\mathrm{d}^{n-1}u}{\mathrm{d}t^{n-1}}+c_2\frac{\mathrm{d}^{n-2}u}{\mathrm{d}t^{n-2}}+\cdots+c_nu \tag{6.1}$$

2. 传递函数

若系统的初始条件为零,即系统在 $t=0$ 时已处于一个稳定状态,那么对式(6.1)两边取拉氏变换后得

$$\begin{aligned}&s^nY+a_1s^{n-1}Y(s)+\cdots+a_{n-1}sY(s)+a_nY(s)=\\&\quad c_1s^{n-1}U(s)+c_2s^{n-2}U(s)+\cdots+c_{n-1}sU(s)+c_nU(s)\end{aligned} \tag{6.2}$$

经整理后得

$$G(s)=\frac{Y(s)}{U(s)}=\frac{\sum_{j=0}^{n-1}c_{n-j}s^j}{\sum_{j=0}^{n}a_{n-j}s^j}$$

式中，$a_0=1$。式(6.2)称为系统的传递函数。

3. 权函数

若系统(初始条件为零)在理想脉冲函数 $\delta(t)$ 的作用下，其输出响应为 $g(t)$，则 $g(t)$ 就称为该系统的权函数，或称脉冲过渡函数。理想脉冲函数 $\delta(t)$ 的定义

$$\left.\begin{aligned}&\delta(t)=\begin{cases}\infty, t=0\\0, t\neq 0\end{cases}\\&\int_0^{\infty}\delta(t)\mathrm{d}t=1\end{aligned}\right\}\tag{6.3}$$

若系统在任意函数 $u(t)$ 作用下，则其输出响应 $y(t)$ 可通过以下卷积积分公式求出

$$y(t)=\int_0^t u(\tau)g(t-\tau)d\tau\tag{6.4}$$

可以证明，$g(t)$ 与 $G(s)$ 构成一对拉氏变换对，即

$$L[g(t)]=G(s)\tag{6.5}$$

4. 状态空间描述

线性定常系统的状态空间表达式包括下列两个矩阵方程

$$\dot{X}(t)=AX(t)+BU(t)\tag{6.6}$$

$$Y(t)=CX(t)+DU(t)\tag{6.7}$$

式(6.6)由 n 个一阶微分方程组成，称为状态方程；式(6.7)由 p 个线性代数方程组成，称为输出方程。式中，$X(t)$ 为 $n\times 1$ 的状态向量；$U(t)$ 为 $m\times 1$ 的控制向量；$Y(t)$ 为 $p\times 1$ 的输出向量；A 为 $n\times n$ 的状态矩阵，它由被控对象的参数决定；B 为 $n\times m$ 的控制矩阵；C 为 $p\times n$ 的输出矩阵；D 为 $p\times m$ 的直接传输矩阵。

如果传递函数或传递函数阵各元素为严格真有理分式，则 D 为零。此时，式(6.7)为

$$Y(t)=CX(t)\tag{6.8}$$

6.2.1 基于离散相似原理的数字仿真

在微分方程理论中，主要是研究诸如在什么条件下解存在且唯一，以及它的

光滑性质，还讨论各种获得准确解(解析解)的方法。然而，这种数学分析方法只能解决少数比较简单和典型的微分方程问题，比如说，一般只能胜任常系数线性方程，对于变系数线性方程就有很大困难，更不用说一般的非线性方程了。一般来说，解析方法比较适合于定性的研究，当然也还远不能解决问题。这说明除求准确解(解析解)的解析方法以外，尚需其他求解方法。数值解法便是其中之一，它的重点不在于求准确解，而是直接求一系列点上的数值。由于这些数值是近似的，当然就会碰到近似值与准确解相差多少，数值方法是否稳定等问题。数值分析方法的实用范围远较解析方法宽广，对于绝大多数实践中出现的常微分方程初值问题，无论是常系数还是变系数，是线性还是非线性，一般都能应用数值方法在实际上得到解决。在生产实践中，对于非线性和复杂系统的问题，应用计算机和数值方法的效果最为明显。因为正是在这个方面，传统的数学分析方法是难以胜任的。

1. 欧拉法

欧拉法有明显的几何意义，可以比较清楚地看出其数值解是如何逼近方程精确解的。

设有一微分方程

$$\dot{y}(t) = f[t, y(t)] \tag{6.9}$$

且

$$y(0) = y_0$$

对式(6.9)所示的初值问题的解 $y(t)$ 是一连续变量 t 的函数，现要以一系列离散时刻的近似值 $y_1, y_2, \cdots, y_n$ 来代替，这就是我们要讨论的微分方程初值问题的数值解。不同的近似方法得出不同精度的数值解。我们先看最简单的欧拉法。

若把方程式(6.9)在某一区间(t_n, t_{n+1})上积分则可得

$$y(t_{n+1}) - y(t_n) = \int_{t_n}^{t_{n+1}} f[t, y(t)]\mathrm{d}t \tag{6.10}$$

上式右端积分若以一近似公式代之，即

$$\int_{t_n}^{t_{n+1}} f[t, y(t)]\mathrm{d}t = hf_n \tag{6.11}$$

式中，$h = t_{n+1} - t_n$，即步长。

令 $f_n = f[t_n, y(t_n)]$，$y_{n+1} = y(t_{n+1})$，$y_n = y(t_n)$，只要 h 取得比较小，就可以认为：在该步长内的导数近似保持前一时刻 t_n 时的导数值 f_n。这样式(6.10)就可以写成以下递推算式

$$y_{n+1} = y_n + hf_n \tag{6.12}$$

因已知 $y(0)=y_0$，所以由式(6.12)可以求出 y_1，然后求出 y_2，以此类推。其一般规律是：由前一点 t_n 上的数值 y_n 就可以求得后一点 t_{n+1} 的数值 y_{n+1}。这种方法称为单步法。由于它可以直接由微分方程已知的初值 y_0，作为它递推计算时的初值，而不需其他信息，因此它是一种自动启动的算式。

下面用一简单例子说明欧拉法的应用及其数值解与精确解的误差。

【例 6.1】 用欧拉法求下述微分方程的数值解。

$$\left.\begin{aligned} \dot{y}+y^2=1 \\ y(0)=1 \end{aligned}\right\} \tag{6.13}$$

解 因欧拉法递推公式为

$$y_{n+1}=y_n+hf_n$$

现有

$$\dot{y}=-y^2$$

所以

$$f(y)=-y^2$$

若取步长 $h=0.1$，由 $t=0$ 开始积分，则可得

$$\begin{cases} y_1=1+(0.1)\times(-1)^2=0.9 \\ y_2=0.9+(0.1)\times[-(0.9)^2]=0.819 \\ y_3=0.819+(0.1)\times[-(0.819)^2]=0.7519 \\ \vdots \\ y_{10}=0.4627810 \end{cases}$$

式(6.13)的精确解为 $y=\dfrac{1}{1+t}$。

由表 6.1 可看出，欧拉法的误差是比较大的。

表 6.1 数值解与精确解比较

t	0	0.1	0.2	0.3	1.0
精确解 $y(t)$	1	0.9090909	0.8333333	0.7692307	0.5
数值解 y_n	1	0.9	0.819	0.7519	0.4627810

2. 离散相似法

数值积分方法是把微分方程模型化成不同的迭代算式，当然，这也是一种把连续系统离散化的方法。但是，由于迭代算式中的系数每一步都要重新计算，因此，一般计算量比较大。

另一种方法是离散相似法，即将连续系统进行离散化处理，用离散化模型代

替连续系统数学模型。实质上，它就是以常系数差分方程近似"等效"原来的常系数微分方程。由于差分方程可以直接用迭代方法在数字计算机上求解，所以非常方便。

假设连续系统的状态方程为

$$\dot{X} = AX + BU \tag{6.14}$$

我们先求解式(6.14)，对式(6.14)两边进行拉氏变换，得

$$sX(s) - X(0) = AX(s) + BU(s)$$

或

$$(sI - A)X(s) = X(0) + BU(s)$$

以$(sI-A)^{-1}$左乘上式的两边，得

$$X(s) = (sI - A)^{-1}X(0) + (sI - A)^{-1}BU(s) \tag{6.15}$$

令

$$L^{-1}[(sI - A)^{-1}] = \varnothing(t)$$

称为系统的状态转移矩阵，则式(6.15)可改写为

$$X(s) = L[\varnothing(t)]X(0) + L[\varnothing(t)]BU(s)$$

对上式进行反变换，并利用卷积公式，可得

$$X(t) = \varnothing(t)X(0) + \int_0^t \varnothing(t-\tau)BU(\tau)d\tau \tag{6.16}$$

我们知道$L^{-1}[(sI-A)^{-1}]=\mathrm{e}^{At}$。于是，式(6.16)也可写成

$$X(t) = \mathrm{e}^{At}X(0) + \int_0^t \mathrm{e}^{A(t-\tau)}BU(\tau)\mathrm{d}\tau \tag{6.17}$$

这就是连续系统状态方程的解析解。下面我们由此出发来推导系统离散化后的解。

现在人为地在系统输入及输出端加上采样开关(这完全是虚构的，目的是将这个系统离散化)。同时，为使输入信号复原到原来的信号，在输入端还要加一个保持器，现假定为零阶保持器，即假定输入向量$U(t)$的所有分量在任意两个依次相连的采样瞬时值之间保持不变。比如，对第k个采样周期，$U(t)=U(kT)$，其中T为采样间隔。

将式(6.17)离散化，对于k及$k+1$两个依次相连的采样瞬时有

$$X(kT) = \mathrm{e}^{AkT}X(0) + \int_0^{kT} \mathrm{e}^{A(kT-\tau)}BU(\tau)\mathrm{d}\tau \tag{6.18}$$

$$X[(k+1)T] = \mathrm{e}^{A(k+1)T}X(0) + \int_0^{(k+1)T} \mathrm{e}^{A[(k+1)T-\tau]}BU(\tau)\mathrm{d}\tau \tag{6.19}$$

式(6.19)－式(6.18)$\times\mathrm{e}^{AT}$得

$$X[(k+1)T] = e^{AT}X(kT) + \int_{kT}^{(k+1)T} e^{A[(k+1)T-\tau]} BU(\tau)d\tau \qquad (6.20)$$

由于式(6.20)右端的积分与 k 无关，故可令 $k=0$ 来进行积分。同时，又由于在　　与 $k+1$ 之间，$U(\tau)=U(kT)$，并保持不变，故有

$$X[(k+1)T] = e^{AT}X(kT) + \left[\int_0^T e^{A(T-\tau)} Bd\tau\right] \qquad (6.21)$$

已知

$$e^{AT} = \varnothing(T)$$

则有

$$\int_0^T e^{A(T-\tau)} Bd\tau = \int_0^T \varnothing(T-\tau)Bd\tau = \varnothing_m(T)$$

所以式(6.21)可改写为

$$X[(k+1)T] = \varnothing(T)X(kT) + \varnothing_m(T)U(kT)$$

即

$$X(n+1) = \varnothing(T)X(n) + \varnothing_m(T)U(n) \qquad (6.22)$$

这就是一个连续系统离散化后状态方程的解。

下面举一个例子来说明如何利用上述方法将一个状态方程离散化。

【例 6.2】 有一个系统如图 6.2 所示，其传递函数为 $W(s)=\dfrac{y(s)}{u(s)}=\dfrac{K}{s(s+1)}$，其状态方程为

$$\left.\begin{aligned} X &= AX + Bu \\ Y &= CX \end{aligned}\right\} \qquad (6.23)$$

其中

$$A = \begin{bmatrix} 0 & 0 \\ 1 & -1 \end{bmatrix}, B = \begin{bmatrix} K \\ 0 \end{bmatrix}, C = [0 \quad 1]$$

试将该系统的模型离散化。

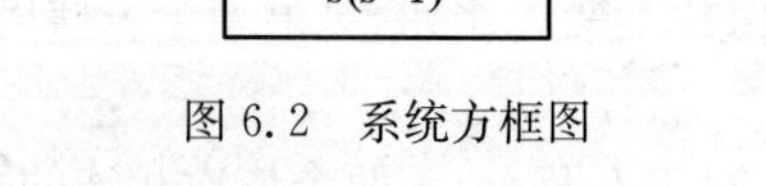

图 6.2　系统方框图

解　因为

$$\varnothing(T) = e^{AT} = L^{-1}[(sI-A)^{-1}]$$

而

$$sI - A = \begin{bmatrix} s & 0 \\ -1 & s+1 \end{bmatrix}$$

$$(sI-A)^{-1}=\begin{bmatrix}\frac{1}{s} & 0\\ \frac{1}{s(s+1)} & \frac{1}{s+1}\end{bmatrix}$$

故

$$\varnothing(T)=\begin{bmatrix}1 & 0\\ 1-e^{-T} & e^{-T}\end{bmatrix}$$

$$\varnothing_m(T)=\int_0^T\varnothing(T-\tau)Bd\tau=\int_0^T\begin{bmatrix}1 & 0\\ 1-e^{-T} & e^{-T}\end{bmatrix}\begin{bmatrix}K\\ 0\end{bmatrix}d\tau$$

$$=\int_0^T\begin{bmatrix}K\\ K(1-e^{-(T-\tau)})\end{bmatrix}d\tau=\begin{bmatrix}KT\\ K(T-1+e^{-T})\end{bmatrix}$$

有了 $\varnothing(T)$及 $\varnothing_m(T)$，则根据式(6.22)可得差分方程

$$X(n+1)=\varnothing(T)X(n)+\varnothing_m(T)u(n)$$

即

$$\begin{bmatrix}x_1(n+1)\\ x_2(n+1)\end{bmatrix}=\begin{bmatrix}1 & 0\\ 1-e^{-T} & e^{-T}\end{bmatrix}\begin{bmatrix}x_1(n)\\ x_2(n)\end{bmatrix}+\begin{bmatrix}KT\\ K(T-1+e^{-T})\end{bmatrix}u(n)$$

$$\left.\begin{aligned}&x_1(n+1)=x_1(n)+KTu(n)\\ &x_2(n+1)=(1-e^{-T})x_1(n)+e^{-T}x_2(n)+K(T-1+e^{-T})u(n)\end{aligned}\right\}\tag{6.24}$$

式中，x 的下标 1、2 分别表示第 1、第 2 个状态变量。

从式(6.23)得到系统的输出 $Y=CX=x_2$，即

$$Y(n+1)=x_2(n+1)\tag{6.25}$$

6.2.2　基于 Taylor 级数匹配原理的仿真

1. 龙格—库塔法

欧拉法的优点是简单易行，但精度低。为了得到精度较高的数值积分方法，龙格和库塔两人先后提出了用函数值 f 的线性组合来代替 f 的高阶导数项，则既可避免计算高阶导数，又可提高数值积分的精度，其方法如下。

先将精确解 $y(t)$在 t_n附近用泰勒级数展成

$$y(t_n+h)=y(t_n)+h\dot{y}(t_n)+\frac{h^2}{2!}\ddot{y}(t_n)+\cdots\tag{6.26}$$

因为

$$\dot{y}(t_n)=f_n,\ddot{y}(t_n)=\dot{f}_n+\dot{f}_{yn}f_n$$

所以

$$y_{n+1} = y_n + hf_n + \frac{h^2}{2}(\dot{f}_n + \dot{f}_{yn} f_n) + \cdots \tag{6.27}$$

为避免计算 $\dot{f}_n, \dot{f}_{yn}$ 等导数项，可以令 y_{n+1} 由以下算式表示

$$y_{n+1} = y_n + h\sum_{i=1}^{r} b_i k_i \tag{6.28}$$

式中，r 即阶数，b_i 是待定系数，由比较式(6.27)、式(6.28)对应项的系数来决定。

$$k_i = f(t_n + c_i h, y_n + \sum_{j=1}^{i-1} a_j k_j h), i = 1, 2, \cdots, r$$

其中，$c_1 = 0$。

当 $r=1$ 时

$$y_{n+1} = y_n + hf_n \tag{6.29}$$

即欧拉法。

当 $r=2$ 时

$$\begin{aligned} k_1 &= f(t_n, y_n) = f_n \\ k_2 &= f(t_n + c_2 h, y_n + a_1 k_1 h) \end{aligned} \tag{6.30}$$

即二阶龙格—库塔法。

因 $f(t_n + c_2 h, y_n + a_1 k_1 h)$ 在 (t_n, y_n) 点附近用泰勒级数展开可得

$$f(t_n + c_2 h, y_n + a_1 k_1 h) \cong f(t_n, y_n) + c_2 h\dot{f}_n + a_1 k_1 \dot{f}_{yn} h \tag{6.31}$$

以式(6.31)、式(6.30)代入式(6.28)，则得

$$y_{n+1} = y_n + b_1 k_1 h + b_2 k_2 h = y_n + b_1 h f_n + b_2 h[f_n + c_2 h\dot{f}_n + a_1 f_n h\dot{f}_{yn}] \tag{6.32}$$

式(6.27)与式(6.32)右端对应项系数相等，则可得以下关系

$$\begin{cases} b_1 + b_2 = 1 \\ b_2 c_2 = \dfrac{1}{2} \\ b_2 a_1 = \dfrac{1}{2} \end{cases}$$

上述方程组中有四个未知数 a_1, b_1, b_2, c_2，可先选定一未知数，常用的有以下几种：

取

$$a_1 = \frac{1}{2}, \quad c_2 = \frac{1}{2}, \quad b_1 = 0, \quad b_2 = 1$$

$$a_1 = \frac{1}{3}, \quad c_2 = \frac{1}{3}, \quad b_1 = \frac{1}{4}, \quad b_2 = \frac{3}{4}$$

$$a_1 = 1, \quad c_2 = 1, \quad b_1 = \frac{1}{2}, \quad b_2 = \frac{1}{2}$$

则相应的递推公式为

$$y_{n+1} = y_n + hf\left(t_n + \frac{1}{2}h, y_n + \frac{1}{2}hf_n\right) \tag{6.33}$$

$$y_{n+1} = y_n + \frac{h}{4}\left[f_n + 3f\left(t_n + \frac{2}{3}h, y_n + \frac{2}{3}hf_n\right)\right] \tag{6.34}$$

$$y_{n+1} = y_n + \frac{h}{2}[f_n + f(t_n + h, y_n + hf_n)] \tag{6.35}$$

以上是三个典型的二阶龙格—库塔公式,其中式(6.35)也称改进欧拉公式。

当 $r=3$ 时,可得三阶龙格—库塔公式

$$y_{n+1} = y_n + \frac{h}{4}(k_1 + 3k_3) \tag{6.36}$$

其中

$$k_1 = f(t_n, y_n)$$

$$k_2 = f\left(t_n + \frac{h}{3}, y_n + \frac{k_1}{3}\right)$$

$$k_3 = f\left(t_n + \frac{2h}{3}, y_n + \frac{2k_2}{3}\right)$$

当 $r=4$ 时,则可得四阶龙格—库塔公式

$$y_{n+1} = y_n + \frac{h}{6}(k_1 + 2k_2 + 2k_3 + k_4) \tag{6.37}$$

其中

$$k_1 = f(t_n, y_n)$$

$$k_2 = f\left(t_n + \frac{h}{2}, y_n + \frac{h}{2}k_1\right)$$

$$k_3 = f\left(t_n + \frac{h}{2}, y_n + \frac{h}{2}k_2\right)$$

$$k_4 = f(t_n + h, y_n + hk_3)$$

对于大部分实际问题,四阶龙格—库塔法已可满足精度要求,它的整体截断误差正比于 h^4。若要检查所选步长是否已小到足以得到精确的数值解,一般可以通过两种不同的步长进行计算,即在第一次计算后,再用上次步长的一半计算一次。比较两次计算结果,如果在小数点后4位~5位数字上已很接近的话,则所选步长已足够小了;反之,则需再取一半步长计算第三次。同样,最后再比较前后两次结果,直至满足要求为止。

龙格—库塔方法有时也叫“单步”法,这是因为其解可以从 t_j 到 t_{j+1} 直接完成,并不需要 $t<t_j$ 时的 y 或 f 的值。所以这种方法可以自启动。

2. 多步法

用多步法解题时，计算 y_{n+1} 的值时可能需要 y 及 $y(t,y)$ 在 $t_n, t_{n-1}, t_{n-2}, t_{n-3}$ 各时刻的值，显然这种多步型公式不是自启动的，必须用其他方法先获得所求时刻以前多步的解，这是多步法的共同特点。

1）亚当斯—巴什福思(Adams-Bashforth)显式公式

亚当斯—巴什福思显式公式其递推计算公式如下：

$$y_{n+1} = y_n + \frac{1}{2}[3f_n - f_{n-1}] + o(h^3) \tag{6.38}$$

它是由泰勒级数展开式推导得到的。

因

$$y_{n+1} = y_n + h\left(f_n + \frac{h}{2}\dot{f}_n + \frac{h^2}{3!}\ddot{f} + \cdots\right) \tag{6.39}$$

且其中 $\dot{f}_n$ 用向后差分代替，即

$$\dot{f} = \frac{f_n - f_{n-1}}{h} + \frac{h}{2}\ddot{f}_n + o(h^2) \tag{6.40}$$

将式(6.40)代入式(6.39)，即得式(6.38)。

公式(6.38)之所以称为显式的，是由于 y_{n+1} 可用已知的 y_n, f_n, f_{n-1} 等给出其显式解。公式(6.38)又是多步型的，为了求解一个新的 y 值，需要 f 的两个值 f_n 及 f_{n-1}。然而这一递推公式在零点处($t=0$)，仅 y 的一个值(初值 y_0)及相应的 f 值为已知，因此，属于多步法的公式(6.38)就不能从 $t=0$ 自己开始。一般常用同阶的龙格—库塔法来启动。

2）亚当斯—莫尔顿(Adams-Moulton)隐式公式

其递推计算公式如下：

$$y_{n+1} = y_n + hf_{n+1} + o(h^2) \tag{6.41}$$

它是由向后展开的泰勒级数公式推导得到的

$$y(t_n) = y(t_n+h) - h\dot{y}(t_n+h) + \frac{h^2}{2}\ddot{y}(t_n+h) - \frac{h^3}{3}\dddot{y}(t_n+h) + \cdots$$

则

$$y_{n+1} = y_n + h\left[f_{n+1} - \frac{h}{2}\dot{f}_{n+1} + \frac{h^2}{3!}\ddot{f}_{n+1} + \cdots\right]$$

截掉 f_{n+1} 以后各项即得式(6.41)。

公式(6.41)之所以称为隐式的，是因为 y_{n+1} 的表达式中包含有 f_{n+1}，而 f_{n+1} 一般又反过来包含着 y_{n+1}。所以，为解出 y_{n+1} 就需要迭代法，其步骤是：先估算一个 y_{n+1}，计算 f_{n+1}。，而后用式(6.41)求得 y_{n+1} 的新估值；重复迭代，直至前后两次

y_{n+1}值之间的差在要求的某一范围为止(即计算收敛于某一所需的精度为止)。

隐式公式需要迭代解,那它就要比(使用 Adams 显式公式的)显式解花更多的时间,那么为什么还要研究 Adams 隐式公式呢?这是因为在实际误差方面,给定阶数的隐式公式要比同阶显式公式小得多。

必须说明,以上两种公式(包括其他任何显式或隐式公式)在实用中很少单独使用。而一般用显式和隐式相结合的方法,即下面要介绍的预估—校正法。

3) 预估—校正法

隐式公式的主要优点在于精度高,而其主要缺点则在于其求解所必需的迭代过程耗时过多。所以,最有效的方法似乎应当是使用隐式公式,但还包含一个能为每一步解都提供一个首次精确估值的方法,借以能使隐式收敛迅速。为提供这种首次估值,其合理的选择就是使用一误差阶数起码和隐式相同的显式公式。例如,我们可以选择四阶 Adams 显式公式作为"预估"。

$$y_{n+1}^{(0)} = y_n + h\left[\frac{55}{24}f_n - \frac{59}{24}f_{n-1} + \frac{37}{24}f_{n-2} - \frac{9}{24}f_{n-3}\right] \tag{6.42}$$

而把四阶 Adams 隐式公式作为"校正"。

$$y_{n+1}^{(i+1)} = y_n + h\left[\frac{9}{24}f_{n+1}^{(i)} + \frac{19}{24}f_n - \frac{5}{24}f_{n-1} + \frac{1}{24}f_{n-2}\right] \tag{6.43}$$

计算过程可以采用四阶龙格—库塔公式开始,以便得到初始条件之外的最初三步 h、y 及 f 值。有了这些初始值,用预估公式(6.42)就可以估算出下一个 y 值,记为 $y_{n+1}^{(0)}$。有了该首次估算,就可以用校正公式(6.43)进行迭代,直至得到所需收敛精度为止(即 $|y_{n+1}^{(i+1)} - y_{n+1}^{(i)}| < \varepsilon$))。然后再进行下一步计算 y_{n+2} 的预估值,进行校正迭代计算。每前进一步都自预估开始,至校正(迭代)结束,直至要求的最大计算时刻为止。

在要求精度较高时,可采用另一种业已广泛使用的预估—校正法,即为汉明(Hamming)法。汉明法积分公式如下:

设一阶微分方程 $\dot{y} = f(t, y)$,已知初始条件为 $t = t_0$,$y(t_0) = y_0$,则有

(1) 预估公式

$$y_{n+1}^{(0)} = y_{n-3} + \frac{4}{3}h(2f_n - f_{n-1} + 2f_{n-2}) \tag{6.44}$$

(2) 修正公式

$$\tilde{y}_{n+1}^{(0)} = y_{n+1}^{(0)} + \frac{112}{121}[y_n - y_n^{(0)}] \tag{6.45}$$

(3) 校正公式

$$y_{n+1}^{(i+1)} = \frac{1}{8}(9y_n - y_{n-2}) + \frac{3}{8}h[f_{n+1}^{(i)} - 2f_n - f_{n-1}] \tag{6.46}$$

其中

$$f_n = f[t_n, y(t_n)] = f(t_n, y_n)$$
$$f_{n-1} = f[t_{n-1}, y(t_{n-1})] = f(t_{n-1}, y_{n-1})$$
$$f_{n-2} = f[t_{n-2}, y(t_{n-2})] = f(t_{n-2}, y_{n-2})$$
$$f_{n-3} = f[t_{n-3}, y(t_{n-3})] = f(t_{n-3}, y_{n-3})$$
$$f_{(n+1)}^{(i)} = f[t_n, y_{t_{n+1}}^{(i)}] = f[t_n, y_{n+1}^{(i)}]$$

$y_n^{(0)}$ 为上一步未经修正的预估值。

对于第一步(在已得到初始值之后的)修正公式还不能使用,因为从其前一步尚不能得到预估值。

修正公式是将预估公式和校正公式的误差级数结合起来,为预估提供一个误差估计,从而可使 y_{n+1} 的预估值显著改善。使用了修正公式以后,校正过程所需的迭代次数一般会降低。

预估—校正法的效率很高,这是目前普遍使用它的主要原因之一。实用中,一二次校正迭代一般就足以满足多数合理的收敛准则,虽然偶尔也可能有必要进行三次或更多次迭代。所以对大多数问题来说,可以认为预估－校正法要比同阶的龙格—库塔法耗用机时更少。

下面用一个例子说明汉明法的应用。

【例 6.3】 设 $\dot{y}=(y+t)^2$, $y(0)=-1$,选步长 $h=0.1$。

由于汉明法不能自启动,所以三个起始值 f_n, f_{n-1}, f_{n-2} 需用其他方法计算,用四阶龙格－库塔法启动,求得

$$y_{n-3} = y_0 = y(0) = -1, \quad \dot{y}(0) = 1$$
$$y_{n-2} = y_1 = y(0.1) = -0.917628$$
$$f_{n-2} = \dot{y}(0.1) = -0.862910$$
$$f_{n-1} = \dot{y}(0.2) = 0.439450$$
$$y_n = y_3 = y(0.3) = -0.82749$$
$$f_n = \dot{y}(0.3) = 0.278246$$

则 y_4 可用预估公式(6.44)先得出

$$y_4^{(0)} = -1 + \frac{4}{3} \times 0.1 \times [2 \times (0.278246) - 0.439450 + 2 \times (0.668516)] = -0.805649$$

由于 y_3 没有预估值 $y_3^{(0)}$,所以,还不能使用修正公式(6.45)。那就直接转向校正公式(6.46),即

$$y_4^{(1)} = \frac{1}{8} \times [9 \times (-0.827490) - (-0.917628)] + \frac{3}{8} \times 0.1 \times$$

$$[(-0.806124+0.4)^2+2\times(0.278246)-0.439450]=-0.805649$$

校正值 $y_4^{(1)}$ 和预估值 $y_4^{(0)}$ 不同，差 0.000475，这一差别相当大，所以需要进行迭代校正，即

$$y_4^{(2)}=\frac{1}{3}\times[9\times(-0.827490)-(-0.917628)]+\frac{3}{8}\times 0.1\times$$
$$[(-0.806124+0.4)^2+2\times(0.278246)-0.439450]=-0.805663$$

校正值 $y_4^{(2)}$ 与 $y_4^{(1)}$ 差异值已减少为 1.4×10^{-5}，若我们要 1×10^{-5}，则尚需再次迭代校正。由此得到

$$y_4^{(3)}=-0.805663$$

$y_4^{(3)}$ 与 $y_4^{(2)}$ 实际已极为接近，所以可取 $y(0.4)=y_4^{(3)}=-0.805663=y_4$。

为了说明修正公式(6.45)的用法，我们再继续计算第五步：预估值 $y_5^{(0)}=-0.793658$，应用修正公式(6.45)得

$$\tilde{y}_5^{(0)}=y_5^{(0)}+\frac{112}{121}(y_4-y_4^{(0)})$$
$$=-0.793658+\frac{112}{121}\times[-0.805663-(-0.806124)]=-0.793231$$

再用校正公式进行两次迭代，得

$$y_5^{(1)}=-0.793374,\quad y_5^{(2)}=-0.793371$$

此时，已满足收敛条件，因此修正公式可以使预估值更接近最终敛值。

对连续系统进行数字仿真，首先应保证这一数值解的稳定性，即在初始值有误差，计算机在舍入误差的影响下，误差不会积累而导致计算失败。所以在进行仿真时必须正确选择积分步长，积分步长过大将影响计算机的稳定性及计算精度，而积分步长过小则大大增加计算量与计算时间，所以应在保证计算稳定性与计算精度的要求下，选最大步长。

6.2.3　实时半实物仿真

实时数字仿真通常是指把一个数字仿真过程嵌入到一个具有实物模型的实际系统或仿真系统的运行过程中。这种系统必须按照实际系统运行的时序要求来完成数字仿真过程步骤。所谓半实物仿真是指在仿真实验系统的仿真回路中接入部分实物的实时仿真。"半实物仿真"这一称谓是国内仿真界对这一类系统仿真方法和相应的仿真系统的一种通俗而习惯的称呼，其准确的含义是：Hardware In the Loop Simulation(HILS)，即回路中含有实物的仿真。实时性是进行半实物仿真的必要前提。

1. 实时半实物仿真概念

系统仿真是利用相似理论、控制理论、计算技术等理论和技术，通过综合性的模型实验来揭示原型的本质和运动规律的科学方法。依照观察问题的角度和选择的分类标准不同，可以将仿真分成多种类型。如果按仿真时间与实际时间的比例关系来进行分类，可分为实时仿真（仿真时间标尺等于自然时间标尺）、超实时仿真（仿真时间标尺大于自然时间标尺）及亚实时仿真（仿真时间标尺小于自然时间标尺）。

记$\frac{T_m}{T_p}$，当$R>1$为超实时仿真；$R=1$为实时仿真；$R<1$为亚（慢）实时仿真。其中，T_m为原始问题自变量时间；T_p为计算机计算时间。

HILS同其他类型的仿真方法相比具有实现更高真实度的可能性，是仿真技术中置信度最高的一种仿真方法。从系统的观点来看，HILS允许在系统中接入部分实物，意味着可以把部分实物放在系统中进行考察，从而使部件能在满足系统整体性能指标的环境中得到检验，因此，它是提高系统设计的可靠性和研制质量的必要手段。随着科学研究和大型工程设计的发展需要，以及计算机技术迅速发展所提供的可能，实时数字仿真已经在航空、航天、核工业、电子、电力工业等领域中得到广泛的应用。

假设一个实际的动力学系统由实物系统过程A和实物系统过程B两部分组成，如图6.3所示。而在实时仿真过程中，常常将系统的一部分，例如，这里的实物系统过程A，用数学模型来代替。在实际实现时，即用计算机的数字处理过程

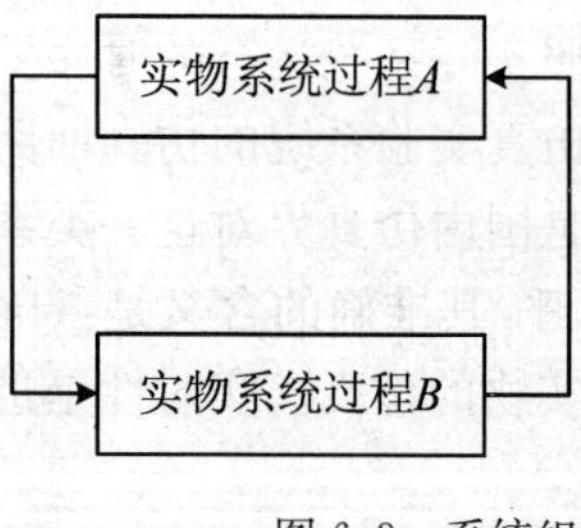

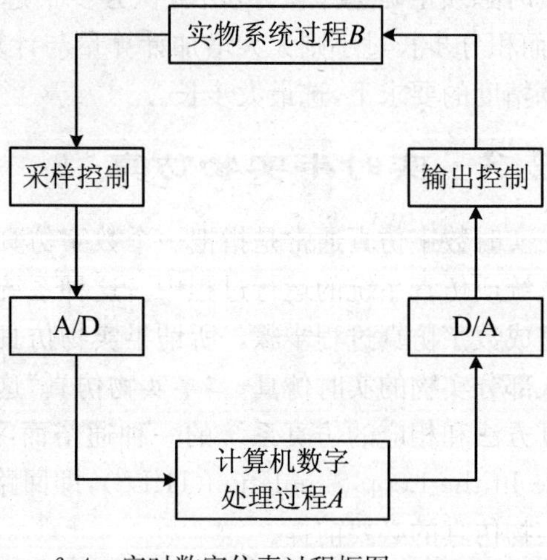

图6.3　系统组成图　　　　6.4　实时数字仿真过程框图

A 来代替,如图 6.4 所示。

图 6.4 中的计算机数字处理过程 A,输入是 z,输出是 y。经过采样系统和 A/D 转换,对于任意一组输入值 z_m,通过计算机数字处理过程 A 的计算得到相应的输出值 y_m。我们称 y_m 为数字处理过程 A 对于输入 z_m 的响应。响应 y_m 对于输入 z_m 的时间延迟称为响应时间。过程 B 为实物系统,通过 D/A 转换和输出控制接受过程 A 的输出量 y,并输出 z。计算机数字处理过程 A 必须在实物系统同步的条件下获取动态输入信号,并实时地产生动态输出响应。这时仿真模型的输入和输出都是具有固定采样周期的数值序列。在数字处理过程 A 满足系统各项功能要求的情形下,对于任意特定的输入 z,响应时间都满足系统所要求的时间限制,则这种数字仿真过程通常为实时数字仿真过程。

由于实时仿真模型包含有实物系统组成,因而,这种仿真模型应具有如下一些特性:

(1) 实时性。在实时仿真模型中通常都要求有一个固定的响应时间。这个固定的响应时间的要求就是实时要求。其具体数值必须满足随机尖峰负载时的处理要求。数据采样和数模 D/A、模数 A/D 转换的时间应有相应的固定时间要求。计算机接收实时动态输入,并产生实时动态输出的响应时间也应有固定的相应要求。

(2) 周期性。在一个实时仿真模型中,整个模型和各个子模型都有固有的周期要求和规律性。它们以固定的帧时间接受输入信息,并一帧一帧地产生输出信息。它们必须按照一定的顺序在分配给它的周期时间内完成信息采样、变换、计算、恢复、输出等任务。

(3) 可靠性。可靠性在实时仿真中总是放在首要位置考虑的。在一个实时仿真模型中,各个仿真子模型都应能根据输入可靠地运行,能逼真地实现子系统对输入的响应,给出相应的输出结果。像实物模型一样,不允许有超出规定的误差。

半实物仿真和数学仿真都是系统研制工作的强有力的手段,具有提高系统研制质量、缩短研制周期和节省研制费用等优点。对于研制的系统,有的很难建立起准确的数学模型,在半实物仿真中,将这一部分以实物直接参与仿真,从而可以避免建模之困难,克服建模不准造成的误差。

2. 实时仿真算法的特点

由于动力学系统的实时仿真有实物系统介入仿真模型,所以要求仿真模型的时间比例尺完全等于原始模型的时间比例尺。进行实时仿真时必须采用相应的实时仿真算法。在实时仿真中采用的算法与动力学系统非实时仿真和通常的科学工程计算的算法的需求不同，它有如下一些特点：

(1) 算法的快速性。这是实时数字仿真对算法的最基本的需求。因为在一个固定的时间间隔内，在一定设备条件下，要给出下一个采样时刻的实时输出，只有通过构造数字处理过程的算法的快速性才能缩短数字处理过程对输入的响应时间。

(2) 算法执行中数据的可取性。这种要求表示算法中所用到的输入信息都应该是数字处理过程已经从实物系统或其他过程获取的，在计算时决不允许使用还没有获取到的信息，也就是说算法所用的信息应该与实时输入是一致的。

(3) 算法的鲁棒性(强壮性)。算法的鲁棒性指的是在不同的复杂计算环境下，都应能给出合理的计算结果，算法及其程序都有良好的运行能力。由于这种要求，实时仿真中的算法应该具有处理异常因素的能力，必要时能够对计算流程进行重组、切换或使算法具有容错能力，可靠性高。如果算法中含有迭代过程，应该保证在规定的次数内结束该迭代过程。绝对不允许迭代不收敛和计算时间大于规定的时间。因此，为了避免超时现象发生，要有措施对数字处理过程测试其计算过程的随机尖峰负载时间。

(4) 算法的相容性。相容性是指当一个系统中的某个子系统由数字处理过程替代时，这个数字处理过程所用的数字仿真算法能保证在替代后的系统具有与原系统相同的动态特性。在图 6.4 中，我们将数字处理过程 A 替代的子系统称做实物系统过程 A。于是，实物系统过程 A 与实物系统过程 B 组成原系统，如前面图 6.3 所示。而图 6.4 中的数字处理过程 A 与实物系统过程 B 组成一个替代系统。这样的替代系统与原系统有如下三个主要差别：

第一，实物系统过程 A 由数字处理过程替代，将引起模型误差和离散化误差，即由数学模型描述实物系统运动的误差，以及使用数值方法将数学模型离散化使其适用于计算机计算的仿真模型的离散化误差。

第二，实物系统过程 A 与实物系统过程 B 之间的信息传输由数字处理过程 A 与实物系统过程 B 之间的信息传输替代。这种替代使得连续信号从离散、编码、运算到 A/D 和 D/A 转换都将引起量化误差。

第三，在原系统中实物系统过程 A 与实物系统过程 B 并发运行时，相互之间是同步的。而在替代系统中，数字处理过程 A 与实物系统过程 B 并发运行则是异步的。实物系统过程 B 在 t_m 时刻给出 z_m 的值后需待到 t_m+h 时刻才能接收到数字处理过程 A 对于输入信号 z_m 的响应 y_m。这表示需要延迟一个时间 h 才能接收到相应的信息。所以替代系统中，信息传输有一个时间延迟。而在原系统中，实物系统过程 A 与实物系统过程 B 之间的响应都可认为是立即可得的。

6.3　离散事件系统仿真

离散事件系统是状态变量只在一些离散的时间点上发生变化的系统，这些离散的时间点称为特定时刻。在这些特定时刻系统状态发生变化，在其他时刻系统状态保持不变，而在这些特定时刻是由于有事件发生所以引起了系统状态发生变化。常见的离散事件系统有排队系统、库存系统等。

离散事件系统的一个主要特征是随机性。因为在这类系统中有一个或多个输入为随机变量，而不是确定量，所以它的输出也往往是随机变量。在这类系统仿真中，对随机型输入、输出进行分析是一个重要内容。另外，对离散事件系统模型可以进一步分为动态和静态两类。对静态系统仿真也被称为蒙特卡罗法，它是对每一时间点上的系统进行仿真。动态系统仿真是系统在整个运行时间内的仿真。

6.3.1　静态离散系统仿真

蒙特卡罗(Monte Carlo)法是通过随机模型，利用一连串的随机数作为输入，对相应的输出参数进行统计计算的一种数值计算方法，蒙特卡罗法的理论基础是概率论中的大数定理。即在相同的条件下，对事件 A 进行 n 次独立的实验，当 n 无限增大时，事件 A 的 n 个观测值的平均值依概率收敛于其数学期望值。从原则上讲，蒙特卡罗法可以求解任何形式系统问题的数学模型，特别是对于涉及随机因素多、用解析方法无法求解的复杂的数学模型，蒙特卡罗法就显示出了它的优越性。

在用蒙特卡罗法进行随机模拟时，一个重要的环节就是用随机数来获得随机变量的现实值。随机数可以由种种不同的方法产生，最简单的方法是掷骰子或者抽取扑克牌，也可以由随机数表中任取或者由电子计算机产生。如果事先知道或者估计出某一偶然性事件发生的概率，就可以选择合适的方法产生随机数进行模拟。例如，某一战区在某一时期下雨的可能性为25%，那么就可以用抽出一张红桃牌代表下雨，而抽出其他花色的纸牌代表不下雨。这是一种随机抽样，要重复进行许多个回合。

【例6.4】　某商店为了估算每天的营业额，对商店每天接待顾客数和每位顾客的购货金额做了100天的统计，如表6.2和表6.3所示。

表 6.2 某商店每天接待顾客数统计表

每天接待顾客数(人次)	30～39	40～49	50～59	60～69	70 以上
发生天数	5	25	40	28	2

表 6.3 某商店每位顾客购货金额统计表

每位顾客购货金额(元)	10～19	20～29	30～39	40～49	50 以上
发生天数	40	30	15	10	5

由表 6.2 所示可知,每天接待顾客数在 30 人～39 人次的天数,在 100 天中只有 5 天,占 5%,接待 40 人～49 人次的天数只有 25 天,占 25%等。表 6.3 中,每位顾客购货金额在 10 元～19 元之间的占 40%等。据此可以列出相应的概率分布如表 6.4 和表 6.5 所示。

表 6.4 每天接待顾客数概率分布表

每天接待顾客数(人次)	概率
30～39	0.05
40～49	0.25
50～59	0.40
60～69	0.28
70 以上	0.02

表 6.5 每位顾客购货金额概率分布表

每位顾客购货金额(元)	概率
10～19	0.40
20～29	0.30
30～39	0.15
40～49	0.10
50 以上	0.05

今若以随机数 01,02,…,98,99,100 来表示上述概率分布,则可将上述两表重新写成如表 6.6 和表 6.7 所示。

表 6.6　每天接待顾客数概率分布和随机数取值表

每天接待顾客数(人次)	概率	随机数取值
30～39	0.05	01～05
40～49	0.25	06～30
50～59	0.40	31～70
60～69	0.28	71～98
70 以上	0.02	99～100

表 6.7　每位顾客购货金额概率分布和随机数取值表

每位顾客购货金额(元)	概率	随机数取值
10～19	0.40	01～40
20～29	0.30	41～70
30～39	0.15	71～85
40～49	0.10	86～95
50 以上	0.05	96～100

在做好上述准备工作之后，就可以任意取随机数。如取得随机数为 10，则从表 6.6 中可知，这天来商店的顾客在 40 人～49 人次之间，取平均数为 45 人次；又任意取得随机数为 39，则从表 6.7 中可知，每位顾客的购货金额在 10 元～19 元之间，取平均数为 15。若仿真延续时间定为 30 天，则分别任意取随机数 30 次，再求得每天接待顾客平均人数乘上每位顾客平均购货金额，再除以 30，即得到每天的平均营业额。

通过上述简单例子可以看出，应用蒙特卡罗，首先要知道仿真事件的概率分布，其次要确定随机数的取值。如需要 100 个随机数可以分别刻在 100 个小球上，并置于一袋中摇匀，然后从袋中任意取出一个小球，如取出的小球上刻着的数字为 10，则表明随机数是 10；然后将小球放回袋中摇匀后再取，等等，直到取满规定的仿真天数。

到目前为止，随机数的生成方法大致有如下三种：

(1) 随机数表(random number table)法。即由人们在事先人为地产生出一批均匀随机数，并制成表格形式备用。当需要使用它时，直接调用这张随机数表就可以了。

(2) 随机数发生器。即在计算机上附加一个能产生随机数的装置，如附加一个某种放射粒子的发射源装置，由于发射源在单位时间内发射的粒子数量是随机的，所以计数器记录下来的数值就是随机数了。

(3) 利用数学方法产生随机数。由于这类方法既方便又经济，所以是目前较多采用的随机数生成法。由于真正的随机数只能从客观的真实的随机现象本身中才产生出来，从这个意义上讲，人们特别把数学方法所产生的随机数称为“伪随机数”。

6.3.2 动态离散系统仿真

1. 仿真时钟及其推进方式

离散系统仿真一般都是动态仿真，需要不断地计量和记录各种事件的发生时间，并进行时间统计。仿真时钟是离散事件系统仿真中不可缺少的组成部分，它是随着仿真的进程而不断更新的时间机构。通常，在仿真开始时将仿真时钟置零，随后仿真时钟不断给出仿真时间的当前值。仿真时间是仿真模型中的当前指示，它代表仿真模型运行的真实时间，但是它并不是仿真运行过程所占用的 CPU 时间。在做排队系统仿真时，其时间单位可能是分钟，而对于宏观经济系统的仿真，则随机离散事件的发生时间可能以月或年来表示。

在离散事件仿真中有两种不同的时钟推进方式：面向事件的仿真时钟和面向时间间隔的仿真时钟。下面以某一单服务台排队系统为例，分别予以介绍。假设顾客按泊松流到达，其到达间隔时间分别为 A_1, A_2, A_3……每个顾客的服务时间服从负指数分布，相应的服务时间分别为 S_1, S_2, S_3，……。A_i 和 S_i 都是在仿真过程中按照它们的概率分布而随机地产生出来的。在这种排队系统中只有两类随机离散事件，即顾客到达事件(EA)和顾客服务结束离开系统事件(ED)。

1) 面向事件的仿真时钟

在这种方式下，仿真时钟并不是连续地推进的，而是按照下一最早发生事件的发生时间，以不等距的时间间隔向前推进的，因此又称为事件调度法，即仿真时钟每次都跳跃性地推进到下一事件发生的时刻上去。为此必须将各种事件按照发生时间的先后次序进行排列，时钟时间按事件顺序发生的时刻推进。每当某一事件发生时，即将仿真时钟推进到该事件发生时刻，并立即计算其直接后续事件的发生事件，在处理完当前事件所引起的系统变化之后，从未来将发生的各类事件中挑选最早发生的任何一类事件，将仿真时钟推进到该事件发生时刻，再做以上重复处理。这个过程中，仿真以不等距的时间间隔向前推进，直到仿真运行满足某终止条件为止(如某个特定事件的发生或达到规定的仿真时间)。

图 6.5 中，令 T_{Now} 为仿真时钟所指示事件的当前值，W_i 为第 i 个顾客的排队等待时间。仿真开始时，仿真时钟的当前值 $T_{Now}=0$，服务台处于空闲状态。第一个顾客的达到时间可根据到达过程的概率分布随机地产生，如事件 E_{A_1} 的发生

时刻为 t_{A_1}，这时可置 $T_{Now}=t_{A_1}$，即仿真时钟由 0 推进到 t_{A_1}，第一名顾客到达以后立即可以得到服务，故 $W_1=0$，服务台也由"闲态"转为"忙态"。第一名顾客的服务时间 S_1 可由服务时间的概率分布随机地产生，故时间 E_{D_1} 的发生时刻为 $t_{D_1}=T_{Now}+S_1$。另一方面，在第一名顾客到达以后，即可产生第二个顾客的达到时间。

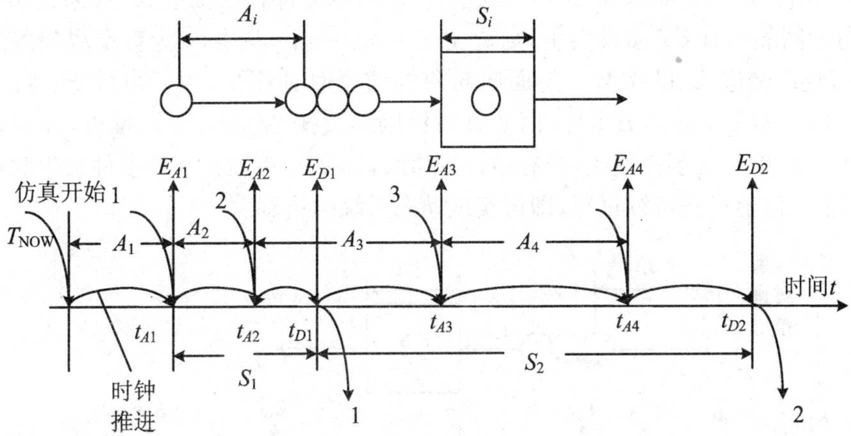

图 6.5　面向事件的时钟推进

若其到达间隔时间为 A_2，则事件 E_{A_2} 的发生时刻为 $tA_2=T_{Now}+A_2$。由此可见，第一名顾客的到达可以引起两个新的事件 E_{D_1} 和 E_{A_2}，在这种情况下，仿真时钟将推进到下一个紧接发生的事件时刻上去，即 $T_{Now}=\min\{t_{D_1},t_{A_2}\}$。如果 $t_{D_1}<t_{A_2}$，即第一个顾客的服务工作在第二个顾客到达之前完成，于是 $T_{Now}=t_{D_1}$，即仿真时钟由 t_{A_1} 推进到 t_{D_1}；如果 $t_{D_1}>t_{A_2}$，即第二个顾客在第一个顾客服务完成之前到达，则 $T_{Now}=t_{A_2}$，即仿真时钟由 t_{A_1} 推进到 t_{A_2}，如图 6.5 所示的情况。由于 E_{A_2} 事件的发生将引起 E_{D_2} 和 E_{A_3} 事件的发生，又由于在 $T_{Now}=t_{A_2}$ 时，事件 E_{D_1} 尚未发生，因此仿真事件将推进到事件 E_{D_1}、E_{D_2} 或 E_{A_3} 中最早发生的时刻上，即 $T_{Now}=\min\{t_{D_1},t_{D_2},t_{A_3}\}$，在图 6.5 所示的情况下，将有 $T_{Now}=tD_1$。依此步骤不断更新仿真时间的当前值，就可以使仿真时钟按照该排队系统中随机离散事件发生时刻的先后次序，跳跃地向前推进，从而为离散事件动态仿真提供了时间推进机构。

2）面向时间间隔的仿真时钟

在这种仿真推进方式中，首先要根据模型的特点确定时间单位，仿真时钟按很小的事件区间等距推进，所以又称为固定增量推进法。采用这种方法，每次推进需要扫描所有的活动，以检查在此事件区间内是否有一个事件发生。若没有事件发生，则仿真时钟继续等距推进；若有事件发生，则记录此事件区间，从而可以得到有关事件的时间参数。若有若干事件同时发生，除了记录该事件的时间参数外，还需事先规定这种情况下对各类事件处理的优先顺序。

图 6.6 中，仿真开始时置 $T_{Now}=0$。首先按到达过程随机地产生第一个顾客的到达时间 t_{A_1}，而仿真时钟则按事先设定的固定步长 Δt 不断地推进，每推进一个 Δt，仿真系统自动地扫描所有正在执行的活动，如到达活动和服务活动等，观察有无事件发生。如果在 Δt 中并无事件发生，则立即再次推进 Δt；如果在第 n 个 Δt 时间间隔内有 E_{A_1} 事件发生，则置 $T_{Now}=n\Delta t=t_{A_1}$，其中，$n$ 为首次遇到离散事件时，连续推进 Δt 的次数。与面向对象的仿真时钟相似，由于事件 E_{A_1} 将引起 E_{D_1} 和 E_{A_2} 两个新的离散事件，而仿真时钟则继续按 Δt 步长向前推进，并不断扫描每一 Δt 中有无事件发生，当有事件发生时，即 T_{Now} 更新到与该事件发生的相应时刻上。以上过程持续进行，即可实现动态系统的仿真。

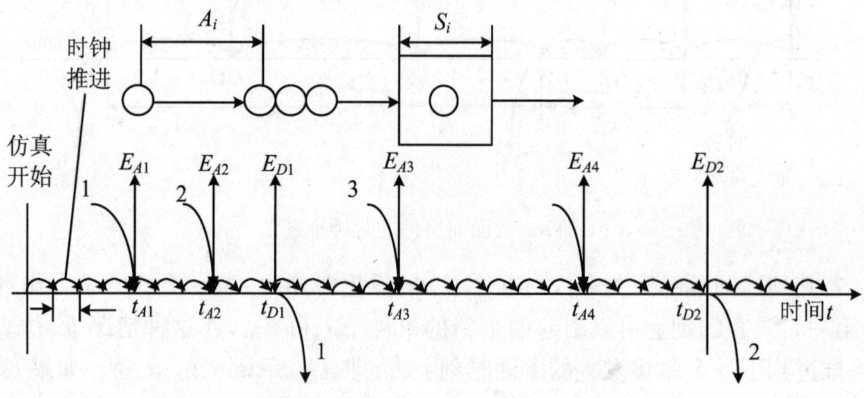

图 6.6 面向时间间隔的时钟推进

2. 仿真建模策略

如何建立仿真模型，也就是采用何种方法推进仿真时钟，建立起系统中各类实体之间的逻辑联系，一般有三种策略，这就是事件调度法、活动扫描法和进程交互法。

1）事件调度法

用事件的观点来分析真实系统，通过定义事件及每个事件发生时系统状态的变化，按时间顺序确定并执行每个事件发生时有关的逻辑关系，这就是事件调度法的基本思想。它直接对事件加以调度。

用这种方法建立仿真模型时，所有事件连同其发生时间均放在事件表中。模型中有一个时间控制模块，不断地从事件表中选择具有最早发生时间的事件，推进仿真时钟到该事件发生的时间，并调用与该事件类型相应的事件处理模块，处理完后再返回事件控制模块。如此重复执行，直到满足仿真终止条件为止。

2）活动扫描法

从本质上讲，事件调度法是一种预定事件发生时间的方法。然而，有些事件除了与时间有关，还需满足另外某些条件才能发生。这样，由于这类系统的活动持续时间的不确定性，无法预定活动的开始和结束时间，仿真建模一般采用活动扫描法。

活动扫描法的基本思想是：系统中的实体包含着活动，这些活动的发生必须满足某些条件（活动发生时间也是条件之一），同时每个能主动产生活动的实体均有相应的活动子程序。

具体实现时，活动扫描法采取以下措施：

(1) 除系统仿真时钟外，还设置了实体仿真时钟。系统仿真时钟表示系统仿真进程的推进时间，而实体仿真时钟记录该实体的活动发生时刻。

(2) 设置条件处理模块。此模块用来测定活动发生的条件是否满足。

用该方法建立仿真模型时，关键是建立活动子程序，包括此活动发生引起的实体自身状态变化以及对其他实体产生的影响等。然后用条件处理模块来控制仿真的推进，即对满足条件的活动调用其相应的活动子程序进行处理，处理完后再返回条件处理模块。如此重复执行，直到仿真活动的终止。

3）进程交互法

进程交互法采用进程来描述系统，它将模型中能主动产生活动的实体历经系统时所发生的时间与活动按时间顺序进行组合，形成进程表，一个实体一旦进入进程，它将完成该进程全部的有关活动。

实现时，系统仿真时钟的控制模块采用两张事件表，一张是当前事件表(CEL：Current Event List)，它包含了从当前时间点开始有资格执行的事件记录，但尚未判断事件发生的条件（若有的话）是否满足；另一张是未来事件表(FEL：Future Event List)，它包含在将来某个仿真时刻发生的事件记录。当仿真时钟推进时，先将实体仿真时钟小于等于系统仿真时钟的事件记录从 FEL 移到 CEL，然后对 CEL 中的事件记录进行扫描，判断每一个事件记录所属的进程以及在进程中所处的位置。如果该事件发生条件满足（为真），则进入相应的进程，发生相应的活动，只要条件允许，尽可能地走下去，并不改变系统仿真时钟，直到进程结束。如果该事件的发生条件不满足（为假），则退出该进程，继续对 CEL 中的下一事件记录进行处理。只有当 CEL 中的所有记录全部处理完后，才继续推进系统仿真时钟，将 FEL 中的最早发生事件记录移到 CEL 中进行处理，如此重复，直到仿真结束。

总的来说，这三种仿真建模方法各有优缺点。事件调度法建模灵活，可应用范围相对较广。活动扫描法对于各事件之间相关性很强的系统来说，模型执行效率高，但需要用户对各实体的活动进行建模，仿真执行程序结构也较为复杂。进程交互法建模最为直观，其模型表示接近实际系统，特别适用于活动可以预测，顺序比较确定的系统，但是其流程控制复杂，建模灵活性较差。具体建模时可根据需要采用其中一种方法，或同时采用几种。

3. 仿真流程图

对于离散事件系统来说，其仿真模型的建立一般是用流程图的形式表示的。模型的总体结构随着仿真所采用的建模方法的不同而不同，以相对比较常用且比较基本的事件调度法仿真模型为例，其总体结构框图如图 6.7 所示。

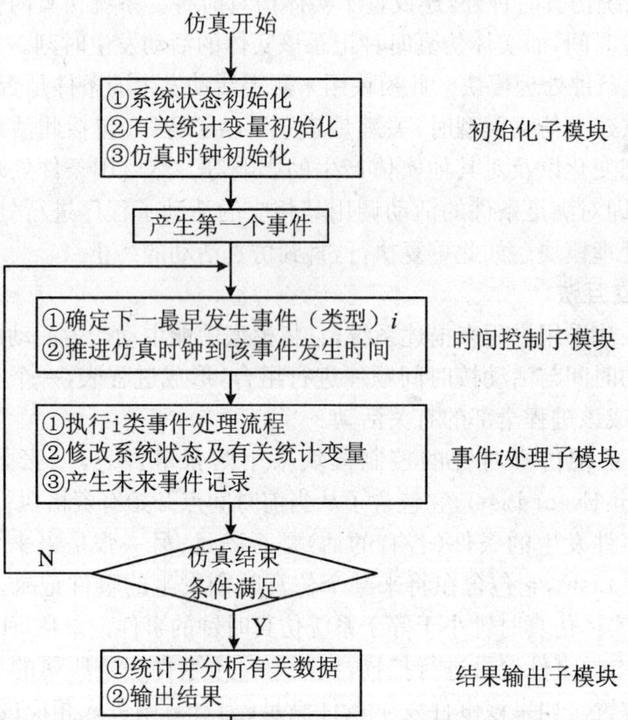

图 6.7 事件调度法仿真程序的总体结构

【例 6.5】 单服务台排队系统的仿真。

在单服务台排队系统中，顾客到达模式和服务时间的分布可为任意一种分布类型。每个顾客的来到，开始接受服务，服务结束离去是引起系统状态发生变化的事件。通常可假设第 i 个顾客服务结束离去时刻正是第 $(i+1)$ 个顾客服务开始时刻。这样所有事件可归为两类：一是顾客达到事件，二是服务结束离去事件。当离去事件和到达事件同时发生时，先处理前者，再处理后者。

以单人理发店为例：假设到达时间间隔和服务事件均服从指数分布，理发店容量(体积)和容纳人数没有限制。我们做一仿真表(表 6.8)，可以较为清楚地再现仿真运行的过程。令仿真终止时间 TT＝250min，平均服务速率和平均到达速率为 0.1，定义顾客到达事件为 1 类事件，顾客离去事件为 2 类事件。排队规则为先进先出(FIFO)，即按到达次序接受服务，先到先服务。

表 6.8　单服务台排队系统仿真表

仿真时钟	事件类型	顾客	到达时间	下一到达时间	服务台状态	队长	系统中顾客数	服务开始时间	等待时间	服务时间	离去时间	逗留时间	已服务人数	服务台闲期
0	—	—	—	—	闲	0	0	—	—	—	—	—	0	
0	1	1	0	7	闲→忙	0	1	0	0	10	10	10	0	
7	1	2	7	25	忙	1	2	10	3	6	16	9	0	
10	2	1	—	—	忙	0	1	—	—	—	10	—	1	
16	2	2	—	—	忙→闲	0	0	—	—	—	16	—	2	9
25	1	3	25	26	闲→忙	0	1	25	0	5	30	5	2	
26	1	4	26	28	忙	1	2	30	4	53	83	57	2	
28	1	5	28	30	忙	2	3	83	55	34	117	89	2	
30	2	3	—	—	忙	1	2	—	—	—	30	—	3	
30	1	6	30	46	忙	2	3	117	87	12	129	99	3	
⋮	⋮	⋮	⋮	⋮	⋮	⋮	⋮	⋮	⋮	⋮	⋮	⋮	⋮	
236	2	13	—	—	忙	0	1	—	—	—	236	—	13	
238	2	14	—	—	忙→闲	0	0	—	—	—	238	—	14	
250	1	—	—	—	—	—	—	—	—	—	—	—	14	

具体描述：仿真开始，设置初始状态为理发店刚开始营业，仿真时钟置为 0，队长、系统中顾客数、已服务人数均设为 0，服务台状态为闲。第 1 个事件是第一个顾客到达事件(1 类事件)，到达时间为 0，随即产生下一顾客到达时间(＝当前顾客到达时间＋到达时间间隔)为 7min。因为服务台状态为闲，顾客立即得到服务，系统中顾客数为 1，顾客等待时间为 0。产生服务时间为 10min，服务结束时间(＝到达时间＋等待时间＋服务时间)为 10min，顾客在系统中的逗留时间(＝等待时间＋服务时间)为 10min。比较下一到达时间(7min)与离去时间(10min)的大小，按事件调度法原理，下一最早事件是 1 类事件，由此得出表中第 3 行有关

的数据。事件类型为 1 类，仿真时钟推进到 7min，第 2 个顾客到达。到达事件为 7min，产生下一同类事件发生时间为 25min。由于第一个顾客还未离去，该顾客等待，队列长度为 1，系统中顾客数为 2 个。由于第 2 个顾客只有在前一个顾客离去后才能接受服务，所以该顾客的服务开始时间等于前一个顾客离去时间，从而可计算出其排队等待时间(＝服务开始时间－到达时间)为 3min。产生服务时间为 6min，离去时间则为 16min，逗留时间为 9min，已服务人数仍为 0。再比较下一到达时间(25min)与正在接受服务顾客的离去时间(10min)，可知下一最早发生事件为 2 类事件，由此得出表中第 4 行的有关数据，事件类型为 2，仿真时钟推进到 10min，离去的是第一个顾客，离去时间为 10min，已服务人数加 1。与此同时，第二个顾客开始接受服务，所以服务台状态仍为忙，而队长和系统中顾客数均减 1。继续比较下一到达时间(25min)与正在接受服务的第 2 个顾客的离去时间(16min)，可知下一最早发生事件仍是 2 类事件，于是得第 5 行的有关数据……当第 2 个顾客离去时，队列中无顾客等待，服务台由忙变闲，一直到第 3 个顾客来临(25min)。计算服务台闲期(＝25－16＝9min)……如此持续进行，直到仿真时钟(250)大于阈值(240)为止。

最后统计计算仿真结果如下：

(1) 平均队长$=\frac{1}{T}\sum_{i=1}^{m}q_i(T_i-T_{i-1})=1.8\approx 2$。

(2) 最大队长＝4。

(3) 系统中平均顾客数$=\sum_{i=1}^{m}SN_i(T_i-T_{i-1})/T=2.78\approx 3$。

(4) 平均等待时间＝顾客等待时间总和/顾客总数＝24min。

(5) 平均逗留时间＝顾客逗留时间总和/顾客总数＝47.7min。

(6) 服务台总闲期＝9＋2＝11min。

(7) 闲期所占百分比＝11/240＝4.58％。

(8) 总服务顾客数＝14。

多服务台排队系统有一种较复杂的类型，就是多级多服务台排队系统，该系统有多个服务台组串联，每一组又有多个并联服务台，分析比较复杂，这里就不再做详细讨论了。

思考题

1. 简述系统仿真的概念。
2. 系统仿真有什么优缺点？
3. 系统仿真分为哪些类型？

4. 你生活、工作用过哪些类型的仿真？
5. 举例说明仿真的步骤？哪些步骤是必须的？
6. 促进系统仿真迅速发展的因素有哪些？
7. 连续时间系统仿真与离散事件系统仿真有什么异同？
8. 连续系统仿真常采用哪几种模型描述方式？
9. 在生产实践中为什么常采用数值方法而不是解析方法求解微分方程？
10. 单步法和多步法的主要区别在哪里？
11. 显示公式与隐式公式有什么异同？
12. 实时半实物仿真有什么特点？
13. 实时仿真算法有什么特点？
14. 在采样控制系统仿真中，如何解决采样周期与仿真步长不同步的问题？
15. 蒙特卡罗法的主要思想是什么？
16. 随机数的生成方法有哪些？
17. 试述离散事件仿真的仿真时钟推进方式，它们的主区别是什么？

第 7 章 系统工程过程

霍尔(Arthur D. Hall)将系统工程过程分为五个阶段,即 systems studies (program planning), exploratory planning (project planning I), development planning(project planning II) studies during development (action phase I), current engineering (action phase II),基本上对应着第 1 章中图 1.1 的内容,包括:需求分析阶段、初步设计阶段、详细设计阶段、综合分析阶段、生产和运行阶段。霍尔的阶段划分基本上反映了系统工程的过程,也反映出当时的应用情况。

Benjamin 的系统工程阶段划分更加符合现代科学技术的发展,在他的书中给出了系统工程生命周期的过程,如图 7.1 所示。本章将以此为基础,结合图 1.1 的系统工程过程模型和目前科技发展的情况,讨论系统工程生命周期过程。

7.1 概念系统设计

概念系统设计是系统设计和开发全过程的第一步。系统工程过程从需求调研、分析到系统功能需求的定义、设计准则的建立直至系统的开发与实现,都是为了有效地满足用户的实际应用需求,因此,系统工程关心的是如何将需求完整地定义或表达为系统配置以实现产品的开发或解决方案的实现。

7.1.1 需求辨识

系统工程过程开始于"想"、"希望"或"准备"做某一件或几件事情的辨识,或是建立新系统,或是改造旧系统,这种辨别是基于可感知到的需求。比如,一个系统已经不能完成它面对的目标,可能是不可用,也可能是没有必要的支持,或者是没有再利用的价值等等。因此,一个新系统(包括旧系统改进)的需求可以和它实现的优先等级一起被确定,当新的应用需求出现的时候,用户或者开发者能够辨识出来,至于需求的描述,包括质量、数量规范的详细描述就是下一步的问题了。

需求辨识似乎是基础的或是不言而喻的,然而,项目往往开始于人的兴趣或某个突发的奇想,并不是开始于充分的需求。定义问题是系统工程过程中最重要的部分,因此,一个基础性的工作就是必须对现行系统真实与全面的描述,只有这样才能真正地反映需求，才能使系统工程过程从一开始就最恰当地满足客户或者最终用户的需求。

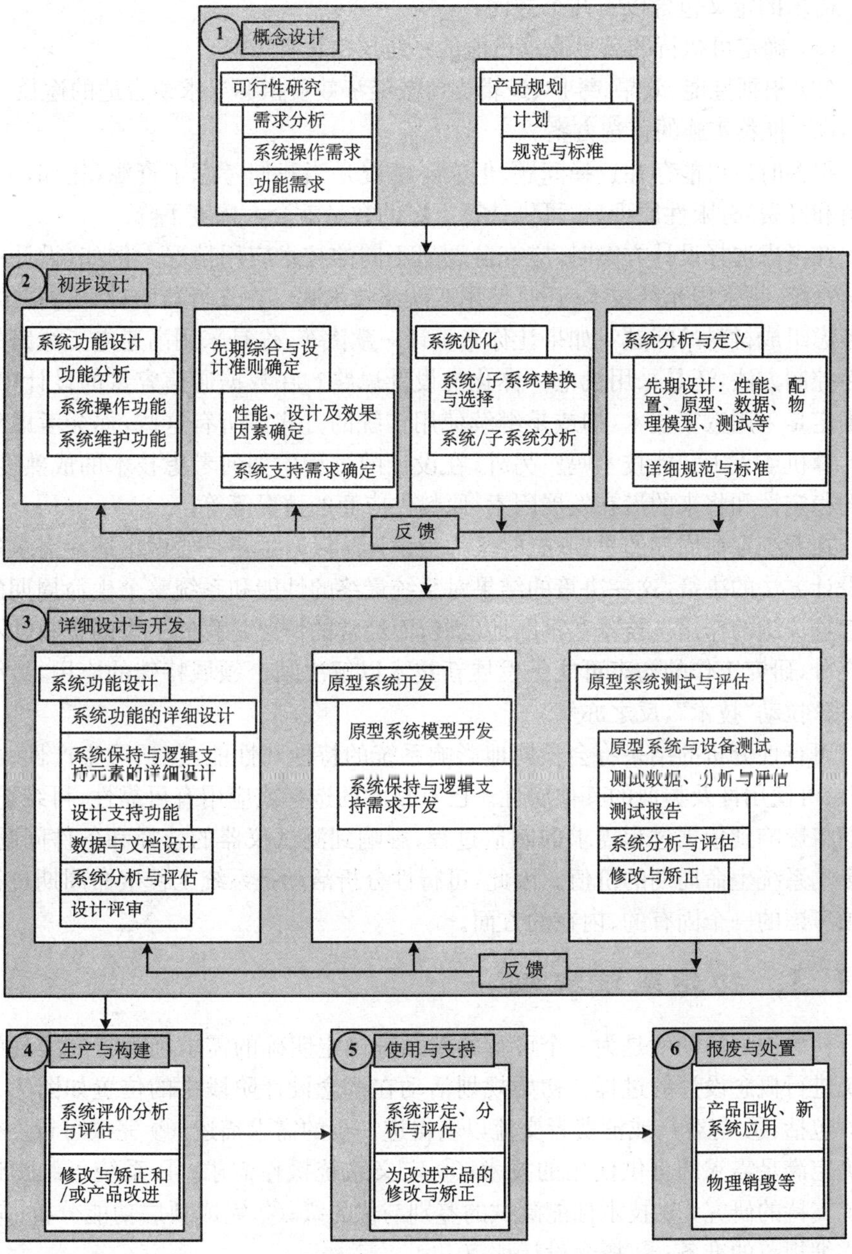

图 7.1　系统生命周期过程示意图

7.1.2 可行性分析

需求的定义包含以下几个方面：

(1) 确定可执行的满足需求可能的系统层次设计方法。

(2) 根据性能、效果、维护、逻辑支持及经济效益指标寻求最合适的途径。

(3) 推荐实施的首选方案。

很多时候可能存在选择问题，但实际情况是当我们考虑了资源（比如，人员、材料和经费）有限性原理后，可供选择方案的数量就会大幅度下降。

在考虑选择设计方案时，应充分调研不同的技术应用情况。例如，设计一个通信系统，是采用光纤技术，还是使用双绞线技术呢？在飞行器的设计过程中，如何考虑组成材料的问题？如果让你来设计一款汽车，你是采用高速电子线路的一般性控制方法，还是采用机电一体化的设计思路？在数据通信容量的设计中，如何确定是采用数字技术，抑或是继续使用传统的方式？所有这些，你会考虑到应用计算机或人工智能技术吗？另外，在设计的过程中如何考虑技术的成熟度、产品的稳定性和将来的潜在发展因素，原料供应商的情况等等。

在系统生命周期的早期（有时又称为设计阶段），主要是要做出适应需求的有关设计方法的决策，这一决策的结果对系统最终的性能和系统整个生命周期的价值起着关键的作用。技术在不断地发展，而经常的情况是我们手头的资料并不那么充分，研究工作的初衷可能是发展新技术以解决某个领域特殊的应用，最终是“需求”拉动“技术”，反之亦然。

可行性分析的结果将会长期地影响系统的特性和性能，包括可生产性、可支持性、可使用性及类似的其他属性。已有技术的选择或应用有可靠性、可维护性，他们将影响到依据过程需求的制造过程，影响到测试仪器的选择和备件问题，甚至影响系统生命周期的价值。因此，可行性分析活动是系统工程生命周期过程中必须考虑的一个固有的、内在的方面。

7.1.3 初始系统规划

初始规划活动就是为一个可行的新系统确定明确的需求和为将要实现的新系统进行概念设计的过程。初始规划活动在概念设计阶段中的位置如图 7.2 所示。包括：① 与客户或消费者交流以获得进一步的需求描述；② 完成可行性分析以确定满足需求的可供使用的技术；③ 定义系统操作需求；④ 系统可维护性与系统支持的研究；⑤ 技术性能测试的鉴别与优先级；⑥ 完成顶层功能分析；⑦ 系统详细规范的准备；⑧ 概念设计评审。

初始系统规划的结果为以下几个方面，即技术需求（包括各种规格）和管理需求计划文档，其中尤其重要的是系统规范(system specification)和系统工程管理计划(systems engineering management plan)。系统规范提供了作为实体的系统的设计需求，通常包含对系统的一般描述，例如，操作需求、维护概念、顶层功能分析及子系统功能的分配、性能与有效性、物理特性、设计特性、设计数据需求、材料和制造过程、后勤支持供应、测试与评估需求、质量保证的提供等等。系统规范导致低层的研发、生产过程。

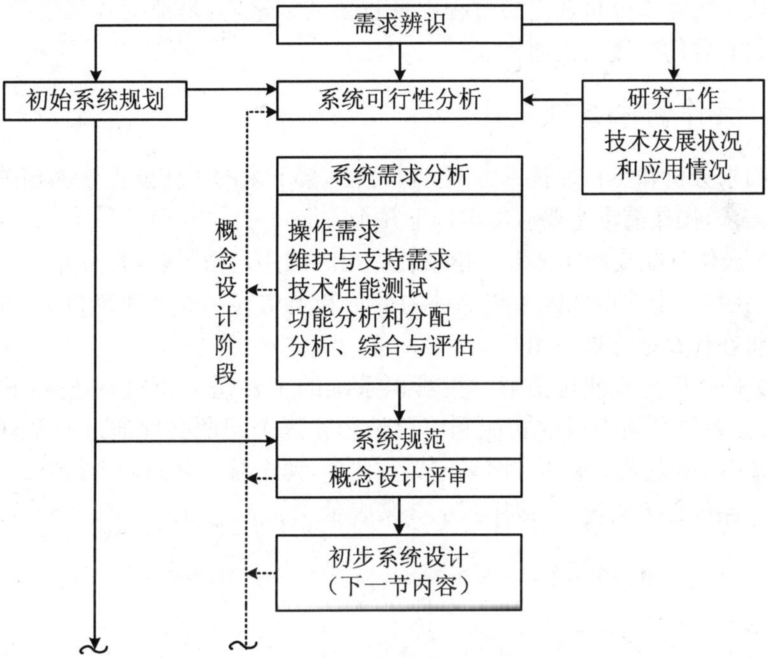

图 7.2　系统需求定义过程

系统工程需求，从编制管理设想直到 SEMP(系统工程管理计划)。该计划包含完成任务的描述、编制表现多种设计界面和支持计划的组织管理结构、用户—供应方关系、WBS(系统分解结构)、任务进度表、效益、数据与文档需要、编制报告需求、设计评审、风险管理计划等等。

7.1.4　系统需求分析

需求分析、功能分析、需求分配等过程是一个不断反复的过程，每一次反复的过程都是一次反馈过程，都使得系统需求更接近于用户需求，有时不能用图示的方法来表示。例如，平衡研究是在每一个层面上完成的，但在系统工程中，用图形表示出平衡研究的每一个反复过程却是非常困难的。因此，图 7.1 所示的系统工程生命周期的示意图仅仅表示了关键的、基础的一些活动。

在任何的活动中，过程是自顶向下自然进行的，主要是从系统级定义、子系统级定义，再到系统的主要组成部件，系统目标被描述为在每一个层次上的分等级的各种需求，即描述它是“什么”，而不是根据明确的硬件、软件、工具、人员、数据来“如何”实现它。需求必须尽可能完全、准确地反映用户的需求，应该是客观的和能够被规划的，必须是可测试的和可论证的等等。

完成系统需求分析及定义过程中最重要的因素，就是消费者与生产者/承建者之间的必要的交流与沟通。

1. 操作需求定义

在需求分析和可行性技术方案选择之后，接下来的工作就是根据相关资料规划操作需求，操作需求主要应考虑以下几个方面：

(1) 操作分配或操作部署。指系统应用时的用户数量、地理分布位置和部署计划表、在每一个使用地区系统部件的数量和类型等。或者理解为一个问题，即该系统将在什么地方被应用？

(2) 任务概况或使用情形。指辨识系统的主要任务和次要任务，相对于需求，什么是系统必须完成的功能和应用情形？这个问题必须通过一系列操作概况、“动态”描述完成需求的方面来定义。比如，两个城市之间的飞行路线，或汽车路线或水路的任务概况，可以用图 7.3 来表示。

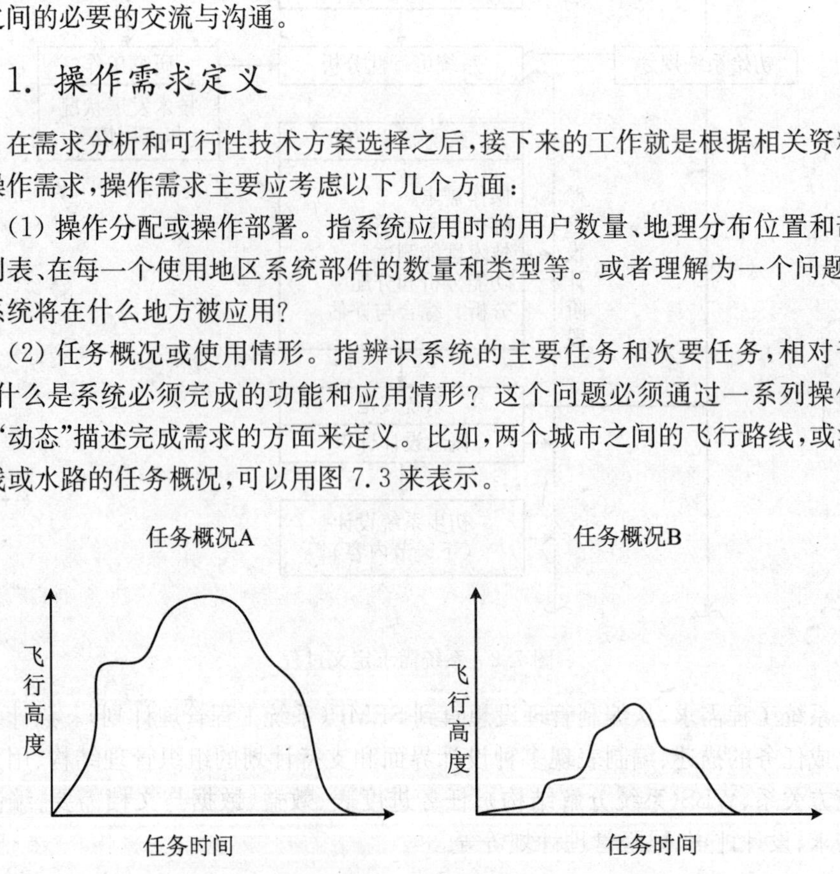

图 7.3 系统操作概况

(3) 性能与相关参数。指定义基本的操作特征和系统功能，而参数如范围、精度、速率、容量、生产能力、功率、尺寸及重量等，是在不同的情况下实现系统功能的关键因素。什么是影响系统性能的主要参数？如何使这些参数与任务相联系？这些问题必须在此处给予回答。

(4) 利用需求。指完成系统任务的早期阶段,意味着每天设备的开机小时数、工作周期、每月的开关次数、总容量使用的百分比、所需工具,有无扩展的系统部件可被利用等。

(5) 有效性需求。系统需求包括系统有效性、可操作性、独立性、可靠性,平均故障间隔时间(MTBF)、故障率、准备率、维修停工时间、平均维护间隔时间、人员数量和技术水平、价值等等。如果给定系统性能,如何保证其有效性?

(6) 操作生命周期(基线)。预计的系统操作运行时间。主要回答以下问题:系统可以为用户提供多长时间的服务?库存及系统部件总量是多少?仓库放在哪里?尽管有很多变化存在,但还是要定义系统的生命周期。"基线"必须在一开始就充分认识并建立起来。

(7) 环境。定义系统应该在什么样的环境(例如温度、震动和晃动、噪声、湿度、寒带/热带、山区/平原、空中、地面、船上等)下运行以保证系统的有效性。在任务概况确定之后,环境也应该随之而定。另外,运输过程中的条件可能比运行过程要恶劣,这也是必须考虑的。

很明显,为完成系统设计,这一阶段我们必须回答以下问题,以保证操作需求的建立:

(1) 系统将完成什么功能,性能指标是什么?

(2) 什么时间完成其规划的功能?

(3) 系统将被用在什么场合?

(4) 如何实现系统的目标?

要回答这些问题,基线必须建立。尽管情况可能会变化,在开始系统规划时作一些假设是必要的。例如,系统部件可能被用在不同的地方或不同的应用、系统部件的分布可能根据需要而改变,甚至系统生命周期的长度由于退化/竞争也会改变。然而,早期的基线建立仍然是必须的,只有这样,系统设计才能展开。

2. 维护与支持需求

在系统需求阶段要解决的主要问题就是将"任务的目标"直接对应到系统的诸元素上,即主要设备、操作人员、运行软件及相应的数据等。这一阶段,系统维护与支持功能常常不会受到足够的重视,通常人们只是将维护与支持看作是系统的一部分,而不是从全过程来考虑,在早期就对其进行规划。

为满足系统工程的整体目标,在集成的基础上,从一开始就考虑系统的各个方面是基本要求,这不仅包含面向任务的主要的系统的元素,而且还包括支持能力。主要系统元素必须被设计成能够在整个系统生命周期都得到有效维护和高效支持的形式,全过程支持能力必须对此需求做出响应,这意味着所规划的系统特性应该有一个支持的网络，如备件、维修部、存货、测试与仪器、运输、计算机资源、人员与培训、工具、技术数据等。在概念设计阶段展开系统“维护与支持概念”的研究是又一个基础性的工作[12]。

维护概念从定义系统的操作需求开始，维护概念表明了如何提前设计系统可支持性的说明和表述，同时在支持能力和后勤保障结果分析的基础上，定义了系统支持需求的“维护计划”，或给定配置的等效分析。维护概念最终将演变成详细维护计划，人们必须安排从设计到生产直至为用户使用的操作地点的行动和资源的流程，根据不同的功能和系统类型，维护概念一般应包括以下几个方面：

(1) 维护的水平。矫正性和预防性的维护可以由系统自身应用地点来实现，或者在用户附近的商店，或者车站，或者附近的生产厂家。维护水平包括功能和任务的分配、维护的预计频度、任务复杂性、人员技术水平、特殊工具、规程、范围等，就是在各级水平上实现的详细的支持功能。依赖于系统的任务和种类，可能存在 2 级～4 级的维护，然而，为进一步讨论的目的，维护可能可以被分为“组织”、“中介”和“供应者/仓库”等，如表 7.1 所示。

表 7.1 维护的主要等级

<table>
<tr><th>标准</th><th>组织维护</th><th colspan="2">中介维护</th><th>供应/制造/仓库</th></tr>
<tr><td rowspan="2">实现地点</td><td rowspan="2">系统元素位置</td><td>移动/半移动单位</td><td>固定单位</td><td>供应商/制造商/仓库</td></tr>
<tr><td>卡车等</td><td>固定店铺</td><td>特殊维修活动或制造工厂</td></tr>
<tr><td>实现人员</td><td>系统/设备使用人员(低水平)</td><td colspan="2">移动/半移动人员，或固定单元(中水平)</td><td>库房人员或产品制造商(高水平)</td></tr>
<tr><td>使用工具</td><td>组织的工具</td><td colspan="3">使用属于组织的工具或设备</td></tr>
<tr><td>工作类型</td><td>可视化检测
操作检验
辅助服务
外部调整
部件拆除与更换</td><td colspan="2">详细检测与系统检验
主服务
主设备维修和修改
复杂的调整和有限校正
高于组织的维护</td><td>复杂调整
复杂装备维修和修改
检查与重建
详细标准/供应支持
高于中介的维护</td></tr>
</table>

(2) 维修策略。一个维修策略可能规定了部件的不可维修、部分可维修和全部可维修，必须在标准与研发、系统设计过程确定维修范围的策略。

(3) 组织的职责。维护的完成可以是用户的职责、也可以是供应商、第三方或者是他们的结合，职责是可以变化的，不仅依赖与系统的组件，而且和系统的过程，比如运行阶段/支持阶段有关。组织的职责可能会从各个方面影响系统设计，比如维修策略的建立、提供保证等。

(4) 后勤保障元素。与后勤支持变化的元素相关联的、初始标准的、维护概念的定义的一部分。该元素包括供应支持(如备件、维修部件、有关的产品目录、数据等)、测试与支持仪器、人员及培训、运输与操作设备、工具、计算机资源等。关于标准,包括输入设计、可能包含自测试规定、内置的和外部的测试装置、包装与标准化人员数量和技术水平等。维护概念提供了一些初始系统设计的标准,最终的决定将通过维护或支持需求分析来完成。

(5) 有效性支持。有效性与支持能力有关,包括备件的需求率、备件可用性、备件需求量等。对于测试仪器,可靠性是关键的因素。运输方面,运输率、运输时间、运输可靠性及运输费用都是非常重要的因素。人员与培训方面,必须关心人员的数量和技术水平,包括培训率、培训时间、培训效果等。软件方面,必须测试软件的出错率。这样,系统级的需求才能完成。

(6) 环境。主要包含温度、震动、湿度、噪声、热带与寒带、山区与平原、陆地与海上等等,还要考虑有关的运输、运行和存储等方面的环境问题。

总之,维护概念在系统设计中提供了建立维护与支持需求的基础,它不仅影响系统面向任务的需求的实现,而且可以指导系统的设计,并可由此获得维护和后勤保障必要的元素。另外,维护概念构成了详细维护计划展开的基线,为详细设计和研发做准备。

7.1.5　技术性能测量

从操作需求到维护与支持概念的过程是一个研究数量与质量设计标准的过程。在定义或说明一个具体系统的数量需求时,从用户对问题认识程度的观点出发,恰当的确定各种因素及其优先次序是基础性的工作,这些有优先次序的各种因素在之后的设计过程中,将被转换为设计标准或有所响应,而完成这项工作必须使用户与开发者之间进行良好的持续的沟通。

在用户—开发者之间进行良好沟通的较好方法,就是使用 QFD 技术(Quality Function Deployment)。QFD 技术是组建一支"队伍"的方法,该"队伍"能够确保"用户的声音"在最终设计中得到响应,其目的是建立必要的需求和将这些需求翻译成技术方案。用户需求和偏好可以视为具有不同权重的分类的属性,QFD 方法中的"队伍"要能够帮助理解用户的想法、督促用户对这些想法排序,并能对不同的方案进行比较,只有这样,才能使每一个用户属性得以满足。

QFD 方法用于将主观的用户需求次序在概念设计阶段翻译为一组系统级的需求,QFD 方法的过程由一个或几个矩阵组成,经常提到的一个就是所谓的"质量房间(House of Quality 简记为 HOQ)",有关 HOQ 的详细介绍请参阅本书后所列参考文献[11]。

系统的内在特性应该通过 TPM(技术性能测量)来辨识和区分优先次序,如表 7.2 所示。TPM,通过测量、标注相对权重、明确基本目标及当前是否可用以提供设计者必要的指导。这对于建立适当的系统设计重点、定义标准及尽早发现系统可能存在的风险是非常重要的。

表 7.2 技术性能测量的优先次序

TPM	数量需求	当前"基准"	相对重要性(%)
过程时间(d)	30(max)	45	10
速度(m/s)	100(min)	115	32
可用性	98.5%	98.9%	21
尺寸(m)	5×3×2(L. W. H)	4.5×4×2	17
人员因素	小于 1%/年失误	2%/年失误	5
质量(kg)	60	65	6
可维护性(MTBM)	400km	300km	3

7.1.6 功能分析与分配

功能分析是一个将系统需求转化为详细设计标准的过程,同时要在子系统级或更低的级别辨识出明确的资源需求,也就是将用户需求抽象成为可以实现系统目标的硬件、软件、操作人员、工具、数据或他们的组合。该过程开始于定义系统需求,结束于得到系统需求的定义,也可能是部分明确的系统结构,书后参考文献[12]称之为顶层需求或顶层结构。

1. 功能分析

系统功能的最后实现是通过硬件设备、软件和人等完成的,然而,目标并不是"如何"来实现或完成,而是要详细地说明"是什么"的问题。在系统功能分析阶段,不需要回答使用什么设备、采用什么软件平台、数据或后勤保障,甚至如何采购等问题。

系统功能分析是一个反复的、不断分解的过程,从系统的顶层开始,分解到第二层,循环往复,直至分解到可分辨的系统组件和可明确利用的资源为止。功能分析的结果是定义出系统的各种术语,包括系统设计功能、产品功能、分发与运输功能、操作功能、维护与支持功能、配置功能等等。

功能分析一直延续到本章下一节的内容,即与初步系统设计的部分内容相交叉。

2. 功能流程图

采用功能流程图可以使系统功能分析变的简单易行，如图 7.4 所示是一个简单的功能流程示意图。顶层功能中的功能 E，被分解到第二层功能并详细地表示出功能 E 的实现流程，而第二层功能中的 5.5 功能又被分解成第三层功能，如此不断向下分解。

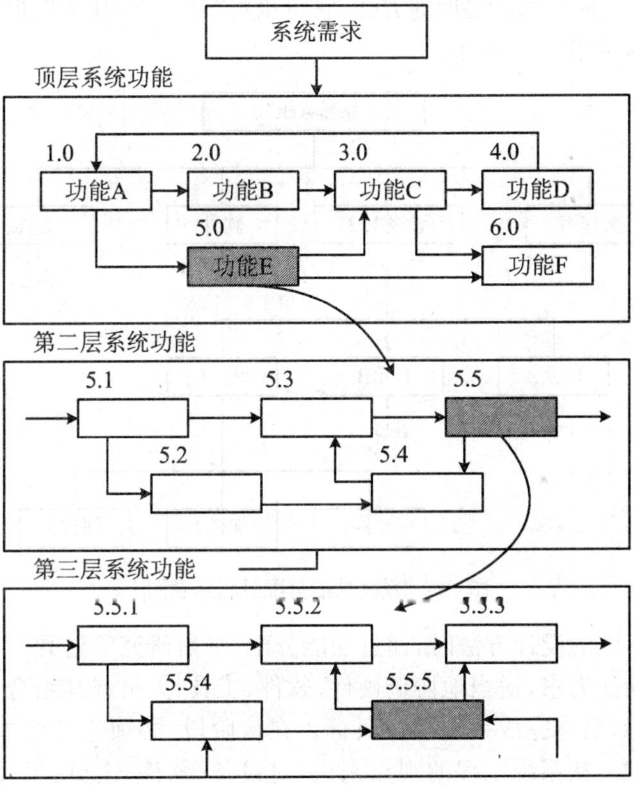

图 7.4　系统功能分配示意图

功能流程图的主要目的依然是澄清系统的概念，它可以用来说明系统的组织和主要应用界面。功能分析开始于概念设计的后期，结束于系统设计阶段，用逻辑的方式，全面地描述研发过程。

(1) 系统设计与研发的所有方面，如产品、操作及支持都必须考虑。

(2) 系统的所有元素必须全部辨识并定义出来，例如，主设备、备件、测试仪器与支持手段、人员、数据、软件等等。

(3) 为了满足最佳的功能设计，相关的包装概念和支持需求，对于特定的系统功能来说,提供一种方法是必要的。

(4) 恰当的开发与设计顺序,同重要的设计界面应该相关联。

3. 功能分配

给定系统的顶层描述后,下一步就是合并或组合各种逻辑功能,将主要的子系统和更低层的系统集成为一个完整的系统。"开放的系统结构"方法在系统被较好地定义后是大有用武之地的方法,它可以将"什么"转化为"如何",且能够将系统功能分解,如图 7.5 所示。

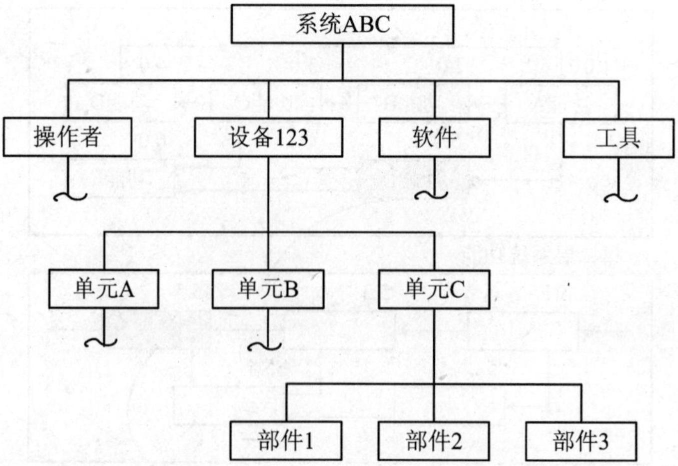

图 7.5 系统功能分配过程示意图

在评估不同的设计方法时,通过功能分配、平衡研究等过程,可以使所设计的系统满足功能需求,适当地协调硬件、软件、工具、人员或其组合,逐步使各层系统达到目标,最终完成系统总体目标。在该阶段,必须论证组成系统的各个元素是必要的。从系统工程的观点来说,对设备、软件、人员、工具等的需求是基础性的,必须在功能分配时做出响应,特别是人员需求,在通常的系统功能分配过程中往往被忽视,而这一点在系统功能最终实现时,所带来的问题屡见不鲜。

7.1.7 综合、分析与估计

正如系统设计的过程,系统综合、分析与估计也存在大量的平衡折中问题,诸如不同技术的评估与选择、不同材料的选择、不同的系统研发进度表规划、不同的诊断例程确定、不同的检测设备(COTS)选取、不同的维护与支持策略制定等等。

图 7.6 说明了一般的情况。

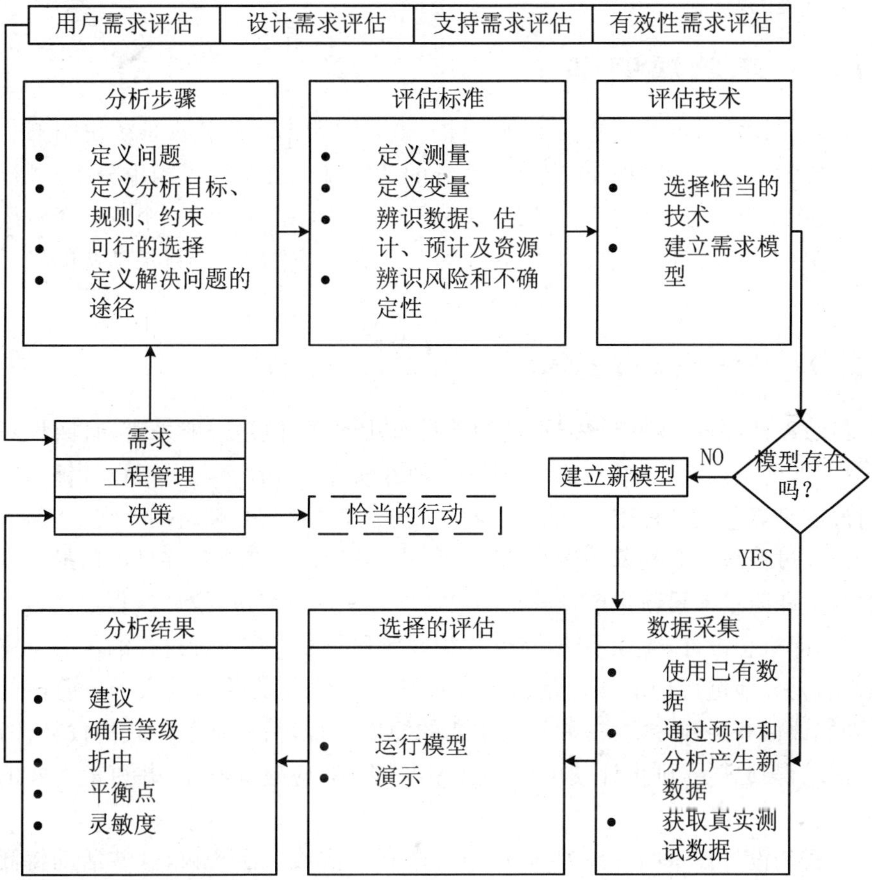

图 7.6　一般系统分析过程

平衡/折中研究导致综合，综合是指部件以某种方式实现可行系统配置的组合和构造过程。通过综合，应完成基本需求的建立、部分折中研究和基线配置等。

综合就是设计。在开始阶段，综合用于先期概念的研究和建立系统各个不同组分之间的关系，到了功能定义充分且系统功能分解的后期，综合则用于在更低级的层次进一步定义“如何”的问题，综合还包括建立可以最终实施的系统配置(尽管最终配置可能并不完全是综合阶段想象的那样)。

对于一个给定的综合配置，必须根据初始指定的需求去估计配置的特性，根据需求而改变，再得到更进一步的配置，这个分析、综合、估计、设计不断趋向于系统目标的反复过程，将逐渐建立起“功能基线”，“分配基线”，最终是“产品基线”。

这些配置基线的一个好的描述，结合专业的方法而形成管理基线，是成功实现系统工程过程的基础。

7.1.8 系统说明书

系统的技术需求及其组件应该通过一系列说明书来确认。系统说明书是一份最重要的工程设计文档，它定义了系统的功能基线并包含了需求分析、可行性分析、操作需求及维护概念的结果。这份顶层的说明书将导致一个或多个较低层次的说明，即子系统的配置、硬件、软件等。系统说明书的一个目录结构的例子如图 7.7 所示。

7.1.9 概念设计评审

虽然设计评审的种类根据不同的项目有所改变，但是一般来讲，有四种基本的类型，即概念设计评审，系统设计评审，硬件软件设计评审和关键设计评审。本节讨论的是概念设计评审，它处于早期阶段(不应超过规划启动的 4 周～8 周)。

设计过程从一个抽象的构思开始到形成某种形式和功能，并且可以最终在指定的数量和质量上重新生产且满足用户需求。从这点来讲，设计过程应包含一系列阶段，即概念设计、先期系统设计、详细设计和研发。在设计过程的每一个主要的阶段，充分地进行功能评估是保证设计的正确性以及顺利进入下一阶段的关键，功能评估有两种方式，一种是不正式的短期工程，另一种是正式的设计评审。如果需求得到满足，则设计就可以通过评审，否则，应建议修正，并讨论正式的设计评审。

正式的设计评审由一系列活动组成，包括一次或多次会议，这些活动将涵盖设计工程的技术领域，如可靠性、维护性、人力资源、后勤、制造、工业工程、质量保证、过程管理等等。设计评审的目的是从总体系统的观点，以最有效和经济的方式，在形式上和逻辑上论证设计的结果。正式设计评审的具体目的如下：

(1) 提供正式的有关需求的系统设计审查报告，主要问题都应予涉及。

(2) 设计工程可以提供机会来解释和调整设计方法，并且为设计者提供陈述设计思想的机会，实质上是一个供设计者、支持人员、审查人员及用户之间交流的平台和媒介，如果设计人员将其视为刁难或者视为走过场，则是相当错误的。

(3) 为整体系统的所有组建提供解决协调问题和提高保证水平的手段。

(4) 提供正式的记录。

(5) 使设计更加成熟，评审可能产生新思想，可能使过程简单化并最终导致节约成本。

- 1.0 范围
- 2.0 应用文档
- 3.0 需求
  - 3.1 系统定义
    - 3.1.1 一般描述
    - 3.1.2 运行需求（要求、任务、使用概况、分布、生命期
    - 3.1.3 维护概念
    - 3.1.4 功能分析与系统定义
    - 3.1.5 需求分配
    - 3.1.6 功能界面与标准
  - 3.2 系统特性
    - 3.2.1 性能
    - 3.2.2 物理特性
    - 3.2.3 有效性需求
    - 3.2.4 可靠性
    - 3.2.5 可维护性
    - 3.2.6 可使用性（人的因素）
    - 3.2.7 可支持性
    - 3.2.8 运输问题/可移动性
    - 3.2.9 机动性
    - 3.2.10 其他
  - 3.3 设计
    - 3.3.1 CAD/CAM需求
    - 3.3.2 材料、过程与部件
    - 3.3.3 装配与标签
    - 3.3.4 电磁辐射
    - 3.3.5 安全性
    - 3.3.6 可替换性
    - 3.3.7 工艺
    - 3.3.8 可测试性
    - 3.3.9 经济效益
  - 3.4 文档及数据
  - 3.5 后勤保障
    - 3.5.1 维护需求
    - 3.5.2 供应支持
    - 3.5.3 测试仪器
    - 3.5.4 人员及培训
    - 3.5.5 工具及设备
    - 3.5.6 包装、存储及运输
    - 3.5.7 软件
    - 3.5.8 技术数据
    - 3.5.9 客户服务
  - 3.6 可生产性
  - 3.7 可任意使用性
  - 3.8 后期供应问题
- 4.0 测试与评估
- 5.0 质量保证计划
- 6.0 销售与客户服务条款

图 7.7　系统说明书目录结构举例

7.2 初步系统设计

本节继续讨论整体系统自顶向下的设计方法,在此阶段,功能分析和功能分配将更加精炼和准确,子系统级的详细的平衡/折中研究、综合及评估、系统主要部件的最终描述都将完成,本节的结果将支持下一节详细系统设计的活动。

7.2.1 子系统功能分析

正如7.1.6节所述,功能分析是一个在系统级不断向子系统级分解系统功能的迭代过程,子系统功能分析亦然。在这个不断迭代的过程中,系统的层次结构将不断清晰,研发系统所需的资源不断明朗,系统功能不断得到满足,可行性分析的结果不断完善,系统运行需求及维护、支持概念越来越完整。

1. 功能分析步骤

功能分析将回答系统应完成"什么"期望目标的问题,通过评估每一个子系统模块、定义必须的"输入"与期望的"输出"、描述外部的控制与约束、确定功能的实现机制,将"是什么"转化为"怎么做"。对于每一个功能模块,建立明确的定量指标,为定义某种实现功能的机制或资源,必须明确硬件、软件、人员、工具、数据或它们的组合,图7.8所示的例子表明了这一思想。

从需求辨识到功能分析一般步骤的例子如图7.9所示,图中的功能模块包含了整个系统的生命周期,而模块9是扩展了的运行情形,即从A点飞行到B点。例中的情形可能要分成几个段,由图可见,"什么"是处于较低的层次。最终,需求转化为"怎么做"的问题是一个明确的/特殊的通信子系统的辨识问题,如图中模块9.5.1所示。实际上,该过程显示了许多能够实现满足空运需求的方案之一,其他子系统的情况是类似的。

2. 维护功能流程

一旦运行/操作功能确定之后,例如,对于每一个明确的运行功能的性能需求(无论是信号级的,还是误差、精度、规模,或者是输出能力、有效测量等),即可对系统的维护功能展开研究和描述。图7.9中的决策输出分别用G和/G表示,G表示进入下一个运行功能,而/G则表示进入维护功能流程(发现并修理故障),系统顶层的功能流程图见图7.9。

维护功能流程的目的是为建立支持设计的标准而做准备工作,主要有两个方面,或者是系统的主部件,或者是后勤支持基础设施。这些流程图应该可用于矫正维护、预防维护、检查、服务、运输、操作、支持设备维护等等，进一步，可用于更新系统的维护概念。

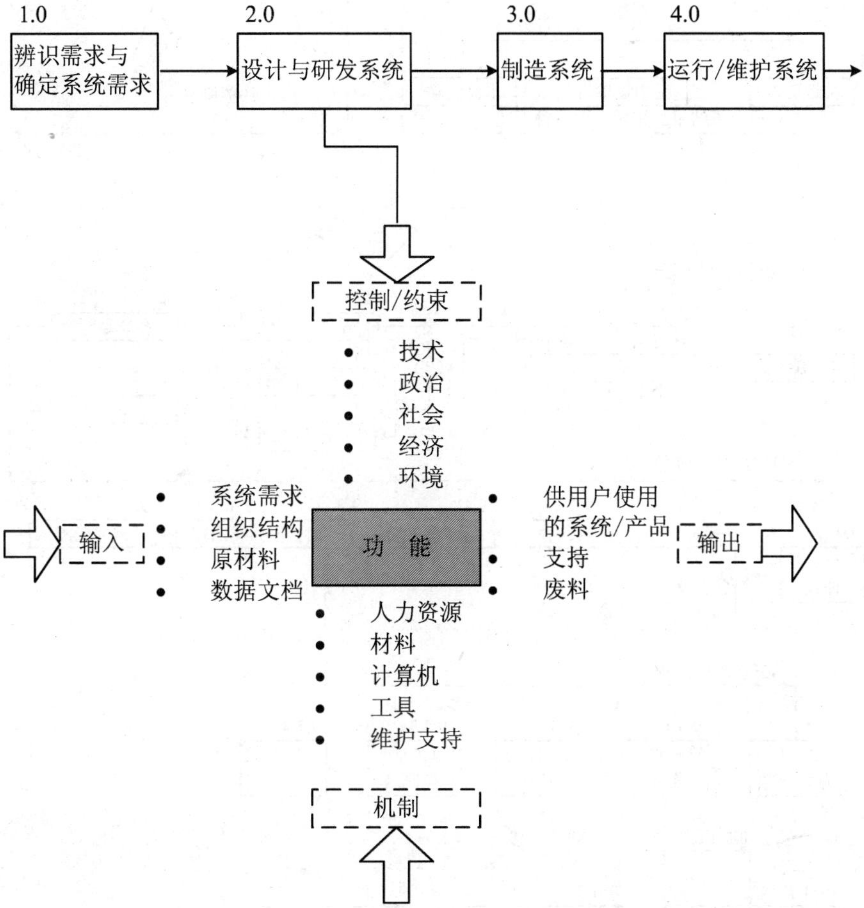

图 7.8　资源需求辨识(机制)

3. 功能分析摘要

功能分析提供了一个系统的初始描述，因此，其适用性是可以拓展的，它用于定义设备需求、软件需求的“基线”，还定义了支持运行功能和维护功能的“基线”。如果按照过去的方法，独立研究或独立获得这些需求，冲突或矛盾的结果就会出现，比如，电子设计遵循一个基线，机械设计则是另外一个基线，而可靠性和维护性又是其他的基线，后勤也是独立的等，不同的设计标准常常不能跟踪同样的基线，由此产生的结果是不能满足需求。

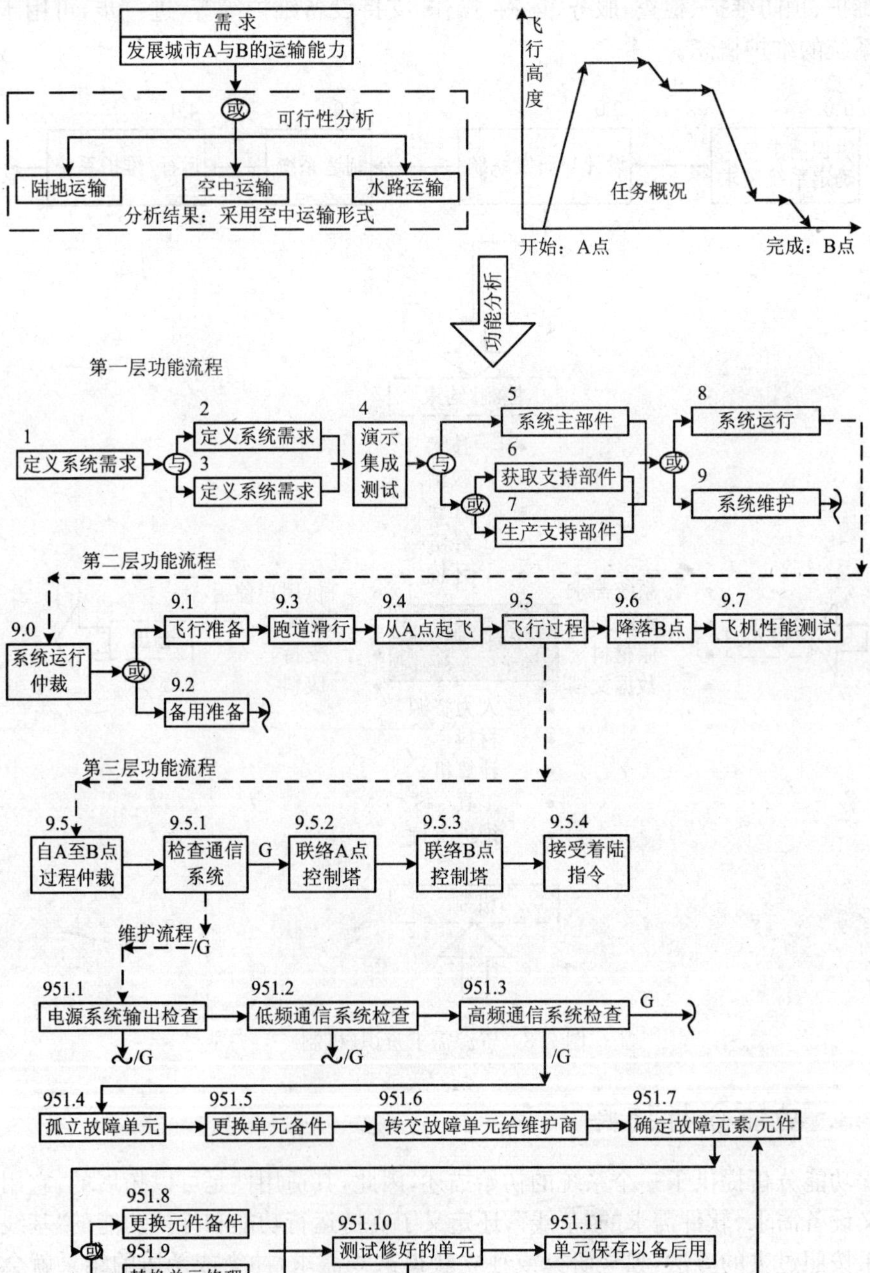

图 7.9 从“需求”到功能分析的流程图

系统工程的一个主要目标就是研究一个需求集，确定一个基线，使所有层次的需求都能满足。

7.2.2　需求分配

较低级的系统部件可以通过合并(或组合)类似的功能、辨识主要的子系统、配置单元来定义，如图 7.5 所示。图 7.10 表明了如何将一个系统 XYZ 的需求分

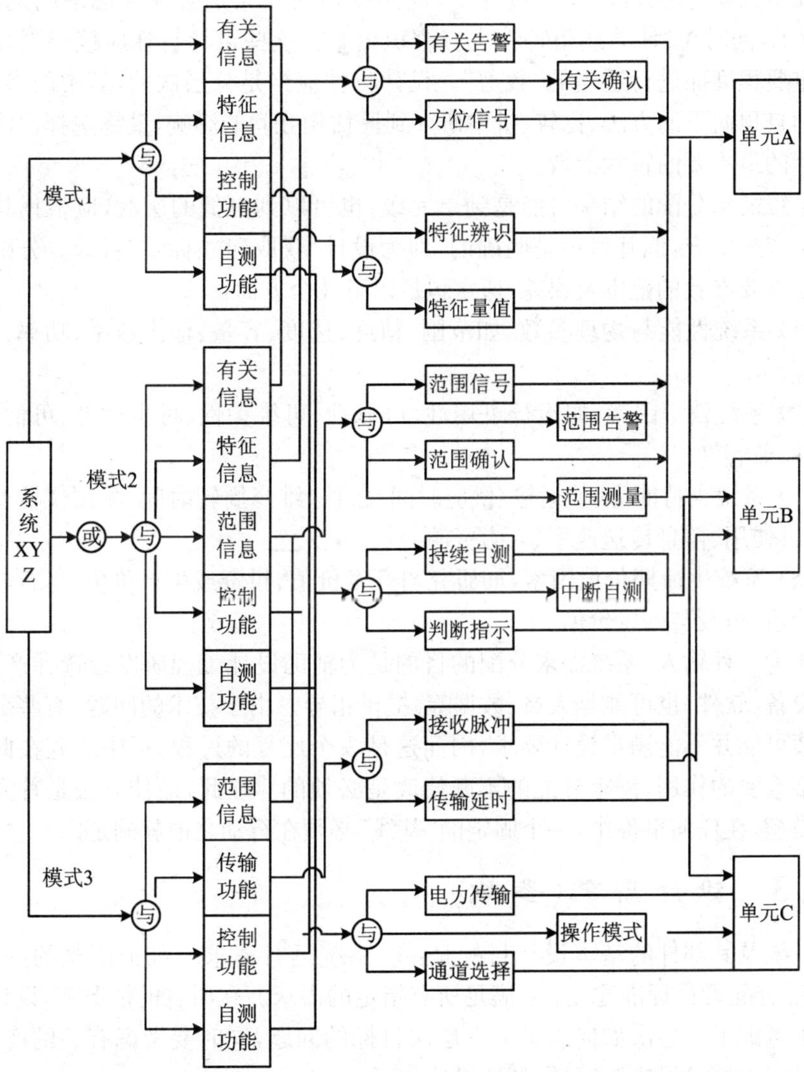

图 7.10　系统功能分配至主部件过程示意图

配到三个部分需求 A、B、C 的过程流程。

当图 7.10 中的概念确定之后，就可以对每一个单元进行技术性能测量（TPM）了，其目标是分配系统级的设计需求到单元 A、B、C，并且要从定性和定量两个方面满足每个单元的设计需求，该目标将影响自顶向下的设计过程。

如果一开始就严格地按照采用自顶向下的方法，那将为系统各部件的变化引起的兼容性问题提供方便，因此，在以后的向下的修改工作量将是最小的。

在单元级系统目标设计过程中，优先级别的建立是必须考虑的问题，如表 7.2 所示，同时，设计的期望特性也应辨识出来。这些设计特性应该根据各自的相对重要程度而进行适当的“裁剪”。设计特性应当是分层次的，其中的参数，从最初的自顶向下的方法、比较、折中研究到评估相互间的影响，最终选择出满足整体目标的最重要的特性参数。

系统需求分配的结果可能是到单元级，也可以到更低的层次，应根据具体的应用系统来确定，但其目标是明确的，即为设计/获取建立标准/目标。分配还应该考虑重要参数的范围及误差，通常包括以下几个方面：

（1）系统性能与物理参数，如范围、精度、速度、容量、输出速率、功率、尺寸、体积等。

（2）系统效率因素，如运行可用性、可靠性、可维护性、可生产性、可信任性、支持性、兼容性。

（3）系统支持能力，如运输/供应时间、备件、维修周转时间、测试仪器及可靠性、工具使用、信息传送速率、人力资源。

（4）系统生命期价值因素，如研究与开发价值、投资或生产价值、运行与维护支持价值、报废与处置价值。

作为一种输入，系统需求分配的目的是为辅助设计工程研发或选择产品（可能是设备、软件，也可能是人员、数据等）提供指导。由于技术的问题，有些分配的参数值可能并不能满足设计要求，因而这是一个反复的过程，折中研究在此将起到非常重要的作用，需求分配的不断修改是必须的。在此，最佳方法是首先定义一个模型，在任何事件中，一个固定的“基线”必须在行动之前就确定。

7.2.3 设计需求（参数）

系统及其部件的基本设计目标是：① 系统运行需求与维护概念的一致性；② 按照分配设计标准建立；③ 满足所有指定的需求。在所有的情况下，设计活动都必须考虑下一层次如何满足上一层次目标的问题，同时要考虑有关的产品、运行、维护、大修及报废等问题，具体描述如下：

（1）功能性设计。功能性来源于与系统技术性能相关的设计特性，包括尺寸、重量、体积、形状、精度、容量、流量、吞吐量、速度、功率及所有系统运行表现出的技术和物理特性。功能性涉及航空设计、化学设计、电子设计、机械设计、结构设计等多个方面的知识。

(2) 可靠性设计。可靠性是贯穿于整个系统计划到系统成功运行的设计和安装特性，可靠性通常用成功的可能性来表示，或者根据 MTBF(平均故障间隔时间)测量来衡量，可靠性设计的目标是在最小化系统失败的同时获得最大的运行可靠性。

(3) 可维护性设计。可维护性是反映系统执行的准确性、安全性、方便性及经济性指标的设计与安装特性。可维护性可以根据系统维持正常运行的时间来量测，比如，MCT(平均矫正维护时间)、最大维护时间、停工总维护时间等；也可以用维护工时和/或维护费用来量测。可维护性设计的目标是用最少的后勤保障资源实现系统的维护性能以最大可能地减少系统维护费用。

(4) 可用性及安全性设计。可用性及安全性设计是有关人机交互界面的设计特性，期间必须考虑人体测量的、人类感觉的、生理学的、心理的因素以保证可操作和可支持。可用性及安全性设计的目标是最小化对人的技术水平的要求、最小化人员数量的要求、最小化训练及最小化人为出错的几率，同时，最大化生产力和安全性。

(5) 可支持性与适用性设计。可支持性与适用性设计是确保系统能够最终被用于提供服务和保证支持功能的设计特性，其设计目标是，在考虑系统的主部件的内部特性的同时，兼顾维护及后勤支持问题。在设计过程中，可支持性涵盖了可靠性、维护性及人的因素所涉及的相关内容。

(6) 可生产性及可任意使用性设计。可生产性是关于系统生产的简便性和经济性方面的设计特性，其目标是在不牺牲系统功能、性能、效率和质量的前提下，使用常规的和/或柔性制造方法，设计一套既经济、又简便的生产方法。着重考虑使用标准的、易于组装和拆卸的部件，生产中使用标准仪器和工具等等。可任意使用性设计则指在不降低系统性能的前提下，提供简便、快速和经济的方法安装和拆卸系统元素或部件的设计特性。

(7)经济性设计。经济可行性或经济性是在预算约束前提下的设计和安装特性，其目标是做出系统生命周期价值的基础设计，而不仅仅是系统的获取价值(又称购买价格)的决策。经济可行性依赖于可靠性、可维护性、人为因素、可支持性及其他有关设计特性之间的平衡或结合。

完成上述的目标需要平衡多方面的因素，诸如系统性能、可靠性和可维护性、人力、支持及生命期价值等等，由于某些目标是严重冲突的，因而这种平衡过程有时是非常困难的，例如在组合一个高性能和高复杂性的系统功能时，可能需要降低系统的可靠性而增加后勤支持能力，从而使系统生命期价值上升，如果要提高系统可靠性，则必须提高系统部件质量，导致获取价值上升。经济性设计中的一个重要方面就是平衡研究，即必要时适当降低某些性能，兼顾总体需求，使最终设计满足系统基本需求。应该尽量避免过分追求某一些性能指标而忽略另外一些技术指标，从而使总体性能下降。

7.2.4 工程设计技术

为了使设计过程得到一个好的结果，必须大量地抽象和评估概念，这些被抽象出来的概念必须是精确的、易于理解的和时间上有限的。设计者或设计小组需要将最后的设计转换为满足有效性需求的技术方案，许多基于计算机技术的设计方法可以帮助设计者简单地实现这一转换过程。

1. 计算机辅助工程设计(CAED)

设计者必须在有限的时间内解决大量设计过程中变化的问题，特别是折中问题，同时要在考虑应用环境适应性及满足有效性需求方面明确整体系统或产品的概念，要完成或解决这些具有挑战的需求，使用计算机辅助设计方法是必须的，计算机辅助设计方法通常有 CAD、CAED、CAD/CAM 及 CALS(Computer-aided Acquisition and Logistic Support)方法。

计算机在设计过程中的使用并不新鲜，它已经广泛应用于辅助作图、显示、辅助分析等。然而，在工程设计过程中，大量不同的应用可能基于完全不同的基础或领域，可能是机械制图，也可能是可靠性分析，或者是列出元器件表等。有许多不同的独立的方法可以帮助设计者解决不同领域的问题，另外，语言和问题的不同，使得计算机辅助设计方法在目前技术发展的状况下，并不是万能的。

2. CAED 技术应用

CAD、CAM、CALS 及相关工具的应用提高了将复杂问题整合成一个解决方案的综合能力，这些辅助设计方法必须是易于理解和方便使用的，能够满足系统设计的兼容性问题，图 7.11 给出了形象化的说明。

由图可见，CAD 的目标是实现设计分析、预计变化的设计配置、制作图形演示、完成可靠性及维护性分析、产生设计材料列表等。通过 CAD，解决各个阶段存在的不同的问题和需求，集成为一个完整的设计方案。

CAD 的结果将直接应用与 CAM。换言之，系统的部件首先由 CAD 设计，然后在由 CAM 进行生产、制造。CALS 的主要工作偏重于系统后勤支持方面，同时面向系统设计和制造过程，CALS 的目标是提供设计的媒介，同时作为后勤支持工作的一个工具。

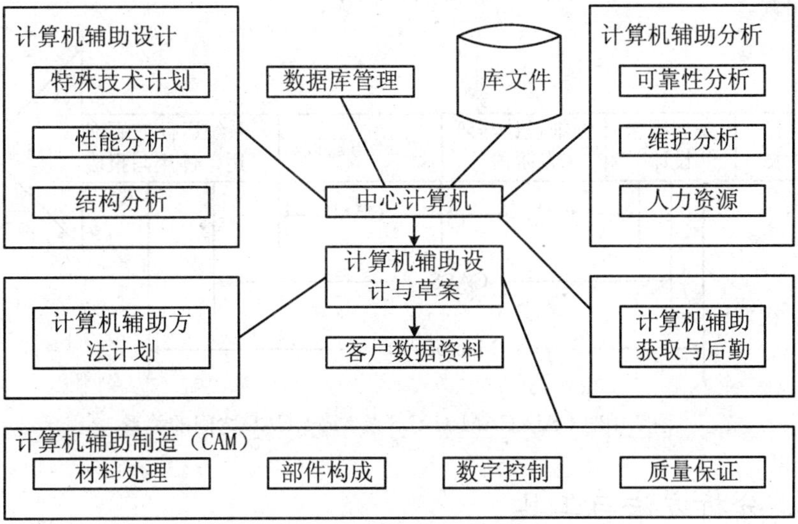

图 7.11　一个 CAD、CAM、CALS 例子

CAD、CAM、CALS 方法的主要优点如下：

(1) 设计者可以在短时间内规划不同的方案，可以评估大量的可能的选择，因而使决策引起的后果的风险降低。

(2) 设计者可以通过不同的系统配置进行大量的仿真实验，从而验证设计的正确性，通过仿真电子数据评估设计方案是否满足系统目标，而不是建立真实的物理模型，因而可以降低费用。

(3) 在减少设计时间和精确性方面，具有一体化设计能力。如果信息流能够完全被集成，那么所有的改变都能够通过数据得到反馈，从而使得一体化设计简单化。

(4) 设计资料的质量提高，这些高质量的设计资料在以后的方法介绍及生产过程中将起重要的作用。

(5) 建立较好的系统生命早期的数据库，为系统配置提供支持，为培训作好准备，还可以使整个设计、制造过程都遵循一个相同的基线。

最新的提法是所谓 MacroCAD(宏 CAD)，MacreCAD 与 CAD、CAM、CALS 的关系如图 7.12 所示。MacreCAD 的目标是使用仿真和数学的方法，建立运行结果和系统生命周期早期设计决策之间的关系。由于有关大量的运行模型和仿真数据的可用性，因而这种方法是可行的，关键问题在于辨识出系统设计依赖的系统参数和优化时引起的变化，对于每一个系统参数集合，设计者可以辨识出最优的估计测量值。通过比较这些最优的可供选择的参数集合,最终确定系统最佳参数配置。

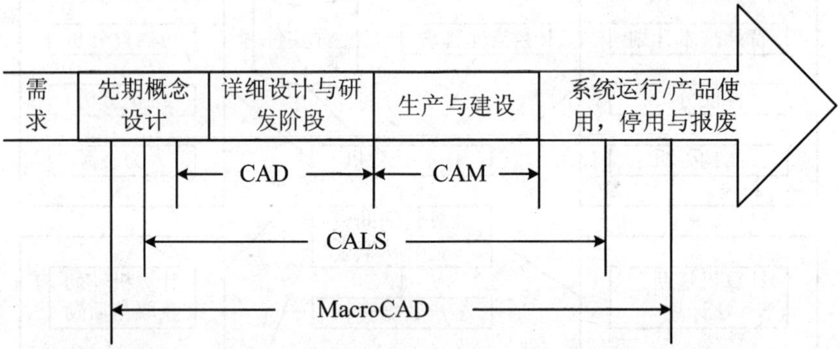

图 7.12 CAD、CAM、CALS 及 MacroCAD 之间的关系

3. 分析方法与工具

借助不同的分析模型和分析工具,可以使设计评估过程变得简单易行。此处讲述的模型,是对所要分析问题的真实物理世界的某些特性进行抽象的一种简化描述,模型应该适合所要解决的问题,输出必须面向已经选择的标准。模型本身并不是决策者,而是一种提供及时、必要数据的具有决策支持功能的工具。

模型的规模依赖于自然的问题、变量的个数、输入参数之间的关系、折中研究的结果及运行的复杂性。选择和研究一个模型的最终目标应该是简单和有用,一个模型应当具有以下特征:

(1) 模型应该能表现系统配置的动态特性,并在某种程度上足够简单,容易理解和便于操作,特别是应该足够逼近真实的物理系统,以便得出正确的结果。

(2) 模型应当着重强调那些欲解决问题的相关的因素,弱化那些(需要正确判断)次要的因素。

(3) 模型应该是所有相关因素都可被理解,并且结果是可重复和可靠的。

(4) 模型设计应该能够使在应用其解决问题时足够简单,如果模型很复杂或者规模很大,则应该适当地将其分解为串行或并行的一系列小的模型。

(5) 一个成功的或好的模型研究,通常包括一系列试验才能达到最终期望的目标。

充分利用数学模型有许多好处,根据系统的应用情况,应考虑到运行、设计、生产/建设、测试、后勤等问题。许多相互关联的元素集成到一个完整的系统中,而不是各自为战。数学模型使这些问题作为一个整体解决的途径成为可能。

(1) 数学模型可以揭示用口头描述不甚清晰的实际问题的不同方面。

(2) 数学模型能够比较多种可能的解决方案的优劣,辅助工程设计人员快速并有效地选择最佳方案。

(3) 数学模型通常能够解释那些以前不能说明的因果现象。

(4) 数学模型能够方便地定量处理数据类型的问题。

(5) 数学模型可以科学地预测未来发生的事件,例如有效性、可靠性及可维护性参数、后勤支持需求等。

(6) 数学模型能够辅助辨识风险和不确定性。

当依据选择的数学模型估计结果和分析问题时,当前可用工具是首先要考虑的。如果模型的存在已经被证明,则其应用是非常简单的。然而,如果不对问题进行深入的研究和细致的分析,以至于不能够正确地应用数学模型,将得不到希望的结果,并且可能是没有价值的。

相反地,可能需要建立一个新的模型。首先,设计者应该产生一个系统参数的完全列表,这些系统参数在仿真时能够描述系统。其次,通过建立矩阵来反映参数之间的关系,分析每一个参数与参数之间的关系。通过组合/合并多方面的因素、测试与验证,建立模型的输入—输出关系及参数反馈关系。测试工作是相当困难的,因为不可能在系统投入运行之前去验证系统运行之后出现的问题。但是,可以选择一个已知的系统或设备的运行状况作为模型进行参考,通常情况下,要试图回答以下问题:

(1) 模型是否充分描述了事实和状态?

(2) 当主要输入参数变化时,结果的一致性情况如何?

(3) 相对于系统的应用,运行状况、设计、产品制造及后勤支持的变化时,模型的灵敏性如何?

(4) 系统的因果关系建立了吗?

平衡/折中与系统优化依赖于许多技术问题,诸如概率统计理论、经济分析技术、建模与优化技术、仿真技术、排队论、控制技术及其他一些分析技术。总之,整体系统评估的结果是确定首选系统,多数情况下需要通过自分析来作出最后决策,回答下列问题有助于决策:

(1) 选中的方案比其他可选方案究竟好在哪里?相互比较的结果有本质的差别吗?

(2) 是否所有可行的途径都考虑到了?

(3) 风险和不确定性在哪里?

7.2.5 综合与设计定义

综合就是将部件和元素按照某种方式合并和组合，从而形成一个功能实体的过程。当充分的前期设计过程、折中研究结束，并且保证系统性能和其他设计需求都完成后，系统综合的目标也就达到了。选中系统的性能、配置及其元素，连同它们的测试、操作、生命期支持都应有恰当的描述，这类描述包括系统内部的和系统之间的，能够提供充分的信息来定义基线，进一步从某种形式上描述系统详细规范。综合可以通过分析工具或物理模型的测试来完成。

当综合一个特定系统设计时，可以应用分析工具，可能是系统可用性的可行性分析，也可能是用户操作评估，或者是商业周转时间分析、维修水平分析，及/或存货策略评估，由此来确认设计是否充分。

系统分析有时是相当复杂的，然而，可以采用适当的技术和分析工具使之简化，简化分析任务的方法可以按照图 7.6 所示的步骤进行(即定义问题、辨识可行的替代方法、选择评估准则等)，输出如图 7.13 所示。

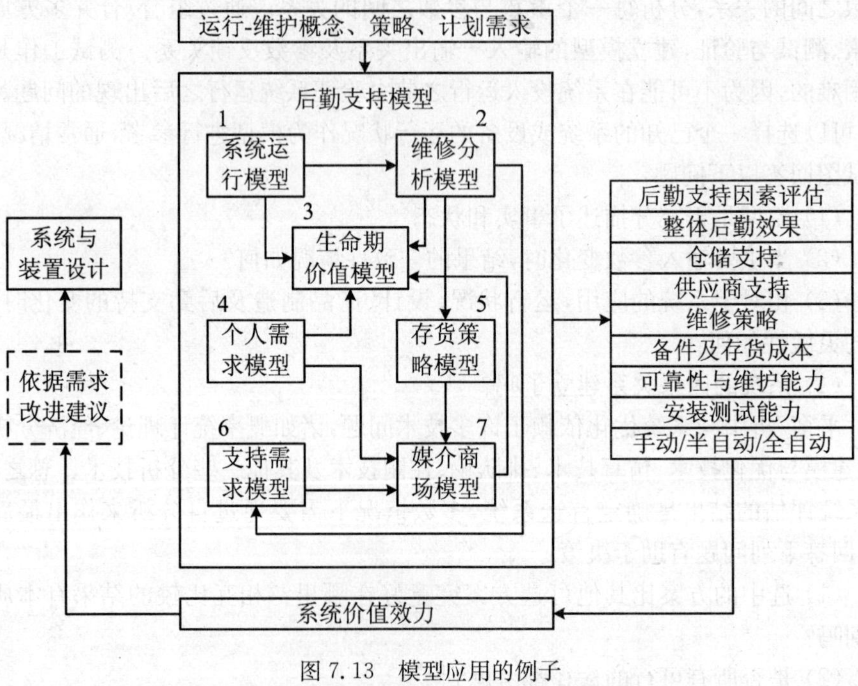

图 7.13　模型应用的例子

由图 7.13 可见，分析者应希望得到一系列独立的模型。每一个模型可用于解决特定的具体问题或者组合起来用以解决更高层次的问题，模型可以有不同的阶数，这取决于分析者分析问题深度的需求。任何情况下，全部的分析任务必须通过有组织的、系统的方式进行，只有如此，才能得到真实的结果。

一般情况下，根据选择的平台的不同，或者计算机语言的不同，或者输入数据要求的不同，或者其他方面的不同，大多数可辨识模型通常是"独立"的或"隔离"的。因而，模型之间不能"相互交谈"，这使得该项工作变得比较复杂，或者需要大量的输入数据。从系统工程的观点出发，一个好的目标是选择或者发展一种集成的设计工作站（将 CAE/CAD 和适当的分析工具一体化），用于系统获取的全部阶段。

7.2.6　系统设计评审

一般设计评审的基本目标在 7.1.9 节已做了介绍。设计是一个从定义需求到采用适当方式寻求可用功能的实体的过程，设计包含一系列的步骤，如概念设计、初步系统设计、详细设计和研发阶段等。在设计过程的每一个重要阶段，功能评估是保证设计充分并开始下一阶段的重要转折点。

7.3　详细设计与开发

详细设计需要结构和初步设计中得到的分配基线。当得到全部系统和主要子系统的轮廓后，就可以继续实现指定的系统模块，这些部分的实现需要以下技术步骤：

(1) 对组成系统的子系统、单元、装配、底层模块、软件、人员和后勤保障部分（及其间的相互关系）的描述。

(2) 准备所有系统模块的说明书和设计数据。

(3) 获得 COTS（检测设备）或对特定项目进行详细设计。

(4) 开发出设计模型、性能试验模型或测评系统及其各模块的样机。

(5) 集成系统模块并对其测试来检验给定的需求。

(6) 对系统或元素进行再设计、再规划、再测试。

7.3.1　详细设计要求

在分层结构的各个层次，运用自顶向下的方法来确定需求，设计过程包含一系列反复进行的综合、分析和评估过程，以定义出系统模块和产品基线。由此可见，先得到各模块单元，然后将各模块组合成更高级部件，系统物理模型的建立将被应用于测试和评估。集成、测试与评估等步骤构成了一个自下而上的过程，其结果是一个可用于评价用户需求的配置。

在充满竞争的当今社会，在系统设计和开发过程中，采取一种敏捷制造方式进行是基础性的要求。最小化从最初用户需求辨识到最终交付用户使用的系统之间的时间是很重要的，这就要求确定的设计和开发行为在并发的原则上完成。图 7.14 说明了并发性过程。设计者必须运用综合的方法同时考虑四个生命周期及他们之间的相互关系，以代替过去设计时遵循的串接方式，并发方式的系统设计和研发，消耗的时间应当更少。进一步，在各个模块内部(如系统/生产设计，产品/构架等)也应该采用并发方式操作，诸如“并发设计”、“同步设计”、“综合产品开发”以及其他概念都是包含在系统设计进程内的。并发方式应当贯穿于系统设计过程的始终。

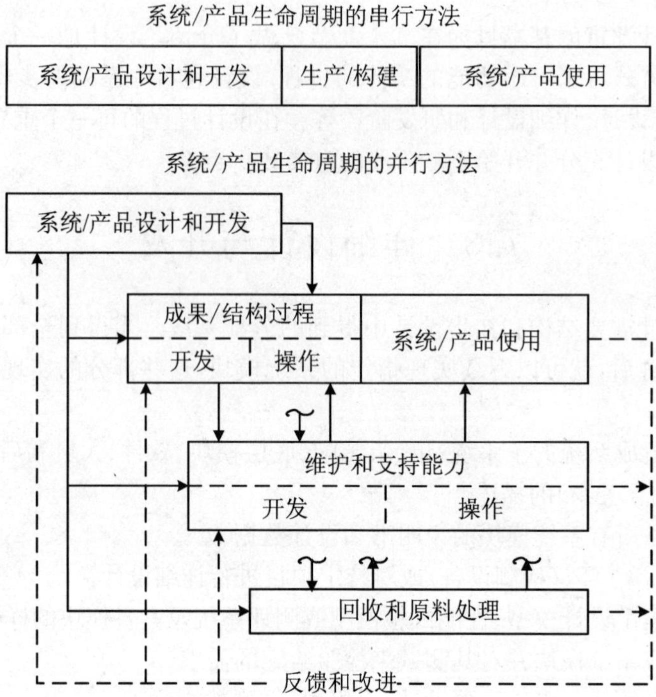

图 7.14 系统设计的串行与并发方式比较

设计行为必须从开始就充分地考虑如何将并发机制集成到设计过程中，设计之间的关系必须遵循连续性原则，而参与人员之间的合作精神、正式或非正式的评审等也是并发设计方式能否顺利实施中必须考虑的因素，在考虑经济性的情况下，适当地集成系统中各元素和模块是基础性的。

7.3.2　集成系统元素

功能分析和分配过程的输出是系统中各元素的辨识和系统对硬件、软件、人员、工具、数据或它们结合之后对需求的满足，而目标则是进行必要的平衡分析/折中研究，从而决定对各种问题的最佳解决方法，诸如回答：通过对硬件、软件、人员或以上各项的综合或其他的运用，此功能能够被最佳地实现吗？

在对系统每个模块的功能分析过程中，通过分配过程和详细的性能指标及有效性参数的辨识，每个系统元素的设计需求将得到明确，如输入输出因素等。当这些需求信息明确之后，设计者将确定如何最佳地满足这些需求，这将导致三种可能，如图 7.15 所示。

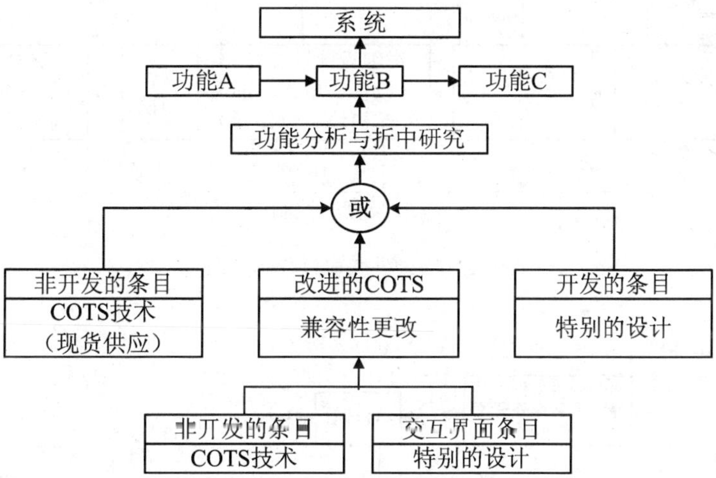

图 7.15　资源分类选择方案

(1) 选择一个商业可用的、有大量供应商提供支持的条目/元素(参考文献中称为 item)，如：COTS 标准装备，可重复使用的软件，已有的设备等等，目标是为系统在将来及系统的整个生命周期内能对它提供有用的维护和支持能力做出保证。

(2) 更改现有的商业上可用的现货供应条目/元素，如：增加一个安装用的支架、增加一个插座电缆或提供软件接口模块等。

(3) 设计、开发并生产出一个新的或独特的项目来满足指定的需求。

最有效益的方法似乎是尽可能利用 COTS 方式。在任何事件中，设计决策过程可以发生在初步设计的子系统级、配置项级或单元级，决定这些选择的因素有：将要执行的功能、当前技术的可用性和稳定性、市场容量、可支持性、价值及其他。

当考虑到一个新的系统的特殊需求时，设计将包括一系列描述获取过程的步骤，如硬件、软件和人的因素。硬件、软件的详细获取过程如图 7.16 和图 7.17 所示。

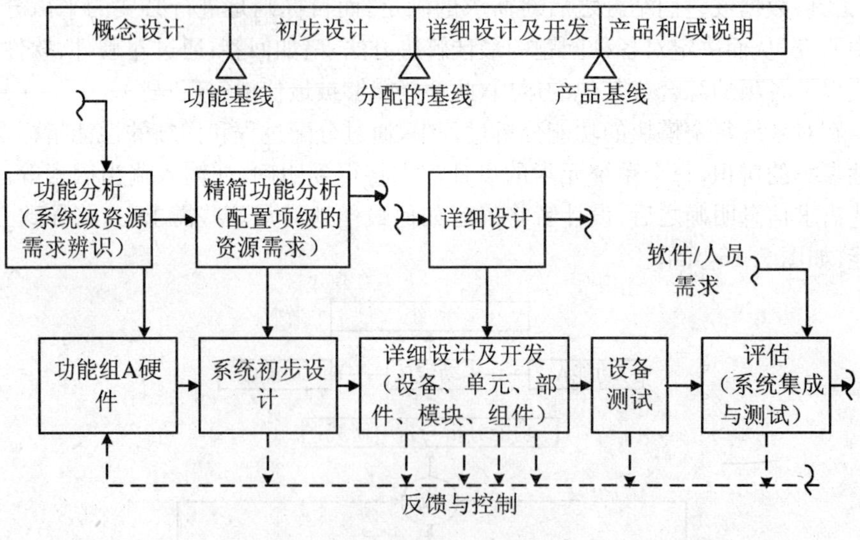

图 7.16 硬件获取过程示意图

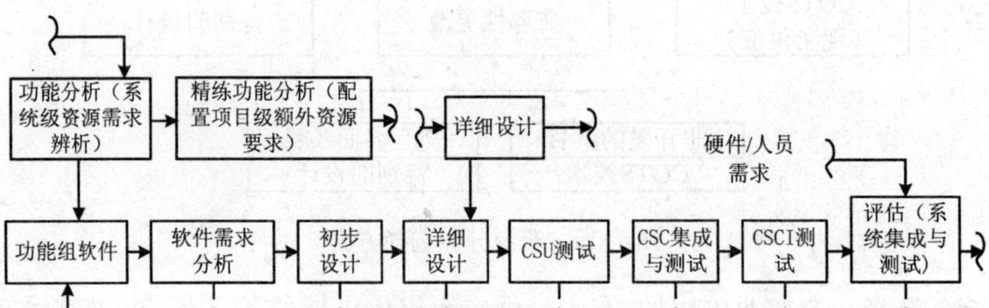

图 7.17 软件获取过程示意图

硬件的发展通常会导致单元、装配、组件、模块和元素直到细化至零件级的辨识，参见图 7.16。一般地，设计者全神贯注于硬件的开发而忽略了还应关注主要的界面而最终将影响到系统的其他部分的设计。

软件的获取过程（如图 7.17）通常包括计算机软件配置辨识（CSCIs）、计算机软件零件（CSCs）、计算机软件单元（CSUs）、原代码开发以及 CSC 的集成和测试。根据进化原理，"快速成型"技术将广泛应用于软件的开发和测试，就像硬件工程师一样，软件工程师经常要直接面对那些不属于自己领域的、但又必须解决的、被他们认为不重要的接口进行操作。

软件的开发有许多种途径,"功能方法"指对主要功能及它们之间关系的辨识,这些功能被分割成许多子模块,不断向下延伸,直到最低层或最基本的不能再分割的模块,其目标是提供大量模块结构,然后依次进行编写代码、测试,并提供维护方法及以后的升级计划。

相反地,"面向对象"方法把系统视为许多对象的集合,而消息在两个对象之间进行传递,并且每一个对象都拥有自身的操作特性。对象的特性称作属性,操作定义为随时间变化的动态实体,尽管面向对象设计方法赢得了普遍的认可,但它并不能确保功能的兼容性和符合系统需求。

在图7.16和图7.17描述了获取系统两个元素的主要步骤(软件和硬件),其他还包括人、工具、数据、检测及所需要的设备等。无论如何,这些获取过程必须协调处理,否则会导致大量的不兼容、大面积的修改及不必要的资源浪费。

系统工程的一个主要目标是从一开始就确保适当协调并适时地集成所有的系统元素。通过准备一份好的说明书来完成恰当的需求定义,并采用规范的和结构化的设计方法,这还包括一个适当的正规的设计评审计划表,用以保证通过恰当的交流方式来检查所有的系统元素都能够相互兼容。当出现兼容性问题时,软件的兼容性并不能使硬件设计正常进行,同样没有硬件的兼容性也会使软件的设计无法正常进行。

7.3.3　工程设计活动

日常的设计活动一般开始于概念设计阶段,通过实施适当的计划来完成,这包括建立设计小组和特定设计任务的启动、设计数据的开发、设计评审的操作、必要的行为矫正启动等。

1. 建立设计小组

系统工程的成功要依靠"团队(team)"的协作来实现,从概念设计到整个系统生命周期的步骤/过程中,团队的"组建"会随着不同的专业要求和工程中人事的安排而不断变化。在早期的概念和初始设计阶段,需要有几个专家作总体设计,他们要精通技术的发展现状,非常深入地了解用户的操作环境,熟悉系统的主要功能模块及相互之间的接口关系,特别地,至少要有一个人懂得"系统方法",明白何时需要合适的专业技术人员。

在一个工程实现的过程中,任务可能会分配给几个人、十几人、几十人甚至是几百人,一些专业需求可能来自同一类物理设备,而"团队"的成员也可能来自产品供应商组织。

系统工程过程的一个主要目的首先是弄清系统的要求和用户的需求，然后提供必要的技术引导来保证最终的系统配置能满足各方的需求，实现这个目标需要通过一种适时的方式来提供有效的人力和物力资源，这些资源包括下列几部分：

(1) 工程技术人员，如：电子工程师、机械工程师、软件工程师、可靠性工程师。

(2) 工程技术支持，如：技术员、元器件专家、模块构建人员、程序员、测试人员。

(3) 非技术性支持，如：商场、营销、购买、合同、预算、账目、劳资关系、人力资源。

任何情况下，系统工程学都提倡通过"团队"的方式，创造合适的环境来进行必要的交流和日常的信息交换，图 7.18 说明了基本的系统集成功能。

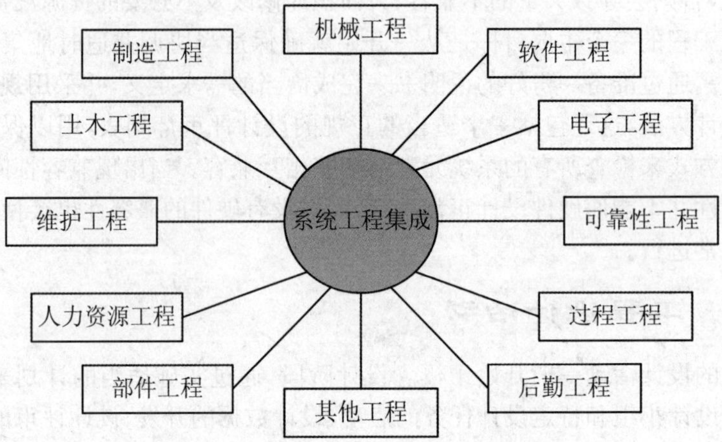

图 7.18　系统工程集成示意图

2. 详细设计过程

详细设计的进展过程如图 7.19 所示，由一系列基本的活动序列组成。该过程是一个迭代的过程，即是一个从系统级定义开始，到产品配置的多次重复的过程。在设计过程的每个阶段应有一个"检测和平衡"的评审，这也是保证设计正确所必须的步骤，评审步骤可以采用非正式的方式，只在一些关键时间节点与正式的评审进行比较。由此可见，此过程类似于综合、分析、升级和产品定义，除非需求水平在一个较低的等级（即元素、集合、子集合等等），否则均应在先期设计阶段完成。

随着细化过程的进一步展开，实际的定义都是通过开发数据对已设计项目的描述来完成的，具体地讲，就是通过电子数据库、设计图、材料和元件列表、分析报告、源程序等数字材料的形式来描述这些数据。

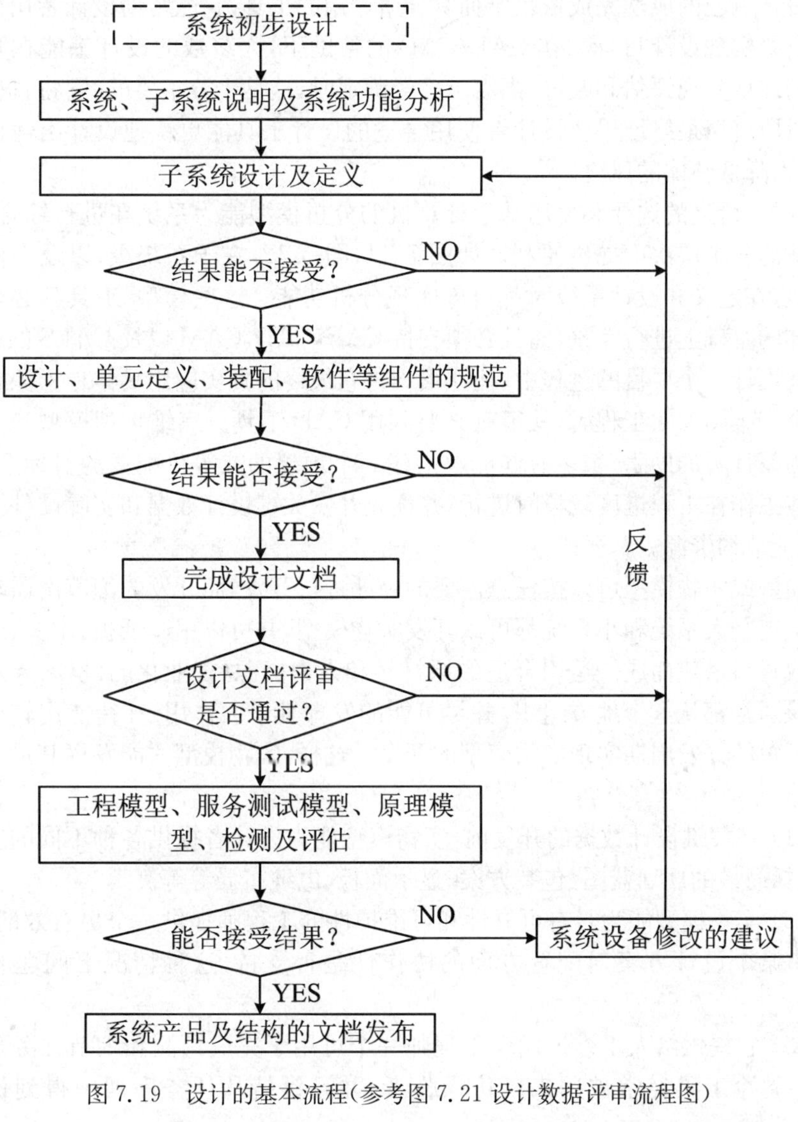

图 7.19　设计的基本流程(参考图 7.21 设计数据评审流程图)

实际的迭代设计过程可以通过局域网(LAN)、电信网、压缩视频会议或其他通信手段实现，设计配置选择应该是设计者心目中可能的最佳配置，然而，完整的证明文档是必须具备的，否则实际中有可能行不通，所以其他人必须清楚首先要传送什么，这样才能够将输出的结果转化到构造好的实体中。

7.3.4 详细设计助手

设计过程的成功完成依赖于拥有合适可用的工具,它能帮助设计者用快速高效的方式实现设计目标。在 CAE/CAD 的帮助下,大多数的设计都能在其生命周期的前期实现评估和改进,当需求已经确定时,这是十分重要的,它将直接影响后续阶段直至最终结果。设计者使用合适的设计工具能更快地设计出优良的产品,从而降低整体的风险。

此外,恰当的选择和使用基于计算机的分析模型能为系统在进行综合、分析和评估的各个层次中提供便利。如图 7.11,图 7.12,在子系统级,以及在模块和组件级,在定义和设计系统时都可以实现分析功能。这些模型/工具都必须在一个整体的基础上进行考察,而且必须支持 CAE,CAD,CAM 以及 CALS 的应用。

在设计一个项目的过程中,往往很难将它最终的真实应用具体地形象化。仿真一个三维图像的工程时,就很有必要利用 CAD 工具。三维物理模型和实物模型作为设计者的助手,很多时候能够搭建一个预想的或等价配置的目标系统,如果这些工作在工程进度较早时进行,并优先开发关键设计数据和实际硬件元件的话,就能节约资源。

模型或实物模型可以按任意需要的尺寸进行开发,而开发的细节由需求的水平来决定。大系统和小系统都可以开发实物模型,并可以用厚纸板、木头、金属以及合成材料搭建而成。运用合适的原材料和人力资源(工业化的设计、人才和人事模块通常都从这个地方组织,并尽可能的发挥其最大作用)往往能用较低的成本和较短的开发周期实现实物模型的开发。这样,实物模型才能发挥其最大作用和价值。

(1) 在关键设计数据的开发前,实物模型能为设计者提供各种不同的实验方案,包括简易的规划蓝图、包装方案、显示面板、电缆布局等等。

(2) 实物模型能为具有可靠性和可维护性的工程师提供一个更有效的途径,来评审某个设计方案对配置方面的协作性是否支持,这种情况下问题容易被发现。

(3) 它提供给人工维护代理工程师一个可用于完成预测和细节任务分析的工具。这个工具经常被用来模仿操作者,并且维持从任务序列中得到任务和时间。

(4) 它提供给设计者一个优秀的工具,这个工具可以评价模式化设计期间所传达设计者的设计思想。

(5) 它就好像一个优秀行销工具。

(6) 它还可以用来提高系统操作人员的训练水平和个人维护能力。

(7) 它被产品和工业工程人员应用于开发装配、装配流程和工厂加工设计之中,并且它和检测时期有联系。

(8) 在系统生命周期的一个后期阶段,它就会提供一个工具,而此时,调整工具的确认设计将优先于格式化数据的准备和开发硬件。

在软件开发领域,设计者经常面向的是建立"一对一"的软件包。在软件开发领域这不同于那些产品不属于常规产品的工程领域,相反,它的目的是开发软件,可以准确实现用户所要求的所有功能。例如,在设计一个复杂的工作站示意程序时,用户可能一开始并不能领会在屏幕上显示的被推荐的命令流水线和数据格式。问题是当系统最终被移植后,用户界面因为这样或那样的原因而不被接受,这时需求就变化了,而此时若修改,导致的结果是修改和重新设计的成本非常高。

较灵活的办法是开发一个比系统设计过程要早的原型,设计适应性强的软件,包括用户的操作,和需要改进一样,它包括必要的变动,当然也包括用户的操作等。这种软件开发反复的改进过程贯穿于开发的初始和细节设计的全部过程,这就是我们所说的快速适应,它是在系统设计过程中生来就有的,尤其是在开发大型软件系统的开发设计中。

7.3.5 详细设计文档

作为信息系统技术发展的一个结果,文档设计方法的变化非常迅速,这种迅猛的发展提高了以信息处理、存储和更新等方面为目的的电子数据库的应用。通过使用CAD技术,信息能够以多种形式存储,如可以是三维立体效果的,也可以是二维图形的、数字型的或是它们的组合形式,充分运用计算机处理图形的能力、处理文字能力、E-mail通信的便捷以及碟片播放等类技术优势,能够使设计变得更加迅速、更加细致,并且容易设计成易于修改和改进的格式。

计算机技术的迅猛发展和广泛应用使人们在数据传输、数据存储和数据更新等方面取得了前所未有的发展,然而,仍有必要在文档设计时采用更方便的方法,应该注意以下几个方面:

(1) 设计画图:装配图,控制图,逻辑图,安装图,示意图,等等。

(2) 材料和部件清单:零件清单,材料清单,线路图,大批量的条款清单,供应清单等。

(3) 分析和报告:支持设计决策的折中研究报告,可靠性和可维护性的分析和预测,人力资源分析,安全报告,支持性分析,配置证明报告,电子文档,安装和配置过程,等等。

依据设计目标,设计图可能会在形式或功能上有所改变,也就是说,在开发一种类型的设备时,由于需求的变化,比如,要求增加更多的功能,无论是否已经签署了开发合同，改进设计都是必须的。典型的相关类型如图 7.20 所示。

1. 排列图　用一些射线或是透视图显示，有或者没有尺寸，主要表达成员间的关系。
2. 装配图　描述两个或多个部件、一个部件组合和子部件、或者是一组部件被要求装配成更高级部件的装配关系。
3. 连接图　显示了设备或是它的内部组件的电路连接。
4. 结构图　描述了建筑、结构、相关结构(包括建筑学的和民用的工程操作等)的设计。
5. 控制图　一个工程图，揭示了结构和结构限定，实践和检测要求、重量和体积的限定、通道检查、管道和电缆附件、支撑设备等。一项附加的需求是要能够在开发或在商业市场上满足大众的要求，可将控制图视为一个封装好的控制(比如：结构限定)、具体的控制、源控制、界面操作和安装控制。
6. 细节图　描述了图中部件的全部终端需求。
7. 正面图　描述了建筑或是结构的垂直投影或是设备的轮廓。
8. 工程图　一个工程文件， 通过图形或是文本、或是二者兼有的方式描述了终端产品物理上的和功能上的需求。
9. 安装图　描述了大体结构和安装一个部件所需的相关的支持结构或是相关条款的全部信息。
10. 逻辑图　依靠图形符号描述逻辑电路的时序和功能。
11. 数字控制图　描述了工程和产品的全部物理上的和功能上的需求，使得可以用程序控制的方式推动产品的改进。
12. 管道布置图　描述了用管道、管材、软管所进行的内部连接，当有需要时，也要描述有序的液体流或是气流走向。
13. 流程(线圈)图　一个单文本图由表格数据组成，并且需要指令用来建立线圈内部或外部的联系。
14. 示意图　依靠图形符号，描述一个具体线圈阵列的电路连接和功能。
15. 软件图　描述了功能流程、进程流程、代码。
16. 布线图　描述综合布线的路径，以简化安装。

图 7.20　典型工程图分类

在细节设计过程中，工程文档是最初的工作之一，它将随着需求定义和产品制造过程逐渐向深度和广度展开。设计者借助一些合适的设计帮助，在分析系统功能、假定初始概念的基础上，完成整体系统功能图表的设计。通过专家提供的大量规范（比如：电子的、机械的、成员、可靠性，可维护性，等等）和搜集的供应商信息，为详细设计方案准备各个子系统、各个单元、集合、子集合的素材，结果是按照功能、可靠性、可维护性、人为因素、安全性、可生产性和其它设计参数进行分析和评估，以确保符合需求和初始的设计标准。检测和评估在每个基本的开发阶段都要进行，并且一般应按照图 7.21 所示的步骤进行。

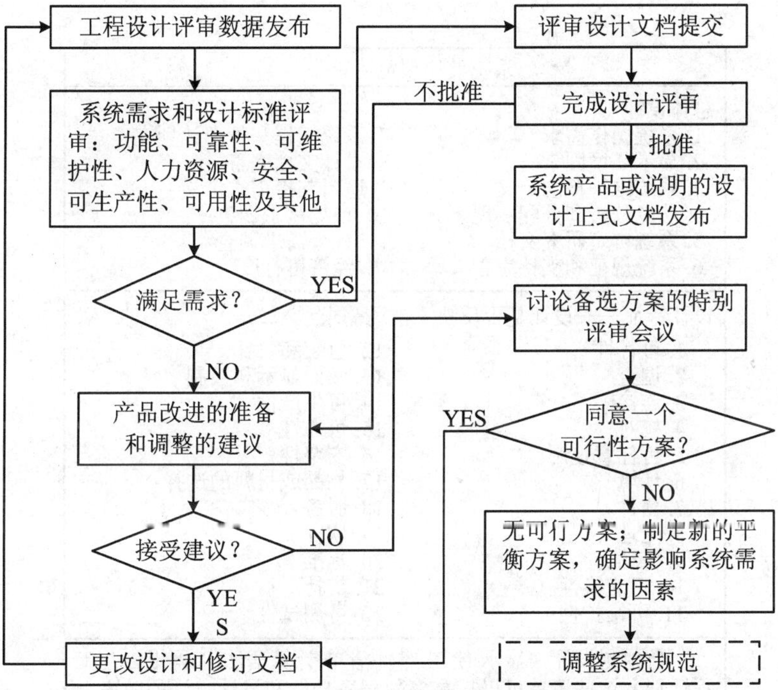

图 7.21　设计数据评审流程图

有关设计标准和检测标准应遵循行业和政府部门颁布的标准指南、采购指南及相关的手册，在这些指南和手册中，大多提供了首选的部件和供应商信息、指定的产品设计与制造商、优良的售后服务经销商、安全需求的满足等等，应将所有这些视为检测和评估设计质量的基础。

对于一个特定系统而言，详细的功能清单是必须的，有时需要“裁剪”，例如，技术性能评审（TPMs）的初始辨识对于需求定义过程是有帮助的，技术性能评审在这里处于优先的重要位置，而顶层的质量和数量因素被用来在系统层次结构的每一层建立合适的设计标准，正如一张设计参数表可以得到重要的自上而下关系。最后，问题就演变为对每个参数的支持，包括一张容易理解的清单，每个参数又可追溯回一个技术性能测量，最终的清单就可以用于设计评审的目的。通过该清单的评估，评审可用的设计数据和兼容性给出相应的建议以确定是接受、修改它还是拒绝设计。

图 7.22 给出了一个简化的清单，实际上它很简单而且自然，但为了“裁剪”的目的可以作为一个基线。这些问题基于特定的定性定量标准，通过适当的权重来确定他们的重要性级别，它可以作为参照物帮助设计者实现完整而健壮的设计任务。

系统设计预览清单	
总体设计	
1. 系统操作需求	7. 系统工程和管理计划完善
2. 显示环境因素	8. 设计文档完善
3. 系统维护概念定义	9. 逻辑支持需求定义
4. 功能分析和分配实现	10. 市场需求调查
5. 系统协定研究文档	11. 社会需求调查
6. 系统规范和支持完善	12. 经济可行度
设计特征——设计是否反映了市场需求	
1. 可行性	12. 包装和衬托
2. 调查	13. 版面显示和控制
3. 连接	14. 可生产性
4. 校对	15. 可靠性
5. 可任意使用	16. 安全性
6. 环境	17. 物品或材料的选择
7. 器件	18. 服务
8. 处理	19. 软件
9. 劳动力	20. 标准
10. 可交换性	21. 支持
11. 可维护性	22. 可测试性
当预测设计（显示.绘图.零件清单.计算语法.工程报告，工程计划）这些清单可以提高多种程序功能和设计方法的效率。这个清单支持更多细节在附录A.2中讨论。应注意的是，清单中的所有项都应填是	

图 7.22 简单设计评审清单

7.3.6 系统原型开发

综上所述，本章已经从具有理论支持的实体观点，通过概念、分析、画图和相关的文档概括了系统设计。设计功能已经能够建立特定的系统工程及随后的评定给定目标的设计方案。

从本质上讲,倘若所有数量和质量在某一水平满足需求,评估也会到此才结束。尽管在总体设计进程中一直都在通过分析的途径定义需求,在实际系统结构中仍要尽可能地验证某些概念和设计架构。换句话说,详细设计阶段的目标就是要开发硬件、软件和适当的维护与后勤支持,把这些因素都组合/集成到这个适当的系统框架中(有可能还要扩展),以完成满足系统需求的物理性能的测试和评估。

假定可以通过形式化分析和支持文档获得需求定义,而给出的设计满足这一点,那么设计者就可以通过一种或多种物理模型来评估实际的设计,以下是几种模型的简介:

(1) 工程模型表现为一个工作系统,或系统的元素,这些功能特征都会在说明书中描述,一个工程模型可能在系统的初步设计阶段或者详细设计阶段开发,并且主要被用于查证项目在技术上的可行性,没有必要根据物理尺度来描述系统。

(2) 服务测试模型表现为一个工作系统,或系统的元素,是根据功能性能和物理尺度来反映产品的末端结果,它很像除了相同的组成结构不能被合为一体的操作系统(也就是说,只要系统功能合适就用替换结构)。服务测试模型可以在详细设计阶段开发,用于验证物理性能和功能配置。

(3) 原型模型描述为一个系统所有方面的产品配置,诸如形式、功能等,除非它没有在运行和环境测试中完全的通过质量检测。一个原型可能通过一系列的硬件配置被开发,比如,一个工程模型和一个服务测试模型,或者直接从一个实验模型中得到。主要设备、软件、与后勤支持相关元素的原型是在详细设计阶段(在进入生产阶段之前)完成的,目的是为了最终系统/设备的测试与评估。

作为整体设计过程的一部分,工程评估功能包括工程模型的使用,服务测试模型,或确认设计原型模型。所有这些模型有助于技术概念和变化的系统设计方法的验证,标识不符合需求定义部分并进行修正。

7.3.7　详细设计评审

由于系统的大小和复杂程度不同,这包括人员数量、组织大小、供给商的数目和位置等的不同,使得正式的设计评审计划可能在程序上有所变化。最常见的设计评审有四个,分别是 7.1.9 节讨论的概念设计评审,7.2.6 节讨论的系统设计评审、设备/软件及关键设计评审。

在生命周期范围内标识设计评审,如图 7.23 所示。

特定的时间点可以根据获取过程来推导,但实际的评审日期应该以设计的成熟性及全部系统过程满足工程目标为基础。正式的设计评审,通常会安排在详细设计和研发阶段，现讨论如下。

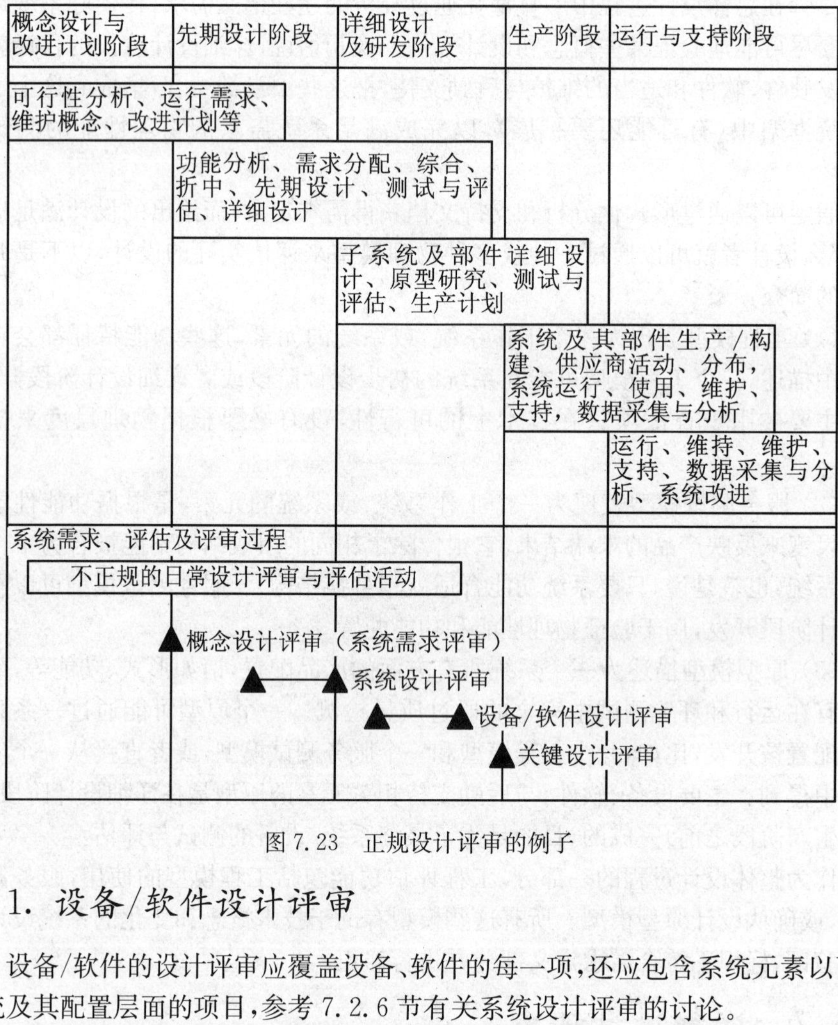

图 7.23　正规设计评审的例子

1. 设备/软件设计评审

设备/软件的设计评审应覆盖设备、软件的每一项，还应包含系统元素以下子系统及其配置层面的项目，参考 7.2.6 节有关系统设计评审的讨论。

设备/软件评审需要机械与电子绘图、版面设计、功能和逻辑图表、计算机程序、材料、零件目录表等的支持，折中研究报告，可靠性、可维护性分析与预测报告，任何支持设计调整的文档必须在满足需求的基础上是可用的。另外，工程试验模型、服务测试模型及原型在评审过程中应该是可用的。

2. 关键设计评审

关键设计评审的时机一般位于详细设计评审被完成之后，初始生产的固定设计数据发布之前，其目的是要建立一个良好的“生产基线”。该评审可以确保设计的充分性和可生产性(或可构建性)。设计过程将在这一时刻结束,并且为最后的批准做制造方法、计划表及价值的再评估。

关键设计评审涵盖了完成设备/软件评估之后的所有设计的成果,包括根据设备/软件评审和原型测试而引起的任何改变。数据需求包括应用 CAM 数据、加工制图、材料和零件目录表、最终分析和预测报告、测试报告、生产/制造计划、一个系统评估计划等。在多样化生产或者单一实体制造之前,必须根据环境影响、社会认可和政府支持等方面对产品基线作出评估。

3. 设计评审目标

进行任意类型的设计评审的目的是为了评估所设计的系统是否能够反映需求产品的各种特性,在概念设计阶段建立的技术性能测量(TPMs)和优先顺序必须展开(参见 7.1.5 节),并“跟踪”这一过程从一个评审到下一个,表 7.3(表 7.2 的扩展)是根据重要性来衡量给定系统的 TPMs(表中 H 表示高度重要,M 表示

表 7.3　TPMs 与可靠设计之间的关系

技术工作指标 \ 工程设计功能	航空工程	结构工程	构造工程	电力工程	人为因素工程	逻辑学工程	可维护性工程	制造业工程	材料工程	机械工程	可靠性工程	建筑工程	系统工程
可行性(90%)	H	L	L	M	M	H	M	L	M	M	M	M	H
诊断学(95%)	L	M	L	H	L	M	H	M	M	H	M	L	M
可交换性(99%)	M	H	M	H	M	H	H	H	M	H	H	M	M
生命周期消耗350K/u	M	M	H	M	M	H	H	L	M	M	H	M	H
MCT(30分)	L	L	L	M	M	H	H	M	M	M	M	M	M
MDT(24小时)	L	M	M	L	L	H	M	M	L	L	M	L	H
MLH/OH(15小时)	L	L	M	L	M	M	H	L	L	L	M	L	H
MTBF(300小时)	L	H	L	M	L	L	M	H	H	M	H	M	M
MTBM(250小时)	L	L	L	L	L	M	H	L	L	L	M	L	H
个人技能水平	M	L	M	M	H	M	H	L	L	L	L	L	H
尺寸(150ft×75ft)	H	H	M	M	M	M	M	H	H	H	M	H	H
速度(450mph)	H	L	L	L	L	L	L	L	L	L	L	M	H
系统效率(80%)	M	L	L	M	L	M	M	L	L	M	M	M	H
重量	H	H	M	M	M	M	M	H	H	H	L	H	M

中等,L 表示低级。),正如评估过程一样,不同的组织机构可能被分配以负责监控相对于初始需求兼容的当前设计状态,表 7.3 表明了组织机构对某些可能导致需求不能满足的潜在影响的兴趣程度。

图 7.24 给出了五个典型的参数的各自之间的关系、取值范围及发展趋势等。如果某一时刻的预测值(测或量值)在取值范围内,或趋势表明设计的改进趋向于满足需求,则无需动作;否则,如果出现设计不能满足明确的需求时,则风险的评估是必须进行的,并且要有改进措施和相应的行动,有关风险评估和管理的内容将在后续章节讨论。

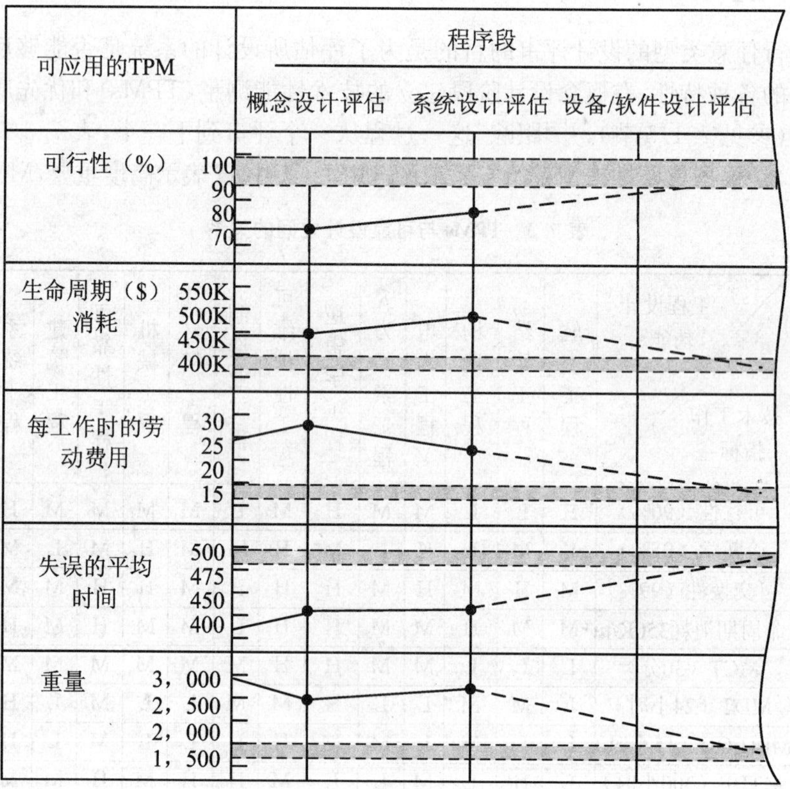

图 7.24 设计评审的系统参数测量与评估

总之,成功的正式设计评审依赖于计划、组织和数据准备的程度,从某种意义上讲,甚至大于评审本身,描述如下:

(1) 评审项目辨识。

(2) 选择评审日期。

(3) 进行评审的地点和设备。

(4) 评审议程(包括一个基础目标定义)。

(5) 设计评审的内容包括基本设计功能、可靠性、可维护性,人力资源因素、质量控制、制造和后勤支持、个体的组织职能应该被识别。依据不同的评审类型,可能还包括客户或个体的设备供应商。

(6) 设备(硬件)和/或软件评审。工程模型和实物模型可以为评审带来方便。

(7) 设计数据需求评审。这包括所有可应用的规格说明书、表格、图形、预测和分析、后勤数据、计算机数据、特别报告等。

(8) 经费需求。为了能提供实施评审所需资金,识别经费来源和途径并制定相应的计划是必要的。

(9) 建立责任和活动的时间限制。

设计评审包括很多不同的准则,涉及多种多样的设计数据和硬件/软件中的一些例子。为了迅速的达到目标(即评审设计以确保在最优化方式下满足全部系统需求),设计评审必须认真组织并严格受控于设计评审委员会。设计评审会议应该简明而扼要,绝不允许离开评审日程表上安排的主题,与会者应限于那些真正有兴趣并投身于这项工作的人,并有权发表谈话和根据其专业领域知识得出结论。最后,设计评审必须规定/要求改进活动的辩识、记录、计划、监视等,并有设计评审委员会主席指定随后的明确责任的活动。

7.4 系统测试与评估

7.4.1 测试与评估需求

系统需求与评估之间的关系如图7.25所示。测试和评估需求是在系统整体需求建立阶段之后,同概念设计阶段一起初步定义的。由于系统级的需求是根据可行性研究、运行需求和维护概念的定义、TPMs的认定及优先级的确定来定义的,因此评估和随后如何检验这些需求是否满足需求的方法必须确定。当一种新的需求建立时,面临的问题是我们如何确定这些需求是否能够满足,以及采用什么检测和评估的方法来证实这些事实。

在给定系统级最初的需求定义后,评估过程就开始反复不断地进行了。在系统设计的早期阶段,可以使用一些分析技术来预测和评估特定系统配置的特征,CAD方法是经常用来展现早期设计的三维图像外观、潜在的冲突、存取控制、部件尺寸等等的手段。运行需求和维护概念的定义、功能分析的完成、折中研究及优化方案、更好的系统配置的制定等等，都是接下来设计和评估要努力完成的内容。设计的各个方面的评审都应建立在特定需求的基础上。在该阶段进行的任何改进相对来说是容易的，修改的代价相对也较低。

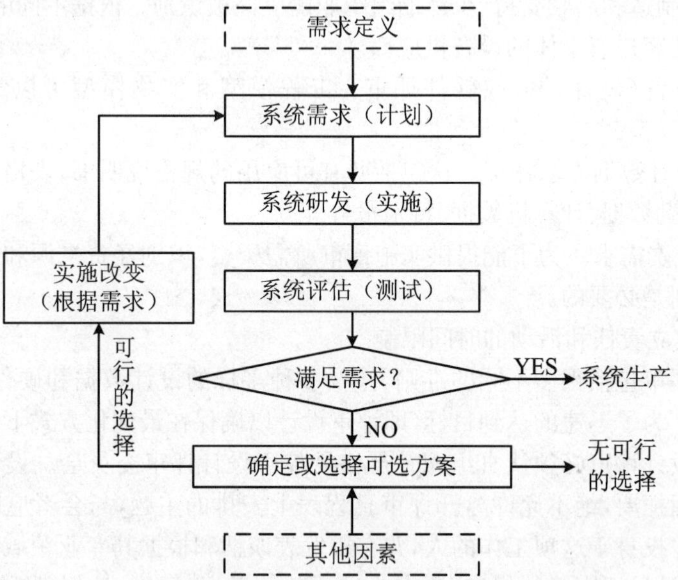

图 7.25　系统需求与评估之间的关系

当设计过程进行到开发实物模型和工程服务测试模型阶段时，评估过程就变得更有意义，因为此时实际的硬件和软件都是可用的，更进一步，当原型和产品样品完成后，因为系统接近它预定的运行配置，评估的效力就显得更加重要。

当审查所有的测试要求时，应当认识到一个可靠的测试(从评测整个系统的性能和效率的观点相比较而言)，并安排系统在实际运行环境和接近实际操作的条件下进行测试。例如，当一架飞机或一个发电站正在实际的运行状态下执行预定任务时，对其进行测试是切合实际情况的。使用者应按照指定的操作和维护程序、支持设备等来对系统操作和维护，在这种情况下，运行环境中的实际操作经历应被记录下来并加以评估，以期从一个方面真实反映系统设计的性能，这种方法最好在使用者利用正常资源、采取标准操作时实施。

理想情况下最好是在系统可以完全运行后再对其进行性能、效率、可支持性方面的评估，然而从允许出现可能修改行动的观点考虑，等待系统完善通常是不切合实际情况的。当评测表明系统设计中存在偏差(即：当前设计的系统没有满足操作需求或没有达到设计目标)时，则应尽快修改设计中的错误，而且越快越好。

在设备生产出来并配置到相关领域后，再纠正设计中的错误会导致大范围、高代价的修改设计计划。解决的办法就是制定一个整体测试计划，该计划要以渐进的方式考虑对硬件、软件及其支持部分的评估。事实上，不管是对前期设计采用分析技术的评估，还是随后对实际系统的硬件、软件、工作空间的灵活性或与之类似的其他方面的评估，都应从开发第一个工程模型开始，直到对配置到相关领域的实际系统的测试，由此可见，评估过程可能包括很多种方法。

7.4.2　系统/部件测试类型

系统评估的演化过程如图 7.26 所示。由图可见，对应于不同的阶段应采用不同类型的测试手段，经过 1，2，3，4 种类型的测试后，评估的效力就会提高。对于生产者和用户来说，只有当系统投入运行之后才能体现出其价值，而此时还要根据使用情况进行改进，更好的思路是在生命周期内尽早尽可能地消除潜在的问题。测试的范围与深度取决于系统的类型，对于新设计的系统而言，由于存在许多未知的风险，因而全面测试是必需的，相反，对于已经出售并得到证明的实体不要求太多的测试，只要保证和系统内其他组件的完整性即可。因而，为了进行恰当的测试，一个好的测试计划是基础性的工作。

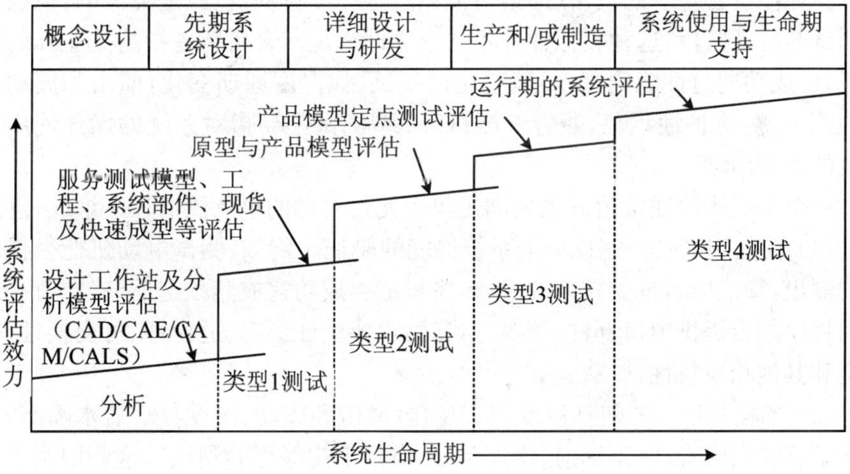

图 7.26　生命周期内的系统评估阶段

1. 类型 1

类型 1 测试是在详细设计阶段的早期，通过建立测试平台模型、工程模型、工程软件和服务测试模型，以校验某一性能和物理设计特性为目的的展开的。这些模型或者表示一个完整的系统，或者表示具有特定功能的系统元件，这些模型无论如何也不能仅仅表示产品设备，而应该是可以按预定功能运行的(依靠电力或机械的方法)。在软件的开发过程中，原型快速地运用通常能够用来验证设计的合理性。正如可以用单个元件的测试代替整个系统的测试，石油分配系统的测试就是这种情况，如果直接测试整个系统显然是不可行的，然而，测试管道的一部分就足以验证设计的合理性，在这种情况下，测试的目标就是最大程度验证设计的合理性和测试的充分性。

测试包括操作和后勤支持，模拟在实际运行条件下任务的执行情况，例如，测量一个性能参数，完成一个远程替代动作，满足一个服务要求等。尽管这些测试不能与整体运行过程的形式完全吻合，但却可以获得与实际系统特性相关的信息，并可作为整个系统评估的输入信息。为了进行测试，工程技术人员经常对产品/供应设备采用临时设备和工程记录开展测试，正是由于测试是在最初阶段就已经开始的活动，因而可以保证设计的修改代价是最小的。

2. 类型 2

类型 2 的测试工作在详细设计阶段的后期完成，当原型/产品模型、软件等可用时。原型设备与产品设备(即运行使用过程中配置的设备)是类似的，但在形式化测试与验证阶段，这种相似性并不要求立即满足。合格装备指的是这样的产品配置，已成功通过性能测试，环境适应性测试(如温度周期变化，撞击和震动)，可靠性测试，可维护性示范，兼容性测试。2 型测试主要指对系统的操作使用进行验证的相关活动。

一个测试程序通常由一系列满足单个元件要求的单元测试程序组成，包括：

(1) 性能测试——完成单个系统性能的验证。例如，测试电动机能否提供必要的输出，管道能否承受特定的液压，飞机能否成功完成其预定任务，在每一给定期间程序能否提供窗口部件，等等。当然，也要验证形态、适合性、可交换性、产品安全和其他相应特性。

(2) 环境验证——包括温度周期变化、撞击和震动、湿度、风、盐水喷雾、灰尘和沙子、菌类、噪音、污染辐射、爆炸验证、电磁干扰等等的测试。这些因素主要是针对不同的系统元件在运作、维护、运输和处理任务的过程中受什么影响而考虑的。另外，记录在对整个环境进行测试的过程。

(3) 结构测试——确定材料的压力、张力、挠度、转矩及其分解的特性。

(4) 可靠性验证——测试一个或多个系统组件的 MTBF(平均故障间隔时间)和 MTBM，另外，也可以测试系统部件的寿命、估计元件老化以及确定失效的模式等。

(5) 可维护性证实——在一种或多种系统元件上进行的操作测试，以评估正常工作平均维护时间、出错维修平均时间、预防维护平均时间、每次运行时间内维护的详细分析时间，等等。另外，维护任务以及任务的时序，测试设备界面，维护人员的数量和技术，维护规程和维护设施被用来确认其改变程度。后勤支持因素根据单独的原则被最初评估。

(6)支持设备兼容性测试——这些测试常常被用来确认主要设备、测试设备和支持设备、运输设备和处理设备之间的兼容性。

(7)人事测试和评估——这些测试常常是检测人和设备、人员数量和技术水平及训练需求之间的联系，也是培训时所需要的，操作者和维护设备均应得到评估。

(8)技术数据证明——完成操作和维护规程的证明。

(9)软件证明——完成运行和维护软件的证明，包括计算机软件单元，计算机软件配置项，硬、软件兼容性，软件可靠性和可维护性以及相关的测试。

对于测试的特定需求是从 7.1.5 节描述的 TPMs 演变而来的，测试的深度将会受到已指定的优先权级别的影响。

理想的情形是应该计划和确定每个单独的测试时间，以满足可以在一个综合的基础上全面完成测试过程。一个测试的输出数据对另一个测试的输入可能是有用的，目的是根据计划提供与需求一致的适当的重点，消除冗余和额外消耗，所有这一切，适当的测试规划是最基本的。

当一类产品被大量生产时，测试的另一方面就是产品的抽样测试。测试的早期定义主要是“质量”检测，也就是硬件设备必须适应产品和运行的需求。然而，一旦一个产品被确定为合格，就必须保证随后的所有复制品都是合格的产品，因此，当产品批量生产时，则只需测试从生产线上挑选的样品。

产品抽样测试包括一定的关键特性测试、可靠性测试或其他任何指定参数的测试，样本可以以设备生产总数的百分数为基础进行挑选，也可以在一个特定时间段内选择适当数量的样本，这依赖于系统的特性和生产过程的复杂性。从产品抽样测试，可以测试系统在生产/制造阶段的进展(或退化)情况。

3. 类型 3

类型 3 测试时间位于初始化系统质量资格和产品完成生产之间，并应在使用者指定的实验地点进行，测试场所可能在船上，也可能在飞行的飞机上，或者在沙漠的中央，或者在移动的卡车上，等等。要正确运用操作测试设备、备用设备和操作程序等。测试通常是连续的，通过一系列模拟仿真操作过程，在一段时间内，完成对大量系统元素的测试、评估活动。

类型 3 测试是首次对系统的所有元素以集成为完整系统的方式进行的测试与评价,检验主要设备与软件、维持元素与后勤支持的兼容性,同时各个不同元素间的相互支持的兼容性也得到检验。周转时间、运送次数、存储标准、人力资源因素及其他相关的操作和支持参数也在此被测试完毕。因此,类型 3 测试完成后,系统性能(基于常规使用条件)和运行的准备特性(即,操作的可用性,可靠性,系统效力等)已经在一定程度上被确定。

4. 类型 4

类型 4 测试在系统运行阶段,其目的有时是为了进一步获得系统在特定范围内的测试结果,可能是希望改变系统任务的轮廓,或者是确定系统利用率对整体系统效力的影响,或者是评估几个可选的支持策略以确定哪个系统的可用性还可以改进。尽管系统被设计并且运行在特定的环境中,实际上,这是开发者通过测试第一次真正了解系统的真实能力。设计者都希望所设计的系统能够按照一种有效的方式实现系统目标,然而,仍然可能通过改变基本的运行和支持策略改进系统的性能。

通过一般的后勤保障,一个或多个地点(实际的运行环境)的类型 4 测试工作可以由用户通过实际运行、人员调配及支持活动来完成。通过预测和分析、早期的测试活动等制定全系统的后勤保障与支持策略。

7.4.3 测试与评估计划

测试计划实际上应该在系统概念设计阶段开始,并作为系统计划活动中的一部分。如果一个系统需求已经被指定,那么就应该有一种评估的手段以保证需求被满足。因此,测试问题应在系统设计的早期就比较明确地认识到。

在系统研发的不同阶段,大量的独立子系统或设备测试计划可能被指定,通常我们倾向于采用一种测试来测量一个系统特征,而用另一种测试来测量不同的参数,然而,有些专业的十分昂贵的测试是无法回避的。测试需求应该遵循整体性原则,如果可能,可以根据资源需求和结果输出来评审个别的测试,并通过这种方式获得最大的效益。例如,可维护性数据可以由可靠性测试结果中获得,因而可以减少大量的可维护性测试,支持设备的兼容性数据和人力资源数据可以从可靠性和可维护性测试中获得,因此,测试计划就应该首先安排可靠性测试,然后是可维护性测试等等,这显然是合理的和可行的计划。当系统特性的测试结果与初始测试目标一致时,组合性的测试计划就是可行的。

对每一个计划来说,一个完整的测试和评估是事先准备好的,通常在初步设计阶段开始执行。尽管测试内容依赖于不同的系统需求,但是通常的计划应包括以下几个方面：

(1) 所有测试需求的定义和计划，包括对每一个可能的单独测试和整体测试的预期测试结果(根据测试的完成情况)。在确定测试需求时，系统的某些部分要贯穿整个测试过程，而有些部分则只要进行少量特定的测试，这取决于设计定义的功能要求及对每个部分的风险分析。图7.27给出了这种方法的一个示例。

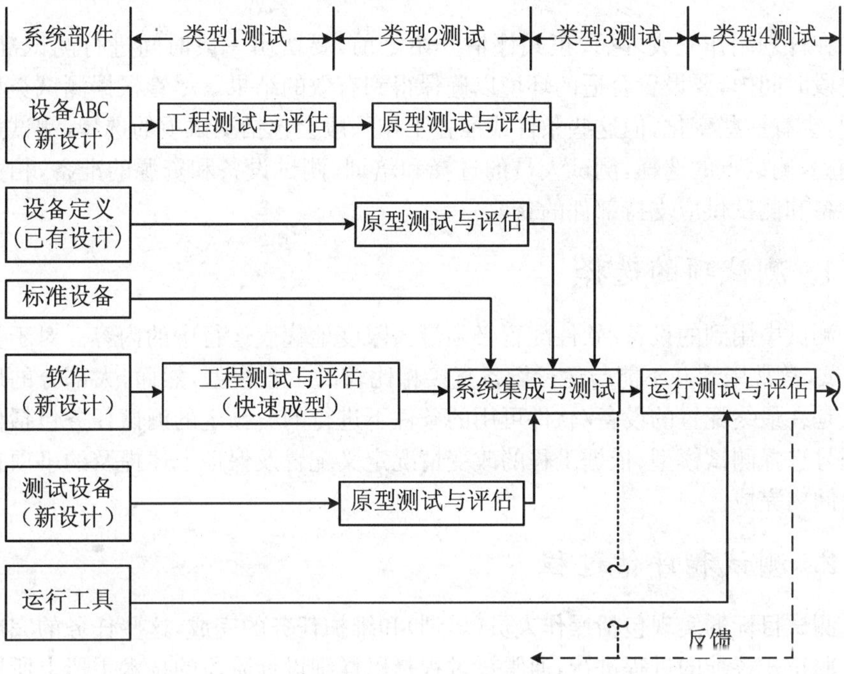

图7.27　测试需求演化示意图

(2) 组织、管理和控制责任的定义，包括组织职能、组织的分界、测试活动监控、成本控制和报告。

(3) 测试条件、维护、后勤资源需求的定义，包括测试环境、设备、测试及支持部件、备用及修理部件、测试人员、软件以及测试过程。

(4) 每种类型测试准备工作的描述，包括专用测试方法的选择、测试人员的培训、所需后勤资源的获取以及设备的准备工作情况。

(5) 正式测试阶段的描述，包括测试过程和测试数据的收集、简化及分析方法。

(6) 再测试阶段的条件及规定的描述，指在不合格情况下按照要求执行的额外测试方法。

(7) 测试文档说明，即测试报告。

在系统设计、研发及生产过程中，基本的测试计划充当着一个非常有价值的参考角色，它简要说明了需要做些什么、测试要求、测试设备及材料进行处理的计划表，还说明了数据的收集方法和报告方式等等，是许多单独的不同种类的测试的一个策略集。其中，任何单独测试需求的改变都可能影响整个测试计划。

7.4.4 测试与评估准备

在计划制作完成之后、正式评估开始之前，要留出一段时间进行测试准备。在这段时间内，要设置合适的环境以确保得到有效的结果。尽管根据测试类型的不同，会有一些变化，但这些条件或准备工作一般会包括测试项的选择，测试过程的确立，测试点的选择，测试人员的选择和培训，测试设备和资源的准备，相关支持设备和测试供应支持部件的获取。

1. 测试项的选择

测试中用到的设备/软件配置必须最大限度地代表运行中的内容。对于类型1测试，常常用到并不能与运行设备直接相比较的工程模型，然而，大部分的后续测试是在最终配置的设备/软件可用的条件下进行的。预定的测试任务包括依据序列号选择测试模型、依据工程的改变情况定义配置及保证上述提及的事项在所需时间内完成。

2. 测试和评估过程

测试目标的实现包括操作人员（培训）和维护任务的完成，这些任务的完成应当按照正式核准的过程进行，通常该过程是以详细设计阶段的技术手册上所述方式进行的，因而能够确保系统以合适的方式进行操作和维护。任何偏离核准过程的行为都有可能导致人为因素的操作失败、测试数据记录的歪曲维护频度和任务时间。另外，测试过程包含在评估计划中。

3. 测试场地选择

在指定环境下可以用来评估一个单独产品，而不同环境条件则可能需要不同的测试场地来评估产品性能，例如，北极地区和热带地区，山区和平原，或者根据销售地区及用户环境的不同选择具体的地理测试场所。此外，视产品类型和测试需求，选择这些方法中的任何一个或几个的组合方式也是合适的。

4. 测试人员及其培训

测试人员包括在测试中确实操作和维护系统的人员，包括工程师、技术员、数据记录人员、分析人员以及测试管理人员等等，其中，进行系统操作和维护的人员应当具有与在系统整个生命周期中正常操作和支持系统的用户相似的背景知识和技术水平，通过正式的以及工作过程中的培训达到精通系统操作与维护的技能。

5. 测试设备与资源

必须确定和计划与测试有关的所有问题，包括测试必需的设备、测试场所、关键设备、环境控制、特殊说明及相关资源，如：热、水、空调、气、电话、能量及照明等。在许多情况下，新的设计和构造是需要的，这将直接影响测试准备阶段的进度计划，测试设备和设备计划的细节描述应当包括在测试计划说明和随后的测试报告中。

6. 测试和支持设备

测试和支持设备需求的最初考虑应该在维护概念阶段，之后在可维护性和可支持性分析的基础上给出其定义。在详细设计阶段的后期获得所需的支持项，并且应当对于类型 2，3，4 测试都是可用的，并且在测试和评估计划中必须定义当各种类型的支持设备失效时的可选的支持项。应当引起注意的是，可选项的使用通常会导致测试数据的不准确、系统中人员操作失败，并且通常引起测试过程和设备需求的改变。

7. 测试供应支持

供应支持包括所有材料、数据、人员及需求、规定相关的活动、备用及修理部件的获取、生命周期内系统支持的后续维护等，特别地，包括以下部分：

(1) 系统主要元素的备件、修理部件及消耗品的供应需求。备件指主要的替代部件，并且是可维修的更小的一个部件。消耗品指的是燃料、油、润滑剂、液氧、氮，等等。

(2) 备件、修理部件、材料及消耗品等的各种后勤支持需求，如测试和支持设备、传送和处理设备、培训设备及工具等。

(3) 备件、修理部件、材料及消耗品等的存储需求。包括空间需求、地点需求及环境需求。

(4) 供应支持活动实施的人力需求，如规定、产品目录、发票、库存控制和管理和材料分配等。

(5) 供应支持的技术数据需求，包括初始化和为数据提供支持、产品目录、库存材料列表、经费科目报告及材料配置报告。

每个维护层次的备件和维修部件的类型需求依赖于维护概念和可支持性分

析,对于类型 3 和 4 测试,备件和维修需求在所有层次上都有需求,为满足整个系统的维护和后勤支持能力,测试、备用和修理部件包含在整个系统需求部分。整个维护周期,供应支持获取(每个层次的备用品的数量和质量)、运输日期、周转时间和相关因素都要被恰当地评估。通常情况下,生产者能提供一些仓储等级的支持,因此为测试达到预期目的,建立一个现实或非常接近的支持系统是十分重要的。

7.4.5 测试性能与报告

当这些必要的前提条件确立之后,下一步工作就是各类型的测试和检验。这需要按照系统定义和评估计划中所规定的方式进行操作以及获得支持,在这个过程中,通过对数据进行的采集和分析,最后得出系统性能和效力的评估。

系统性能和效力的评定需要不同系统元素的操作和维护历史的可用性支持。随着运行要求、维护概念的不断展开和技术性能测量的建立,系统性能和效力在系统生命周期的早期逐渐建立,这些参数描述了系统在满足客户需要方面的一些极为重要的特征。在系统运行过程中,下列问题被提到议事日程:

(1) 什么是真正的系统性能和效力?

(2) 什么是后勤支持能力真正的性能和效力?

(3) 最开始的需求是否得到满足?

提供上述答案需要格式化的数据信息和正确的输出反馈信息,一个数据子系统应被设计、研发以达到一些特定的目标,这些目标与工程师或管理人员所必需回答的问题是直接相关的。建立这样的数据子系统主要包括以下两步:① 需求辨识和申请;② 设计、研发和执行能力应满足需求。

1. 数据测试需求

数据测试和信息反馈子系统的目的有两方面:

(1) 对系统提供的性能、效力、操作、维护、后勤支持能力等实时数据的评估,系统工程师和管理员应准确地知道系统是如何工作的,并能对相关的问题做出快速准确的回答。因此,这种类型的信息应在指定的时间确定。

(2) 能提供历史数据,这种数据对设计和研发有类似功能的新系统是十分有用的。在新的工程设计中,通过对过去经验的总结和分析,能够帮助设计者确定什么时期该做什么事。

对上述需求的支持既需要有以迅速及时的方式进行响应的能力(即,管理人员需要评估信息),又要能对所提供的数据进行归档和组合,并能存储和恢复数据。

数据元素辨识与操作和支持需求有关,这些元素的分析将提供覆盖被评估系统特性的"评估"及"验证"的类型功能,系统特性估计的应用事例如表 7.4 所示。

在确定一个条目的可靠性时(即,一个条目在特定时期、给定的环境下令人满意的运行),数据需求包括系统运行的故障时间和故障时间分布,这些数据将产生于一些特定的条目或一组相同而独立的条目。当检验备件需求率时,数据需求应包括所有替换条目的历史、系统/设备操作的替换时间、替换条目的配置等(无论条目是否适用或修改或被返回)。一个组织效力的评估需要分配大量职员和一定技术水平,并通过组织活动在一定的时间内完成任务,估计的目标(如表 7.4 所列)是所有特定数据元素需求的基础。

表 7.4　数据信息子系统需求

1. 一般性操作和支持要素
(a) 任务需求评估(操作想定)
(b) 性能要素评估(生产量、输出、范围、正确性、尺寸、重量、容量、机动性等等)
(c) 系统耗费确认(操作模型和操作时间)
(d) 系统效力、操作有效性、可靠性、可维护性、人员要素、安全性价值确认
(e) 级别和保养评估
(f) 由层次和位置决定的操作和维护工作的评估
(g) 维修等级确认
(h) 维修和保养活动频率的分布确认
(i) 软件和其他系统要素软件支持评估
2. 测试和支持设备
(a) 支持保养等级和位置的设备类型和数量确认
(b) 支持设备能力的确认
(c) 支持设备使用确认(使用的频率、定位、使用时间百分比、使用机动性)
(d) 支持设备的保养需求评估(计划内和计划外保养、停工期、后勤原料需求)
3. 提供的支持(备用和修理部分)
(a) 基于维修等级和定位的备用和修理部分类型的确认
(b) 支持响应的评估(在需要时备用是否可用?)
(c) 项目置换率、磨损率的确认
(d) 库存变化和供给传递时间的确认
(e) 备用的保障评估项目(evaluation of maintenance requirements for shelf items)
(f) 备用和修理部分库存和总量变化方案的评估
(g) 短期风险的鉴别
4. 人员和培训
(a) 基于保养等级和位置的人员质量和技能的确认
(b) 基于人员技能水平的时间消耗和劳动时间支出的确认
(c) 人员技能混合的确认

(续)表 7.4

(d) 人员培训方案的确认
(e) 培训设备和数据需求的评估
5. 运输和处理
(a) 基于可维护水平和定位的运输和处理设备类型的确认
(b) 有效和可利用的运输和处理设备的确认
(c) 传输响应时间评估
6. 工具
(a) 足够可用的工具确认(支持、保养、和培训工具)
(b) 对支持、操作、保养和培训工具的后勤需求的评估
7. 技术数据
(a) 操作和维护指南中的足够的数据覆盖面的确认(级别、正确性、信息描述的方式)
(b) 足够的原始数据收集、分析和矫正子系统活动的确认
8. 操作和维护软件
(a) 在其他系统环境下的软件的兼容性
(b) 软件可靠性和可维护性的确认
9. 用户反馈
(a) 用户满意度的评估
(b) 用户需求满足的确认

2. 数据子系统研发

当全部子系统目标被定义后,下一步是辨识必须获得的特殊数据要素及其获取方法,数据采集的范围应包含两个方面,既有成功的数据,又有维护性数据。成功数据的组成信息包括系统操作和日常基础操作,并且信息应和表 7.5 所示的要素相比较。维护性数据包括计划时间表和非计划性维护,这些事件在系统操作信息报告中应被记录,记录样式如表 7.6 所示。

表 7.5 系统成功数据

系统操作信息报告
1. 报告数量、报告时间和单独的预先报告(individual preparing report)
2. 系统术语、设备号、制造商、产品序列号
3. 基于日期的系统操作描述(任务类型、轮廓(profile)、持续时间)
4. 设备使用日期(操作时间、操作周期)
5. 人员、处理和运输设备、软件、系统操作的工具需求的描述
6. 维护事件的时间和次数记录(涉及维护事件报告)

数据收集的样式可以多方考虑，而且对于每个系统来讲，信息要求是不同的。

表 7.6　系统维护数据

维护事件报告
1. 管理数据 (a) 维护事件的数目、报告的数据和个人准备的报告 (b) 定制的工作数目 (c) 工作区和工作的时间(年、月、日) (d) 活动(组织)鉴定 2. 系统要素 (a) 系统要素的分布数目和各自的制造商 (b) 系统要素的连续 (c) 当事件发生(被发现)时系统的操作时间 (d) 当事件发生时任务的分配 (e) 事件的描述(描述非任务表中的活动失败时的症状) 3. 维护要素 (a) 维护要求(维修、校准、服务等) (b) 维护事务的描述 (c) 维护时的停工期 (d) 激活维护的时间 (e) 维护造成的时延(空闲等待时间部分、测试实验的时延、工作中断、等待人事部门的协、天气的时延等) 4. 逻辑要素 (a) 技术水平造成的每次开始和结束维护所需的时间 (b) 技术指南和维护过程(过程数、段落、数据、过程的精确说明) (c) 测试和支持设备的使用(项目术语、分块数、生产商、序列号、条款的使用时间、测试设备的使用时间) (d) 使用设备的描述 (e) 替换部分的描述 i. 术语、分块数、生产商、序列号、替代项目的操作时间，部署描述 ii. 术语、分块数、生产商、序列号、安装项目的操作时间 5. 其他信息 包括与维护事件相关的其他数据信息

然而，大多数系统通用的要素基本上都在表 7.5，表 7.6 中有所描述，这些

都是要在新的数据子系统中被选定的要素。在任何事件中,都应提供下列规定:

(1) 数据收集形式应该简单、易懂、完备(最好是在一张纸内),由于数据记录工作由具备不同技能的不同的职员在不同的环境条件下完成,如果形式难懂,他们将不能正确理解,最终将导致记录的数据不可用。

(2) 所有要素说明应当简单明了,不需要大量的解释和说明。

(3) 每个要素要根据应用说明,每个有效的要素都要核实。

上述考虑因素都很重要,但也不必过分强调。所有这些分析方法、预测技术、模型等在没有得到正确的输入数据时来讨论它们是没有什么意义的。评估能力与预测水平依赖于历史数据的可用性,而获得历史数据的方法是通过本阶段建立的数据信息子系统的反馈,不仅要考虑这些子系统是否能够提供各种准确的数据,而且要考虑在数据记录过程中的人员因素(技术水平等)对记录过程的影响。数据采集人员必须了解整个系统和数据采集的目的,如果测试人员在记录活动工作中不能被正确引导而激发工作热情的话,则整个记录的结果可能是令人怀疑的。

一旦组织部门完成了合适的数据分发,就必须为数据的分类、恢复、格式化、加工处理提供一种方法。所有收集的数据应在一个中心部门进行分析和加工,并将结果分发给工程师及管理人员,以便他们做出相应的决策,同时还要将结果加入数据库,以便未来使用。

3. 系统评估与矫正活动

图 7.28 说明了系统评估和矫正活动的迭代过程。评估方面根据表 7.4 中列出的主题类型来进行,能同时在各自独立的基础上将系统视为一个实体或系统的独立部分加以实现。

图 7.29 列出了一些评估因素的典型例子。使用的评估方法及分析技术(即工具)与早前描述的设计决策的确定相类似,唯一的不同是输入数据。评估结果可以继续为系统的指定点进行测试并贯穿整个生命周期(参见图 7.29 的(a)、(c)),或制定一次性的测试。

问题范围可以在评估的不同阶段进行确定并且根据矫正活动的可行性进行评审,参见图 7.29(b),由于 E 条目的 MLH/OH 值为 31.7,所以子系统 E 可能会作为检测的对象。而在图 7.29(c)中,可能就会检测阶段 3,以找出为什么该阶段任务的可靠性如此之低。

矫正活动可能会在系统响应不完善(即系统未能满足特定需求)时实施,也可能是为了改进系统的性能、提高系统的效率有效或加强后勤支持能力而实施。如果要实施矫正活动，则先决条件就是应该有必要的计划和执行的步骤以确保在改变的过程中，系统的所有元素均能完全兼容。

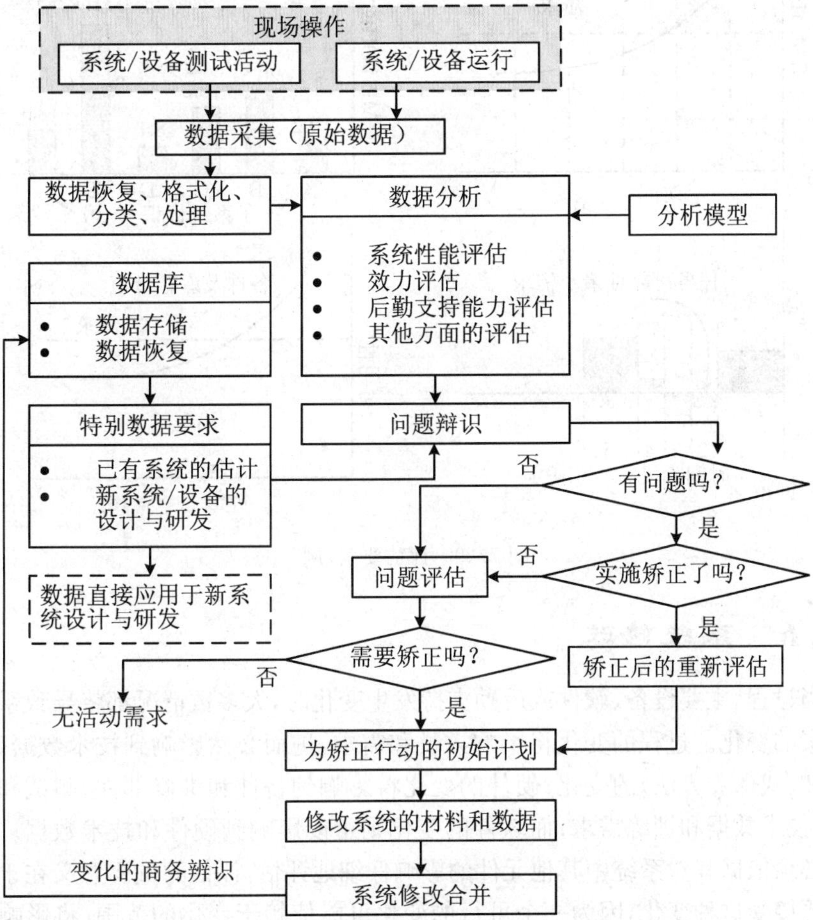

图 7.28　系统评估与矫正的流程示意图

4. 测试报告

评估过程的最终结果是撰写合适的测试报告，一份测试报告应当参照最初的系统评估计划文档，并且应该将所有的测试条件、测试阶段的系统修改（如果有的话）、测试数据、数据分析的结果等叙述清楚，测试报告会在系统使用阶段为用户提供建议和支持。

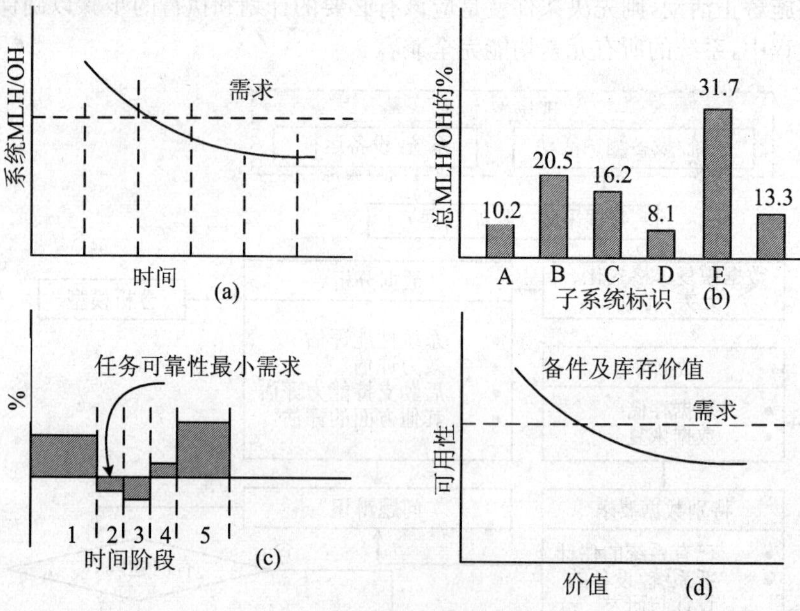

图 7.29 评估要素(例)

7.4.6 系统修改

当过程、主要设备、软件或后勤支持发生变化时,大多数情况都将导致系统各个元素的变化。过程的变化将影响人员和需求,进而必然影响到技术数据(设备运行和/或保养方法)的变化;硬件的变化将影响到备件和维修部件、测试和支持设备,技术数据和训练需求;而软件的变化则可能影响到硬件和技术数据。每个变化必须依据其对系统中其他元件的影响仔细地评估,评估的重要意义在于确定是否要接受这种变化,因为一个可行的变化可能依赖于变化的范围,将影响到系统实现目标的能力,影响到系统生命周期的费用。做出一个关于变化是否合理的理性决定需要一个最小量的评估和计划。

如果改变是必需的和可行的,则必须执行必要的变化控制程序,必须建立一个变化控制模块用以评审和估计改变潜在的影响、有效性(连续数量的变化被合并的项目)和各式各样的支持等等。系统中各种各样的元件(包括所有的后勤支持)必须被指定,否则,后勤支持的不充分和不必要的浪费的几率会很高。在生产/制造阶段,配置变化控制的概念和关系等同于系统运行和支持阶段。事实上,系统运行阶段的改变要持审慎的态度,因为这种改变是在系统生命周期的较靠后的阶段,所以这种变化可能会大幅度提高系统的费用。变化控制过程的简单例子如图 7.30 所示。

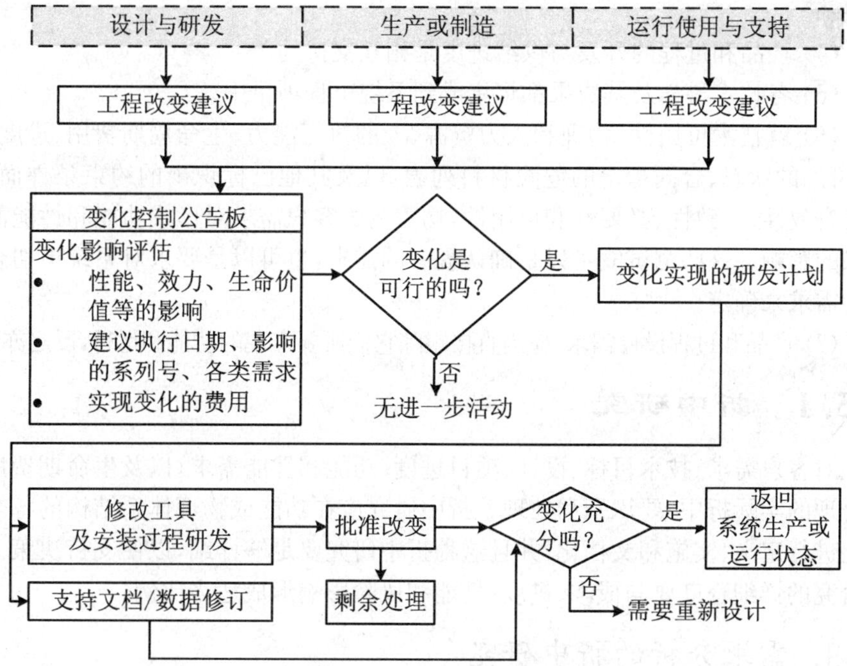

图 7.30　改变的控制过程

7.5　系统分析与控制

执行机构将对进程进行测量，对可选方案进行评估，从中挑选出更优的方案，以及将已生成和使用的数据、判据进行归档。系统分析包括折中研究、效力分析和评价，以及为了确定令人满意的技术需求、项目目标进程而提供有关性能、功能和设计要求的严格的质量基础的设计分析。控制机制包含风险管理、配置管理、数据管理，基于性能的包括 SEMS（系统工程主进度（表））、TPM（技术性能测量）在内的进程测量以及技术性审核。

执行机构实现系统分析和控制的目的在于：

(1) 候选解决方案仅在评价其对系统效力、生命周期内资源、风险、客户需求的影响后才能选定。执行机构将在可选方案中标识出那些在与合同需求进行比较时，在系统效果和成本方面能够有所改进的可选方案。

(2) 技术性决策和系统唯一的规范需求，是建立在系统工程输出和已文档化的决策结果基础上的。

(3) 从过程输入至输出的整个进程都要保持可跟踪性，包括对客户需求变化的跟踪。

(4) 产品和过程的开发与供给进度是相互支持的。

(5) 各技术科学及其成果都将集成到系统工程项目中。

(6) 就技术可用性、物理和人力资源、人的执行能力、生命周期费用、进度、风险、可用的状态、合同指定的危险材料列表，以及其他已标识出的约束条件而言，对其有效性、一致性、必要性和可用性，均需测试客户需求对形成功能和性能需求结果的影响。这些测试既可以是确认现有的需求，也可以是要求对系统更切合实际的需求来确定。

(7) 产品和过程设计需求，应当直接跟踪它们所要实现的功能和运行，反之亦然。

7.5.1 折中研究

对客户需求、技术目标、设计、项目进度、功能和性能需求，以及生命期费用之间合理的实际折中，要识别和处理。折中研究应在功能或物理体系结构的各个级别上进行定义、实施和文档化，并且这种折中研究要足够详细，以便支持决策。每项研究的详细程度要与成本、进度、性能和风险影响形成适当比例。

1. 需求分析的折中研究

执行机构将实施需求分析的折中研究，以便建立起可以解决与客户需求冲突并满足客户要求的性能和功能需求的可选方案。

2. 功能分析和分配的折中研究

在功能的内部和跨越功能时，执行机构要实施折中研究，目的在于：

(1) 支持功能性分析和性能需求的分配。

(2) 定义一组优选的、满足已标识的功能性接口的性能需求。

(3) 当高层次的性能和功能性需求不能轻易地分解成低层次的需求时，必须为低层次功能确定其性能需求。

(4) 评估可选方案的功能性体系结构。

3. 合成的折中研究

执行机构将实施合成的折中研究，目的在于：

(1) 与非开发性产品和过程比较，支持新产品和过程的开发决策。

(2) 建立对系统/配置项的配置。

(3) 协助选择系统概念、设计和解决方案（包括人力、部件及材料的可用性）。

(4) 支持对原材料选择,以及自制还是获取、获取过程、价格和地点的决策。

(5) 对所建议的变化进行检测。

(6) 对满足功能/设计要求的可选技术(其中包括中、高等级风险技术的可选方案)进行检测。

(7) 评估环境和费用对材料和过程的影响。

(8) 评估可选的物理体系结构,以选择更优的产品和过程。

(9) 选择标准的组件、技术、服务和设施,以便降低系统生命期内的费用并满足系统效率的需求。利用政府性和商业性数据库提供在评估决策中要用到的历史信息。

7.5.2 成本效益性能分析

作为系统工程过程整体的一部分,执行机构必须规划和实施系统分析。执行机构要开发、文档化、实现、控制和维护一种方法,以便对分解关系和有效措施进行控制。应该识别出决策所用的关键性有效措施的技术性能测量方法。系统成本效益评估将用于支持对风险影响的评估。执行机构将分析每一个基本系统的功能,以便:

(1) 支持对基本系统功能的性能和功能需求进行标识和定义,而这些是系统解决方案必须要给予回答的问题。

(2) 支持对满足性能和功能要求的理想产品和过程设计进行选择。

7.5.3 配置管理

执行机构将对已识别出的系统产品和过程的配置进行管理。这些管理要包括下列配置:

(1) 识别,包括(对构成该系统的基线和有关配置项的)文档选择和数量,以及附着在这些项目和文件上的其他标识符。

(2) 控制,包括在配置项建立基线以后,建议对配置项(CI)的配置进行修改所作的系统性建议、合理性说明、评估协调,以及是否批准。

(3) 状态审核,包括对管理配置项所需信息的记录和报告。

(4) 审计,包括对配置项是否与已批准的配置文件相一致进行验证。

7.5.4 接口管理

执行机构将管理在合同范围内的内部接口,并保证对外部接口进行管理和控制活动时提供支持。执行机构将描述内/外部工程接口在设计上的兼容性,以此作为工程规范中的接口要求。对于接口要求、文件和图纸,要建立、协调和维持接口控制，接口控制(对象)包括所有合适的执行机构、供应商和转包商的合同条款，以及提供设备、计算机程序、设施和数据的提出服务机构。控制接口的目的在于保证对用户合同变化是可审查并能及时传播的。

7.5.5 数据管理

执行机构将为决策数据库建立和维护一个综合的数据管理系统，以便：

(1) 捕获和组织所有的输入数据以及当前的、中间的和最终的输出数据。

(2) 在需求、设计、解决方案、决策和理论基础之间提供数据相关性和可跟踪性。

(3) 将工程决策(包括规程、方法、结果和分析)进行文档化处理。

(4) 负责已建立的配置管理规程。

(5) 作为系统工程项目的依据和支持工具发挥作用。

(6) 当调阅合同时，使数据可用和可共享。

7.6 计划与管理

成功应用系统工程包括技术和管理两方面的原则和概念。本书前面章节集中讲述了技术方面的问题，本章将讲述管理问题。有人断言某给定系统技术方法是最优的，然而如果起初没有很好规划，该方法的预期目标很难实现。随后合适的组织环境有助于它的执行，同时后面的管理和控制也是确保它高效执行所必须的。

系统工程管理包括规划、组织、人员安置、监督以及对系统设计、开发、测试和生产等步骤的控制，从而使系统充分满足用户的要求。它提供必要的检查功能，确保系统集成了工程所有必需的相关专业学科(传统的工程设计学科和所有支持学科)。它还确保系统的开发是硬件、软件、设备、人员、数据以及其他的正确合成。另外，它帮助选择和集成合适的工具使日常设计进程顺利进行。总之，系统工程管理的目的就是在正确的时间、正确的地点，运用最少的人力和物力，完成正确的项目。

7.6.1 系统工程计划

早期的系统工程规划开始于需求的辨识和定义。尽管这看起来是非常基础的问题，但对于不同的规划，很有必要给它们制定相应的系统工程需求。本书讲述的原则和概念适用于所有规划，只是应用的范围和种类对于各规划稍有不同。

系统工程规划需求的成功执行依赖于以下几点：

（1）运用自顶向下的方法解决系统开发过程中的问题。

（2）早期的设计集成和相关的支持活动。

（3）充分考虑整个系统生命周期的需求。

（4）工程开始就准备必要的需求和规划文档。

当早期的工程概念建立后，需要针对每个给定的设计问题进行可行性研究，以决定可能的技术解决方案，以便适当级别的规划能够开始，确保在考虑经济性的情况下，提出的方案能适当地集成到产品配置中。

重要的规划文档是说明书和计划书的综合。系统说明书包括系统作为一个实体的总体技术需求和系统工程管理规划提出的管理需求。说明书部分在前面章节已讨论，本章将提出规划需求。

7.6.2　系统工程管理计划（SEMP）

SEMP 是关键的管理文档，它包含实现本书所讨论目标所必须的活动和重要事件。SEMP 直接支持项目管理计划（PMP），通过讨论，树立 PMP 是一个给定规划或工程的最高级管理文档的概念。SEMP 的目的在于为系统设计开发提供

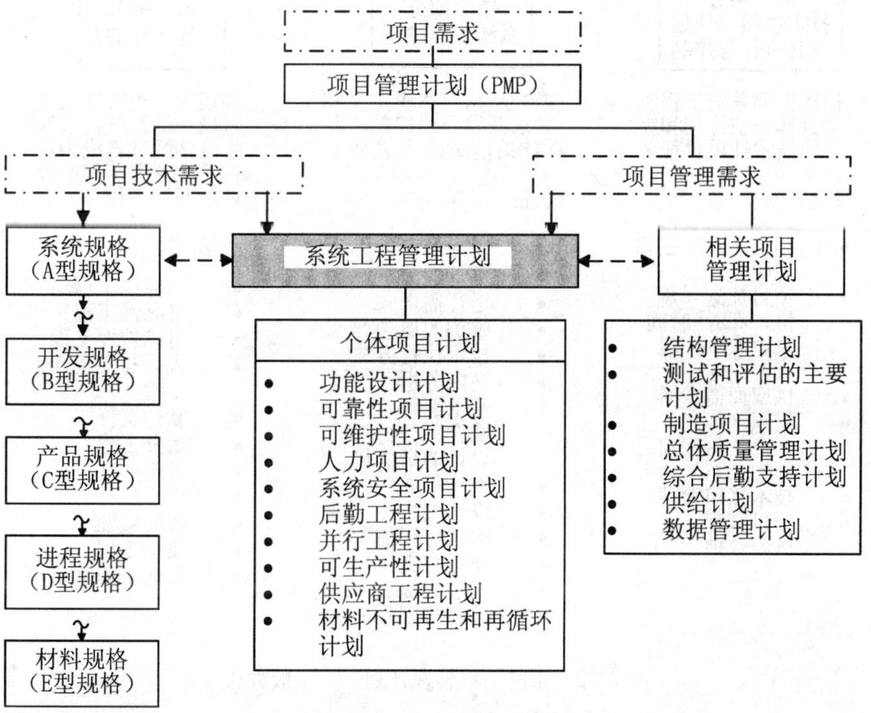

图 7.31　项目计划和规格

结构、策略和程序，以促进各种工程相关活动的集成。参考图 7.31，SEMP 在概念设计阶段就应该被提出，它集成了许多单独的设计相关项目计划，如可靠性项目计划、可维护性项目计划等，促进了与其他顶层规划文档，如配置管理计划、测试和评估的主要计划、总体质量管理计划等之间的通信。

图 7.32 给出了确定哪些信息应包含在 SEMP 中的一般方法。第一部分包括规划需求的描述、工作描述(SOW)、工作故障结构(WBS)、系统工程任务描述、必要的时间表和成本预测、组织结构和实现系统工程目标提出的成功规划所必须的所有其他管理功能。第二部分描述了系统工程进程和处理第一部分的活动所需的步骤。第三部分包括实现第二部分各步骤所需的适当关键工程学科的集成。因此，规划管理需求、待处理的各项活动和实现规划所需资源的描述构成了整个计划。

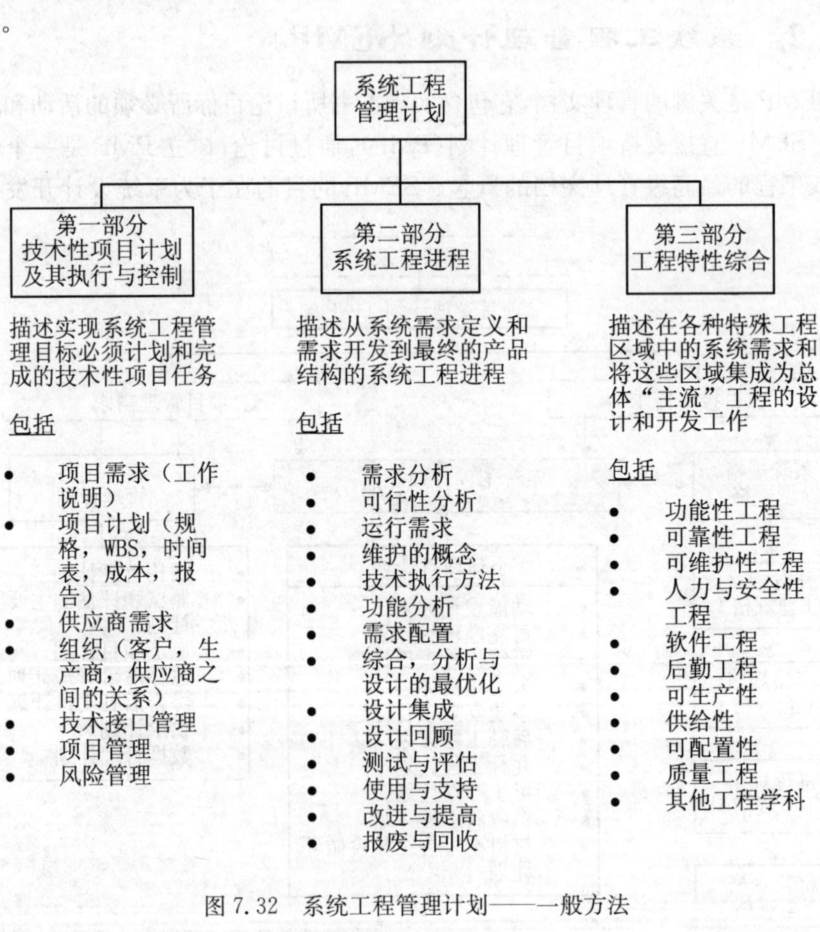

图 7.32　系统工程管理计划——一般方法

表 7.7 给出了 SEMP 中可能包含的另一种形式的描述。该提纲基本围绕系

统工程进程来组织，是图 7.32 三部分的许多活动的有机组合，但对于所有系统工程任务，必须确保各元素之间的相互联系、保证 WBS 中适当元素的应用以及适当时间表和成本预测的完全关联。

表 7.7　系统工程管理计划——裁剪方法

系统工程管理计划(EIA 工程标准 632，“系统工程”，概述)
1. 标题页，概念表，可应用文档
2. 系统工程进程
(a) 系统工程进程计划——进程、进程输入、技术目标、工作故障结构(WBS)、训练、标准和过程、资源分配、限制、工作授权、计划确认、转包商/供应商这些技术工作的主要产品和结果
(b) 需求分析——可靠性和可维护性、可存活性、电磁兼容性、人力工程、安全、可生产性、产品支持、测试与评估、综合诊断、可运输性、基础设施支持和其它功能(c) 功能分析和配置——步骤，方法，过程工具
(d) 综合——基于因素的步骤和方法，杠杆原理的运用(COTS/NDI，开发系统体系结构，再利用)
(e) 系统分析和控制——步骤，方法，过程和工具(贸易研究、系统成本有效性分析、风险管理、配置管理、接口管理、数据管理、SE 主进度表、技术性能度量、转包商/供应商控制、需求跟踪
3. 关键技术转变——选定技术的活动、风险和标准，这些技术的转变
4. 系统工程工作综合——设计学科及相关活动的组织和综合(并行设计)
5. 任务执行——技术确认、进程证明、制造工程测试条款、开发测试和评估、软件产生和再利用、工程维持和问题解决支持以及其他系统工程任务执行
6. 附加系统工程活动——长期项目、设计工具、开发成本、评估工程、系统集成以及其他控制方法
7. 注释和附录

1. 工作描述

SOW(工作描述)是一个给定的工程所需工作的叙述性描述。就 SEMP 而言，它必须根据 PMP 中描述的总体工程 SOW 来开发，应包含以下几点：

(1) 待完成任务的总表。

(2) 其他任务输入需求的辩识。包括工程中其他已完成任务得到的结果，用户完成的任务或供应商完成的任务。

(3) 适当的说明书、标准、程序和完成工作定义所需的相关文档的参考资料。

(4) 预期特殊结果的描述，包括可交付设备、软件、设计数据、报告或相关文档以及交付时间表。

一般认为,准备一份 SOW 应该遵循以下普遍准则:

(1) SOW 应当相对较短,简明扼要(不要超过两页),用清晰和精确的方式描述。

(2) 尽量避免模棱两可,减小读者误解的可能性。

(3) 需求描述应足够详细,确保清楚,同时考虑实际应用和可能的法律解释,过分强调和描述不足都是不可取的。

(4) 避免不必要的重复和无关原料设备的引入,从而减少不必要的开支。

(5) 避免重复叙述参考文档上已有的说明书和需求。

SOW 被许多不同知识背景的人,如工程师、会计师、合同管理师、调度师、律师等阅读,它不能包含关于预期工作的未解答问题。它是确定转包商、需求供应商等详细任务定义和开支的基本原则。

2. 系统工程规划任务

本书中讲述的"系统工程"是一个广义的概念,它包含系统工程师或系统工程组织的任何活动。尽管这看起来似乎不切实际,但系统工程目标的实现确实需要直接或间接包含项目活动的几乎所有方面。将整个系统看作一个实体来处理,当成功实现它的功能后,会对它许多待实现的相关附属任务产生积极影响。尽管不同的系统任务之间有差异,但系统工程组织需要强有力地确定以下任务:

(1) 需求分析和可行性研究。这是系统工程组织的职责,他们将系统看作一个实体来处理,该步骤是最初集成和随后系统需求定义的基础,因此,必须同用户进行深入的交流。

(2) 系统操作需求定义、维护概念、确定和优先考虑技术性能指标。该步骤的结果体现在系统级需求的总体定义上,它是自顶向下系统设计的基础。通过充分理解系统接口和用户目标,完成平衡/折中分析研究。

(3) 完成系统级的功能分析以及低一级的需求分配。定义一个好的功能基线是基本的,特定的资源需求也将被确定。"基线"描述了这些参考输入了一般框架,为随后待实现的许多工程和支持活动需要提供参考资料,尽管系统工程组织不能完成全部功能分析,但必须在系统级提供必要的基础。

(4) 准备系统说明。它是设计的顶层技术文档,是所有附属说明书开发的基本原则。系统工程组织负责准备这份顶层文档,确保所有附属说明遵循它并且能相互支持。

(5) 准备测试和评估的主计划。因为该文档反映了系统确认的途径,所以系统工程组织作为一个领导者,应确保 TPM、复杂设计的各层、运用给定设计方法带来的风险等之间相互联系。随着一定数量的设备的定义，确认这些设备的可行计划必须实施。系统工程组织需要确保测试和评估的集成工作，同时保证系统说明、SEMP等设计计划之间通信顺畅。

(6) 准备系统工程管理计划。该计划构成顶层综合工程文档，它确保系统工程设计目标的实现。它必须在系统工程组织的领导下实施准备、必要的修改、直至完成。

(7) 综合、分析与评估。虽然整个设计团队的活动是在较广泛的领域内连续进行的，但系统工程组织必须提供监督功能，确保大部分的日常设计决定符合系统说明，平衡分析的结果要文档化，设计的风险必须辨识并给出处理。

(8) 计划、协调和召开正式的设计评审会议。正式的设计评审是必要的，以确保正确完成系统设计进程。很好地定义适当的功能基线，良好地完成配置管理，设计团队的所有成员明白已有决策遵循的原则，他们应用同样的数据库。正式的设计评审会议由系统工程组织或指定的代表来执行。

(9) 监督和检查系统测试评估活动。这构成了系统工程组织的监督功能，检查测试和评估的结果，确保系统需求已满足。否则，需要快速确定问题，进行适当的改进。

(10) 协调和检查所有正式设计。系统工程组织或指定代表应召开改进控制大会(CCB)，确保：① 实施改进后系统需求(所有TPM)仍然满足；② 根据任务危险性影响、系统有效性、生命期内开支和环境因素来评估所有可能的改进；③ 确定全面的改进计划；④ 根据时效性原则有效地实施改进。这里需要良好的配置管理。

(11) 产品/结构、应用和支持、材料处理之间进行必要的实时沟通。系统工程组织必须对产品/结构进行监督，确保系统按照设计来构造。另外，必须对用户使用情况进行实时跟踪，为系统确认提供必要的反馈信息。

尽管每个实例的特定需求不尽相同，但这11个基本项目任务给我们示范了构成一个典型大规模项目的适当的步骤。项目的目标是确定任务，任务应适应系统并且严格满足前面章节所描述的需求。总的来说项目的目标就是确保：① 一开始就定义好系统需求；② 设计合适的性能；③ 严格按照最初规定的需求来确定系统。

3. 工作分解结构

工作描述(SOW)完成后，项目进程的第一步是开发一个WBS。WBS是一个面向产品的导向树，它将给出功能、活动、任务、子任务、工作包等的界定，是完成给定项目不可或缺的步骤。WBS定义了将要开发、生产、操作和支持的系统，描绘了待完成工作的所有元素。它不是关于工程人员分配和责任的组织表,而是为规划、预算、合同和报告准备的工作包的组织表。

图 7.33 给出了一种开发 WBS 的方法。在系统规划的早期,准备一份工作分解简明结构(SWBS),其中包含系统生命周期内所有活动,按照自顶而下的顺序排列。SWBS 一般包含三层活动:

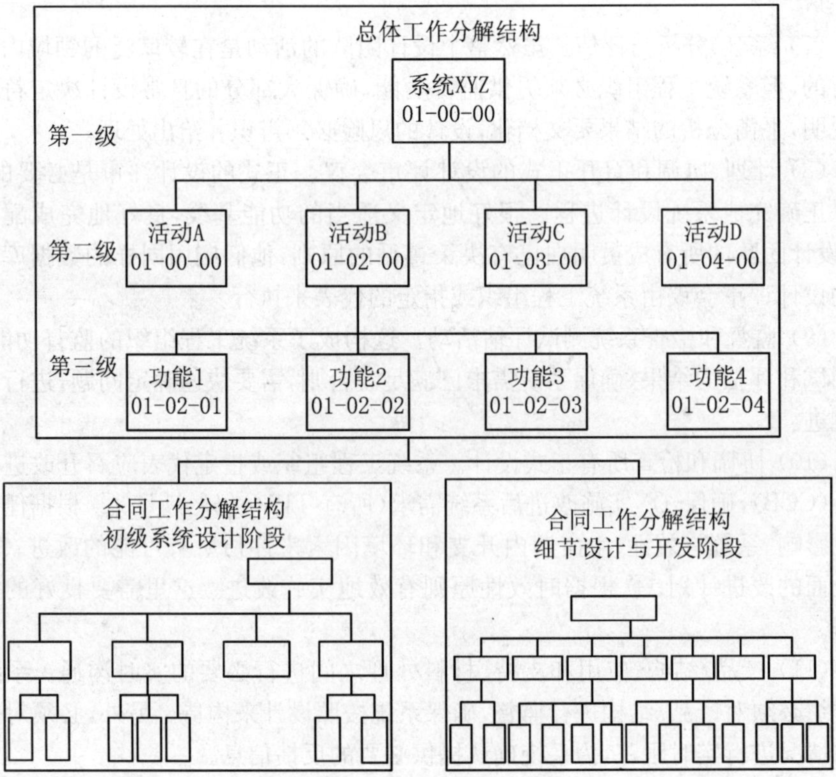

图 7.33 工作分解结构开发(局部)

第一层,确定全部同系统设计、开发、生产、分配、操作、支持和回收相关的预期工作。

第二层,确定各个工程或各类活动,它们必须按照项目需求来完成。它可能包含系统的主要元素或重要工程活动,如子系统、设备、软件、工具、数据、支持元素、项目管理等,项目预算通常在该层次上进行。

第三层,确定第二层项目直属子系统的功能、活动、主要任务或要素。项目时间表的准备属于本层。

随着项目计划的发展和各个合同商榷过程的不断展开,SWBS 将进一步完善

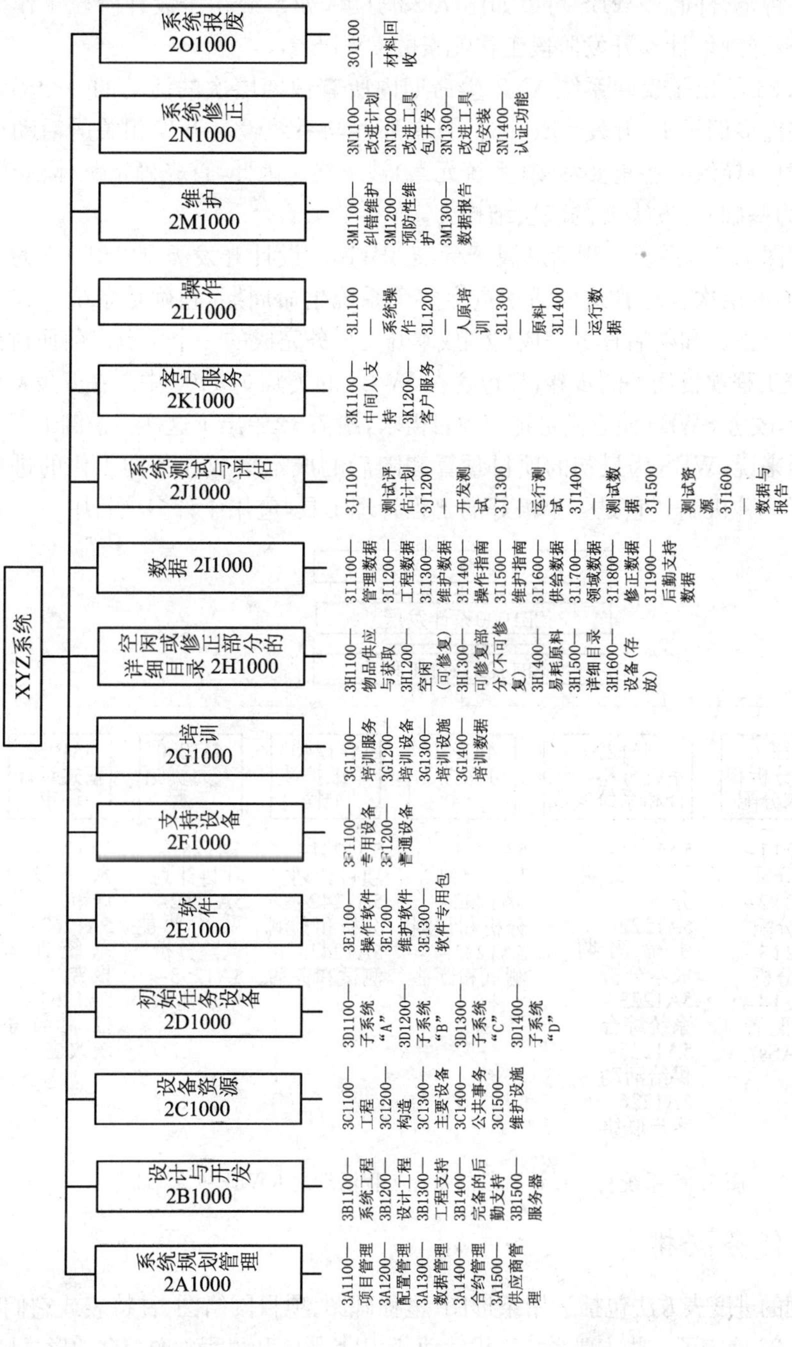

图7.34　系统X，Y，Z的工作目录结构摘要

以符合某特定合同。SWBS 可以如图 7.33 分解，如系统初步设计阶段工作元素的 CWBS，详细设计和开发阶段工作元素的 CWBS 等。

图 7.34 给出了反映系统 XYZ 生命期内所有预期层次的活动的一个 SWBS 例子。在许多例子中，开发 SEBS 时，只有那些与系统设计开发相关的活动包含其中，有时会导致一些重要活动（系统元素）被忽略。因此，首先确定整体活动，然后（以此为基础）开发需要的底层结构。

参考图 7.34，系统工程活动属于标准 3B1100（设计开发类别 2B1000 的一个子类）下面的层次。尽管这样活动贯穿整个系统生命周期，它确是系统工程任务的最初需求预算和随后任务完成得到成本开支任务完成的一个焦点。前面讨论的 11 个系统工程项目任务的步骤，都包含在 SWBS 的类别 3B1100 中。在开发 CWBS 的过程中，改进 SWBS 使它满足特定项目需求，图 7.35 给出了这样一个例子。

概括来说，WBS 为最初的项目预算和随后的成本集成和各类工作的进展报告提供了一种机制。它是一个极好的工程管理工具，应用于许多项目中。

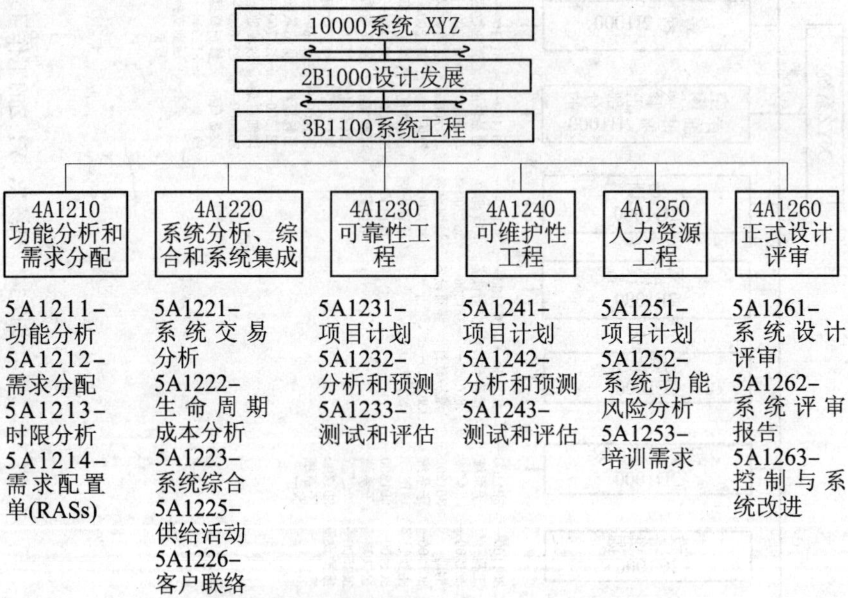

图 7.35 系统初步设计阶段的系统工程活动之 CWBE 扩展（部分）

4. 任务安排

常用的进度表方法包括运用条形图、里程碑图、项目网络图、甘特表或它们的综合。图 7.36 确定了一些主要系统工程活动，运用条形图和里程碑图综合的形式显示。

尽管运用传统的条形图或里程碑图很流行，但是当项目经理跟踪给出的 15 个任务中每一个时，则很难确保都能给出正确的接口。然而，在系统工程活动完成过程中，按照符合要求的原则，完成该活动可能需要从许多资源中引入无数的输入参数。因此，如果运用进度表方法，必须谨慎确保所有的输入输出参数正确定义和评估。

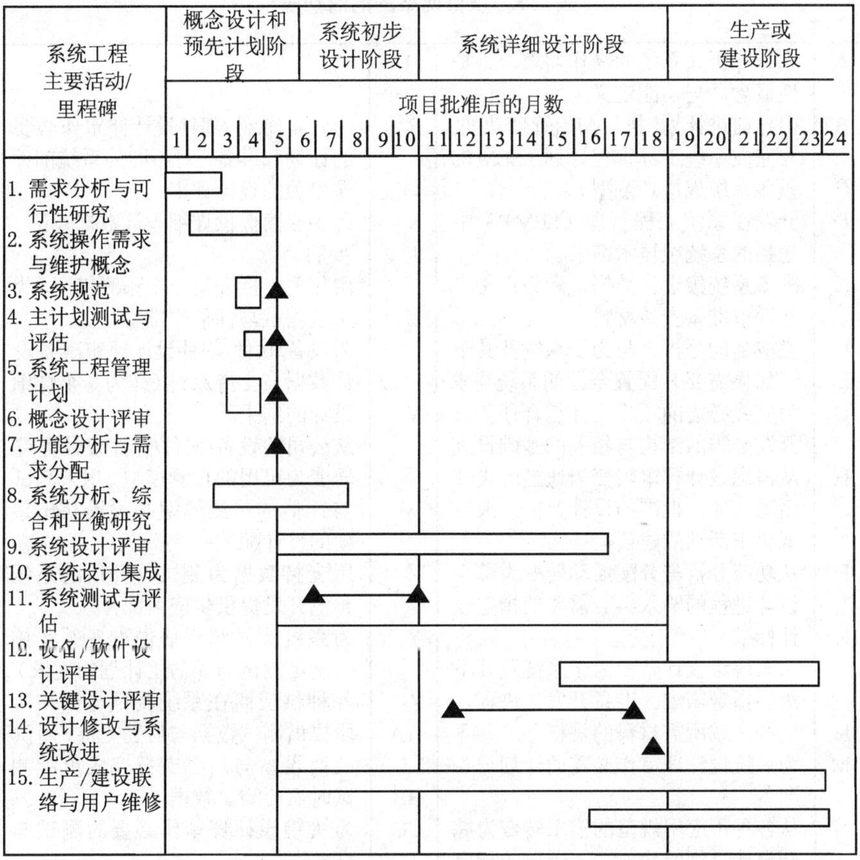

图 7.36　系统工程主要活动和里程碑

一个更好的进度表方法是运用项目网络图，如项目评估和检查技术(PERT)、关键路径法(CPM)或这些方法的组合。PERT 和 CPM 非常适合多接口(如供应商从世界各地提供输入)的、精确的时间数据不太容易利用的早期规划阶段，可借助概率论知识定义日常设计决策相关的风险。

将 PERT/CPM 进度表方法运用到工程时，必须从开始就为工程的每个应用阶段定义所有相互依赖的活动和事件。很多活动涉及不同层次的成就和结果，它们与管理目标的项目里程碑数据相关。经理、程序员和工程组织一起定义那些目标，确定特定的任务和子任务。网络图运用到需要的详细层次时，首先开发一个总体网络图，其中包含 WBS 中定义的关键系统工程活动。图 7.37 给出了一个例子。如表 7.8 列出了网络图中线段代表的活动，表 7.9 提供了一个项目网络计算的例子。

表 7.8　项目网络图的活动表

A	系统分析（系统的操作需求，维护	Q	
	性概念，与功能定义）		
B	引导前进计划，执行初始管理功能，	R	为设备/软件/部件设计评审作必要
	与完成系统工程管理计划（SEMP）		的计划和准备（对不同的系统部件
C	预备系统规格（A 型）		作单独的设计评审）
D	开发在系统工程管理（SEMP）中	S	为供应商提供详细设计数据（需
	包括的系统级技术需求	T	要的）
E	准备系统级设计数据，和为定义设		用相关支持开发一个预测模型，为
	计评审准备支持材料	U	系统测试与评估作准备
F	完成功能分析，与为子系统及其下		为设备/软件/部件设计评审准备设
	（如果需要），配置全面的系统需求		计数据与支持原料（作为一个详细
G	为完成必需的项目设计综合任务，	V	设计的结果）
	开发必需的结构与相关的基础设施		从公司的设备/软件/部件设计评审
H	从概念设计评审转变为适当的设计		转变为可用的预测模型。用来测试
	活动（如，批准的设计数据，改进	W	与评估的预测模型必须反映出最
	或更正活动的建议）		新的设计配置
I	从功能分析与分配活动转变为综合	X	用支持数据为测试与评估的系统
	设计进程的输入——需要的指定设		预测开发提供供应商部件
K	计标准	Y	为系统测试与评估做准备并实施
	从系统级设计转变为子系统及其下		（满足测试与评估主计划的需求）
	级的指定需求。准备开发，进程，	Z	各种供应商在系统测试与评估阶
L	生产，或所需材料的规格	AA	段提供测试数据与后勤支持。用供
M	为系统设计评审作必需的计划与		应商设备与后勤支持完成单独测
	准备	BB	试时需要测试数据
N	从各种可应用规范的需求转变为综	CC	为关键设计评审作必要的测试与
	合设计进程的输入——需要的指定		准备
O	设计标准		测试结果，以设计确定或改进或更
P	为系统设计评审准备设计数据和支		正活动建议的形式作为关键设计
	持原料（初步设计的结果）		评审的输入
	完成详细设计和相关的综合设计		准备系统测试与评估报告
	活动		在进入项目的生产或制造阶段前，
	从系统设计评审转变为适当的设计		把公司的关键设计评审转变为最
	活动（如，批准的设计数据，改进		终的系统配置
	或更正活动的建议）		

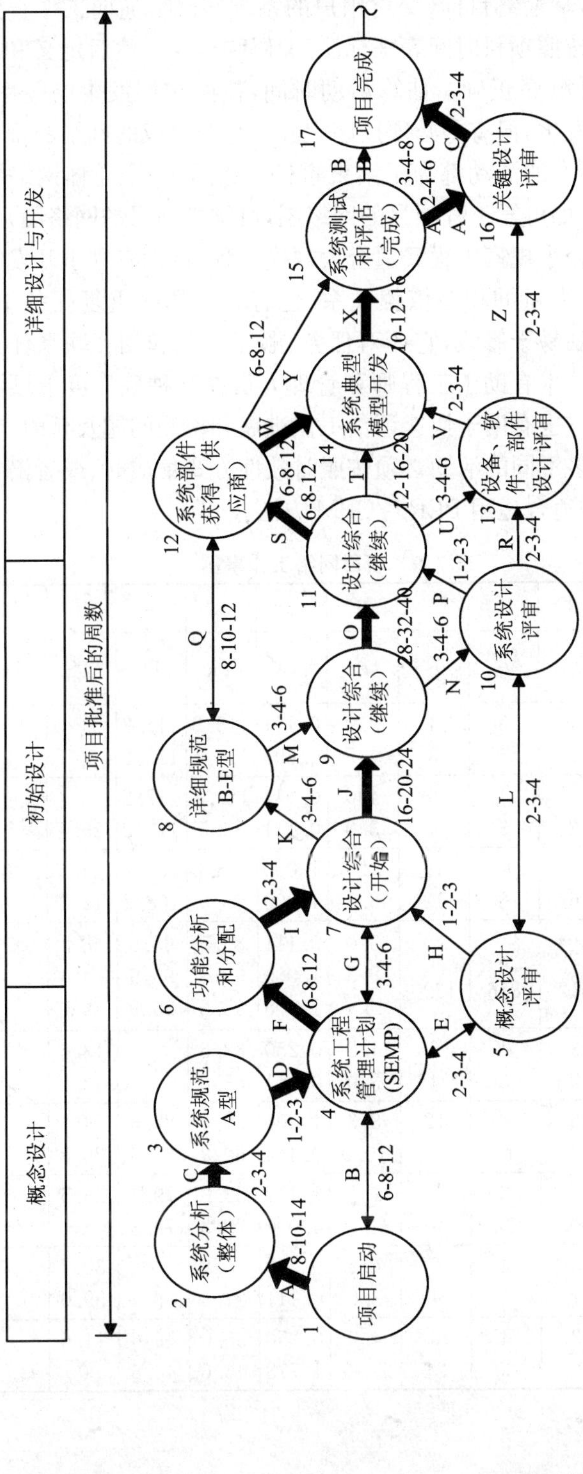

图7.37　项目总体网络图

构造网络图时，从最终目标（交付用户的系统）开始，逆向工作直到定义出最初事件。每个事件按照项目时间表来标注、编码和检查。然后定义和检查各项活动，确保它们的安排顺序正确。估算活动时间，按照它们发生的概率规定时间。一些活动可能同时发生，但有些必须按序完成。每个完成的网络图都有一个起始事件和结束事件，所有的活动都为了结束事件。最后，一个总体网络图可以扩展分解为底层网络图（如可靠工程项目的网络图，可维护项目的网络图）。

网络技术既适合小规模工程又适合大规模工程，特别有利于开发"一类一个"的系统，该系统存在大量的相互依赖关系，也有利于那些重复任务不多的项目。网络预先安排的计划易于修改，它还对任务、顺序任务和相互联系任务的精确定义起促进作用。该技术有助于工程师和管理人员在某种确信度上预测完成目标的大致时间。同时它也有助于快速评估工作进展和检测问题及延时，特别适用于计算机方法。当许多不同的活动必须按照时效性方式集成时、或者潜在风险能够在早期辩识时，特别适合运用 PERT/CPM 方法。

表 7.9　项目网络工作事例

1	2	3	4	5	6	7	8	9	10	11	12
事件号	上一级号	t_a	t_b	t_c	t_e	s^2	TE	TL	TS	TC	改率(%)
17	16	2	3	4	3.0	0.111	115.2	115.2	0	110	6.4
	15	3	4	8	4.5	0.694	112.1	115.2	3.1	115	47.9
16	15	2	4	6	4.0	0.444	112.1	112.2	0	120	91.9
	13	2	3	4	3.0	0.111	86.5	112.2	25.7		
15	14	10	12	16	12.3	1.000	108.2	108.2	0		
	12	6	8	12	8.3	1.000	95.9	108.2	12.3		
14	13	2	3	4	3.0	0.111	86.5	95.9	9.4		
	1211	612	816	1220	8.3	1.000	95.9	95.9	0		
					16.0	1.778	95.3	95.9	0.6		
13	11	3	4	6	4.2	0.250	83.5		13.6		
	10	2	3	4	3.0	0.111	53.8		42.1		
12	11	6	8	12	8.3	1.000	87.6	87.6	0		
	8	8	10	12	10.0	0.444	60.8	87.6	26.8		
11	10	1	2	3	2.0	0.111	52.8	79.3	26.5		
	9	28	32	40	32.7	4.000	79.3	79.3	0		
10	9	3	4	6	4.2	0.250	50.8		30.7		
	5	2	3	4	3.0	0.111	21.3		59.0		
9	8	3	4	6	4.2	0.250	35.0	46.6	11.6		
	7	16	20	24	20.0	1.778	46.6	46.6	0		

(续)表 7.9

1	2	3	4	5	6	7	8	9	10	11	12
8	7	3	4	6	4.2	0.250	30.8		15.8		
7	6 5 4	2 1 3	3 2 4	4 3 6	3.0 2.0 4.2	0.111 0.111 0.250	26.6 20.3 19.5	26.6 26.6 26.6	0 6.3 7.1		
6	4	6	8	12	8.3	1.000	23.6	23.6	0		
5	4	2	3	4	3.0	0.111	18.3		9.3		
4	3 1	1 6	2 8	3 12	2.0 8.3	0.111 1.000	15.3 8.3	15.3 15.3	0 7.0		
3	2	2	3	4	3.0	0.111	13.3	13.0	0		
2	1	8	10	14	10.3	1.000	10.3	10.3	0		

5. 项目任务的成本

WBS 是最初功能、活动及任务等辨识的基础。此外，WBS 为工程成本计算和预算提供了一个框架，随后为完成任务则需要对人力和资源进行辨识，而所有这些辨识都是建立在进度需求基础上的。

参考图 7.37，重点是时间这个元素，通过估算出总体开支和每个活动的开支，在 PERT/CPM 网络图的基础上即可得到开支网络图。图 7.38 给出一个活

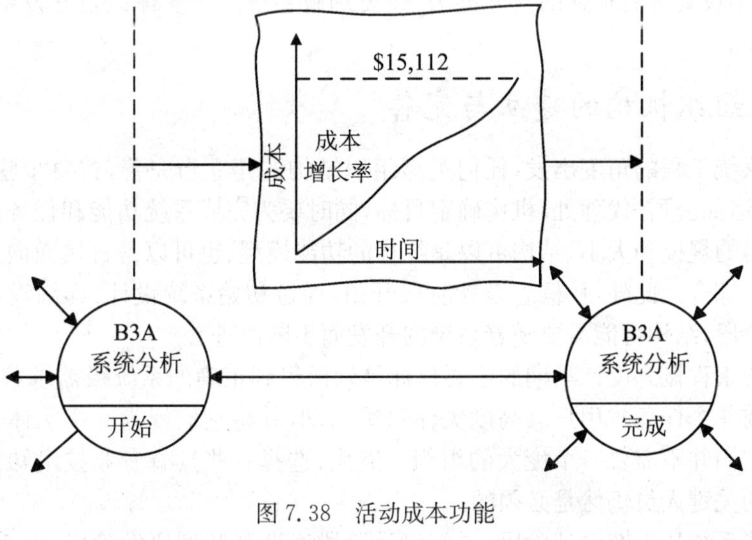

图 7.38　活动成本功能

动例子的开支功能,此功能可用于整个网络图中。

使用这种方法,时间一成本的选择有助于管理人员根据已完成任务的资源分配评估出可选方案。在许多例子中,使用更多的资源可以节约时间,同样增加完成一个活动的时间可以减少成本。出现时间和成本的矛盾时,应选择在最大允许时间内成本最低的方法。

7.6.3 系统工程组织

系统工程初始计划开始于概念设计的早期阶段,正如上一节所述,它将随着SEMP的展开而不断深入,而成功完成系统工程计划则需要一个组织机构,该组织机构能够从提升项目层次、支持、加强系统应用及有利于系统工程概念与原则等方面起到重要作用。因而,良好的环境和组织机构是必不可少的,这将:① 允许满足系统工程需求的实现;② 便于以高效的方式完成/实现这些需求。

组织机构是为了满足需求、按照一定的方式形成的人力资源的组合,组织机构包括许多类不同层次的专业人员,他们联合组成某种形式的社会组织来实现一种或更多的职能。组织机构的职能会随着各种因素的不同而有所改变,这些因素包括建立确定的目标、可用的资源、组织成员之间的工作关系、职员的动力等,建立组织机构的最终目标是有效地使用人力物力财力,完成特定目标的决策和各方沟通过程的设计,从而达到系统目标。

系统工程目标的实现很大程度上取决于正确组织、利用各种资源、建立良好的交流渠道和各成员间和睦的人际关系。各任务互不相同,存在大量不同的接口,这就不仅要求有很强的交际能力,还要理解系统这个实体以及开发中的各种设计原则。

1. 组织机构的建立与完善

从系统工程的角度出发,任何类型组织结构的建立与完善,首要步骤就是要为用户,诸如公司/代理处/机构确定目标,同时要为完成系统功能和任务而展开。根据项目的规模和大小,结构可以是纯粹的功能模型、也可以是直接面向工程的,或它们的综合。此外,从概念设计阶段开始,经过初始系统设计、详细设计开发、生产等阶段,结构可能需要随着系统的开发而不断改进。

系统工程概念设计早期的主要目标是确保得到正确的系统级需求(7.6.2节描述的前6个任务),用户会高度关注这些活动,并将它们视为一个实体,但本质上完成它们并不需要一个庞大的组织。然而,选择一些具有专业技术知识、背景和经验的关键人员仍然是必须的。

随着系统从先期设计阶段、详细设计阶段逐渐展开到研发阶段,由于不同专业的设计准则和行业标准，各类专业设计人员，包括子系统级设计人员的需求将逐渐增加，如可靠性、可维护性、人性因素、后勤学等的专业知识。此处讲述的组织机构，将从一个纯粹的工程结构转变为一个复合的功能模型或模型方法。当系统工程过程及其部件的发展进入生产/制造阶段时，组织结构可能再一次改变。

总体组织机构提出后，其职能是重点完成 7.6.2 节描述的各项任务，经验表明，组织内有些定位于实业公司和政府代理的部门和小组，应当赋予相应的职责，但他们实际上并没完成分配的任务。相反，有些成员高效完成了不属于本职范围内的功能。因此，对于一些小的工程，一个人可以赋予多个角色而承担多项任务。以系统工程的观点，可以将角色分为首席工程师、电子工程师、机械工程师或类似角色等。另外，工程项目经理也可以是系统工程师，或者指定一个小组去完成相应的任务。

2. 用户、生产商和供应商的关系

要正确理解系统工程组织机构的概念，就必须了解执行系统工程功能的环境。尽管环境可能由于工程大小和设计开发的阶段的不同而不同，这里的讨论主要针对大工程的操作，也是从许多大规模系统中得到的特点，应该说明的是，大工程有助于我们更好了解复杂环境下的系统工程。当然，读者必须针对自己的工程项目制定自己的具体构造方法。

如图 7.39 所示，对于一个相对较大的工程而言，系统工程功能可能分为几个层次。由于在这个层次上系统被看作是一个实体，正如 7.6.2 节描述的 11 个任务，它们的完成取决于用户。用户可能建立一个系统工程组织来完成需要的任务，或者通过一些合同将这些任务(部分或全部)移交给生产商。无论如何，为了实现系统工程的所有功能，责任和权力都必须明确。

某些情况下，用户可能承担总体设计开发、生产、集成和系统安装操作使用的全部职责。需求分析、可行性研究、运行需求定义、TPM 的定义和排序、系统说明书及 SEMP 的准备等工作，都应在用户的组织下完成。顶层功能定义之后，特定的项目需求可以分配给生产商、转包商和零件供应商。

在其他情况下，尽管用户为一般工作综述和同类的合同文档提供了总体指导，但是全部系统设计开发工作和完成 7.6.2 节描述的 11 项任务的责任应由生产商承担。虽然用户和生产商都建立了系统工程组织机构，但是本书中讨论的工程目标的实现基本依赖于生产商组织，其中必需的支持任务由单独的供应商完成。为了完成上述功能，用户不仅要将完成特定功能的适当责任移交给生产商，还应移交必要的权力。此外，用户在早期的概念设计阶段，必须考虑到生产商在完成任务时所有必要的数据是容易得到的。

参考图 7.39,不仅在每个用户组织和生产商组织之间存在大量必要的交流,在不同的用户、生产商和供应商组织之间同样存在。虽然可靠的交流主要适用于正式的项目管理方式和合同领域,但是许多非正式的交流渠道必须存在,以确保系统开发工作中大量相关实体间的正确沟通。成功运用团队或合作方法,培养工程协作原则,在很大程度上取决于从一开始就进行良好的交流。

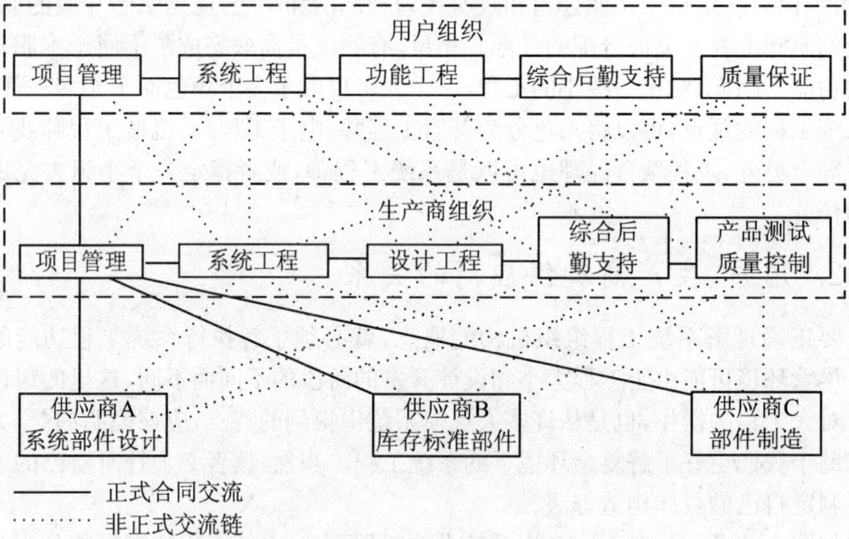

图 7.39 生产商,用户和供应商的组织关系

3. 生产商组织和功能

大多数的组织模式主要运用功能的方法,包括功能特点或标准组合成一个可以被确认的实体,其含义是,一个组织机构应该承担类似的工作。在一个纯粹的功能结构中,所有的工程工作由一个机构来完成,而所有的制造工作由另一个机构来完成。这样,对于所有正在进行的工程而言,同样的组织机构可以高效而专业地完成同样类型的工作。

图 7.40 说明了一个局部的功能组织。系统工程功能属于总体工程组织,也属于 7.6.2 节描述的任务,组织机构负责完成这些任务。该方法常受到小公司和机构的青睐,因为它容易管理一组相似功能和相同背景知识的人员,同时可以将重复的工作减到最少。另一方面,对于大型的工程项目或大公司来说,由于责任被不切实际地集中,该方法不是最好的。因此,对大公司来说或者复杂的工程,要根据单独的工程和一些适当的交叉学科活动,对纯粹的功能方法进行一些修改。

图 7.41 表明，一个纯粹的工程组织将对系统的计划、设计和开发、生产、操作使用及系统支持做出响应。它是有期限的，各种技术上的承诺和资源需求，只是以实现该特定系统目标为目的的。每个工程组织包含自身的功能、测试功能和支持功能。因此，工程 A 拥有一个系统工程小组，工程 B 拥有另一个，每个小组履行 7.6.2 节讲述的相同基本任务。纯粹的工程组织通过对特定用户做出响应而提供一些帮助，与此同时，由于各工程间的资源重复，可能会在公司/机构内产生冗余。

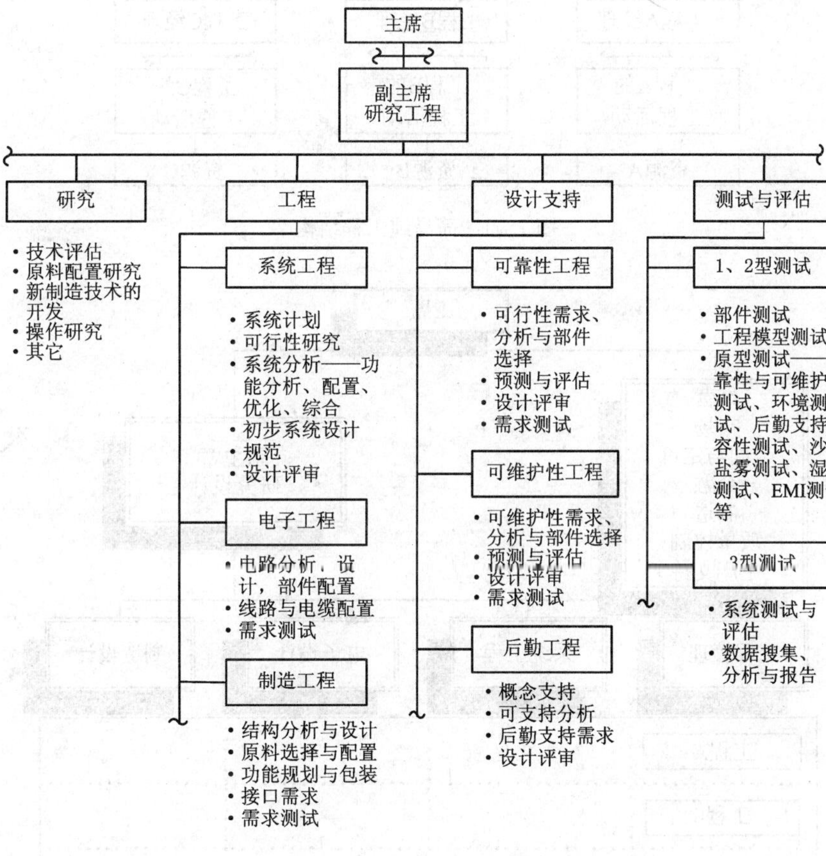

图 7.40　功能组织(局部的)

图 7.42 说明了矩阵配置，它是图 7.40 的纯粹功能组织和图 7.41 的工程组织的混合结构。对于大型单系统获取，这里指足够的工作范围和资金，比较适合采用工程组织结构。然而，如果许多内部工程单独创建分离的工程组织被证明是不正确的，则矩阵配置方法是适合运用的。在这种情况下，某些功能适合于通过工程结构来完成，而另一些功能则适合由特定的职员完成。在本例中，系统工程

任务是在满足需求的基础上，通过工程小组来完成的。虽然本例中的资源是合并在功能结构中的，但在日常工程中直接包含可能会受到限制，因为系统工程活动实际上不是工程组织的一部分。

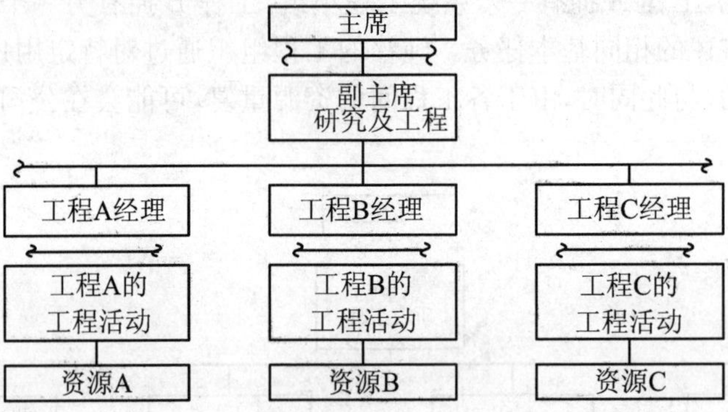

图 7.41　简易纯工程结构

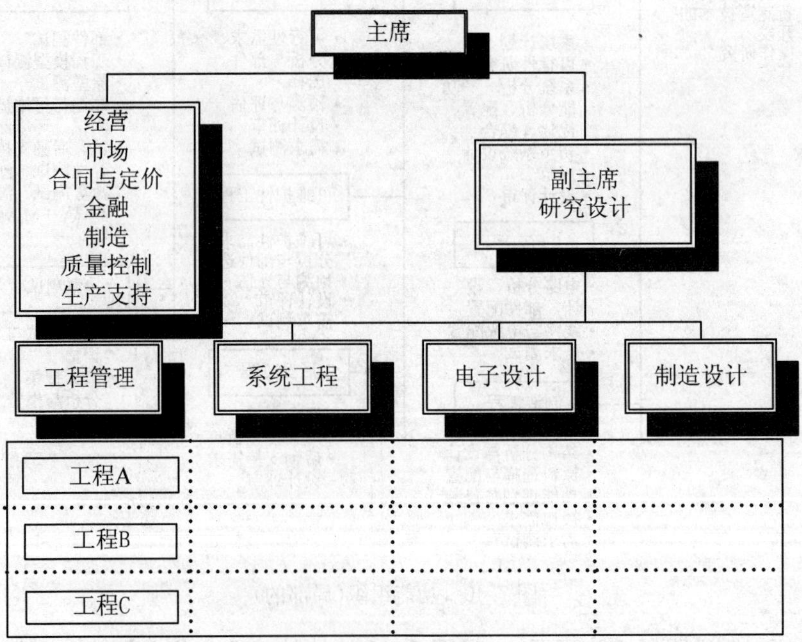

图 7.42　矩形组织机构

图 7.43 说明了一个版本略微不同的典型工程职员组织配置示意图。在该例子中，每个工程包含一个系统工程小组，同时，许多工程支持活动按照任务方式由

不同的人员完成。因为7.6.2节描述的大多数任务必须作为系统设计开发进程的一个完整部分来完成，加之系统工程活动在技术观念上应该有一个领导者角色的事实，所以一般认为这个功能是工程组织的一个内在固有的部分。进一步，工程类组织有利于用户和生产者间的沟通与交流，系统工程活动在此过程中必须扮演领导者角色。

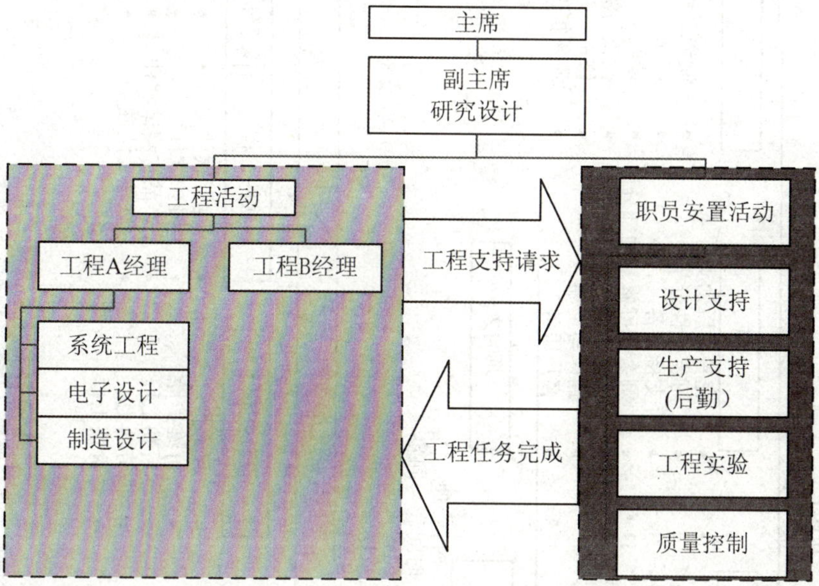

图7.43　典型工程人员组织

如前所述，系统工程小组和生产组织的其他部门间的接口很多，当存在大量系统需求时则接口更多。参考图7.44，工程Y的系统工程小组遇到这样的困扰，几乎每天都有许多其他活动需要他们去处理，因此需要在许多内在工程活动间建立良好的交流渠道，如：设计工程、软件工程、商业单元、其它工程组织、后勤支持功能、生产、操作等。表7.10给出了一个必要交流网络图的例子。

任何系统设计和开发的最终目标是建立团队的途径，加上适当的沟通，使整个过程都能应用并行的工程方法。然而当处理包含许多不同功能组织单元的大型项目时，经常出现的问题是，一些障碍抑制了必要的日常紧密工作关系、信息的及时传送和前面讨论的交流。许多公司严格按照功能线来组织，这样需要确保所有的可用组织单元间维持完整的交流渠道，不管该单元一直处于整个公司的哪个位置。

美国国防部早在上世纪90年代就提出"产品综合和过程开发(IPPD)"的概

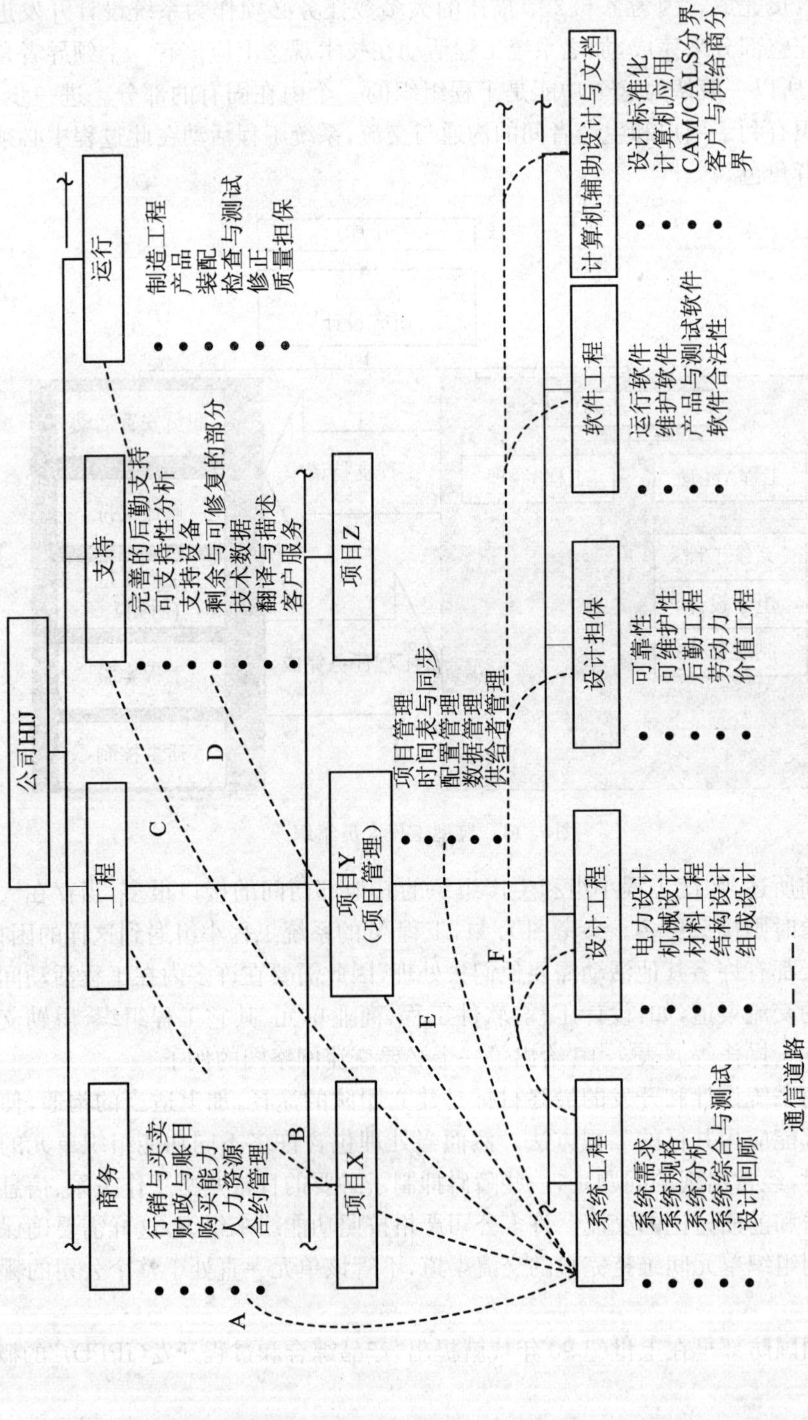

图7.44 系统工程主要交流链（生产商组织）示意图

表 7.10 工程主要接口需求的描述

交流方式	支持组织(接口需求)
A	1. 市场与销售一同用户建立与保持必要的联系。需要用户需求的附加信息、系统操作与维护支持需求、需求变化、外部竞争等。这是非正式合同的交流方式 2. 账目一经济分析所需要的预算和成本数据(如生命期的成本分析) 3. 采购一根据技术、质量和生命期的成本来帮助确定评估选择部件供应商 4. 人力资源一在系统工程首次雇佣有资格的人员和随后的培训个人技能时寻求帮助。相关部门训练所有工程人员了解系统工程概念、目标和项目需求的实现 5. 合同管理一保持用户和承包者之间的合同需求一致。确保同供应商建立和保持合适的关系,因为这属于满足系统设计与开发的技术需求
B	同其他工程建立和保持即时联络和紧密联系,交换有助于工程 Y 的知识。向全公司的面向功能的工程实验室与部门中与系统设计和开发中所用新技术的应用相关的寻求帮助
C	在系统的计划生命周期中,为系统支持的工程需求提供相关输入,根据与设计,开发,测试与评估,生产和支持能力的维护相关的方面寻求帮助
D	为生产的工程需求提供相关输入(如制造、构成、装配、检查与测试和质量保证),为系统设计与开发中的可生产设计和质量工程需求完成寻求相关帮助
E	同下列工程活动建立保持紧密联系和必要的即时交流:时间表(通过网络时间表方法监督关键项目活动),配置管理(各种配置基线的定义和改进的监督和控制),数据管理(各种数据包的监督评审和评估,确保兼容性和消除不必要的冗余),和供应商管理(监督进程和确保正确综合供应商活动)
F	为系统级设计提供相关帮助,监督、评审、评估与确保正确综合系统设计活动,包括为系统需求定义提供技术指导,完成功能分析,系统级的平衡研究,和其他工程任务

念。IPPD 可以定义为一门“运用多学科团队、结合所有必要的需求活动,实现最优化设计、制造和支持进程的管理技术”,将交流和综合应用到项目活动的不同阶段时,上述概念促进了关键功能领域的交流和综合。尽管随着系统设计开发工作的进行,活动包含的特定范围和它的重要性可能发生一些变化,但图 7.43 所示的

结构将总是存在的,它促进了与权力机构间的必要交流,由此可见 IPPD 的概念符合系统工程目标。

IPPD 的本质概念是建立集成产品团队,目标是指定一些定义明确的问题或结果。一个 IPT 由依据适当原则选出的一组人员组成,可能用来研究设计的一个特定部分、一些突出问题的解决方法,也可能用于对高优先权的 TPM 影响较大的设计活动等。而 IPT 的目标是建立一支具备资格人员的团队,他们能一起高效地工作,解决给定需求的问题。进一步,在系统总体结构下的不同层次可以建立一些不同的团队,例如,系统级团队、子系统级团队、部件级团队,等等。参考图 7.45,一个 IPT 关注那些关系重大的活动,如性能因素、自身成本、综合数据、配置管理和环境因素等,其目的是在重要区域提供必要的提示,使在寻找最佳方案时运用团队的方法而获益。

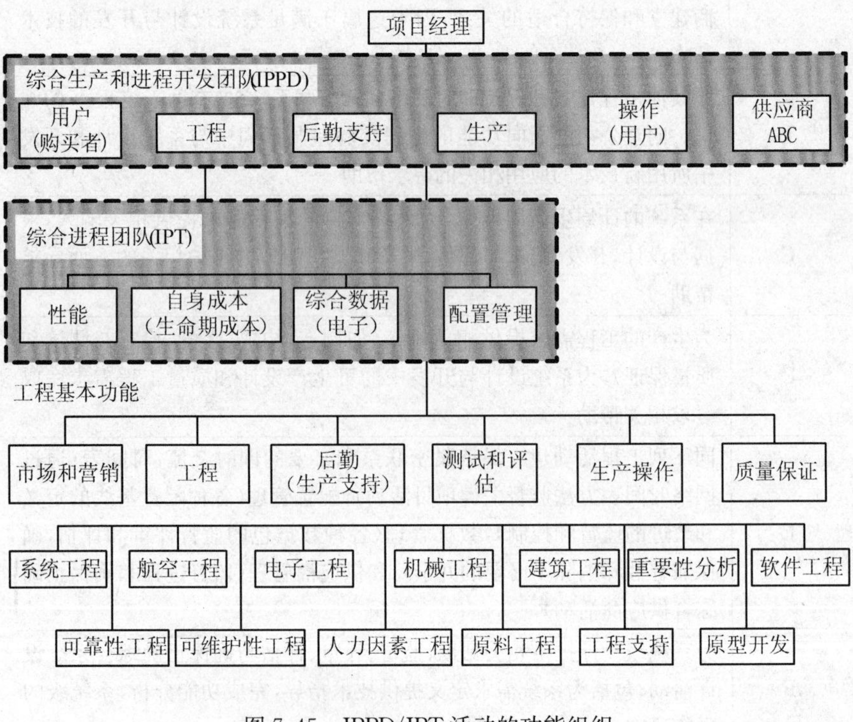

图 7.45 IPPD/IPT 活动的功能组织

IPT 通常由项目经理或组织中一些指定的高级权力机构来建立,团队的代表性成员必须是他们各自领域的专家,具备主动参与团队、凝聚力、争取成功、有决心和能力解决问题的素质,应授予必要时在现场做出决定的权力。项目经理必须明确团队的目标、预期结果,团队成员必须保持一个连续的交流途径。IPT 的生命期取决于问题的范围和团队实现目标的效率。需要指出的是,应当尽量避免建立太多的团队,因为团队太多导致交流过程和接口的人为复杂化,而且在决定哪个结论作为结果合算时常常会产生冲突。此外,当目标实现而相应的团队不再有效时,就要解散它,应该清楚的认识到,一个"超过有效期的"的团队在工程中会起相反的作用。

系统工程计划在概念设计阶段完成,随着 SEMP 的开发而展开。当得到基本计划之后,有必要确定一种组织方法,使该计划能正确执行。规划和组织的前两步是本章的重点。

当全面和恰当的组织结构健全之后,如何执行系统工程过程即成为面临的主要问题。经验表明,即便一个计划开始进行得很好,但随后却发现,执行过程并没有按原计划进行,结果也不完美。所以,要成功地完成系统工程项目,有两个过程是必须的,一是 7.6.3 节中所述的系统工程规划和组织。二是本节所述的过程管理和控制。

任何项目的执行,最初的步骤是精确定义组织的目的和目标,以及描述满足这些目的和目标所需要的方法。这些内容,在 7.6.3 节中作为早期的计划活动进行过描述,在这里则作为建立必须的日常项目说明和控制任务的基础。随着项目的进行,必须为完成评估建立一种机制,其目的是为了确定出不满足特定需求的潜在风险。最后,在需要时要提供反馈和纠正,如信息管理系统,就为良好的项目管理提供了基本要素。

7.6.4　组织的目的和目标

在本节中所说的组织的目的,是针对客户的需求,以有效的、及时的方式来满足设计、研发和系统交付的各种需求,这也是建立组织的最终目的。

要说明目的这个主题,需要两个层次的活动,一是在 7.1.5 节中,被 TPMS 专门说明,包含在设计中的特征,二是组织的目的要与达到最初的目标所进行的一系列活动相联系。基本的问题是:在完成最初的目标中,组织机能的效力和功效如何? 在这种情况下,这个问题进一步分解为系统工程组织的两个方面:① 它对最终的系统设计结构的影响;② 它的效力和效率(7.6.2 节中所描述的 11 种任务)。

本节讲述的重点内容是关于组织的各种问题,目标是以有效的方式来完成 11 种项目任务,提供全面的系统工程能力。按顺序,它需要:① 在开始阶段,建立一套图表,评定可应用的每一项任务;② 在任务的执行阶段,制定必要的开发进程;③ 在信息容量和数据采集工作完成之后,使管理者跟踪系统的性能,同时确定组织机制的全面性。总体的组织目标是在任务完成过程中建立一种有经验的、被很好证明或验证的方法，建立能够定量表示和控制的测量目标，并开始提供持续的过程改进。

为了确定系统工程任务是否完成，管理者需通过分析图表，估计当前的组织状态。同时，要将分析结果和其它的可比较的实体来进行比较。换句话说，“基准”途径可应用于辅助开发未来的目标，“基准”可以被定义为“通过将组织拥有的过程、产品和服务的当前过程与最好的类似的活动相比较，使目标得以实现，使当前的过程执行变得有效，并在合理的时间内保持最好”。根本问题是：我们今天在哪里？我们如何对产品和组织进行比较？未来我们将要达到一个什么样的目标？

总之，组织的目标是，首先对正在研发的系统建立的技术性能测量做出响应，其次，系统工程组织本身的建立，通过采取“基准”方法，我们就能确定未来的目标，发展新的组织计划，以帮助完成设计活动。

7.6.5 工程活动的方向与控制

成功的项目执行包括在系统工程管理计划中所定义的各类影响、指导和监督下一级系统层次的组织活动，对于管理者而言，他需要掌握任务完成的详细情况，并以有效的方式了解项目的进展情况。

有关控制方面的描述包括：① 通过项目活动监控、评估在特定时间，项目中各项任务的状态；② 一开始就要考虑矫正活动，以避免任何存在的、使项目目标不能满足的各种因素，此处关键是要确定一套特定的管理信息系统，以保证随着时间的推移和系统项目的展开能够提供反馈和修正活动的能力。

1. 项目评审和报告需求

定期的项目管理评审活动通常贯穿于系统工程项目设计和开发的全程，其种类和频度对于不同的项目来说是不同的。同时，它还与功能设计的复杂度、项目中组织参与的数量和地理位置、供应商的数量、所遇到的各种问题数量等等有关。对于正在研发的系统，采用新技术将会带来的更大的风险，因而，相对其他项目，需要更频繁的工程项目评审。

这些面向管理的评审目标为了确定所选的项目任务的状态、评定在完成约定的需求过程时的程度、项目评审进度表和开支数据、评审供应商活动及调整技术设计评审的结果。这些评审直接面向项目状态层次，而不是对技术层次中设计相关的问题和正式设计评审的简单复制。然而，它们共同关注技术性能测量中的内容。

数据系统（如 MIS）包括对项目评审所必须的信息，它应被设计成为这样的方式，即提供正确的信息类型、选择正确的格式、及时的和期望的频度、适当的可靠性及恰当的价值。数据的内容和种类基于一系列要素，既有技术层次上，也有项目层次上的。对于上述要求，它并不是难于设计、开发和制造的，但却需要大量计算能力才能达到目的，一旦提供错误信息就不响应，那将不仅使之变得相当复杂，而且要花费巨大人力物力来解决，这种能力应该根据特定的项目、选定的情况来制定。

参考大量的常规类型的需求报告，图 7.46 描述了项目活动的当前状态和关于主要里程碑的状态。图 7.47 描述了合同工作细目分类结构部分的组织结构，并确定了每个项目合适的开支。由此得到的开支报告如图 7.48 所示，主要说明

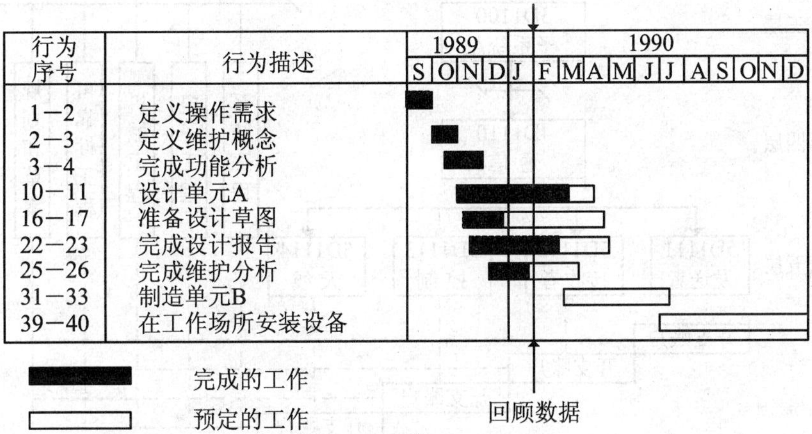

(a)

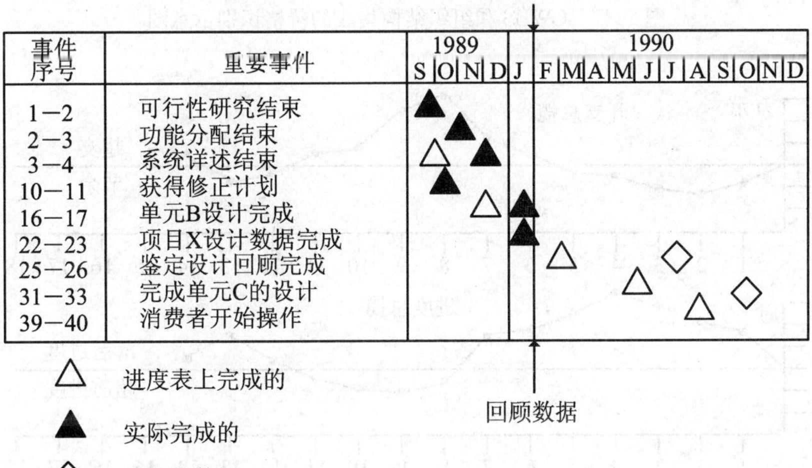

(b)

图 7.46　样本图表和主要里程碑示意图

了 CWBS 和 PERT/CPM 项目网格图。图 7.49 说明了每个项目生命周期开支。

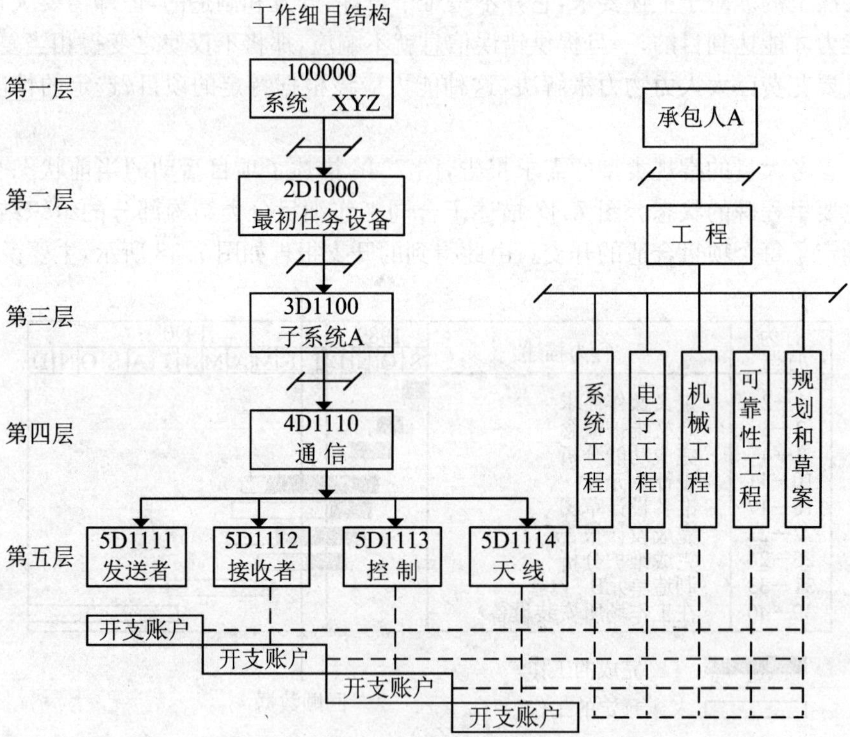

图 7.47 CWBS 和组织结构集成的价格识别示意图

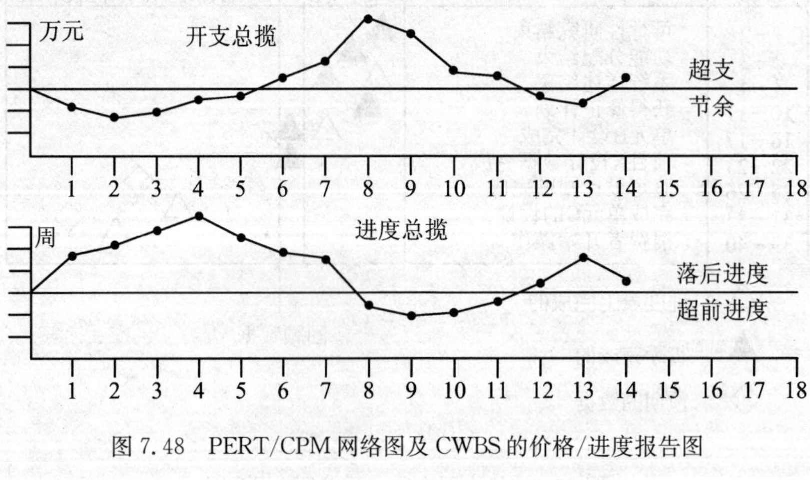

图 7.48 PERT/CPM 网络图及 CWBS 的价格/进度报告图

PERT 时间-价格状态报告

项目：系统XYZ				合同序号：4B－3015					报告日期：4/10/90			
目录项/鉴定				时间状态					开支状态			
工作明细结构序号	方案序号	开始事件序号	结束事件序号	消耗时间（周）	最早完成时间	最迟完成时间	减少时间（周）	实际完成日期	开支	实际开支	最后修订开支	超支
3A1100	814763	36	37	5.2	3/4/86	4/11/90	7.8	4/5/90	2,000	1,950	1,950	(50)
2A3100	824823	239	240	3.0	5/25/86	4/30/90	-3.2		3,500	3.650	4,000	500
3A5400	833110	312	313	4.4	6/25/86	8/2/90	9.6		5,660	3,550	5,660	0

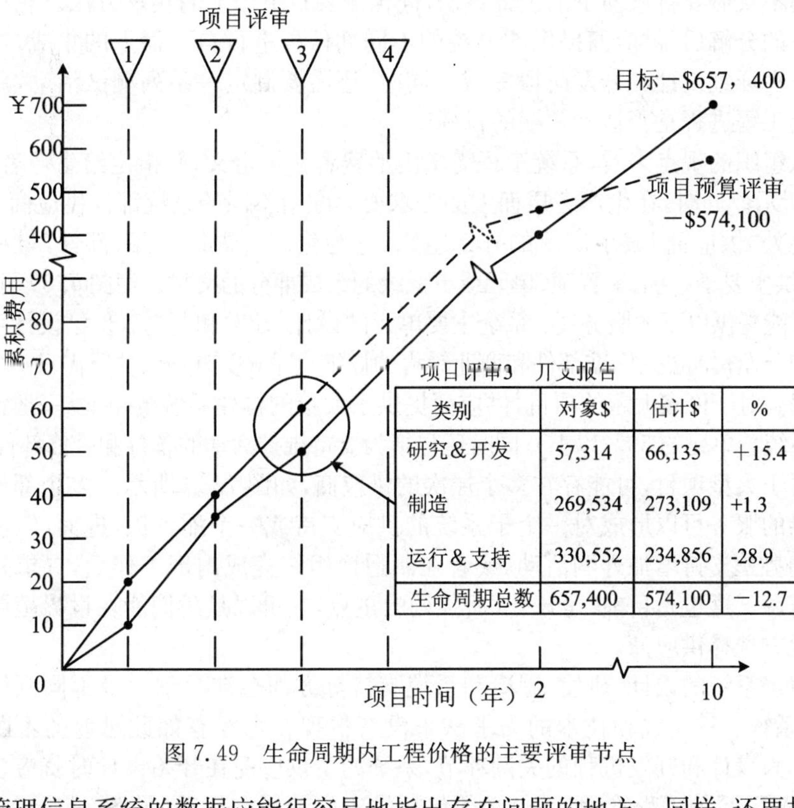

图 7.49　生命周期内工程价格的主要评审节点

管理信息系统的数据应能很容易地指出存在问题的地方。同样，还要指出项目按原先的计划操作时，潜在问题存在的地方。为了处理上述情况，要建立一种矫正活动的程序，并包括以下几项：

(1) 确定问题并按等级进行归类。

(2) 对每个问题进行分类评估,首先解决最紧迫的一个。在选择矫正活动时要考虑下面几个方面:① 对项目进度和开支的影响;② 对系统效力和效能的影响;③ 采用矫正活动是否会带来的风险。

(3) 当下决心采取矫正活动后,就要开始有步骤地解决问题。它将以管理策略的改变、合约的改变、组织的改变或者是系统/设备配置改变的形式出现。

(4) 在矫正活动完成后,后续的活动还应有:① 确保具体的改变活动确实解决了问题;② 评定项目的其他方面,确定改变的结果没有带来新的问题。

2. 供应商活动评审

7.6.3 节对组织结构的讨论的大部分内容属于消费者和生产者层面的系统工程的职责和活动,而供应商的职能则根本没有提及。然而,在这里所描述目标的实现不仅需要自顶向下的设计方法,同样需要自下而上的实现方法。在进行自顶向下的分解后,供应商提供的系统的不同部件再进行自下而上的集成,这种集成任务在详细设计和开发阶段完成。同时,还需要制定一系列测试活动,用以评定系统工程进程是否达到预期的目标。

从组织的观点来看,系统工程需求由消费者初步定义,并指定给生产者,如图 7.39 所示。同时,在生产者层面上的需求要分配给不同的系统部件供应商。

此处"供应商"表示广泛的外部组织,它为生产者提供产品、部件,材料和服务,提供主要子系统、配置项、单元或更低级的组成部分的交付。由图 7.39 可见,供应商可能提供以下的服务:① 系统主要单元的设计、开发和制造;② 已设计项目的制造和分发;③ 建立标准部件和商业销售的详细目录;④ 对一些功能需求响应的执行过程。对于许多大型的项目,供应商提供了大量的构建系统的单元(一般情况下超过系统总单元的 50%以上),同时还包括为支持维护活动的备件和维修部件。

对于大型项目,可能存在多个层次的供应商,如图 7.50 所示。多个部件供应商提供的服务可以形成对一个子系统的供应支持或一个配置项,进而,经济上的流行趋势是支持增加外购活动,或者在制造商组织完成内部工作后,寻求外部的可用资源。这也是目前"全球化"所强调的重点,它可以是我们能在世界范围内的不同地方选择供应商。

由于系统的设计、研发、制造和系统支持等方面会涉及到大量不同领域的供应商,系统工程实践和技术的需求从来没有像现在那样有如此迅速的不断地增加。作为设计和开发进程的关键环节,系统的主供应商在开始设计时就应包含进来,SEMP(系统工程管理计划)必须包括供应商功能和活动(见图 7.31)。7.1.8 所描述的系统说明书,已经提供一个良好的功能基线,为更低层的系统说明书能够被开发提供良好的指导。从根本上讲,主供应商在早期设计过程中就应出现,作为设计小组的成员之一，对系统工程过程的完成承担相应的义务和责任。

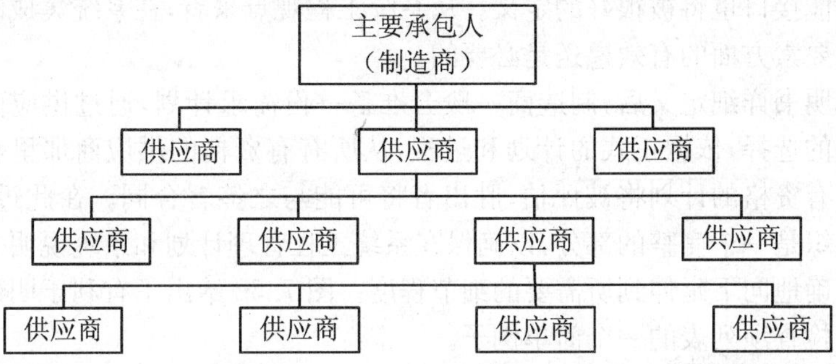

图 7.50　供应商层次结构示意图

在为系统不同单元提供说明书时，需要设计一个具有层次关系并能描述其间相互关系的“目录树”，其目的就是提供一种自顶而下地表示需求关系的说明，并清楚地描述当发生事件冲突时各种事件的优先权。图 7.51 所示为一个典型的大项目中的供应商需求。如图所示，在子系统开发和设计过程中、商业现货供应产品交付及原材料递送时都包含供应商的活动。

定性和定量的设计标准都应包含在如图 7.51 所示每个类型的说明书中，这些来源于 TPMS 的需求，主要在分配过程中被确定。商业部分则在制造商组织

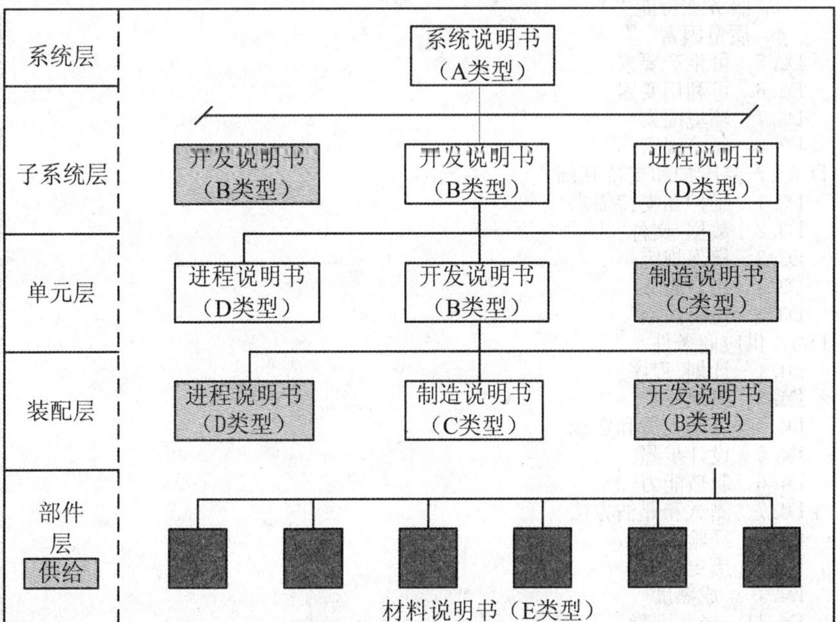

图 7.51　供应商需求“规格目录树”

内部,通过组织的指导来保证各个方面的平衡,同时,不同供应商提供的大量要素的应用功能接口也将被很好的定义。从系统工程观点来看,在系统集成时确保大量的供给要素方面的有效递送是必要的。

在说明书详细定义后,制造商一般会准备一份需求计划,通过供应商评估及有限资源的选择,依据正式的计划和过程,从所有有资格的供应商那里获得正式的响应。有资格的计划将被评估,胜出者将可能与之签署合同。在此过程中,系统工程组织是一个完整的部分,以确保在系统工程管理计划和系统说明书中的所有需求正确地向下延伸到所需要的细节程度。图 7.52 给出了有利于明确供给评估过程的检查项列表的一个简单例子。

供应商评估检查列表
D.1 普通标准 D.2 产品设计特征 D2.1 技术性能测量 D2.2 工艺运用 D2.3 物理特征 D2.4 效力因素 1. 可靠性 2. 可维护性 3. 人力因素 4. 安全因素 5. 服务支持能力 6. 质量因素 D2.5 可生产要素 D2.6 可利用要素 D2.7 环境因素 D2.8 经济因素 D.3 产品维护和支持基础 D3.1 维护和支持需求 D3.2 数据/文件 D3.3 担保规定 D3.4 用户服务 D3.5 经济因素 D.4 供应商条件 D4.1 计划/程序 D4.3 组织要素 D4.4 可用人员和资源 D4.5 设计步骤 D4.6 制造能力 D4.7 测试和评估方法 D4.8 经验因素 D4.9 历史性能 D4.10 成熟度 D4.11 经济因素

图 7.52 供应商评估清单

供应商选择和合同签定之后，各种日常的交流活动，应该按照图 7.53 所示的那样来完成。由于不同的供应商组织可能有着不完全相同的活动，或者每一个单独的供应商并不具备这里所描述的系统工程原理和知识，因此，制造商的系统工程组织必须在技术方面充当领导者的角色。

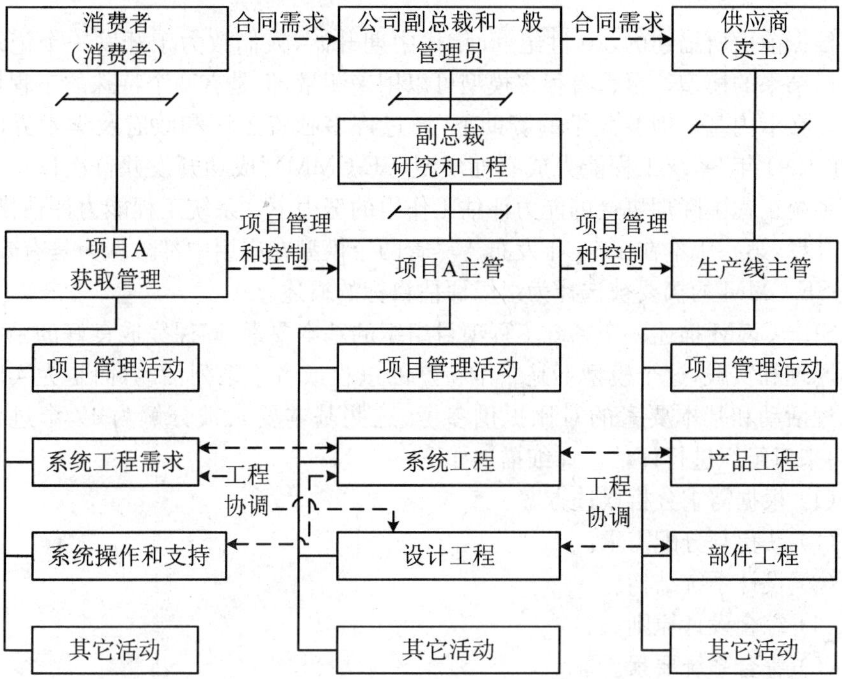

图 7.53　用户一制造商一供应商组织关系图(参见图 7.39)

总之，供应商的角色是能否实现系统工程目标的关键因素。当一切进行顺利时，供应商的作用看上去微乎其微，而当缺乏供应商需求方面的响应时，则将对整个系统来说都是有害的。

7.6.6　项目估计因素

确立必须完成的系统工程目标和推荐任务存在诸多问题，包括：完成任务的效率程度？管理层能否理解系统工程的概念和原理？是否存在某种约定能够自上而下地执行系统工程过程？是否为成功完成所确立的目标，制定了适当的内部标准、可衡量的目标和过程？

类似的问题还可以提出很多，其目的是为了评估系统工程组织的成熟度，与相似领域的其他组织进行比较时，系统工程组织可能会在层次结构上是“适合”

的,同时它们可能都存在某些方面的缺陷。换言之,尽管在早期确立某个目标时已讨论过基准过程,仍然有必要开发一个评估组织现有的能力模型,因此必须制定一个改进计划。

1. 系统工程能力成熟度模型(SE—CMM)

根据前面所描述的,20 世纪 90 年代中期开始,人们致力于开发一个记录组织评估结果的模型。尽管有很多模型可以用来测量,但是有两个特殊的工程比较突出。在卡内基—梅兰大学的赞助下,通过许多独资工厂和政府及学术界的努力,在 1994 年"系统工程能力成熟度模型(SE-CMM)"成功开发并首次试用。其次在系统工程国际理事会的能力评估工作组的努力下,"系统工程能力评估模型"成功开发,第一版本在 1994 年发布。尽管两个模型在应用中都被认为是有效的,但是 SE-CMM 的摘要被选择为组织评估目标的概述。

SE—CMM 描述一个系统工程项目组织的基本要素,确保完成良好的系统工程的原理和实践,这个模型不是一个特殊的进程或者一系列活动,而是为实际系统工程活动和基本要素的对比提供参考,这些基本要素被分解为 17 个过程区(Pas)来对组织进行评估。详细描述如下:

(1) 根据需求分析候选方案。

(2) 获得与分配需求。

(3) 设计系统结构。

(4) 综合设计原则。

(5) 综合系统要素。

(6) 理解客户/消费者需求与期望。

(7) 验证并确认系统。

(8) 确保高质量。

(9) 配置管理。

(10) 风险管理。

(11) 技术监控。

(12) 定义系统工程进程与活动。

(13) 改进系统工程过程。

(14) 生产线改进管理。

(15) 系统工程支持环境管理。

(16) 提供即时技术与知识。

(17) 协调供应商。

评估给定的组织时,通过设计一个调查表,每个步骤都有特定的问题支持,做出一个评估确定上述 17 个步骤建设到什么程度的调查,并用数字等级表示能力水平,综合分析数值,计算出被评估组织的总体等级。

在 17 个步骤里,依据综合分析组织能力的评估结果,确定能力级别指数,并将组织放在 6 个特定的能力成熟等级中任一个,如图 7.54 所示,能力等级从系统工程活动不明显的第 0 级到系统工程活动高效执行并形成持续改进机制的第 5 级。

应用 SE-CMM 得出组织评估的结果,管理者或许希望通过进一步评估数据,以找出 17 个过程区中的最薄弱的环节,图 7.55 给出了对比性说明的示意图,可以得出需改进的部分。

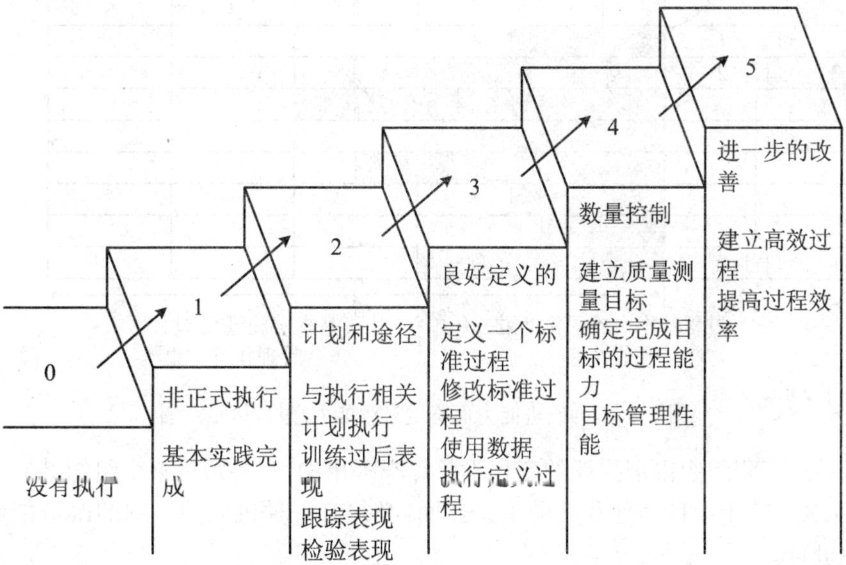

图 7.54　系统工程过程能力级别示意图

2. 组织的开发与改进

SE-CMM 模型方法并非仅适用于组织的评估,从概念上讲它适用于任何系统工程组织。通过分析如图 7.54 所示的能力级别的调查结论,就能够确定最薄弱区域(例如,可以给出推荐改进的过程区)。

确定潜在改进区域后,有两点需要指出:

(1) 为系统工程组织的内在过程的改进确定方法。这包含评估可供选择的方法、确定现有程序和进程改进的需求并评估其他程序改变时的影响。改变一个进程不应该对其他进程有负面影响。

(2) 根据系统工程组织的高级组织结构或者其他一些相关功能,决定在过程中变化可能产生的影响(例如顾客、其他组织、供应商等)。由于第一条中提出的变化,所以必须在整个组织结构中建立一个合适的环境,来得到一个改进。

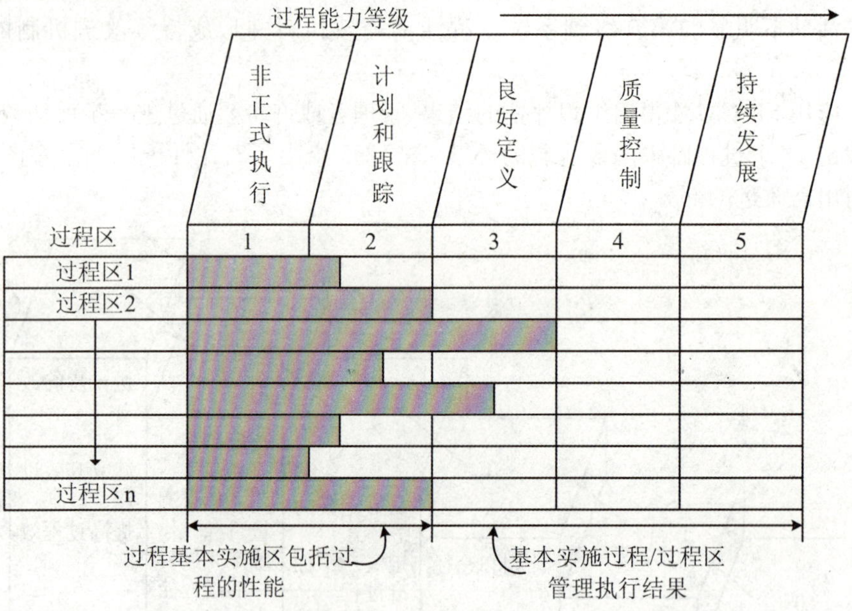

图 7.55 为改进能力而确定过程能力/过程区示意图

系统工程组织内部提议的变化不是凭空提出的,它必须是整个组织共同的责任,尤其依赖于项目经理及其助手。然而,必须有一种机制使组织的改进能够持续地进行。

7.6.7 过程风险管理

系统工程中最重要的部分是项目风险管理的执行与计划的开发,风险要素可以被定义为由一件或者一系列的潜在的事件发生而导致出现故障的可能性,风险的大小可以计算为事件发生概率的综合影响和事件发生得到的评估结果。

在新系统设计过程中,新技术或复杂技术的引入,都将使潜在风险迅速增加。这里提到的风险,是指不能满足某项指定技术和/或项目需求的概率。(例如,不满足特定的 TPM,不满足项目进度表或者项目开支需求等)。

风险管理是一种辨识与度量风险、为处理风险而选择和扩展选项的控制风险的组织方法。风险管理不应该把它看作一个独立的过程,而是所有可靠管理活动的一个必须考虑的固有部分,系统工程组织在处理技术风险方面显得尤为重要。

风险管理包括以下基本活动：

(1) 风险评估。技术设计和/或项目管理决策的即时评审，潜在风险区域的确定。

(2) 风险分析。通过分析决定事件发生的概率和伴随他们所出现的结果，其目的是确定导致风险的原因、产生的影响、可察觉的风险度以及确定避免风险的方法。大量的风险分析工具可用于辅助分析风险，如时间表网格分析、生命周期开支分析 FMECA 法、Ishikawa 原因/结果分析法、"鱼骨表"法、冒险分析法等及各种形式的平衡研究方法。

(3) 风险消除。减少和控制风险的技术和方法，制定控制风险的实施计划。

风险管理的第一步是定义风险的潜在区域。风险就是有害事件发生的可能性及其危害后果，出现不确定项因素的可能性取决于各个系统的具体情况，这就意味着这种可能性仅可能在某些限制条件下才可预测，大多数情况下，不确定因素的影响是很大的，这就使得安全规划和判断变得非常困难。

如上所述，一个有害事件由威胁、脆弱性和影响三个部分组成，而脆弱性包括可被威胁利用的资产性质，如果不存在脆弱性和威胁，则不存在有害事件，也就不存在风险。风险管理是调查和量化风险、建立组织对风险承受级别的过程。尽管有些风险的承受级别在某些区域的活动情况是可以被确定的，但需要指出的是，辨识这些潜在失败因素仍然是需要的。风险区域可能包括投资、进度表、合同关系、行政和技术等多个方面，而技术风险主要与以下可能性相关，如不满足系统需求，不能大量生产同一项目或在某领域不支持某产品，工程设计风险则可直接依赖于技术性能测量(TPMs)，反映设计中重要因素的那些 TPMs，可以根据相关的重要性进行排序。

如果被设计系统的"性能"特性已经给定，即那些需要按照通用准则监测的参数，则下一步就是通过指出导致失败的可能原因来评估这些参数。在不能满足指定设计需求的事件中，可能的原因是什么？出现的概率是多少？尽管被监测的输出量可能是一个高优先级的 TPM，但是失败的原因可能是在设计中错误地运用了某种新技术、或者是因为某主要供应商的进度延迟、也可能是成本超支甚至是以上的综合。

独立评估上述原因，确定它们对被监测 TPM(s)的影响度。运用大量合适的分析模型，进行灵敏度分析，决定潜在风险的数量级，按照"高"，"中"或"低"风险，将上述因素依次分级，这些风险分级会在以后的项目管理评审和报告中提出。高风险项目相对于启动风险消除计划有较高的优先级，比低风险项目在更广的范围内被监测。

为简化风险管理的实现过程，开发某类模型通常是可行的。一种方法是根据两个主要变量处理风险：失败概率(P_f)，导致失败的效果和结果(C_f)。结果可以按照技术性能、开支或进度的原则进行计算。该模型的数学表达式可用下式表示

$$(RF) = P_f + C_f - (P_f)(C_f) \tag{7.1}$$

其中，RF 表示风险因素，P_f 是失败的概率，C_f 是失败的结果。参数间的定量关系如表 7.11(A)和表 7.11(B)所示。

考虑下述的系统性能：① 系统设计使用相对软件改动较少的现货供应的硬件；② 使用标准硬件来设计会相对简单；③ 本设计要求一些高复杂度的软件；④ 本设计要求供应商或子承包商提供一个新的数据库。运用表 7.11 的主要资源，举例说明该模型的应用。

(1) 风险因素$=P_f+C_f-(P_f)(C_f)$

(2) $P_f=(a)(P_{Mhw})+(b)(P_{Msw})+(c)(P_{Chw})+(d)(P_{Csw})+(e)(P_D)$

其中

P_{Mhw}=由硬件成熟度因素引起失败的可能性；

P_{Msw}=由软件成熟度因素引起失败的可能性；

P_{Chw}=由硬件复杂度因素引起失败的可能性；

P_{Csw}=由软件复杂度因素引起失败的可能性；

P_D=由对其它因素的依赖引起失败的可能性；

a,b,c,d 和 e 是各因素的百分比，它们的和为 1。

(3) $C_f=(f)(C_t)+(g)(C_c)+(h)(C_s)$

其中

C_t=技术因素引起的失败结果；

C_c=开支变化引起的失败结果；

C_s=进度变化引起的失败结果。

f,g,h 是各因素的百分比，它们的和为 1。

系统特征告诉我们，在软件开发的过程中潜伏着一些风险。利用上面提供的标准计算失败的可能性(P_f)如下：

$$P_{Mhw} = 0.1, \text{or}(a)(P_{Mhw}) = (0.2)(0.1) = 0.02$$

$$P_{Msw} = 0.3, \text{or}(b)(P_{Msw}) = (0.1)(0.3) = 0.03$$

$$P_{Chw} = 0.1, \text{or}(c)(P_{Chw}) = (0.4)(0.1) = 0.04$$

$$P_{Chw} = 0.3, \text{or}(d)(P_{Chw}) = (0.1)(0.3) = 0.03$$

$$P_D = 0.9, \text{or}(e)(P_D) = (0.2)(0.9) = 0.18$$

在已经给出的标准中，P_f 的值是上述五个结果之和，即 0.30。

表 7.11(A)　风险管理数学模型[13]

数量级	成熟度因素(P_M)		复杂度因素(P_C)		依赖因素(P_D)
	硬件	软件	硬件	软件	
0.1	现有	现有	简单设计	简单设计	现有系统、工具或相关承包人相互独立
0.3	较少修改	较少修改	较少的复杂度增加	较少的复杂度增加	依赖现有系统、工具或相关承包人的进度表
0.5	较大可行性的更改	较大可行性的更改	适度增加	适度增加	依赖现有系统的执行、工具或相关承包人
0.7	可用技术综合设计	与现有相似的新软件	显著增加	显著增加/模块号较大增加	依赖新系统的进度表、工具或相关承包人
0.9	技术水平完成一些研究	技术水平以前从未完成	非常复杂	非常复杂	依赖新系统的进度表、工具或相关承包人

表 7.11(B)　风险管理数学模型

数量级	技术因素(C_f)－(C_t)	成本因素(C_C)	进度因素(C_S)
0.1(低)	不重要	预算未超支,部分现金转帐	对项目的影响甚微,可能的进度延迟带来的进度表修改很微小
0.3(较少)	技术执行时很少降低	成本超过预算1%～5%	进度上较小的事故(少于一个月),重要事件需要一些调整
0.5(适度)	技术执行时有一些降低	成本超过预算5%～20%	进度上的小事故
0.7(显著)	技术执行时显著减少	成本超过预算20%～50%	开发进度事故超过三个月
0.9(高)	技术目标不能实现	成本超过预算的50%	重大进度事故,对部门重要事件影响甚至可能影响系统重要事件

如果由技术因素导致的项目失败结果引起一个矫正类问题，但是这个矫正结果增加了8%的成本和两个月的时间，那么，C_f 的计算如下：

$$C_t = 0.3, \text{or}(f)(C_t) = (0.4)(0.3) = 0.12$$

$$C_c = 0.5, \text{or}(g)(C_c) = (0.5)(0.5) = 0.25$$

$$C_S = 0.3, \text{or}(h)(C_S) = (0.1)(0.3) = 0.03$$

根据标准，C_f 的值是上述三个结果之和，即为0.40。由式(7.1)，风险因素的计算值是0.580。依据图7.56，可以归类到中等风险。在本例中，风险主要与系统软件和对供应商的依赖有关。

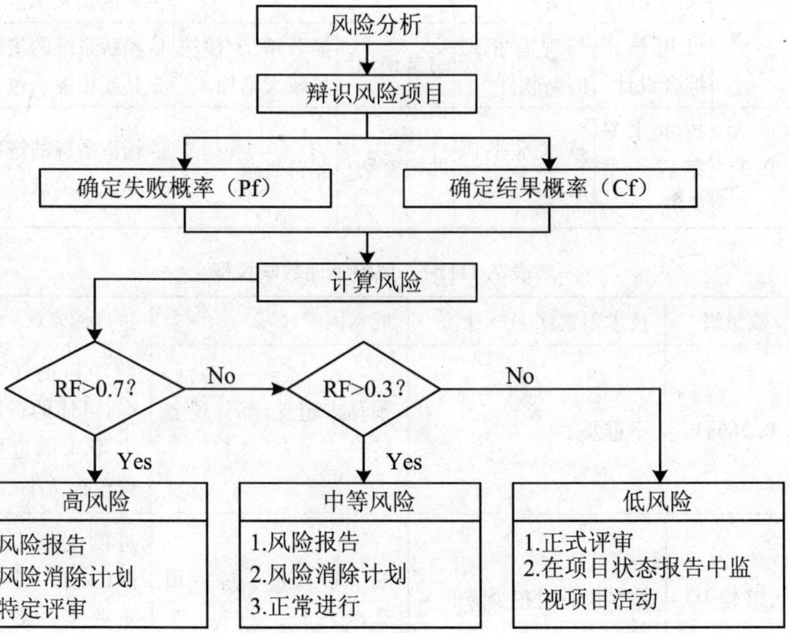

图7.56　风险分析及报告流程示意图

对所有其他因素进行风险分析时可以采用类似的手段，评测的结果主要包括关键项目清单、优先级排序及需要特别关注的管理项，并根据风险的类别、可能发生的时间的不同，准备全面的风险报告。对于高风险项目，应有高频度的风险报告和特殊的管理，而对于低风险项目则可以通过正常的项目评审、评估和报告过程来处理。

对于"高"、"中"两种风险，必须实施风险消除计划，这是在风险管理中正规的消除（如果可能）、降低或是控制风险所必须的，其可能要包含下面一条或是几条：

(1) 在有问题的地方提供更严格的管理评审，并通过内部资源的分配/调整来启动必要的矫正活动。

(2) 聘请外部的顾问或专家来帮助解决存在的设计问题。

(3) 实施进一步的测试程序，以更好的隔离这个问题并且消除可能的原因。

(4) 启动专门的研究和开发工作，同时提供一个"退路"。

风险消除计划的目的是使那些需要特殊管理的地方更加明显。在系统工程中，技术风险的辩识非常重要，因为满足设计目标很大程度上取决于迅速、敏捷地控制这些风险。因此，风险管理应该成为系统工程管理的一个固有部分。

7.7 运行与支持

当一个系统按照系统工程的过程完成之后，就要投入正常的运行。这通常要包括以下几个方面：首先要现场安装、调试，进而才可以真正开始系统的运行，运行的开始即意味着相应的服务与支持活动的开始。

7.7.1 安装与测试

系统安装与调试既是系统的建设过程也是系统的试运行过程。

系统安装包括硬件施工与软件配置，系统安装要根据系统的工作环境特点、工作性质、目标任务和施工人员素质等条件，在统一的计划指导下进行。模块化设计不仅有利于建设也有利于系统的施工与部署。硬件施工过程要重视工程管理，确保施工质量。系统施工应遵循建筑工程、电气工程、网络工程、通信工程、计算机工程等的各种相关规程与规定，应在适当位置设置监控点以便于观察和日后运行维护。

系统安装要结合调试，安装一个模块就调试一个模块，尤其是较复杂的软件配置过程。调试过程也是系统的组装过程，系统调试要尽可能地暴露出隐藏的问题，尽量减少在系统运行时停机返工所带来的损失。

系统安装与调试过程也是系统集成的过程，一般包含以下几个过程：

(1) 建立明确的管理指导方案。

(2) 确定所有的测试计划及其期望结果。

(3) 准备所有系统配置信息。

(4) 准备最后详细的工程方案，包括实施中的具体操作。

(5) 确定所有设备及软件产品的清单。

(6)建立质量保证方法及实现过程。

(7)组建项目管理组，成员包括甲乙双方代表。

(8)建立验收步骤及计划。

在此过程中，监理将发挥重要的作用。首先，设备的质量控制应从其选型、采购、安装、使用等诸方面进行全面质量管理，包括：① 监理工程师应对设备的质量、到货时间进行审核；② 监理工程师应要求承建单位提供进货证明、出厂合格证、设备明细表、配件表、技术说明书和驱动软件等；③ 应将有关证明材料、现场情况等拍照或录像，并按照相关标准加以标识、存档，以备以后查验；④ 监理工程师在查验有关证件，并确认后应及时签认承建单位提交的各种表单如《工程材料/设备/配件报审表》或《设备进场监理确认单》等过程控制文件。

其次，现场的实物按照监理委托合同约定或有关工程合同和有关质量管理文件规定按比例进行抽验，必要时要对进场设备全部加以检查验证；应由相关测试机构对设备软硬件进行专业测试和安全测试，并向监理单位提交测试报告或设备符合合同要求的证明，这些测试报告和证明需要经过监理方签认后才能生效，设备方可进场使用；必要时监理单位要对重要设备进行随机抽检。

第三，对于机房设备的验货和考核，应当按相应的国家标准、规范以及承建合同中的规定进行，并经监理单位审核才能使用。

最后，当软硬件设备配置、安装和调试完毕，达到详细设计方案、合同中预定的技术指标和性能后，总监理工程师应予以审核和签认《工程预验收/总验申请表》。如果软硬件设备达不到预定的技术指标性能，或不能满足系统及设备验收的标准和规范，监理单位应向承建单位发送《监理工程师通知单》要求承建单位进行再调试，若仍然达不到预定的技术指标性能，不能满足系统及设备验收的标准和规范，向承建单位再次发送《监理工程师通知单》，并抄送建设单位，按相应的合同条款处理，同时监理单位需要对质量事故进行跟踪处理，并将完整的质量事故处理记录整理归档。

7.7.2 运行与维护

系统的运行和维护工作会随着系统的使用而持续。系统运行包括系统的日常操作、维护等。任何一个系统都不是一开始就很好的，总是经过多重的开发、运行、再开发、再运行的循环不断上升的。开发的思想只有在运行中才能得到检验，而运行中不断积累问题是新的开发思想的源泉。

系统运行维护阶段的工作主要包括维护系统的正常运行、记录系统的运行情况、进行系统的软硬件更新、维修及系统的功能、性能、效益评价。

1. 系统运行管理

系统运行管理制度是系统管理的一个重要内容。它是确保系统按照预定目标运行并充分发挥其效益的一切必要条件、运行机制和保障措施。通常它应该包括：

(1) 系统运行的组织机构。它包括各类人员的构成、各自职责、主要任务和管理内部组织结构。

(2) 基础数据管理。它包括对数据收集和统计渠道的管理、计量手段和计量方法的管理、原始数据管理、系统内部各种运行文件、历史文件(包括数据库文件)的归档管理等。

(3) 运行制度管理。它包括系统操作规程、系统安全保密制度、系统修改规程、系统定期维护制度以及系统运行状态记录和日志归档等等。

(4) 系统运行结果分析。它就是要通过对系统运行的中间结果或最终结果进行分析,得到真实反映有关系统或系统服务的组织的某方面情况的数据,并用以指导对系统或组织的调整与提高。

2. 硬件系统的维护

硬件系统的维护应该由专门的硬件维护人员负责,而且一般需要同硬件厂商合作来共同完成系统维护任务。硬件系统的维护主要有两种类型:① 进行硬件系统的更新;② 进行硬件系统的故障维修。

在进行硬件系统的更新时,会影响系统的正常使用,进而影响企业内部使用该系统的各业务部门的工作。因此,在更新前需要制定更新计划,并与硬件供应商、企业内部有关业务部门及其它相关机构进行协调,做好充分的准备工作。另外,硬件系统更新的时间不能过长,否则会耽误系统的正常运行。

对于硬件系统的故障维修,同样也不应该拖延过长的时间。系统硬件故障往往是突发性的,不可预见,为了防止由于硬件系统故障引起的系统应用中断,应该配有足够的备用设备,在系统出现故障时使用。对于非常重要的应用系统,一般都采用并行服务器结构,避免在系统故障时出现应用中断或数据损失。

3. 软件系统的维护

软件系统的维护包含正确性维护、适应性维护和完善性维护三部分内容。

通过系统测试,应用软件的错误通常已经基本排除,但是并不能保证排除了全部的错误,也不能保证不出现新的错误。因此,在系统运行之后,仍然需要进行系统的正确性维护。该阶段可能出现的错误主要有:① 系统测试阶段尚未发现的错误;② 输入检测不完善或键盘屏蔽不全面引起的输入错误;③ 以前未遇到过的数据输入组合或数据量增大引起的错误。对于影响系统运行的严重错误,必须及时进行修改,而且要进行复查。

随着系统的运行,一般需要进行网络系统、计算机硬件或操作系统的更新。为了适应这些变化或其他环境变化,应用软件也需要进行适应性维护。在适应性维护工作量很大的情况下，需要制定维护工作计划，并对维护后的软件进行测试，确保适应性维护后软件系统的正常应用。

完善性维护指的是为了改善系统的性能或者扩充应用系统的功能而进行的维护，这些系统的性能或功能要求一般是在先前的功能需求中没有提出的。

4. 系统的日常使用维护

除了系统的硬件维护和软件维护，系统的日常使用中也有很多维护性的工作，如定期的预防性的硬件维护、软件系统的日常维护。

对于系统的硬件系统，不仅需要进行适时的更新和突发性故障的维修，而且需要进行定期的预防性维护，例如，在每周或每月固定的时间对系统硬件进行常规性检查和保养。定期地进行硬件系统的维护可以减少以后的系统维护工作量，降低维护的费用。

系统维护工作不应该随意进行，一般应遵循下列步骤：

(1) 提出维护修改要求。修改意见应该以书面形式提出，明确需要修改的内容和需要修改的原因。维护修改要求一般不能随时满足，要在汇集分析后有计划地进行。

(2) 制定系统维护计划。包括系统维护的内容和任务、软硬件环境要求、维护费用预算、系统维护人员的安排、系统维护的进度安排等。

(3) 系统维护工作的实施。软件系统的维护方法同新软件的开发方法是相似的。在维护工作实施时，一定要注意做好准备工作，不能影响系统的正常使用。

整理系统维护工作的文档。在实施系统维护工作时，对系统中存在的问题、系统维护修改的内容、修改后系统的测试、修改后系统的切换及使用情况等均需要有完整、系统的记录。

7.7.3 服务与培训

服务与培训主要包括用户培训、技术支持、售后服务、定期回访等内容。良好的售后服务和定期回访不仅可以解决用户的后顾之忧也是获得用户信赖的关键。

当用户遇到与系统有关的技术困难时，要能及时有效地提供解决方案，如确实是系统自身的缺陷，要尽快提供升级服务。应用支持包括：故障排除、应用提高指导、系统升级指导、应用咨询及建议。还要根据客户的需求对现有模块、子系统进行调整、新增模块、子系统和外部设备集成。

对用户的培训包括系统的使用、配置和管理等，培训方案要适合系统的特点和不同层次的应用人群，培训手段要多样有效。较大的系统要建立多级多层次的培训方案，针对不同培训对象安排相应的培训内容，对相关人员采取逐级培训、严格考核的方式，保证各部门人员达到应用系统完成相关任务的要求。培训的效果不仅影响系统的声誉和系统的应用、推广，而且影响后期的技术支持和售后服务成本。

(1) 高层管理人员级的培训。系统的正常运转有赖于各部门领导人员的努力工作及相互配合。各级领导人员对系统认识程度的高低，决定着系统能够达到的应用水平。因此，对各级领导人员培训的目的是使受训人员真正明白系统对企业管理有哪些影响，具有什么样的意义，潜在利益是什么，应用系统后的业务流程是什么样的等等。

(2) 业务人员级的培训。培训主要针对业务和各职能部门人员。培训的目的是为了使学员真正能上岗工作，能担当各环节的主要业务操作工作，并确保各个环节不出问题，为系统的顺利运行打下基础。

(3) 系统管理员级的培训。系统管理员是整个系统的管理人员，他们的工作除了日常例行的事务外，还要能够处理许多意外的情况。对于处理不了的问题，要能够正确地记录下有关信息及现象并与有关方面取得联系，以造成损失最小的方式加以解决。所以系统管理员除了应当具有相关系统技术、管理等方面的知识外，还必须了解公司的各个业务流程。对于系统管理员的培训，主要着重于系统的总体结构、参数设置、系统安装等方面，参与整个工程的实施过程也是对系统管理员最好的培训过程。理想情况下，系统管理员应能够在系统正式运行后短时期内接手所有工程实施单位有关技术人员的工作。

7.8　系统报废

报废既是系统管理中一项必不可少的工作，又是一项重要和容易被忽视的工作。当系统损耗严重无法完成既定任务时，或者虽然能完成任务但是因老化引起耗费高、污染环境、危害安全时，或者因技术落后不能适应新的发展与要求时等都应考虑报废。

系统报废应根据系统的工作情况与应用范围制定明确的标准和处理方法，限于篇幅不再赘述。

思考题

1. 描述如何从功能分析中得到特定的资源需求(如：硬件，软件，人员，设备，数据和必备元素)。

2. 描述对系统从功能分析发展到包装计划所包含的步骤。根据自身经验给出一个例子并画图说明。

3. 自选一个系统，开发出操作功能流程图到第三级，维护功能流程图到第二级。指出如何从操作流程图发展到维护流程图。

4. 自选一个系统，分配一些顶层的 TPMs。将这些需求适当地分配到第二和第三层。

5. 如何理解“设计标准”？设计标准是如何发展的？这些标准是如何应用到设计过程中的？

6. 给出 CAD,CAM,CALS 的定义，并给出它们之间的相互联系。何时这些方法应用到系统生命周期中？运用这些方法有何优点？

7. 假设你是一名设计工程师，正在寻找一些分析模型/工具在综合、分析和评估过程中帮助你。给出你在应用过程中寻找最适合工具时所遵循的标准。

8. 列举出在系统分析过程中运用数学模型的好处。

9. 分析模型的运用如何能促进设计分析过程？

10. 给出数学模型与它们应用之间的关系？

11. 通过系统设计检查哪类信息通常被隐藏？

12. 初步系统设计阶段所期待的结果是什么？

13. 概念设计，初步系统设计和详细设计三者之间基本区别是什么？这些时期的设计对认识整个系统而言是适用的吗？

14. 协作的设计方法有哪些优点？确认在实施过程中可能会发生的问题。

15. 参照图 7.16 和图 7.17，在两个生命循环中存在的共同点是什么？描述一些主要的不同点。

16. 假设你正被指派为系统工程管理人员。你要认识一个新的系统，这个系统包含了软件和硬件的开发，你会采用什么明确的步骤从一开始并且每天都按照基本原则来保证适当的整体性。

17. 描述“快速模型”在应用于软件发展过程中的意义。

18. 描述“面向对象设计的意义”。从工程系统前景来看应用这种方法有什么优点？描述一下潜在的问题(如果有的话)。

19. 确认过去的一些相对于软件发展过程的问题。描述一下在这个领域中你自己的经验。

20. 设计是一项“集体”的成果，对还是错？为什么？

21. 定义一些组织参数，需要定义的参数来完成系统工程目标。

22. 为什么说设计标准很重要？

23. 描述在设计过程中你看到的“核对和平衡”。

24. 为什么说工程文档是必需的？

25. 定义什么是系统综合、系统分析、系统评估。它们之间有什么关系？如何运用到设计过程中？

26. 描述什么是 CAD、CAM 和 CALS。它们之间有什么关系？根据自己的经历举出一些例子。

27. 选择一个系统（或系统的一部分），写出可用于评估的设计回顾审查清单。

28. 描述物理模型和实物模型的好处。

29. 工程模型、服务测试模型、原型模型之间的基本差异是什么？

30. 通过执行合理的设计回顾评审过程会有什么好处？

31. 描述在概念设计审查、系统设计审查、设备/软件设计审查和关键设计审查方面的输入需求？

32. 如何确定一个设计评审是否成功？

33. 在执行系统工程过程中为什么好的“原始资料管理”非常重要？

34. 参考第二章系统工程的定义，在详述情况和开发阶段如何运用原理和概念？如果你被任命为新的系统工程的管理者，你将采取哪些步骤确保可以获得有用结果？

35. 描述评估过程。什么是目标？

36. 系统评估在下列阶段中是怎样完成的？① 概念设计阶段；② 预系统设计阶段；③ 细节设计阶段；④ 产品阶段。

37. 定义测试的基本类别和它们的应用。它们是怎样适配整个系统评估系统的？

38. 什么时候着手系统评估的计划？包括了什么信息？

39. 选择一个系统，并且设计一个详细的系统测试和评估计划。

40. 专业系统测试需求是怎样被确定的？

41. 一个好的数据子系统服务的目的是什么？

42. 为什么系统成功的数据很重要？需要什么样类型的信息？

43. 什么数据在估量以下数据时是必须的：成本效益，系统有效性，操作的有效性和生命周期成本。

44. 如果系统评估值显出不依从一个特殊专业的系统需求，那么将发生什么？

45. 如果在评估中消费者对产品提高提出建议，应该做什么？

46. 为什么变化控制如此重要？系统变化是怎样影响后方支持的？

47. 系统工程在系统评估功能中扮演了什么样的角色？

48. 简单描述生产者和消费者在系统评估中的作用。

49. 测试报告有什么好处？

50. 在系统工程进程中怎样合适地进行评估？

参 考 文 献

1. Arthur D. Hall(Bell Telephone Laboratories, Incorporated). A Methodology For Systems Engineering[M]. D. Van Nostrand Company(Canada), Lto: published simu(taneously in Canada), 1962.
2. Bertalanffy V. General System Theory [M]. New York: George Breziller, Inc, 1973.
3. Holland J. H. Adaptation in Natural and Arrticficial systems [M]. MIT Press, 1975.
4. Sage, A. P. (ed). Systems Engineering: Methodology and Application [M]. John Wiley. 1977.
5. T. L. Saaty. The Analytic Hierarchy Process [M]. New York: McGraw-Hill Inc., 1980.
6. 钱学森. 工程控制论 [M]. 北京:科学出版社, 1980.
7. Miser H J and Quade E S.. Hand book of Systems Analysis [M]. North Holland, 1983.
8. 王培庄. 模糊集合论及其应用 [M]. 上海:上海科学技术出版社, 1983.
9. W. P. Hughes ed.. Military Modeling [M]. The Military Operations Research Society Inc, 1984.
10. 瓦·尼·萨多夫斯基. 一般系统论原理 [M]. 北京:人民出版社, 1984.
11. Woflram, S. Universality and Complexity in Cellular Automata [M]. Physica D, 1985.
12. Fort Belvoir. systems engineering management guide[M]. VA: defense systems management college, 1986.
13. (美)贝塔兰菲. 一般系统论:基础、发展和应用 [M]. 林康义, 魏宏森, 译. 北京:清华大学出版社, 1987.
14. 吴伯修. 信息论与编码 [M]. 电子工业出版社, 1987.
15. 钱学森. 论系统工程(修订本) [M]. 长沙:湖南科学技术出版社, 1988.
16. 王其藩. 系统动力学 [M]. 北京:清华大学出版社, 1988.

17. 许树柏. 层次分析法原理 [M]. 天津:天津大学出版社,1988.
18. J. R. Hauser, and D. Clausing. The House of Quality[J]. Harvard Business Review, May-June 1988.
19. C. J. Laub. How to Think About Arms Control, Disarmament and Defense [M]. Prentice Hsll Inc. ,1988.
20. 郑爱毖,郭俊魁. 逻辑测量仪器及其测量技术 [M]. 北京:清华大学出版社,1988.
21. 庞元正,李建华. 系统论控制论信息论经典文献选编 [M]. 北京:求实出版社,1989.
22. E. Rechtin. System Architecting: Creating and Building Comples Systems [M]. Upper Saddle River, N, J. : Prentice Hall, 1991.
23. Jacek M. Zuradu. Introduction to Artificial Nearal Systems [M]. New York: west Pub. Company, 1992.
24. Kadlbling L P. Learning in Embedded Systems. Cambridge [M]. MA: MIT Press, 1993.
25. 张最良,李长生,赵文志,丁富力. 军事运筹学 [M]. 北京:军事科学出版社,1993.
26. 李怀祖. 决策理论导引 [M]. 北京:机械工业出版社,1993.
27. 夏绍玮. 系统工程概论 [M]. 北京:清华大学出版社,1995.
28. 王寿云,于景元. 开放的复杂巨系统 [M]. 杭州:浙江科学技术出版社,1996.
29. 苗东生. 系统科学精要 [M]. 中国人民大学出版社,1998 年.
30. Donald E Ingber. The architecture of life [J]. Scientic American, 1998: 30～39.
31. 沈禄赓. 系统科学概要 [M]. 北京:北京学院出版社,2000.
32. 徐国志. 系统科学 [M]. 上海:上海科技教育出版社,2000.
33. 李建新,刘乃安,刘继平. 现代通信系统分析与仿真 [M]. 西安:电子科技大学出版社,2000.
34. 钱学森. 创建系统学 [M]. 太原:山西科学技术出版社,2001.
35. 戴汝为. 智能系统的综合集成 [M]. 杭州:浙江科学技术出版社,2002.
36. 肖艳玲. 系统工程理论与方法 [M]. 北京:石油工业出版社,2002.
37. 张维明. 信息系统建模 [M]. 北京:电子工业出版社,2002.
38. 杨家本. 系统工程概论 [M]. 武汉:武汉理工大学出版社,2002.
39. 关义章,戴宗坤. 信息系统安全工程学 [M]. 北京:电子工业出版社,2002.
40. 牛映武. 运筹学 [M]. 西安:西安交通大学出版社,2003.

41. 董肇君. 系统工程与运筹学 [M]. 北京:国防工业出版社,2003.
42. 栾玉广. 系统自然观 [M]. 北京:科学出版社,2003.
43. 吴祈宗. 运筹学与最优化方法 [M]. 北京:机械工业出版社,2003.
44. 杨纶标. 模糊数学原理及应用 [M],广州:华南理工大学出版社,2003.
45. 汪应洛. 系统工程 [M]. 第三版. 北京:机械工业出版社. 2003.
46. Benjamin S. Blanchard(Virginia Polytechnic Institute and State University) and Wolter J. Fabrycky(Virginia Polytechnic Institute and State University), 3rd Edition, Systems Engineering and Analysis [M], Prentice Hall,2003.
47. 胡宝清,模糊理论基础 [M],武汉:武汉大学出版社,2004.
48. 孙东川,林福永. 系统工程引论 [M]. 北京:清华大学出版社,2004.
49. 宋晓秋. 模糊数学原理与方法. [M]. 第二版. 徐州:中国矿业大学出版社,2004.
50. 高志亮,李忠良. 系统工程方法论 [M]. 西安:西北工业大学出版社,2004.
51. 李安贵,张志宏,孟艳,顾春. 模糊数学及其应用 [M]. 第二版. 北京:冶金工业出版社,2005.
52. 白思俊. 系统工程 [M]. 北京:电子工业出版社,2006.
53. 胡运权,郭耀煌. 运筹学教程[M]. 第三版. 北京:清华大学出版社,2006.